同济大学本科教材出版专项基金资助出版

土壤与地下水环境风险控制和修复

（上册）

付融冰　编著

Environmental Risk Control and Remediation for Soil and Groundwater

化学工业出版社
·北京·

内容简介

《土壤与地下水环境风险控制和修复》是一本基于土壤与地下水环境治理现实需求，融合了土壤与地下水学科，全面介绍土壤与地下水环境基本概念、基本理论、管理制度、环境调查、风险评估、控制与修复等内容的教材和工具书。本书力求突出全面性、逻辑性、规律性、设计性、教学性的特点。

全书分为上、下两册，共20章。上册侧重于基本概念、理论、制度以及调查与评估，下册侧重于治理技术。上册共7章，内容分别为绪论、土壤与地下水环境系统、土壤与地下水污染物迁移转化基础理论、土壤与地下水中常见污染物及环境行为、土壤与地下水环境管理制度、土壤与地下水环境调查、土壤与地下水污染风险评估。下册共13章，内容分别为污染土壤与地下水治理基本原理、技术与策略，以及土壤整理与离场处置、固化/稳定化技术、土壤异位洗脱技术、原位抽出与气提修复技术、基于药剂注入的原位修复技术、热处理技术、生物修复技术、电动修复技术、监控自然衰减法、污染物迁移途径控制技术、地下水异位处理技术、场地异味控制与尾气处理技术。

本书可作为高等院校环境科学与工程、水文地质学、土壤学、地下水科学与工程、环境岩土工程及相关专业本科生和研究生教材，也可作为从事土壤与地下水环境调查、风险评估、治理修复等工作的技术人员、研究人员和管理人员的参考用书。

图书在版编目（CIP）数据

土壤与地下水环境风险控制和修复. 上册 / 付融冰编著. -- 北京 : 化学工业出版社，2025. 4. --（国家级一流本科专业建设成果教材）. -- ISBN 978-7-122-47397-4

Ⅰ. X53；X523

中国国家版本馆CIP数据核字第20252MA041号

责任编辑：满悦芝　　文字编辑：贾羽茜　杨振美
责任校对：宋　玮　　装帧设计：张　辉

出版发行：化学工业出版社
（北京市东城区青年湖南街13号　邮政编码100011）
印　　装：大厂回族自治县聚鑫印刷有限责任公司
787mm×1092mm　1/16　印张18½　字数456千字
2025年5月北京第1版第1次印刷

购书咨询：010-64518888　　售后服务：010-64518899
网　　址：http://www. cip. com. cn
凡购买本书，如有缺损质量问题，本社销售中心负责调换。

定　　价：65.00元

前言
PREFACE

污染土壤与地下水的治理已经成为我国生态环境保护的重要战略和重大举措。经过十几年的研究和实践，我国土壤与地下水环境风险控制与修复的技术水平已经取得了长足的进步。土壤-地下水系统是一个多介质、多界面、多相态的复杂非均质系统，污染物进入其中后把多种介质和作用联系了起来，形成了多介质交互、多因素交织、多作用并行的非线性复杂过程，这个过程不同于在单一介质中的现象和规律，体现出了很强的复杂性和不确定性，而我们对复杂系统、复杂过程的研究和认识还很欠缺。这就是土壤与地下水治理的原理与技术都不复杂，但是一到实际工程中许多现象和结果就难以解释和预测的原因。这也说明了污染土壤与地下水的治理是一项实践性很强、未知规律很多的复杂工作，只有立足于解决实际问题，才能对关键科学与技术问题有准确的认识和把握，这也依赖于多学科知识的交叉融合与丰富的实践经验。由于我国在这方面的工作起步较晚，与国外发达国家相比技术水平仍然存在不小的差距。因此，当务之急是加快技术水平的提升与专业人才的培养。

长期以来，受学科划分的影响，污染土壤与地下水的修复分而治之，能融合土壤与地下水于一体的专业书籍较为缺乏，能适用于教学的专门教材更是少见。本书是作者在同济大学主讲污染土壤与地下水修复课程的基础上，结合作者多年的污染场地治理研究与工程实践成果，并参考大量国外相关研究成果编写而成。本书强调理论和工艺设计，力求突出以下特点。一是全面性，本书将土壤与地下水融于一体，从土壤-地下水系统的基础知识、污染物迁移转化的基本理论到管理制度、环境调查、风险评估、治理技术等，贯穿了场地治理的全过程，内容全面、系统；考虑到学科发展较晚，又是交叉学科，对知识点的讲解尽量详尽周到。二是逻辑性，本书在章节设计上尽量体现内容之间的逻辑关系，注重思维引导，在对技术讲解上，既考虑了技术出现先后的顺序，又对技术进行了共性分类，这一点有别于其他类似书籍。三是规律性，相较于土壤，地下水各类定律、公式相对成熟，而土壤比较复杂，规律性不强，量化难度也比较大；本书尽量将定性的知识提升到量化计算的层次，提升技术的规律性。四是设计性，本教材聚焦技术的工艺工法，对原位修复侧重系统的构成，异位修复侧重工艺流程，对每种技术尽量给出设计方法及设计参数，力求体现出较好的设计性和实用性。五是教学性，当前场地修复很多技术还依赖于工程经验和试错，这不利于教学；教学应侧重在对内容科学性和规律性的掌握上，让即便没有工程经验的学生也能进行初步的、大概的设计。本书突出规律性和设计性，并给出了大量例题和习题，提升了本书的教学性。

全书分上、下两册，共 20 章，上册 7 章，下册 13 章。全书由付融冰教授构思与编著，郭小品、乔俊莲、吴志根、王雪野、滕玮、邱宇平等参与了本书部分内容的资料收集与整理工作；付融冰绘制了其中图件并对全书做了审核与定稿。

感谢同济大学本科教材出版专项基金的资助！感谢国家重点研发专项（2023YFC3707700、2019YFC1805200）、上海市科技创新行动计划项目（20dz1204502）、国家自然科学基金项目（42377015）的支持！

由于本书涉及内容广泛，受编者水平所限，不当之处恳请同行专家、学者和广大读者指正。

付融冰

2024 年 7 月

于同济大学

目 录
CONTENTS

绪 论

1.1 土壤与地下水污染状况

土壤与地下水不仅是人类生存和发展的基本资源，也是生态系统的重要组成部分，其污染直接影响到生态环境的健康与稳定，以及人类的健康水平和生活质量。

土壤与地下水污染主要来源于工业生产、农业生产和生活活动等。工业生产过程中有毒有害的原辅材料、中间及最终产品通过跑、冒、滴、漏以及废水和固废排放等方式进入地下造成土壤与地下水污染，特别是冶炼、化工、电镀、制药等是重点污染行业。过去废水灌溉以及污泥农用也导致了一定量的土壤与地下水污染。农业生产中的污染主要来源于化肥、农药和农膜的过量使用，长期大量施用化肥和农药不仅降低了土壤的肥力，还导致农田土壤以及地下水中有害物质的积累。生活活动主要包括城乡生活污水不当排放以及生活垃圾、建筑废弃物的不当处理处置，这些污水和垃圾中的氮、磷、有机物、病原微生物以及部分有毒有害物质造成土壤与地下水的污染；城镇的垃圾填埋场以及其他固废处置场的渗滤液中含有大量有机物和无机物，这些污染物通过渗透进入地下污染土壤与地下水。

2005 年 4 月至 2013 年 12 月，环保部同国土资源部首次开展了全国土壤污染状况调查。调查点位覆盖全部耕地，部分林地、草地、未利用地和建设用地，实际调查面积约 630 万平方公里。调查采用统一的方法、标准，基本掌握了全国土壤环境质量的总体状况。《全国土壤污染状况调查公报》于 2014 年 4 月 17 日公布，这是迄今为止较为全面权威的官方数据。

关于地下水的污染信息主要来源于国土资源公报和生态环境状况公报。

1.1.1 土壤污染状况

1.1.1.1 总体情况

《全国土壤污染状况调查公报》显示，部分地区土壤污染较重，耕地土壤环境质量堪忧，工矿业废弃地土壤环境问题突出。工矿业、农业等人为活动以及土壤环境背景值高是造成土壤污染或污染物超标的主要原因。

从污染分布情况看，南方土壤污染重于北方；长江三角洲、珠江三角洲、东北老工业基地等部分区域土壤污染问题较为突出，西南、中南地区土壤重金属超标范围较大；镉、汞、砷、铅 4 种无机污染物含量分布呈现从西北到东南、从东北到西南方向逐渐升高的态势。

1.1.1.2 污染物超标情况

全国土壤总的采样点位污染超标率为 16.1%，其中轻微、轻度、中度和重度污染点位比例分别为 11.2%、2.3%、1.5%和 1.1%。污染类型以无机型为主，有机型次之，复合型污染比重较小，无机污染物超标点位数占全部超标点位的 82.8%。

镉、汞、砷、铜、铅、铬、锌、镍 8 种无机污染物点位超标率分别为 7.0%、1.6%、2.7%、2.1%、1.5%、1.1%、0.9%、4.8%。六六六、滴滴涕、多环芳烃 3 类有机污染物点位超标率分别为 0.5%、1.9%、1.4%。

1.1.1.3 不同用地类型土壤环境质量状况

耕地土壤点位超标率为 19.4%，其中轻微、轻度、中度和重度污染的点位比例分别为 13.7%、2.8%、1.8%和 1.1%，主要污染物为镉、镍、铜、砷、汞、铅、滴滴涕和多环芳烃。林地土壤点位超标率为 10.0%，其中轻微、轻度、中度和重度污染的点位比例分别为 5.9%、1.6%、1.2%和 1.3%，主要污染物为砷、镉、六六六和滴滴涕。草地土壤点位超标率为 10.4%，其中轻微、轻度、中度和重度污染的点位比例分别为 7.6%、1.2%、0.9%和 0.7%，主要污染物为镍、镉和砷。未利用地土壤点位超标率为 11.4%，其中轻微、轻度、中度和重度污染点位比例分别为 8.4%、1.1%、0.9%和 1.0%，主要污染物为镍和镉。

1.1.1.4 典型地块及周边土壤污染状况

① 重污染企业用地调查的 690 家重污染企业用地及周边的 5846 个土壤点位中，超标点位占 36.3%，主要涉及黑色金属、有色金属、皮革制品、造纸、石油煤炭、化工医药、化纤橡塑、矿物制品、金属制品、电力等行业。

② 工业废弃地调查的 81 块工业废弃地的 775 个土壤点位中，超标点位占 34.9%，主要污染物为锌、汞、铅、铬、砷和多环芳烃，主要涉及化工业、矿业、冶金业等行业。

③ 工业园区调查的 146 家工业园区的 2523 个土壤点位中，超标点位占 29.4%。其中，金属冶炼类工业园区及其周边土壤主要污染物为镉、铅、铜、砷和锌，化工类园区及周边土壤的主要污染物为多环芳烃。

④ 固体废物集中处理处置场地调查的 188 处固体废物处理处置场地的 1351 个土壤点位中，超标点位占 21.3%，以无机污染为主，垃圾焚烧和填埋场有机污染严重。

⑤ 采油区调查的 13 个采油区的 494 个土壤点位中，超标点位占 23.6%，主要污染物为石油烃和多环芳烃。

⑥ 采矿区调查的 70 个矿区的 1672 个土壤点位中，超标点位占 33.4%，主要污染物为镉、铅、砷和多环芳烃。有色金属矿区周边土壤镉、砷、铅等污染较为严重。

⑦ 污水灌溉区调查的 55 个污水灌溉区中，有 39 个存在土壤污染。在 1378 个土壤点位中，超标点位占 26.4%，主要污染物为镉、砷和多环芳烃。

⑧ 干线公路两侧调查的 267 条干线公路两侧的 1578 个土壤点位中，超标点位占 20.3%，主要污染物为铅、锌、砷和多环芳烃，一般集中在公路两侧 150 米范围内。

1.1.1.5 正在开展的土壤污染状况调查

2005～2013 年开展的全国土壤污染状况调查中，典型地块及周边土壤污染调查布点精度较低，尚难满足土壤污染的防治工作需要。2016年发布的《土壤污染防治行动计划》（“土十条”）指出，在现有工作的基础上，以农用地和重点行业企业用地为重点，开展土壤污染状况详查。为进一步摸清工业企业场地污染情况，我国于2017年开展了重点行业企业用地土壤污染状况调查工作。2018年完成的“全国农用地土壤污染状况详查”的结果显示，我国农用地土壤环境状况总体稳定，但部分区域土壤污染风险突出，超筛选值农用地安全利用和严格管控的任务依然较重，警示了部分区域存在的土壤污染风险。我国于2022年起开展了第三次全国土壤普查工作，用以全面掌握我国土壤资源情况。该工作计划于2025年上半年完成普查成果整理、数据审核，汇总形成第三次全国土壤普查基本数据；下半年完成普查成果验收、汇交与总结，建成土壤普查数据库与样品库，形成全国耕地质量报告和全国土壤利用适宜性评价报告。

1.1.2 地下水污染状况

《2014中国国土资源公报》显示，全国202个地级市开展了地下水水质监测，监测点总数4896个，依据《地下水质量标准》，综合评价结果为水质呈较差级的占45.4%，水质呈极差级的占16.1%。与上年度比较，呈变差趋势的有809个，占18.0%。《2015中国国土资源公报》显示，全国202个地市级行政区开展了地下水水质监测工作，监测点总数为5118个，依据《地下水质量标准》，综合评价结果为：水质呈优良级的监测点466个，占监测点总数的9.1%；水质呈良好级的1278个，占25.0%；水质呈较好级的236个，占4.6%；水质呈较差级的2174个，占42.5%；水质呈极差级的964个，占18.8%。主要超标组分为总硬度、溶解性总固体、铁、锰、“三氮”（亚硝酸盐氮、硝酸盐氮和氨氮）、氟化物、硫酸盐等，个别监测点水质存在砷、铅、六价铬、镉等重（类）金属超标现象。

2015年《水污染防治行动计划》（“水十条”）颁布实施，计划目标要求到2020年，全国水环境质量得到阶段性改善，污染严重水体较大幅度减少，地下水超采得到严格控制，地下水污染加剧趋势得到初步遏制，京津冀、长三角、珠三角等区域水生态环境状况有所好转。到2030年，力争全国水环境质量总体改善，水生态系统功能初步恢复。

2019年发布的《地下水污染防治实施方案》明确，到2025年，建立地下水污染防治法规标准体系、全国地下水环境监测体系；地级及以上城市集中式地下水型饮用水源水质达到或优于Ⅲ类比例总体为85%左右；典型地下水污染源得到有效监控，地下水污染加剧趋势得到有效遏制。到2035年，力争全国地下水环境质量总体改善，生态系统功能基本恢复。

2021年，生态环境部印发《“十四五”国家地下水环境质量考核点位设置方案》，开始全国地下水环境质量考核点位监测工作。2021—2023年，全国地下水水质总体保持稳定，Ⅰ～Ⅳ类水质点位的比例范围为77.6%～79.4%。《2023中国生态环境状况公报》显示，全国监测的1888个国家地下水环境质量考核点位中，Ⅰ～Ⅳ类水质点位占77.8%，Ⅴ类占22.2%。其中，潜水点位1084个，Ⅰ～Ⅳ类水质点位占75.2%；承压水点位804个，Ⅰ～Ⅳ类水质点位占81.2%。主要超标指标为铁、硫酸盐和氯化物。

总的来看，土壤与地下水污染问题已经成为环境保护领域的重要挑战。政府和相关部门需要加强污染源的控制和治理，推进污染土壤和地下水的修复工作。同时，公众也需要提高环保意识，共同参与到土壤与地下水污染防治的行动中来。只有多方合作，才能有效遏制土壤与地下水污染的态势，保护我们赖以生存的环境。

1.2 土壤与地下水污染特征、危害与治理意义

1.2.1 土壤与地下水的污染特征

与大气污染相比，土壤与地下水的污染具有显著的独特性（付融冰，2022），主要体现在以下几个方面：

（1）系统复杂性

土壤-地下水环境系统是一个复杂系统。从构成上来看，它是由场地中的构筑物/建筑物、土壤、地下水、土壤空气、地表水等多环境介质组成的，具有地上空间、地层、非饱和带、饱和带等复杂的空间组织。从污染物角度来看，不同场地的污染物和污染源的多样化特征明显，污染物的数量、种类、形态、浓度、毒性等差异很大，污染源的形式多样。从环境介质与污染物的相互作用来看，存在着扩散、对流、弥散、蒸发、挥发、气化、密度流等物理作用，存在着溶解与沉淀、吸附与解吸、氧化与还原、离子交换、水解、配位等化学作用，也存在着微生物的降解转化、植物的吸收和蒸腾等生物作用，作用类型和过程非常复杂。

（2）空间异质性

从介质上看，土壤-地下水系统本身就是一个由多介质组成的、具有明显空间异质性的复杂系统。当种类繁多的污染物进入土壤与地下水中后，由于污染物性质不同，各种不同因素作用下土壤-地下水系统中的输入、迁移、转化等都显著不同，污染状态空间高度离散，致使污染的空间分布特征更加异质化，在空间上形成了大尺度异质、小尺度异质和微尺度异质。污染的空间异质性使得环境调查、风险评估与治理难度都大为增加。

（3）状态隐蔽性

土壤是不能自行移动的多孔介质，地下水虽然能够流动，但是在地面以下难以被人们直观观察；污染物进入土壤和地下水后会通过各种作用发生迁移转化，形成具有一定特征的赋存状态，这种污染状态不通过环境调查也无法被人们感知到。污染物只有通过暴露于人体或通过食物链进入人体造成了人体健康危害后，才会被反映出来。因此，土壤与地下水污染是具有隐蔽性的，人们对土壤与地下水污染的感知远不如对污水、地表水及大气污染的感知明显。这也常常会导致人们对土壤与地下水污染危害后果缺乏认识或不够重视。

（4）动态变化性

人类生产和生活等活动导致污染物持续输入土壤与地下水系统中。污染物输入场地后，在水文循环、地下水运动、土壤微生物、植物、动物作用下发生着迁移、转化、降解等作用，形成了复杂的源汇动态变化。场地调查实践证明，不同时期即便在相同位置开展调查，调查的结果也会有差异。总体来看，土壤与地下水污染状态短期内是相对稳定的，长期是动态变化的，其变化的速率一般来说比较缓慢，但也因场地条件而异。这一点也决定了土壤与地下水环境调查结果的时限性和有效性。

（5）难以逆转性

土壤往往是污染物的最终归宿，土壤一旦污染极难恢复。土壤是具有复杂成分和较强吸

附能力的松散颗粒，重金属通过吸附、沉淀等作用结合在土壤中，很难解吸出来。土壤中有机质能固着有机污染物，对土-水分配系数较大的污染物来说，疏水性强，不容易进入地下水而分离。特别是地下含水层一旦受到污染，很容易沿含水层扩散到其他区域，使得治理难度大为增加。理论上讲，土壤与地下水一旦被污染，就不可能完全恢复到原来的状态，土壤与地下水污染具有难以逆转性。

1.2.2 土壤与地下水污染的危害与治理意义

土壤与地下水是地球生态系统的重要组成部分，直接影响着人类的生存环境和健康。土壤和地下水污染带来的危害不仅威胁人类健康，还会损害生态环境和社会经济的发展。

（1）危害人类健康

土壤与地下水污染对人体产生危害的途径主要为污染物随食物链进入人体和人体直接暴露于受污染的土壤和地下水环境中。如日本的“痛痛病”事件主要是人们饮用了含有炼锌厂排放的镉的河水以及食用了被镉污染的稻米导致的镉中毒引起的。20世纪70年代，美国胡克公司向拉夫运河倾倒含二噁英、苯等致癌物的工业废物，导致当地居民特别是儿童、孕妇等人群不断出现疾病征兆，孕妇流产、胎儿畸形、癌症等病症的发病率居高不下。

（2）危害生态环境

污染物进入土壤与地下水中，超过了土壤与地下水的环境容量会造成生态系统的破坏，如动物健康损害、微生物及植物衰亡、生物多样性破坏等，进而导致生态系统退化等。

（3）危害农作物

土壤与地下水污染可直接影响作物，如污染物直接损害作物组织，降低营养物质的供给，造成植物病变、免疫力降低，严重时造成植物死亡，影响农作物收成。如果利用受重金属污染的地下水进行农业灌溉，不仅影响农作物生长，重金属还会随食物链进入人体，威胁人类身体健康。同时严重影响农作物的销售和出口，造成经济损失。

（4）破坏土壤与地下水资源

土壤与地下水是重要的国家资源。土壤与地下水污染导致土壤与地下水丧失或部分丧失功能和价值，质量下降或不符合相关质量标准要求，会减少土壤与地下水资源，造成资源破坏和浪费。

（5）影响经济社会运行

土壤与地下水污染导致农作物减产，直接削弱农业经济收益。污染的建设用地影响了当地的发展规划和相关行业发展，污染的治理与修复需要大量的人力、物力和财力投入。土壤和地下水污染还可能会引发健康问题和经济损失。

因此，土壤与地下水污染治理不仅是人民群众“住得安心”“吃得放心”的基本需求，更是推动经济社会可持续发展的重要保障。土壤与地下水污染治理能够维护生态系统的健康，增强农业生产能力，保障公共健康，促进经济可持续发展，维护社会稳定，并履行国际环境责任。这些治理措施不仅在学术研究中具有重要意义，也在实际应用中展现出巨大的社会和经济价值。通过不断完善治理技术和策略，深化污染防治措施，推动跨部门和跨地区的协作，可以实现土壤和地下水污染治理的长期有效性和可持续性，为全球环境治理和可持续发展贡献力量。

1.3 土壤与地下水污染治理的研究内容与学科特点

1.3.1 研究内容

土壤与地下水污染治理的研究内容主要包括：

（1）土壤-地下水介质系统研究

包括土壤-地下水系统的构成与规律，岩土介质与地下水的物理、化学和生物特性，介质系统的勘察与刻画方法等。

（2）污染物排放以及在土壤-地下水中迁移转化规律及环境效应研究

包括污染物排放的行业特征，污染物在土壤-地下水中的迁移转化的过程、规律与机理，污染物的健康与生态效应等。

（3）土壤与地下水环境调查方法学研究

包括土壤与地下水调查布点方法，勘察、环境采样工具装备，污染物溯源技术，数据分析与评价方法，污染物时空精准刻画方法等。

（4）土壤与地下水污染风险评估研究

包括土壤与地下水污染健康与生态风险评估方法，本土化的评估参数及相关数据库构建，风险评估模型开发等。

（5）土壤与地下水污染风险管控与修复技术研究

包括土壤与地下水污染风险管控与修复的理念，土壤与地下水污染风险管控与修复的物理、化学、生物及多场耦合机理与关键共性和专性技术，土壤与地下水污染风险管控与修复的工法工艺、修复材料与装备，土壤与地下水污染风险管控与修复的工程技术等。

（6）土壤与地下水环境管理制度研究

包括土壤与地下水基准值、背景值、质量标准、筛选值、控制值、修复目标值等的制定方法，污染土壤与地下水治理的标准、导则、指南、规范研究，土壤与地下水环境管理的法律法规、管理办法、系统平台、策略措施、方案对策等。

1.3.2 学科特点

（1）系统多元性与复杂性

土壤-地下水环境系统是一个多元耦合复杂系统，体现在两个复杂关系上，一个是多介质、多界面、多相态的复杂界面关系，另一个是多因素、多反应、多过程的复杂行为关系。多因素之间的相互关系错综复杂，过去单一介质的许多规律与研究方法不能完全适用于土壤-地下水系统，复杂系统的研究方法仍然存在巨大挑战。过去在这方面的探索和研究积累都很欠缺，面对土壤与地下水污染治理的现实需求，需要以“系统观”的思想认识土壤-地下水系统，建立高度分化与高度综合、复杂系统思想与综合集成方法、综合集成技术与综合集成工程的研究与实践思路。

（2）多学科交叉融合

由于土壤-地下水环境系统的多元性与复杂性，污染土壤与地下水的治理至少需要环境科学与工程、水文地质学、土壤学、地下水动力学、化学、生物学、材料学、岩土工程等方面的学科知识，这使得污染土壤与地下水的治理成为一项学科融合度很高、专业化程度很强的领域，也对人才的培养提出了新的挑战。由于这些学科过去都是独立的，其研究的背景、对象、目的和方法各不相同，故在各自领域中形成的一些认识和知识在解决土壤与地下水污染问题时往往并不完全适用，有时甚至是错误的。因此，做好污染土壤与地下水治理工作，需要做到理念上的转变，并真正实现多学科知识的融合与再认识。

（3）理论与实践并重

污染土壤与地下水的治理工作的实践性很强。复杂系统往往产生复杂问题，不进行实践往往认识不到也遇不上真正的实际问题是什么。多年的行业实践证明，单纯的理论研究和实验室研究往往与实际情况差异很大，也难以有效解决实际问题。从理论上看，污染物的迁移转化规律以及土壤与地下水的治理技术都不难理解，但是一到实际污染场地中，过去的认识往往产生很大偏差，修复技术也变得不太有效。主要原因还是对复杂系统的环境问题认识不足，缺乏解决复杂系统问题的方法和技术，治理技术设计过于理想化，没有针对关键核心问题，专业性不足。这也是尽管我国已有多年的行业实践经验，做了大量工程项目，但是核心关键技术的提升还很有限的原因。因此，污染土壤与地下水的治理需要理论与实践的交互融通与双重历练，在实际治理中发现问题，针对实际问题开展理论研究和技术创新，在解决实际问题的过程中进行理论与实践的交互运用与协同验证，有效推进学科快速发展。

习题与思考题

1. 了解我国土壤和地下水的总体污染状况。
2. 阐述土壤与地下水污染的特征。
3. 阐述污染土壤与地下水治理的研究内容。
4. 阐述污染土壤与地下水治理的学科特点。

参考文献

付融冰，2022. 场地精准化环境调查方法学[M]. 北京：中国环境出版社.

第2章

土壤与地下水环境系统

2.1 土壤与地下水环境系统概述

土壤与地下水构成了土壤与地下水系统，土壤是该系统的介质骨架，地下水赋存并运动于其中的空隙中，各自具备一定的理化性质。当污染物进入该系统后，会在土壤-地下水-气之间发生更为复杂的环境过程。因此，土壤与地下水系统是一个多介质、多界面、多因素、多作用、多过程的复杂环境系统。本章阐述了土壤与地下水环境系统的相关概念、结构以及土壤与地下水的基本性质，这些内容是认识和理解土壤与地下水污染过程、环境调查、风险评估与协同防治的基础性知识，具有重要意义。

2.2 土壤与地下水环境系统基本概念

2.2.1 土壤

关于土壤的概念，不同学科基于不同的角度给予了不同的定义和解释，对土壤内涵的理解也是一个不断深入和发展的过程。土壤最早成为农业研究的对象，从农学和土壤学的角度，土壤的本质特征是可以利用的表层土壤资源和土壤肥力，即土壤是地球表面具有生命活动、处于生物与环境间进行物质循环和能量交换的疏松表层。这个疏松表层含有丰富多样的生物，从生物学角度认为土壤是地球表层系统中生物多样性最丰富及生物地球化学的能量交换、物质循环最活跃的生命层。从地质学的角度，土壤是地球岩石表面已经风化的部分。有些环境学家认为，土壤是环境要素中心，具有环境净化的能力。从对土壤理解的宽阈看，广义的理解是地壳最上层表面松散的沉积物；狭义的理解是指不饱和带松散表层土，或不饱和带表层土加饱和带的上层部分，这和地下水位的埋深有关，不同地区的差异巨大。

国际标准化组织（ISO）（2005）对土壤的定义是“由矿质颗粒、有机质、水分、空气和活的有机体以发生层的形式组成的，经风化和物理、化学以及生物过程共同作用形成的地壳表层”。我国土壤环境学家（陈怀满等，2018）对土壤也作了比较综合性的定义，即“土壤是历史自然体，是位于地球陆地表面和浅水域底部具有生命力、生产力和疏松而不均匀的聚积层，是地球系统的组成部分和调控环境质量的中心要素”。

从环境科学的角度，本书关注的重点是土壤与地下水中的污染物对人体健康、生态系统、地下水和食品安全等保护目标的影响及对策。因此，本书所指的土壤主要指因污染物存积其中可能对保护目标造成影响的地壳浅层，包括表层不饱和带土壤、饱和带土壤和部分风化岩层，一般深度为几米到几十米，较少情况下最深也可达几百米。

2.2.2　地下水

广义上的地下水是指赋存于地表以下岩土空隙中的水，包括非饱和带、毛细带和饱和带中的各种形式的水。狭义上是指赋存于地表以下岩土中饱和含水层中的水（王大纯等，2002）；也有的定义为埋藏于地表以下的各种形式的重力水；还有的文献中把非饱和带土壤中的水称为土壤水，把饱和带中的水称为地下水。这都是从土壤学或水资源角度定义的地下水。

从环境科学角度，仅仅考虑重力水显然是不够的，地下各种形态的水对污染物的迁移转化以及修复都有影响。因此，本书中所指的地下水是赋存于地表以下岩土介质中各种形态的水，非饱和带中的称为非饱和带地下水（土壤水），饱和带中的称为饱和带地下水。

2.2.3　土壤与地下水环境系统

从资源的角度，传统上对土壤与地下水的研究基本是独立的；但从环境学的角度，污染物进入地下后会在土壤颗粒、地下水及空隙气体中进行分配、迁移与转化，在修复过程中污染物在固、水、气等多介质之间的相互作用更加复杂化。因此，大多数情况下，不能割裂土壤与地下水的相互关系谈修复，应协同考虑多介质污染物的环境行为和修复目标制定修复措施。

基于上述考虑，本书所说的土壤与地下水环境系统是指由地表到基岩面的整个孔隙/裂隙介质（不饱和带土壤、饱和带土壤和部分风化岩层）和赋存于其中的各种形态的地下水与气体等组成的介质空间以及在这个介质空间中的水动力场、物理场、化学场和生物场的统一体。

从尺度上看，土壤与地下水环境系统又分为区域尺度和场地（地块）尺度，二者的污染防控理念和重点不同，区域侧重于以防为主，场地则以“管控”和“修复”为主。场地是污染土壤与地下水治理的主战场。

我国《场地环境调查技术导则》（HJ 25.1—2014）（已废止）及《污染场地术语》（HJ 682—2014）（已废止）对“场地（site）”的定义是：某一地块范围内一定深度的土壤、地表水、地下水以及地块内所有构筑物、设施和生物的总和。《建设用地土壤污染状况调查技术导则》（HJ 25.1—2019）和《建设用地土壤污染风险管控和修复术语》（HJ 682—2019）中删除了“场地”术语。《建设用地土壤污染风险管控和修复术语》（HJ 682—2019）增加了“建设用地（land for construction）”术语，指建造建筑物、构筑物的土地，包括城乡住宅和公共设施用地、工矿用地、交通水利设施用地、旅游用地、军事设施用地等，该术语更强调用地的功能类型。

2.2.4　土壤与地下水污染

（1）土壤污染

由于人类活动引入土壤的外源有害物质积累到一定程度，土壤的组成、结构和功能发生变化，超出了人体健康和生态环境健康风险可接受的水平，称为土壤污染。土壤具有缓冲、净化能力，有害物质进入土壤不一定会引起危害（contamination），只有危害不可接受才称为土壤污染（pollution）。由自然成土过程形成的高地质背景土壤，一般不称为土壤污染，而归为地质成因异常土壤，但是这种土壤也是有危害的，必要时也需要采取风险控制和修复措施。

（2）地下水污染

人类活动引起地下水化学成分、物理性质和生物学特征发生改变而使地下水质量下降的现象。对地下水污染的认识国际上也存在一定分歧，但是主流认识是：因人类活动使地下水中有害物质积累，地下水水质朝着恶化的方向发展的现象，不管这种现象是否使水质恶化到超过相关标准或影响到使用的程度。

（3）污染场地

《污染地块土壤环境管理办法（试行）》（环境保护部令 第42号，2016）中规定：按照国家技术规范确认超过有关土壤环境标准的疑似污染地块称为污染地块。

世界各国对“污染场地”的定义各不相同，但主流的定义是：场地受到了污染，且对人体及生态环境造成了危害或者存在潜在的危害。“造成了危害”意味着风险不可接受；“存在潜在的危害”也有一个判定标准，一般是指超过筛选值（各国叫法也不同），也就是说污染物浓度超过筛选值的场地才称为污染场地。

2.3 土壤与地下水环境系统的结构

土壤与地下水环境系统的结构一般包括介质场、水动力场、物理场、化学场和生物场。

2.3.1 介质场

土壤与地下水环境系统既有自然属性，又有社会属性，因此，土壤与地下水环境系统既包括土壤与地下水等天然介质又包括地上和地下的其他人为附属物。该系统的介质场是介质组成与空间结构，是整个系统的物理结构。

2.3.1.1 介质组成

土壤与地下水系统介质主要包括土壤、岩石、地下水、土壤空气、地表水、生物、生产/生活设施及其他固体废物等。根据不同的系统类型，由下列全部或部分介质组成。

（1）土壤

土壤是地壳表面最主要的组成物质，是岩石圈表层在漫长的地质年代里经受各种复杂地质作用形成的地球陆地表面的疏松层，是地下的固体骨架。土壤颗粒主要由矿物质与有机质组成，矿物质土粒由原生矿物及次生矿物组成。土壤有机质是附着在土壤矿物颗粒上的由土壤中各种动植物残体和微生物分解与合成的有机化合物，主要成分是土壤腐殖质。

（2）岩石

土壤的底部是岩石，岩石是各种地质作用的产物，并在一定地质和物理化学条件下稳定存在的矿物集合体，是地壳的主要组成物质，构成了地壳和上地幔的顶部固态部分。从土壤到岩石是逐渐过渡的，按照风化程度自上而下可分为残积土、全风化、强风化、中风化、微风化与未风化岩石。由于残积土、全风化、强风化、中风化岩石组织结构被全部或部分破坏，其渗透性很大，地下水与污染物容易进入其中，是重点关注的对象。

（3）地下水

地下水赋存于土壤和岩石中。按照地下空隙类型可分孔隙水、裂隙水及溶隙水。按照地下水的赋存形态，可分为岩土空隙中的水和岩土骨架中的水。空隙水又分为液态水、气态水和固态水，液态水又分为结合水、毛细水和重力水。重力水是水文地质和地下水水文学的主要研究对象。在污染场地修复中，抽出处理的对象是重力水，而原位修复的对象是重力水、结合水与毛细水，结合水与毛细水对污染物在地下水与土壤中的相互平衡起到重要作用。按照不同的埋藏条件，地下水又可分为包气带水、潜水和承压水。

（4）土壤空气

非饱和土壤中还有土壤空气，自然条件下土壤中空气与大气组成相似，但存在一定差异。在污染场地中，由于有机污染物的挥发，土壤空气中的成分发生了巨大变化。挥发性污染物、半挥发性污染物在固相-液相-气相中维持着动态平衡，包气带中污染物残余相及浮于地下水面的轻非水相液体的挥发往往导致土壤空气中含有较高浓度的污染物，然后挥发到地面以上的大气中。

（5）地表水

地表可能存在过境河流或池塘、沟渠、湖泊等地表水体，有些是天然的，有些可能是地块使用过程中人为形成的。地表水与地下潜水有一定联系，污染物可通过这种联系进行迁移转化。

（6）生产/生活设施

生产/生活设施是指场地上用于生产或生活的设施，包括建筑与设备，也包括地面的覆盖层。建筑包括建筑物与构筑物。建筑物是指主要供人们进行生产、生活或其他活动的房屋或场所，如工业建筑、民工建筑、农业建筑和园林建筑等。建筑物一般应有地基基础、地面、墙体、屋顶、门窗配件以及水、电、暖等相关配套设施。构筑物一般是指人们不直接在内进行生产和生活活动的场所，如烟囱、储罐、囤仓、水池、挡墙、堤坝等及相关配套设施。设备是指用于生产、生活的各类反应器、动力设施、泵阀、槽、塔、容器、管线、平台、桩架等。生产设施往往是重要的污染源。

（7）其他固体废物

在人为活动影响下，地下除了土壤及生产/生活设施外，因生产、生活遗留或废弃或外来的呈固态、半固态或盛于容器中的液态物质，通常是原辅材料、中间产物、产品以及废水、废气处理的相关耗材及产物，可能是危险废物或一般固废。这些往往是土壤与地下水污染的主要来源，是环境调查识别的重点内容。

（8）生物

生物是指场地土壤中的植物、动物和微生物。土壤微生物的差异很大，也是污染物降解转化的主要承担者。植物分为地上生物质和地下生物质，植物对污染物的吸收、转化、固定、蒸腾等作用对场地表层和浅层土壤中污染物状态起重要作用。

2.3.1.2　空间结构

从地面自上而下分别为：地上空间（生产/生活设施、植物）、地下空间（包气带、饱和带）。如图 2.1 所示。

（1）地上空间

地上空间主要有生产/生活设施和植物。地上用于生产和生活的各类设施包括建筑物、构筑物、设备及附属的相关固体废物等。生产/生活设施大部分位于地面以上，部分位于地下。植物除了地上部分外还有地下根系。根据不同场地类型，地面还会有硬化覆盖层。生产/生活设施往往影响着污染物的输入及分布，地下部分设施形成的地下建筑层对污染物及地

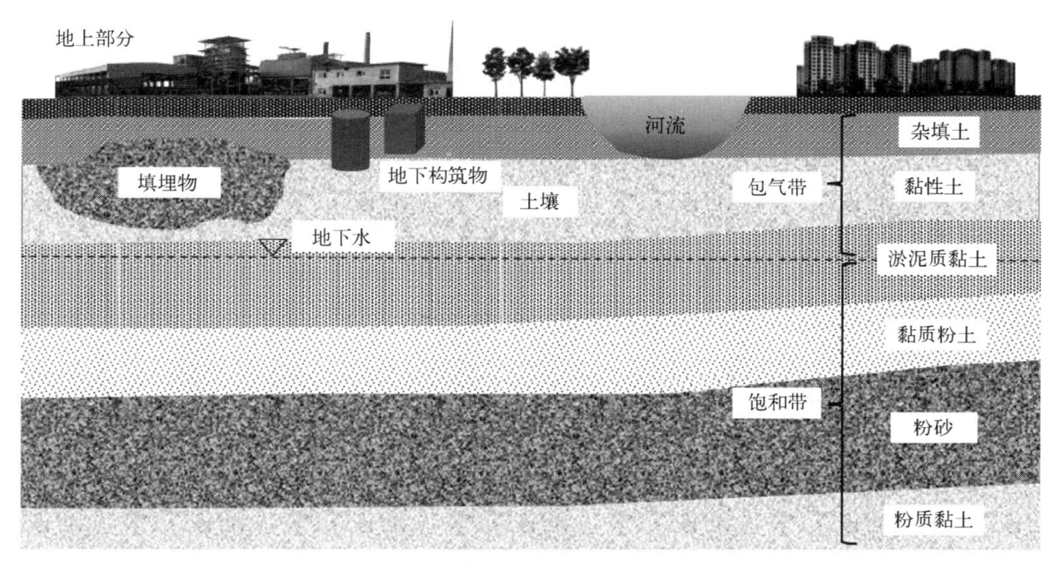

图 2.1　污染场地的空间构成（付融冰，2022）

下水的迁移有重要影响。

（2）非饱和带（包气带）

地表至地下水水面之间的区域称为非饱和带或包气带，该区域没有被地下水充满，包含与大气相通的气体，也含有水，水的形态有土壤吸着水、薄膜水、毛细水、气态水、上层滞水以及过路的重力渗入水。不同的地域包气带的厚度差别很大，从几十厘米到几百米都有。

（3）饱和带

地下水面以下岩土空隙全部被水充满的地带称为饱和带。饱和带中根据含水层埋藏条件不同，地下水又分为潜水和承压水，相应的含水层称为潜水含水层和承压水含水层。

① 潜水层。地表以下第一个稳定分布的隔水层之上的具有自由水面的地下水称为潜水，潜水所处的地带为潜水层。潜水具有自由水面，顶部没有隔水顶板或只有局部的隔水顶板，不承受静水压力，仅承受大气压力，潜水在重力作用下由水位高的地方流向水位低的地方。潜水层的厚度受气象、水文因素影响较大，随潜水面的变化而变化。

② 承压水层。充满于相邻两个相对隔水层（弱透水层）之间的具有承压或微承压性质的地下水称为微/承压水，相应的含水层称为微/承压水层。承压水除了承受大气压力外还承受水的自重。

（4）岩层

场地土壤的底部是风化程度不同的岩层，因地质条件的不同，岩层的埋深差异巨大。其中含水部分的岩层属于含水层。许多土层很薄、岩石风化程度大的场地，污染物也进入了风化岩石中，给调查与修复造成了很大困难。

由于污染场地环境管理的目标主要是保护人类健康、生态系统、地下水和食品安全，因此，场地的垂向空间范围仅限于影响人类健康、生态系统以及人类可及的地下水部分的浅部范围，一般包括上部非饱和层以及含水层前几十米的范围。

2.3.2　水动力场

介质空间中的地下水在势能场的驱动下发生流动，地下水的流动场域与流动特征形成了地下水水动力场。它是由于水流的存在而导致的液体运动的力学现象。水动力场驱动是指地下水的流动通过一系列湍流、水头差等机制，对水进行混合与运输，主要的驱动力是重力势能，来源于地下水的补给。地下水水动力场特征代表了区域地下水补给、径流和排泄特征。

水动力场主要研究地下水的流动状态和运动规律，包括水流的速度、方向、波动等运动规律以及水资源量的变化、水循环模式的演化等。地下水动力场变化特征最直接的反映是地下水动态的变化。地下水动力场是模拟地下水流基本状态和地下水中溶质运移过程的理论基础。

2.3.3 物理场

土壤与地下水具有一定的介质属性，因此具有相应的物理性质。主要包括土壤与地下水的密度、温度、颜色、气味、导电性、导热性、地下水的透明度、地下水的压力、土壤应力、放射性等。地下水在循环运动过程中，与土壤介质之间发生着诸如混合、溶滤、浓缩、脱碳酸等物理作用，土壤与地下水的物理性质也在不断发生变化。这些物理性质以及所有物理作用构成了土壤与地下水系统的物理场。

2.3.4 化学场

土壤与地下水环境系统的化学场是指土壤与地下水的物质成分、形成作用以及发生在固(岩土)-液（地下水和非水相液体)-气（土壤气）之间的水文地球化学过程的总和。

土壤是由矿物与有机质构成的。矿物主要元素有氧、硅、铝、铁、钙、镁、钾、钠、磷、硫以及微量元素（如锰、锌、硼、钼、铜等)。其中，氧、硅、铝、铁占比最大，多以氧化物的形式存在，是土壤矿物质的主要成分。土壤有机质主要成分是腐殖质，又可分为富里酸、胡敏酸与胡敏素三种组分。土壤有机质是土壤学及农学研究的重点，是植物的营养来源，能改善土壤理化性质，增强土壤保肥性和缓冲性。从环境学的角度，土壤有机质对有机污染物的分配、降解、迁移以及对重金属污染物的配位、吸附及迁移具有较大影响。

岩土与地下水经过长期的溶滤、浓缩、脱硫酸、脱碳酸、阳离子交换吸附、混合等作用，形成了较为稳定的地下水地球化学成分。主要包含溶解性的气体（O_2、N_2、CO_2、CH_4、H_2S 等)、离子（氯离子、硫酸根离子、碳酸氢根离子、钠离子、钾离子、钙离子及镁离子等)、有机物（氨基酸、蛋白质、糖类、醇类、羧酸、苯酚衍生物、胺等）以及其他微量组分（如 Br、I、F、B、Sr 等)。

土壤与地下水的成分以及进入该系统中的外来污染物会在固-液-气之间不断发生吸附解吸、酸碱反应、水解反应、配位作用、离子交换、氧化还原、沉淀溶解等化学过程。天然土壤与地下水系统中的这些作用缓慢并维持一个平衡。当污染物进入系统后，化学作用强度变大，打破了原有的平衡，使土壤性质与地下水水质发生变化。

2.3.5 生物场

土壤与地下水系统中的植物和微生物群落类型、数量、分布及生物地球化学过程形成了土壤与地下水环境系统的生物场。系统中始终发生着由生物活动引起的土壤元素及外来污染物的富集、迁移、分散、转化以及由此引起的生物繁殖、变异、衰减、演替等过程。

植物通常通过稳定、挥发、提取、降解等作用对土壤与地下水系统中的物质成分以及污染物进行迁移与转化，其影响范围主要是植物地下生物量存在的范围。相对于植物，微生物的活动更为广泛、影响更大。地下环境中广泛分布着微生物，以细菌为主，包括少量真菌。土壤是一个巨大的微生物库，但至今为止发现的土壤微生物数量仍非常有限。这些微生物群落是物质循环、能量转换和信息传递的重要承担者，是生物地球化学循环的主要驱动因子。

根据系统中的温度、溶解氧、氧化还原电位、酸碱性、有机质含量、污染物含量等状态，微生物群落在地下的数量和分布不同。微生物利用地层中广泛存在的电子受体对物质进行分解和转化，这些代谢途径各不相同，目前研究比较多的是氧化、还原、脱氮、铁还原、锰还原、硫酸盐还原和产甲烷等过程。地下的环境状况决定着微生物活动的类型和强度，微生物活动反过来又影响土壤与地下水环境状况。如根据电子受体接受电子能力的差异，地层中会形成不同的氧化还原反应带。

2.4 土壤的形成与基本性质

2.4.1 土壤的形成与分类

2.4.1.1 土壤形成因素

地壳表层的岩石或矿物，在温度、水分、大气及生物的联合作用下，发生崩解、分解及矿物成分的变化，这个过程称为风化作用。风化作用包括物理风化、化学风化和生物风化3种类型。风化作用一般由表及里、由浅入深达到一定深度，连同搬运而来的物质，一起形成一层厚度不一的风化壳。风化作用的产物在生物参与作用下，经过漫长的演化，逐渐形成了土壤，这个过程称为成土作用。土壤形成的因素即成土因素，是物质、外力、形成发育条件等相互作用的基本因素，这些因素将持续性影响土壤的形成和演变。

19世纪末，俄国土壤学家道库恰耶夫创立了土壤发生学的观点，认为土壤是在母质、气候、生物、地形和时间5个自然成土因素的共同作用下发生发展的。其后威廉姆斯进一步发展了道库恰耶夫的学说。他们的学说得到了土壤学界的普遍认可。到20世纪40年代，土壤学家詹尼（Hans Jenny）又补充和发展了道库恰耶夫的成土因素学说，提出了土壤形成因素的函数关系概念：

$$S=f(cl,o,r,p,t,\cdots)$$

式中，S指土壤，f指函数，cl指气候，o指生物，r指地形，p指母质，t指时间，…指其他不确定的因素。

除了自然成土因素外，现代土壤学认为人类活动也是土壤形成的重要因素。

（1）母质

母质是地壳表层的岩石矿物经过风化作用形成的风化产物及其再积物，是形成土壤的物质基础，是土壤的前身，亦构成土壤的骨架，母质形成结构疏松的风化壳的上部。在不同成土因素作用下，含有不同矿物组成成分、理化性质的母质其成土过程的速度与性质等也不同。母质层次的不均一性，影响土壤的性状、营养状况等，也会造成水分在土体中分布的不均一性。一般来说，土壤的形成周期越久，母质与土壤的性质差距越大，但母质的某些性质仍会长期存在于土壤中。

（2）气候

气候影响土壤的风化、演化和物质淋溶等过程中的水热条件，同时水分和热量会控制土壤表层植物和微生物的生长。此外，气候也会影响土壤的成土速度。

(3) 生物

生物因素是成土过程中最活跃的影响因素，主要包括植物、土壤动物和土壤微生物。植物在成土过程中最重要的表现是与土壤之间的物质和能量交换。植物进行光合作用将太阳能转化成化学能，再以有机质残体的形式聚集在母质表层；植物根系的生理活动影响着土壤中的生物化学过程。土壤动物参与植物残体的分解和搬运，同时动物残体也是土壤有机质的来源之一，参与土壤腐殖质的形成与养分转化。微生物作为主要的分解者对土壤的形成起到重要且复杂的作用，微生物分解动植物残体，转化土壤养分，合成腐殖质构成土壤胶体性能，同时也形成了土壤的微生物学特性。

(4) 地形

地形因素主要通过影响地表水热条件的再分配，从而影响不同母质与植被类型对土壤生物形成起作用。不同地形条件下形成的土壤类型往往差异较大。

(5) 时间

影响成土的因素都随着时间的延长而不断影响土壤的发育与演化，时间影响土壤的发育程度，即土壤年龄。

(6) 人类活动

人类活动对土壤形成的影响越来越明显，具有显著的社会性。合理的土壤利用和保护活动有利于土壤的良性发展，不合理的利用活动则使土壤质量下降、功能退化。

2.4.1.2 土壤形成过程

土壤的形成，从大的尺度来看是地质过程循环的结果：自然界中的岩石经过风化作用分解、破碎，然后在河流、风等外营力作用下被搬运，在迁移过程中逐渐沉积、成土，形成的土壤再经过漫长的压实、固结过程之后，重新又形成岩石，周而复始，也称地质大循环。从小的尺度来看，是元素在生物圈的循环过程：绿色植物通过光合作用和蒸腾作用从土壤中汲取营养元素，合成有机体；随后经过食物链的流动和传递，最终又被微生物分解，重新回到土壤系统中，也称生物小循环。因此，土壤的形成是不同尺度下的循环过程中的相同结果。

具体来说，土壤的形成一般包括十一个成土阶段，分别为：原始成土过程、有机质聚积过程、黏化成土过程、盐化成土过程、碱化成土过程、白浆化成土过程、灰化成土过程、脱硅富铝化成土过程、潜育化成土过程、潴育化成土过程、熟化成土过程。

(1) 原始成土过程

原始成土过程是成土过程的起始阶段，岩石矿物开始风化，只有低等的植物和微生物参与成土过程，主要包括三个阶段：首先是岩漆阶段，为最原始的阶段，只有自养型微生物（如蓝绿藻等）定居在岩石上，通过分泌有机质改善岩石环境；其次是地衣阶段，异养型微生物开始参与进来，逐渐形成原始的微生物群落；最后是苔藓阶段，岩石进一步风化崩解，当湿度等条件适宜时，低等植物（如苔藓）慢慢出现。

(2) 有机质聚积过程

在各种植被覆盖下，发生在土体特别是土体上部的有机质的积累过程。根据植被类型或气候环境的差异，可进一步划分为腐殖化、粗腐殖化、泥炭化三种有机质聚积过程。腐殖化主要见于草本植被下，植物残体被分解成腐殖质，在土体表层积累形成一层腐殖化层（黑土层）；粗腐殖化是在森林植被下，由于环境阴湿，植物残体分解不彻底，形成腐殖化程度较低的粗腐殖质；泥炭化是在水分过高或温度过低情况下，植物残体分解程度更低，某些植物组织仍能保持原状，而仅有颜色的改变。在低洼过湿条件下（如沼泽中）形成泥炭层，在高寒条件下形成毡状草皮层。

（3）黏化成土过程

在半干旱、半湿润地区，土体中黏粒的形成和积累过程，包括物理过程和化学过程。物理过程主要是指大的块体或颗粒发生物理性破碎或崩解，逐渐形成更小的黏粒。化学过程是指原生矿物风化分解后形成黏土矿物的过程。

（4）盐化成土过程

在干旱、半干旱的气候条件下，由地下水经毛细作用输送至土体上部的水分发生强烈的蒸发，使得盐分在表层积累的过程。

（5）碱化成土过程

土壤积累交换性钠或交换性镁，使土壤呈碱性反应，并引起土壤物理性质恶化的过程。

（6）白浆化成土过程

在冷凉湿润区，土壤表层或亚表层长期浸润在雨水或冻融水中，其中的铁、锰元素发生还原性溶解，并向下淋失，导致土体呈白色的过程。

（7）灰化成土过程

在寒温带、寒带针叶林植被和湿润条件下，植物残体经微生物分解，释放出大量的有机酸，将土壤中的矿质金属离子螯合淋溶并沉积在土壤下部，而上部富集二氧化硅形成灰白色淋溶层的过程。

（8）脱硅富铝化成土过程

在湿热气候条件下，土壤中铝硅酸盐类矿物发生强烈的水解，释放出盐基物质和游离硅酸并大量流失，而铁、铝氧化物由于淋溶作用较弱，在土层中相对富集的过程。

（9）潜育化成土过程

土壤长期浸水，在土体内形成还原氛围，使高价铁锰大量还原，在土体下部形成蓝灰或青灰色的还原层的过程。主要发生在排水不良的水稻土和沼泽土中。

（10）潴育化成土过程

土壤周期性积水，频繁发生干湿交替，使土壤中反复进行氧化还原反应，最后在土体内形成黄棕色的铁质锈斑、黑色锰斑以及铁锰结核的潴育层。

（11）熟化成土过程

指人类定向培育土壤肥力的过程，兼受自然因素和人为因素的综合影响。其中，人为因素占主导地位。

2.4.1.3 土壤分类

土壤分类是指根据土壤性质和特征对土壤进行分类，土壤分类是了解与认识土壤的基础。数十年来，土壤分类研究虽有很大的进展，但至今仍没有一个公认的土壤分类原则和系统（陈怀满等，2018）。目前，国际上三种主流分类制为：美国土壤系统分类（ST）、世界土壤图图例系统（FAO/UNESCO）和国际土壤分类参比基础（IRB）。我国也出现了中国土壤分类系统和中国土壤系统分类体系并存的趋势。

（1）土壤发生分类（中国土壤分类系统）

采用土纲、亚纲、土类、亚类、土属、土种、变种七级分类单元，其中土纲、亚纲、土类、亚类属于高级分类单元，土属为中级分类单元，土种为基层分类的基本单元，以土类、土种最为重要。这是一种以土壤概念和土壤成土条件作为分类依据的定性分类体系。

（2）土壤系统分类（中国土壤系统分类体系）

中国土壤系统分类体系共六级，即土纲、亚纲、土类、亚类、土族、土系。前四级为高级分类级别，后两级为基层分类级别。这是一种以诊断层和诊断特性为基础的定量化分类体系。

2.4.2 主要成土矿物、岩石及母质

2.4.2.1 主要成土矿物

（1）矿物的概念及性质

地壳中的元素可以以单质形式或与其他元素化合成化合物以矿物的形式存在。矿物是地壳中的化学元素在各种地质作用下所形成的，具有一定化学组成和物理性质的自然均质体，矿物是组成岩石和矿石的基本单位。矿物可以是单质，例如石墨、金刚石、自然金、自然银等；也可以是化合物，如石英、长石、磁铁矿等。按照概念，矿物必须是天然产出的物体，从而与人工制备的产物相区别。对那些虽由人工合成，但各方面特性均与天然产出的矿物相同或极其相似的产物，如人造金刚石、人造水晶等，则称为人工合成矿物。另外，矿物一般是由无机作用形成的固体。而煤和石油是通过有机作用形成的，且无一定的化学组成，因此均非矿物。但也有极少数有机矿物是通过无机作用形成的，如草酸钙石［$Ca(C_2O_4)\cdot 2H_2O$］等（赵珊茸，2011）。

天然矿物大都具有结晶结构，即组成矿物的原子在空间上作有序排列，可以衍射X射线或电子波。然而，也有一些天然产出的物质是非晶质体，这些非晶质体可以分为两类：①非结晶质体，从来不曾结晶过，例如蛋白石是由二氧化硅组成的，但含有一定的水分；②蜕晶质体，曾一度是结晶体，但其结晶特征已被电离辐射所破坏（赵珊茸，2011），例如锆石中由于含有微量的放射性元素，受辐照的影响，晶体局部变为无序，甚至全部变为非晶质。矿物学中有时不把非结晶质体视为矿物，或者视为“准矿物”。

矿物的性质包括光学性质（颜色、光泽、透明度等）、力学性质（硬度、解理、相对密度）、磁性、均一性、对称性和各向异性等。

矿物的颜色多种多样。呈色的原因，一类是白色光通过矿物时，内部发生电子跃迁过程而引起对不同色光的选择性吸收所致；另一类则是物理光学过程所致。导致矿物内电子跃迁的内因，最主要的是色素离子的存在，如Cu^{2+}使孔雀石呈绿色，Cr^{3+}使红宝石呈红色或蓝色等。另外，晶格缺陷也会产生颜色，形成所谓的“色心”，如萤石的紫色。矿物学中一般将颜色分为三类：自色是矿物固有的颜色；他色是指由混入物引起的颜色；假色则是某种物理光学过程所致。如斑铜矿新鲜面为古铜红色，氧化后因表面的氧化薄膜引起光的干涉而呈现蓝紫色的锖色。矿物内部含有定向的细微包体，当转动矿物时可出现颜色变幻的变彩，透明矿物的解理或裂隙有时可引起光的干涉而出现彩虹般的晕色等（赵珊茸，2011）。

矿物的硬度是指矿物抵抗外来机械作用力（如刻划、压入、研磨等）侵入的能力。矿物学中所称的硬度，通常多是指莫氏硬度，即矿物与莫氏硬度计相比较的刻划硬度。例如金刚石是天然形成的硬度最高的物质，能刻蚀钢铁，具金刚光泽；而同样是由碳原子组成的石墨，指甲就能在上面留下划痕，但具有优良的导电、导热性。

解理是指矿物受力后，沿一定结晶方向裂开成光滑平面的性质（赵珊茸，2011）。例如

石墨，层内碳原子以共价键结合，十分稳定，但层间通过 π-π 作用结合，这种键比共价键弱得多。因此石墨晶体受力后，极容易沿层间裂开，形成极完全解理。而金刚石中的碳原子在三维空间上都是以共价键结合，断裂时没有规律，因此不具有解理特征。

矿物的相对密度是指矿物的质量与4℃时等体积水的质量比。一般来说，非金属矿物的相对密度要小一些，而金属矿物的相对密度更大。例如石英的相对密度是2.65，重晶石（成分是硫酸钡）的相对密度在4.0～4.6之间，自然金的相对密度可达到19.3。

矿物的磁性主要由其组分的磁性、化学组成、化学键的结合方式及矿物的结构所决定。例如磁铁矿表现出强磁性，磁黄铁矿为中等磁性，黄铁矿则呈弱磁性。

另外，矿物结构中原子排列的方式不同会导致矿物在不同方向上呈现不同的性质，即各向异性。最典型的就是蓝晶石，平行晶体伸长方向上莫氏硬度为4.5，可用小刀划下痕迹，而垂直方向上为6，小刀划不动。再比如石榴子石是均质体矿物，具有均一性。

（2）主要成土矿物种类

土壤矿物质是岩石经风化作用形成的，占土壤固体部分总质量90%以上，是土壤的骨骼和植物营养元素的重要供给来源。矿物的种类很多，目前已经发现的在3000种以上，但与土壤有关的不过数十种。几种主要成土矿物的化学成分、风化特点和分解产物见表2.1。

表2.1 主要成土矿物

大类	细类	名称	化学成分	风化特点和分解产物
原生矿物	硅酸盐矿物	钾长石	$KAlSi_3O_8$	较稳定，风化后形成高岭土，二氧化硅和盐基物质尤其是钾是土壤中钾素和黏粒的主要来源
		斜长石	$NaAlSi_3O_8$、$CaAl_2Si_2O_8$	
		白云母	$KAl_3Si_3O_{10}(F,OH)_2$	白云母抗风化，黑云母易风化，均形成黏粒，是土壤中钾素和黏粒的主要来源
		黑云母	$K(Mg,Fe)_3[AlSi_3O_{10}](OH,F)_2$	
		角闪石	$X_{2\sim3}Y_5[Z_4O_{11}](OH)_2$ 式中，X为Na^+、K^+、Ca^{2+}；Y为Mg^{2+}、Fe^{2+}、Fe^{3+}、Al^{3+}等；Z为Si^{4+}、Al^{3+}	易风化形成黏粒，并释放盐基
		辉石	$W_{1-p}(X,Y)_{1+p}Si_2O_6$ W为Ca^{2+}、Na^+；X为Mg^{2+}、Fe^{2+}、Mn^{2+}、Li^+；Y为Al^{3+}、Fe^{3+}、Cr^{3+}、Ti^{4+}	
		橄榄石	$(Mg,Fe)_2SiO_4$	易风化形成蛇纹石
	氧化物类矿物	石英	SiO_2	相当稳定，是土壤中砂粒的主要来源
		赤铁矿	Fe_2O_3	难风化，是土壤中红色的来源
		褐铁矿	$Fe_2O_3 \cdot nH_2O$	难风化，是土壤中黄色、棕色的来源
		磁铁矿	Fe_3O_4	易风化形成赤铁矿、褐铁矿
	硫化物类矿物	黄铁矿	FeS_2	易风化，是土壤中硫的来源
	碳酸盐矿物	方解石	$CaCO_3$	易风化，是土壤中碳酸盐和钙、镁的主要来源
		白云石	$CaMg(CO_3)_2$	
	硫酸盐矿物	石膏	$CaSO_4 \cdot 2H_2O$	极易风化，常见于干旱土壤中，是土壤中钙、硫的来源
		硬石膏	$CaSO_4$	
	磷酸盐矿物	磷灰石	$Ca_5(PO_4)_3(F,Cl,OH)$	风化后是土壤中磷素的主要来源

续表

大类	细类	名称	化学成分	风化特点和分解产物
次生矿物	黏土矿物	高岭石	$Al_4Si_4O_{10}(OH)_8$	是长石、云母风化后形成的次生矿物，是土壤中黏粒的主要来源
		蒙脱石	$(Na, Ca)(Al, Mg, Fe)_2(Si, Al)_4O_{10}(OH)_2 \cdot nH_2O$	
		水云母	$K_n[Si_{8-2n}Al_{2n}]Si_4O_{20}(OH)_4$	
		伊利石	$K(Al, Fe, Mg)_2[(SiAl)_4O_{10}](OH)_2 \cdot nH_2O$	
		蛭石	$(Mg, Ca)_{0.7}(Mg, Fe, Ca)_6[(Al, Si)_8](OH_4 \cdot 8H_2O)$	

2.4.2.2 主要成土岩石

岩石是一种或数种矿物的集合体。成土的主要岩石据其成因可分为三类：

① 岩浆岩，又叫火成岩。是由地下深处高温的岩浆在上升过程中温度降低冷凝而成。其主要成分为多种熔融后冷却而成的固体矿物（主要是硅氧化物）和微量的气体或水。岩浆岩的共同特征是没有层次和化石。岩浆侵入地壳在深处逐渐冷凝而成的岩石叫侵入岩，冷却慢，有足够时间结晶，形成的结晶粗，如花岗岩、正长岩等；岩浆喷出地面而迅速冷却形成的岩石叫喷出岩，冷却快，结晶时间不充裕，形成的结晶细，呈多孔斑状结构，如玄武岩等。侵入岩（如花岗岩）孔隙较少，保水性和通气性差；喷出岩（如玄武岩）因快速冷却可能含气孔，但整体透水性仍较弱。

② 沉积岩。由各种先成的岩石经风化、搬运、沉积、重新固结而成或由生物遗体堆积而成的岩石称为沉积岩。有层次性，常含有生物化石。由砂质土壤所形成的沉积岩称为砂岩；由细微颗粒（如粉土和黏土）形成的沉积岩为泥岩，若具薄层状构造，则称为页岩；由砾石形成的沉积岩为砾岩；由化学沉淀或结晶方式生成的岩石为化学沉积岩，如由碳酸钙形成的石灰岩。石灰岩容易被水侵蚀形成溶隙，如喀斯特地貌的溶洞、溶穴、溶道等。沉积岩是三大岩石中地表出露面积最广的一类，沉积岩中又以页岩的分布最广，其次为砂岩和石灰岩。

③ 变质岩。由于地壳的构造运动、岩浆活动、地热流等内力地质作用，原有的各类岩石的物理化学条件发生变化，在一定温压条件下发生重新结晶或结构重组而形成的岩石称为变质岩。岩石致密坚硬，不易风化，呈片状构造。如由花岗岩经变质作用形成片麻岩，石灰岩经变质作用成为大理岩，砂岩经变质作用成为石英岩，泥岩经变质作用成为板岩。

常见的主要成土岩石列于表2.2。

表2.2 主要成土岩石的矿物成分及风化特征

岩石		矿物	风化特征
岩浆岩	橄榄岩、辉岩	橄榄石、辉石，少量含铁矿物	极易风化，形成蛇纹石、滑石、绿泥石等黏土矿物，富含大量钙、镁、铁等养分
	辉长岩、玄武岩	辉石、基性斜长石，少量橄榄石、角闪石和黑云母	易风化成黏土，富含钙、镁、铁等养分
	闪长岩	斜长石、角闪石，少量辉石、黑云母、磷灰石	易风化，土壤富含磷素，而钾素较少
	安山岩	成分与闪长岩类似	易风化，质地多为壤质或黏质。土壤养分含量各不相同，有的富钙、磷、钾，有的贫磷、钾

续表

岩石		矿物	风化特征
岩浆岩	正长岩	正长石，少量黑云母、角闪石或辉石	易发生物理风化，多形成砂壤土或壤土。化学风化强烈时，土壤富含磷、钾、钙、镁等养分
	花岗岩	石英、钾长石、酸性斜长石，少量黑云母、角闪石	不易风化，形成的土壤砂质成分较高，且富含钾素
沉积岩	砾岩	石英、燧石、岩屑	圆形砾石胶结而成的不易风化；角砾岩易风化，风化产物含砂粒、砾石多，养分贫乏
	砂岩	石英、长石及岩屑	不易风化，形成砂质土，养分少。若长石、云母含量较高，也能形成较肥沃的黏粒
	页岩	黏土矿物	易风化，形成的土壤土层深厚且肥沃
	石灰岩	碳酸盐矿物	易风化，形成土壤土层薄，质地黏重，富含钙质
变质岩	片麻岩	由花岗岩经高温高压变质而成	呈片麻状构造，有条带状特征，对土壤影响与花岗岩相似
	板岩、千枚岩	由泥岩变质而成	较难风化，形成的土壤母质较黏
	石英岩	由砂岩变质而成	极硬，不易风化，形成砂质土或砾质土，质地粗
	大理岩	由石灰岩变质而成	特征与石灰岩相似

2.4.2.3 主要成土母质

成土母质是岩石经受风化、搬运、沉积（如果是残积母质，则没有后面两个过程）作用之后、形成土壤之前的一种过渡产物。因此，它的组成决定了土壤的大部分性质。按照原地或是异地形成，母质可分为残积母质和运积母质两大类。其中，残积母质是指岩石风化后，在原地破碎并残留下来的碎屑物，由于未经搬运和分选过程，这种碎屑物的颗粒通常差异很大，可覆盖整个粒径范围。因此，残积母质的结构一般比较疏松，具有良好的通气性。另外，不同部位的母质暴露在地表接受风化的情况不同，通常表现出自上到下风化减弱的特征，即向土壤—风化物—半风化物—基岩逐渐过渡。

运积母质是指风化产物经外力搬运后沉积形成的物质，根据搬运介质可分为冲积母质、坡积母质、洪积母质、湖积母质、海积母质等类型。冲积母质由河流搬运的碎屑物在河岸或泛滥平原沉积形成，是构成广大平原的主要物质，占陆相沉积的很大比例。坡积母质是坡顶的风化产物，在重力以及地表径流的协同作用下，在山坡中下部沉积而成，往往发育于季节性降雨明显、植被又不发育的半干旱地区。洪积母质是风化后产生的岩石碎屑物质，在山洪的作用下，被搬运到山前平原，当水动力逐渐减弱时发生沉积，按面积大小，又可分为洪积扇、洪积扇复合体和洪积平原。洪积母质多发育于干旱、半干旱地区。湖积母质主要来自交接低洼地及湖泊洼地上形成的沉积物，属静水沉积，多分布于地形低洼的湖盆地。海积母质主要是在波浪作用下，形成的沿海岸一带的松散堆积物，常为颗粒大小不同的混杂物。此外，还有泥石流堆积物、冰川堆积物、风积物等。

我国土壤的成土母质类型复杂多样，但也表现出一定的规律，总的来说：在秦岭—淮河一线以南地区，多是各种岩石在原地风化形成的风化壳，并以红色风化壳分布最广；昆仑山—秦岭—山东丘陵一线以北地区，主要的成土母质是黄土状沉积物及砂质风积物；在各大江河中下游平原，成土母质主要是河流冲积物；平原湖泊地区的成土母质主要是湖积物；高山、高原地区，除了各种岩石的就地风化物以外，还有冰碛物和冰水沉积物。

2.4.3　土壤的组成

土壤是岩石圈表层在漫长的地质年代里经受各种复杂地质作用形成的由矿物质、有机质、水、空气及生物有机体组成的地球陆地表面的疏松层。土壤学中将土壤定义为由固相、液相、气相组成的疏松多孔介质。从污染场地治理的角度，土壤是场地环境系统的一个介质，根据地下水在土壤孔隙中的充盈状态，在非饱和带是固、液、气三相体系，在饱和带是固、液两相体系。

土壤固相包括岩石风化后的矿物质、动植物残体及分解合成产物、土壤生物（土壤动物及土壤微生物）。固相物质之间是土壤孔隙，孔隙内为液相和气相。液相为土壤水分及溶解于水分中的矿物质和有机质以及非水相液体，气相包括来源于大气中的气体、土壤生物化学过程产生的气体以及外源输入的挥发性污染物。

2.4.3.1　土壤矿物质

矿质颗粒是土壤的基本骨架，占土壤固体的90%以上。土壤颗粒中的矿物质按来源又分为原生矿物和次生矿物。

2.4.3.1.1　原生矿物

直接来源于母岩且化学组成和结晶结构未发生改变的矿物称为原生矿物，以硅酸盐和铝硅酸盐占优势，主要有石英、长石、云母和少量的角闪石和辉石，其次还有磷灰石、赤铁矿、黄铁矿等。大颗粒的石砾、砂粒几乎全由原生矿物组成，粉粒绝大多数也是由石英和原生硅酸盐矿物组成。石英、白云母、钾长石等比较稳定，在土壤中富集程度较高，其他矿物相对不稳定，易风化流失。

土壤矿物化学组成比较复杂，如表2.3所示，含有的主要元素有氧、硅、铝、铁、钙、钠、钾、镁、磷、硫以及微量元素如锰、锌、硼、钼、铜等。其中氧、硅占比最大，其次为铝、铁。它们多以氧化物的形式存在，二氧化硅（SiO_2）、氧化铝（Al_2O_3）、氧化铁（Fe_2O_3）三者之和一般占土壤矿物质部分的75%以上，是土壤矿物质的主要成分。比较地壳与土壤中的化学组成可知，土壤矿物继承了地壳化学组成的特点，又在成土过程中各种因素的影响下，有些元素含量增加了，而有些元素降低了。

表2.3　地壳与土壤中平均化学组成（黄昌勇等，2010）　　单位：%

元素	地壳中	土壤中	元素	地壳中	土壤中
O	47.0	49.0	Mn	0.10	0.085
Si	29.0	33.0	P	0.093	0.08
Al	8.05	7.13	S	0.09	0.085
Fe	4.65	3.80	C	0.023	2.0
Ca	2.96	1.37	N	0.01	0.1
Na	2.50	1.67	Cu	0.01	0.002
K	2.50	1.36	Zn	0.005	0.005
Mg	1.37	0.60	Co	0.003	0.0008
Ti	0.45	0.40	B	0.003	0.001
H	0.15	不确定	Mo	0.003	0.0003

2.4.3.1.2 次生矿物

原生矿物在成土过程中经分解、破坏形成次生矿物。主要包括次生层状铝硅酸盐矿物、非层状铝硅酸盐矿物和简单盐类。层状铝硅酸盐如高岭石、蒙脱石、水化云母等，均为晶型矿物；非层状铝硅酸盐矿物主要是含水氧化物类，如氧化铁、氧化铝、氧化硅等，有晶型的，也有非晶型的；简单盐类主要有碳酸盐、碳酸氢盐、硫酸盐等。铝硅酸盐与含水氧化物是土壤黏粒的主要成分和最活跃组分，其粒径一般较小，属于黏粒范围，因此也被叫作黏土矿物或黏粒矿物。

黏土矿物的类型特征综合反映了土壤的风化和成土条件，对研究和鉴定其种类、数量及特征有重要意义。

（1）层状铝硅酸盐黏土矿物

层状铝硅酸盐黏土矿物的基本结构单位为硅氧四面体和铝氧八面体。硅氧四面体由一个 Si^{4+} 和四个 O^{2-} 构成，硅原子共用底端的三个氧原子，又称硅片；铝氧八面体由一个 Al^{3+} 和六个 O^{2-}（或 OH^{-}）构成，铝原子共用角顶的氧原子，又称铝片。如图 2.2 所示。

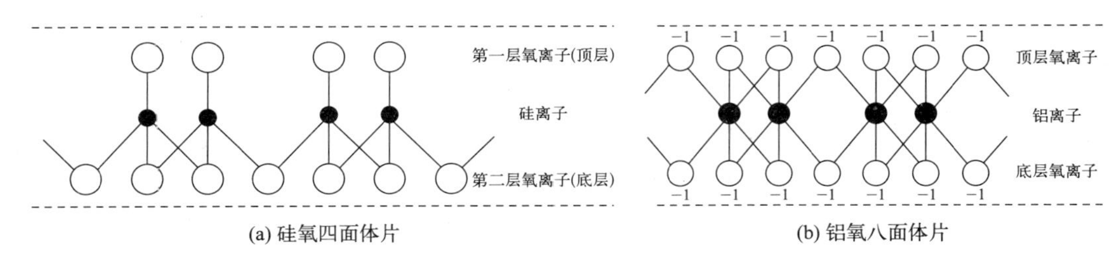

(a) 硅氧四面体片　(b) 铝氧八面体片

图 2.2　层状铝硅酸盐黏土矿物的基本结构单位示意图

硅片和铝片以不同方式在 c 轴上堆叠，形成层状铝硅酸盐的单位晶层。根据两种晶片的配合比例不同，构成了不同类型的单位晶层：1∶1 型、2∶1 型和 2∶1∶1 型。

1∶1 型单位晶层由一个硅片和一个铝片构成。硅片顶端的活性氧与铝片底层的活性氧通过共用的方式形成单位晶层。这样 1∶1 型层状铝硅酸盐的单位晶层有两个不同的层面，一个是硅片底端的、具有六角形空穴的氧原子层面，另一个是铝片顶端的、由氢氧构成的层面。

2∶1 型单位晶层由两个硅片夹一个铝片构成。两个硅片顶端的氧都向着铝片，铝片上下两层氧分别与硅片通过共用顶端氧的方式形成单位晶层。这样 2∶1 型层状铝硅酸盐的单位晶层的两个层面都是硅片底端的、具有六角形空穴的氧原子层面。

2∶1∶1 型单位晶层是在 2∶1 型单位晶层的基础上多了一个八面体片，这样 2∶1∶1 型单位晶层由硅片、铝片、硅片、铝片的组合构成。

组成矿物的中心离子被电性相同、大小相近的离子所替代而晶格构造保持不变的现象，称为同晶替代。晶片中常见的阳离子如表 2.4 所示。

表 2.4　晶片中常见的阳离子

离子	半径(r)/nm	$r_{c(阳离子)}/r_{o(氧离子)}$	存在的位置
O^{2-}	0.135		硅片、铝片
Si^{4+}	0.040	0.30	硅片
Al^{3+}	0.055	0.41	硅片、铝片
Fe^{2+}	0.080	0.59	铝片

续表

离子	半径(r)/nm	$r_{c(阳离子)}/r_{o(氧离子)}$	存在的位置
Fe^{3+}	0.067	0.50	铝片
Mg^{2+}	0.078	0.58	铝片
K^{+}	0.134	1.00	层间

土壤中同晶替代的规律一般为：四面体中的 Si^{4+} 被 Al^{3+} 替代，八面体中的 Al^{3+} 被 Mg^{2+} 替代；低价阳离子多取代高价阳离子，因此土壤胶体一般带负电；同晶替代现象在 2∶1 型和 2∶1∶1 型的黏土矿物中较普遍，而在 1∶1 型的黏土矿物中相对较少。同晶替代的结果是使土壤带有永久电荷，能吸附土壤溶液中带有相反电荷的离子，这对污染物与土壤的作用有重要影响。

根据硅片和铝片的比例及相关特性，可将层状铝硅酸盐矿物分为以下几组：

① 高岭石组。代表矿物有高岭石、珍珠陶土、迪开石和埃洛石。晶型结构为 1∶1 型，单位晶胞的分子式可表示为 $Al_4Si_4O_{10}(OH)_8$，其晶体结构示意图如图 2.3 所示。

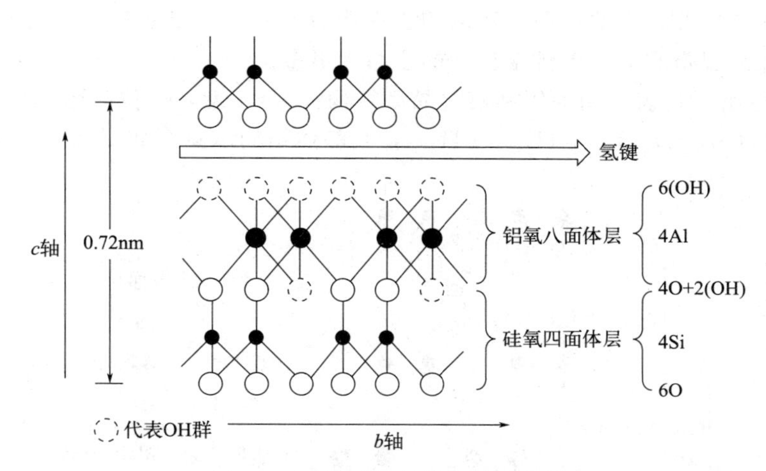

图 2.3　高岭石组晶体结构示意图

硅片底端和铝片顶端形成了键合牢固的氢键，膨胀系数一般小于 5%，高岭石层间距一般为 0.72nm。没有或有极少同晶替代现象，电荷数量少，阳离子交换量只有 3～15cmol/kg。粒度（0.2～2μm）较其他黏土矿物粗，颗粒的总比表面积相对较小，为 $10\times10^3 \sim 20\times10^3 m^2/kg$，胶体特性较弱。可塑性、黏结性、黏着性和吸湿性都较弱。

高岭石组黏土矿物是南方热带和亚热带土壤中普遍且大量存在的黏土矿物，在华北、西北、东北及青藏高原土壤中含量很少。

② 蒙蛭组。代表矿物有蒙脱石、绿脱石、拜来石、蛭石。晶型结构为 2∶1 型。单位晶胞的分子式可表示为 $Al_4Si_8O_{20}(OH)_4 \cdot nH_2O$，其晶体结构示意图如图 2.4 所示。

蒙脱石晶层间距变化在 0.96～2.14nm 之间，膨胀收缩性大。蛭石的膨胀性比蒙脱石小，其晶层间距变化在 0.96～1.45nm 之间。电荷数量大，同晶替代现象普遍。蒙脱石主要发生在铝片中，一般以 Mg^{2+} 代 Al^{3+}；蛭石主要发生在硅片中。蒙脱石颗粒较细（有效直径 0.01～1μm），总比表面积为 $600\times10^3 \sim 800\times10^3 m^2/kg$，且 80%是内表面，胶体特性突

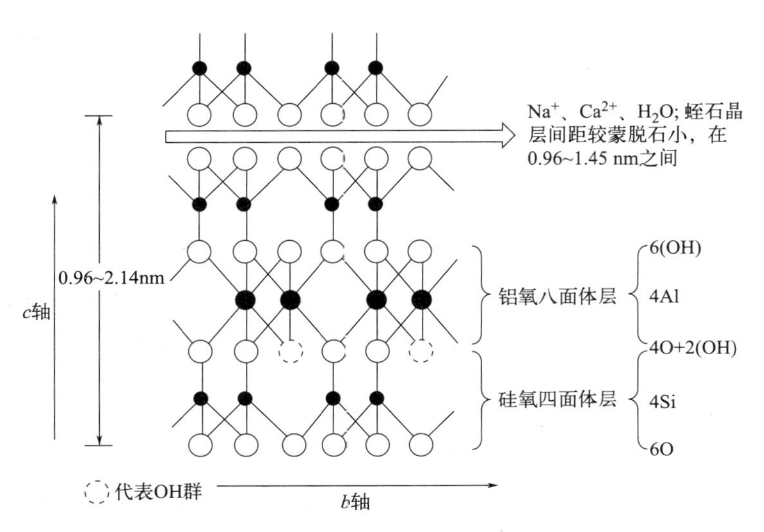

图 2.4　蒙蛭组晶体结构示意图

出；蛭石比表面积一般为 $400\times10^3 m^2/kg$。

蒙蛭组在我国华北、东北和西北地区的土壤中分布较多。蛭石广泛存在于各大土类中，但以风化不太强的温带和亚热带排水良好的土壤中最多。

③ 水化云母组。代表矿物为伊利石。晶型结构为 2∶1 型，单位晶胞的分子式可表示为 $K_2(Al,Fe,Mg)_4(Si,Al)_8O_{20}(OH)_4 \cdot nH_2O$，其晶体结构示意图如图 2.5 所示。

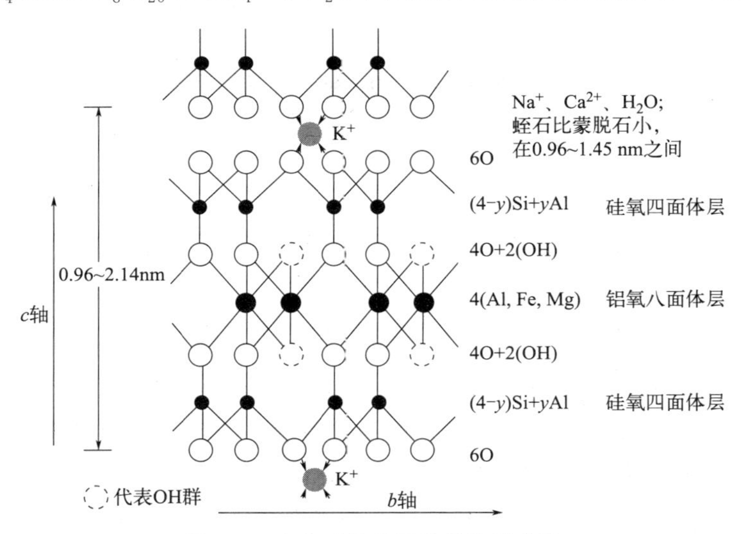

图 2.5　水化云母组晶体结构示意图

伊利石无膨胀性，因晶层之间吸附有钾离子，对相邻两晶层产生了很强的键联效果，使晶层不易膨胀，伊利石晶层的间距为 1.0nm。电荷数量较大，同晶替代较普遍，主要发生在硅片中，由于部分被 K^+ 中和，阳离子交换量介于高岭石和蒙脱石之间，为 20～40cmol/kg。总比表面积为 70×10^3～$120\times10^3 m^2/kg$，胶体特性一般；其可塑性、黏结性、黏着性和吸湿性都介于高岭石和蒙脱石之间。

伊利石广泛分布于我国多种土壤中，尤其是西北、华北干旱地区的土壤中含量很高，而南方土壤中含量很低。

④ 绿泥石组。代表矿物为绿泥石。晶型结构为 2∶1∶1 型，单位晶胞的分子式可表示为$(Mg,Fe,Al)_{12}(Si,Al)_8O_{20}(OH)_{16}$，其晶体结构示意图如图 2.6 所示。

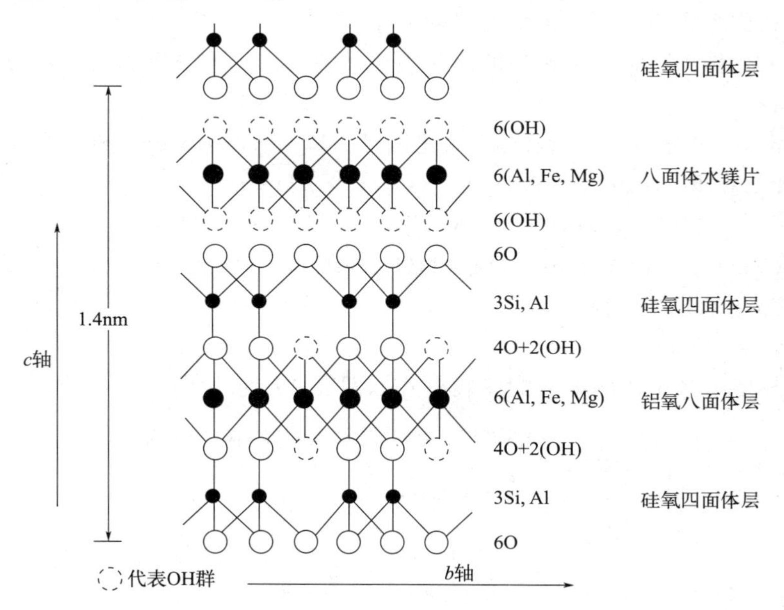

图 2.6　绿泥石组晶体结构示意图

绿泥石具有非膨胀性。同晶替代较普遍；元素组成变化较大，阳离子交换量为 10～40cmol/kg；颗粒较小，总面积为 70×10^3～$150\times10^3m^2/kg$，胶体性质中等。

土壤的绿泥石大部分是由母质遗留下来的，但也可能由层状铝硅酸盐矿物转变而来。沉积物和河流冲积物中含较多的绿泥石。

（2）非层状铝硅酸盐黏土矿物

主要是铁、锰、铝和硅的氧化物及其水合物，有结晶态的、无定型的和弱晶态的。不存在同晶替代；既可带正电，也可带负电；电荷数量可变；晶态可转化，性质差异较大。

非层状铝硅酸盐黏土矿物主要类型及性质简述如下。

① 氧化铁。氧化铁为土壤中的主要矿质染色剂。主要有针铁矿和赤铁矿。

针铁矿：晶体较大者为黄色，较小者为棕色，主要分布于温带、亚热带和热带湿润土壤中有较高氧化性的亚表层，常形成锈纹、锈斑、铁结核等。

赤铁矿：红色，存在于高温、潮湿、风化程度很深的氧化性红色土壤表层，形成胶膜等，分布于亚热带和热带土壤中。

② 氧化铝。常见的是三水铝石，白色，主要分布于亚热带和热带高度风化的酸性土壤中。其含量可作为风化度的指标（湿热强度风化是脱硅富铝化的指标之一）。

我国北纬 30°以南土壤（红壤、砖红壤等）中才出现。无定形铁铝氧化物比表面积大，包被土粒，改变表面性质可吸附固定磷酸根等阴离子，降低其有效性。

③ 水铝英石。化学式为 $xAl_2O_3\cdot ySiO_2\cdot nH_2O$，非晶质，比表面积大，带较多负电荷，数量取决于水化程度和溶液 pH。水铝英石是火山灰土壤的主要黏土矿物，存在于温带半湿润和湿润地区及热带地区玄武岩和火山灰发育的早期土壤中，因铝、硅氧化物溶胶的共沉淀而生成水铝英石。那些高海拔、低温、中雨条件下的土壤也常含有水铝英石。

④ 氧化硅。有晶质和非晶质两种形态。晶质以 α-石英为主，非晶质为蛋白石（SiO_2·

nH_2O)，脱水结晶后形成玉髓、石英、方石英、鳞石英等变体。广泛分布于火山灰来源的土壤中，某些富含铁质的热带土壤和灰化土壤也有一定数量的蛋白石。

(3) 风化和成土作用与黏土矿物组成的关系

在不同的风化作用下，黏土矿物的演化顺序如下：云母类→伊利石→蛭石→蒙脱石→高岭石→三水铝石。

云母类：$KAl_2(AlSi_3O_{10})(OH)_2$。水化云母：$K_2(Al,Fe,Mg)_4(Si,Al)_8O_{20}(OH)_4$。

伊利石：$K(Al,Fe,Mg)_2[(SiAl)_4O_{10}](OH)_2 \cdot nH_2O$。

蛭石：$(Mg,Ca)_{0.7}(Mg,Fe,Ca)_6[(Al,Si)_8](OH_4 \cdot 8H_2O)$。

蒙脱石：$(Na,Ca)(Al,Mg,Fe)_2(Si_4Al)O_{10}(OH)_2 \cdot nH_2O$。

高岭石：$Al_4Si_4O_{10}(OH)_8$。

三水铝石：$Al(OH)_3$。

不同地理环境中黏土矿物形成的一般模式如图 2.7 所示。

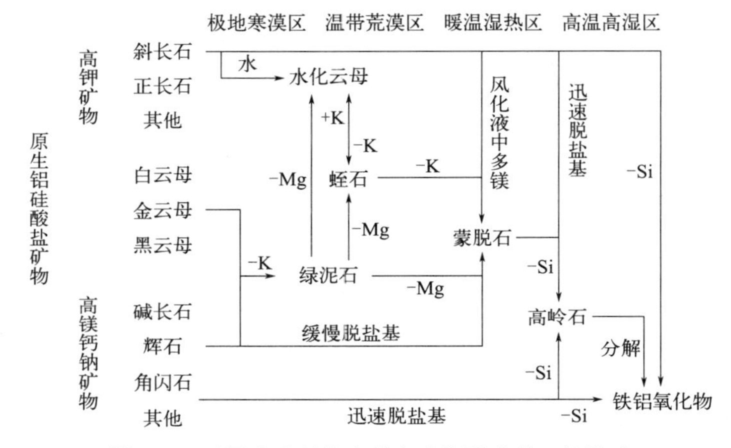

图 2.7 不同地理环境中黏土矿物形成的一般模式

我国土壤黏土矿物分布区域如表 2.5 所示。

表 2.5 我国土壤黏土矿物分布区域

类型	存在的位置
水云母区	新疆、内蒙古高原西部、柴达木盆地、青藏高原大部分地区
水云母-蒙脱石区	内蒙古高原东部、大小兴安岭、长白山山地和东北平原大部分地区
水云母-蛭石区	青藏高原东南边缘山地、黄土高原和华北平原
水云母-蛭石-高岭石区	秦岭山地和长江中下游平原，为一狭长的过渡地带
蛭石-高岭石区	四川盆地、云贵高原、喜马拉雅山东南端
高岭石-水云母区	浙、闽、湘、赣大部分地区和粤、桂北部
高岭石区	贵州南部、闽粤东南沿海、南海诸岛及台湾
以伊利石、蒙蛭组、绿泥石组为主	温带、干旱和半干旱地区
以高岭石和氧化物为主	热带和亚热带湿润地区

2.4.3.2 土壤有机质

土壤有机质（SOM）广义上是指附着在土壤矿物颗粒上的由土壤中各种动植物残体和微生物分解与合成的有机化合物；狭义上是指有机物质残体经微生物作用后形成的一类高分

子有机化合物，即土壤腐殖质，又可分为富里酸、胡敏酸与胡敏素三个组分。土壤有机质是土壤的重要组成部分，是土壤发育的重要标志，是植物的营养来源，能改善土壤理化性质，增强土壤保肥性和缓冲性。从环境学的角度，土壤有机质对有机污染物的分配、降解、迁移以及对重金属污染物的配位、吸附及迁移具有重要影响，是风险评估的重要参数，也是土壤修复设计需要考虑的参数。

(1) 土壤有机质的来源、含量与组成

自然土壤中有机质主要来源于地面植物根系残体及根系分泌物，其次来源于土壤环境中的动物、微生物；农田土壤中有机质主要来源于施入的有机肥料、生物残体及分解产物等。

土壤有机质通常由 50%的碳（C）、5%的氮（N）、0.5%的磷（P）、0.5%的硫（S）、39%的氧（O）和 5%的氢（H）组成。土壤有机质的组分大多为非溶性，主要的化学组成是类木质素和蛋白质，还包括纤维素、半纤维素、乙醚和乙醇。但不同土壤元素含量也存在差异：旱地土壤主要由矿物颗粒组成；耕层土壤中由于富含动植物分解的残留物，因此含有较多的有机物。土壤学中，一般把耕层含有机质超过 200g/kg 的土壤称为有机质土壤，含量低于 200g/kg 的土壤称为矿质土壤。耕作土壤中的有机质含量一般低于 50g/kg。

土壤腐殖质是扣除未分解的动、植物残体及微生物体后的有机物质的总称，是一类组成和结构上类似又不尽相同的多聚体，没有固定的分子式和分子量，含碳为 55%～60%，含氮为 3%～6%，C/N 为 10∶1～12∶1，占土壤有机质成分的 85%～90%以上。土壤腐殖质由腐殖物质和非腐殖物质组成。腐殖物质是由多酚和多醌类物质聚合而成的含有芳香环结构的非晶形高分子有机化合物，一般为黄色或棕黑色，是土壤有机质中最难降解的部分，占土壤有机质的 60%～80%。腐殖物质的主体是各类腐殖酸及其与金属离子相结合的盐类，与土壤矿物质紧密结合。非腐殖物质中主要有碳水化合物（糖、醛和酸）、氨基糖、蛋白质、氨基酸、脂肪、木质素、蜡质、树脂、有机酸等。

(2) 土壤腐殖酸的分组与性质

一般用手挑、静电吸附、浮选和重液（相对密度为 1.8 或 2.0）等方法移去土壤中的动植物残体，被去除的部分为轻组，剩余的土壤组分为重组。根据酸碱性、溶解性、分子量和颜色等物理化学性质，通常把腐殖酸分为胡敏酸、富里酸和胡敏素。胡敏酸只溶解于碱，颜色和分子量中等；富里酸在中性、酸性和碱性溶液中均可溶，颜色浅、分子量比较小；胡敏素不溶于中性、酸性和碱性溶液，颜色深、分子量高。

腐殖酸的主要元素组成有碳、氢、氧、氮和硫，还有少部分钙、镁、铁等元素。腐殖酸的分子量因土壤类型、腐殖酸的组成和提取方法等的不同而存在差异，腐殖酸的分子量介于几万到几百万之间，但不同腐殖酸的平均分子量的排序为富里酸＜胡敏酸＜胡敏素。腐殖酸的比表面积高达 $2000m^2/g$，其比表面积远大于黏土矿物。腐殖酸具有很强的吸水能力，最大的吸水量可以达到本身质量的 5 倍。

腐殖酸的官能团主要为酸性官能团，也有少部分中性和碱性官能团。酸性官能团主要为羧基和酚羟基，中性官能团为醇羟基、醚基、酮基、醛基和酯基，碱性官能团为氨基和酰氨基。我国土壤中胡敏酸的羧基含量为 270～480cmol/kg，醇羟基含量为 430cmol/kg；富里酸的羧基含量为 640～850cmol/kg，醇羟基含量为 500～600cmol/kg。腐殖酸的主要官能团结构如图 2.8 所示。

(3) 土壤有机质的转化

动植物残体进入土壤后，会发生两种转化过程：有机质的矿化过程和腐殖化过程。矿化过程是微生物将复杂有机质分解为简单无机化合物的过程；腐殖化过程是微生物将有机质分

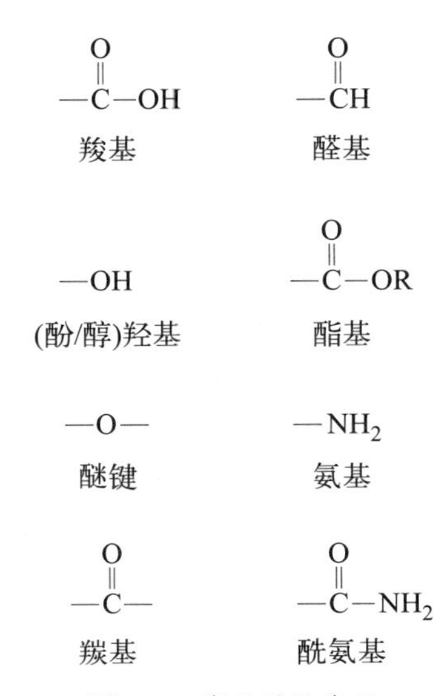

图 2.8　腐殖酸的常见官能团结构式

解产生的小分子有机化合物及中间产物，转化成更稳定的大分子有机化合物的过程。这两个过程互相联系、相辅相成，也可随反应条件相互转化。有机质的矿化过程反应方程式如下：

$$R—(C,4H)+2O_2 \longrightarrow CO_2+2H_2O+\text{能量}$$

进入土壤后的植物残体等有机质可在微生物分解作用下，最终生成二氧化碳、水、氨和无机矿物组分（合成无机物、重金属等化合物或离子形态），并释放能量。这个过程为土壤中动植物和微生物生长提供养分与能量，并为土壤中腐殖质的合成提供物质来源。

影响土壤有机质分解转化的因素，主要为有机物组成、土壤通气性、土壤水热条件和土壤酸碱反应。

（4）土壤有机质与重金属的作用

土壤有机质对重金属的影响研究大多集中在吸附和配位等直接作用上。有机质对重金属离子具有较强的配位和富集能力，腐殖酸中的多种官能团通过与金属离子发生配位作用，影响重金属在土壤中的环境行为，降低重金属的生物有效性和环境毒性。含氧官能团（例如羧基、酚羟基和醇羟基等）以配位键的形式与金属离子发生螯合作用。Cr(Ⅲ）能与胡敏酸上的羧基形成腐殖物质-金属离子稳定复合体，从而对金属离子具有固定作用。富里酸对重金属的稳定常数排序为：Fe(Ⅲ)＞Al(Ⅲ)＞Cu(Ⅱ)＞Ni(Ⅱ)＞Co(Ⅱ)＞Pb(Ⅱ)＞Zn(Ⅱ)＞Mn(Ⅱ)。不同的 pH 值条件下，腐殖酸对重金属的配位能力也不同。

根据 Pearson 提出的软硬酸碱（hard and soft acid and base，HSAB）理论，可以预测和理解有机分子与金属之间的亲和力。该理论的前提为：Lewis 酸和碱可以根据其硬度或柔软程度进行分类，并且相似性质的物质会相互亲和。各种官能团对金属离子的亲和力排序为：烯醇基＞氨基＞偶氮基＞环氮基＞羧基＞醚键＞羰基。

腐殖物质的氧化还原作用对重金属在土壤中的赋存形态起关键作用，腐殖物质可将 Cr(Ⅵ)、V(Ⅴ)、U(Ⅵ)、Hg(Ⅱ）和 Fe(Ⅲ）等高价态金属离子，分别还原为 Cr(Ⅲ)、V(Ⅳ)、U(Ⅳ)、Hg(0)、Fe(Ⅱ）等低价态金属离子。腐殖物质对金属离子的配位、吸附和还原等的综合作用会促进无机矿物的溶解。例如，胡敏酸对 ZnS、PbS 的溶解度分别为 95μg/g 和 2100μg/g。

（5）土壤有机质与有机污染物的作用

土壤有机质对有机化合物的分配、迁移、生物降解和蒸发等环境行为有重要影响。天然的土壤有机质组分可分为橡胶态和玻璃态。橡胶态有机质对有机污染物的固定作用以分配吸附为主，吸附速度较慢且吸附量呈线性关系，无竞争吸附；玻璃态有机质组分内部存在丰富的孔隙结构，对有机物的吸附除了分配作用外还有孔隙填充，吸附速度较快且为非线性关系，存在竞争吸附。

有机污染物分为极性和非极性两大类。极性有机污染物带有各种官能团和可电离物质，整体上具有极性，极性有机污染物通常具有亲水性。非极性有机污染物在结构上具有对称性，但分子结构中可能包含极性键，非极性有机污染物通常具有疏水性。极性有机污染物可通过范德瓦耳斯力、配位体交换、离子交换、氢键等作用与土壤有机质结合，非极性有机污染物通过分配作用与有机质结合。

有机质是影响土壤中疏水性有机污染物环境化学行为的重要因素之一。有机污染物的疏水性是与土壤有机质结合的关键特性，即具有高疏水性的有机污染物与土壤有机质官能团的结合力更强。例如，磺胺与萘的平均结合能仅约为六氯苯与萘的平均结合能的三分之一。此外，磺胺与羧酸的平均结合能约为六氯苯与羧酸的平均结合能的一半。一般非极性污染物通过吸附或吸收与土壤有机质结合的趋势比极性污染物更为明显；极性有机污染物可以通过离子交换和质子化、氢键、范德瓦耳斯力、配位体交换、阳离子桥和水桥等机理与土壤有机质结合，通过这种途径结合的极性污染物也更容易解离。极性污染物与土壤有机质的静电相互作用占主导地位，而非极性污染物的疏水作用（范德瓦耳斯力作用）超过了静电作用。

在土壤-水两相体系中，土壤对有机化合物的吸附能力常用分配系数表示：

$$K=\frac{C_s}{C_w} \tag{2.1}$$

式中　K——有机化合物在土壤-水中的分配系数，等于吸附等温线的斜率；

C_s——吸附在土壤中的有机化合物的平衡浓度；

C_w——水相中的有机化合物的平衡浓度。

其中，K 根据实际使用的方便，还有一些其他类似参数，如有机碳分配系数 K_{oc}、有机质分配系数 K_{om} 等。

土壤有机质的内部孔隙对其与亲水性和疏水性有机污染物的结合有很大影响，结合能随着孔隙尺寸与污染物尺寸的匹配程度的增加而升高。因此，增加土壤有机质孔隙的数量将增大与污染物的结合程度。有研究（Ahmed et al.，2015）表明，与没有孔隙的情况相比，存在小孔和大孔分别使六氯苯与土壤有机质的结合能增加了 2.5 倍和 1.7～2.2 倍，对于磺胺，则分别增加了 2.8～4.6 倍和 1.5～2.8 倍。

土壤有机质对场地风险评估结果产生重要影响。随着土壤中有机质含量增加，人体暴露于有机污染土壤的健康风险降低，主要归因于土壤中有机质含量增加时，有机质对有机污染物的吸附能力增强，富集其中的有机污染物就越难被释放到环境中，不易通过呼吸吸入等方式进入人体。

2.4.3.3　土壤空气

包气带和土壤颗粒孔隙中还有土壤空气。自然环境下，土壤中空气与大气组成相似，但存在一定差异。在污染场地中，挥发性或半挥发性污染物往往是土壤空气的主要部分。挥发性污染物的性质不同，土壤空气中的成分也相应不同。挥发性污染物、半挥发性污染物在固相-液相-气相中维持着动态平衡，包气带中污染物残余相及浮于地下水面的轻非水相液体的挥发往往导致土壤空气中含有较高浓度的污染物。土壤空气的采样检测也是场地调查的重要手段。

2.4.4　土壤粒径、分类与土壤异质性

土壤颗粒粒径与土壤成分、土壤表面性能以及孔隙性密切相关，不同粒径土粒组成的土壤性质差异很大，对污染物的归趋以及修复效果有着显著影响。

2.4.4.1　基本概念

（1）粒径

土壤由大小不同的颗粒组成，颗粒的形状并不规则，为了便于衡量土壤颗粒的大小，将

土粒能通过的最小筛孔孔径或土粒在静水中具有相同下沉速度的当量球体直径称为粒径。

（2）粒组/粒级

土壤粒径大小不同，其成分与性质也不同，粒径相近时，其性质也相近。由于土壤中颗粒粒径的跨度比较大，为了区别不同粒径土壤的性质，人为地把粒径大小划分为不同的组，称为粒组或粒级。

（3）质地或级配

土壤学中，把土壤中各粒组/粒级的土粒配合比例或各粒组/粒级土粒占土壤总质量的百分比组合，称为土壤质地（或称机械组成）。

土力学中，把土壤中各粒组占总土壤质量的比例，称为级配。

（4）不均匀系数

土壤颗粒粒径分布的差异性常用不均匀系数 C_e 表示，$C_e=d_{60}/d_{10}$。式中，d_{60} 表示过筛质量占 60％的土壤颗粒能通过的粒径，d_{10} 表示过筛质量占 10％的土壤颗粒能通过的粒径。C_e 越大，说明粒径范围越广，级配良好；反之，说明土壤粒径范围越窄，级配不良。

2.4.4.2 粒组划分

土壤颗粒的粒径变化实际上是连续的，对粒组进行人为划分，一般是根据关心土壤的哪种性质，就选择最能影响、最能代表这种性质的指标作为依据，同时兼顾测量和记录的便捷性。因此，不同国家、不同行业的划分标准都不同。土壤学研究中，国际上有苏联卡庆斯基制、美国制和国际制。我国之前较多采用苏联卡庆斯基制，后来也提出了自己的分类制。表 2.6 为几种粒组分级制，由表 2.6 可知，几种分级制都把土壤颗粒分为石砾、砂粒、粉粒和黏粒四组，只是每种粒组的当量粒径范围有差别。

表 2.6 土壤粒组分级制

<table>
<tr><th>当量粒径/mm</th><th>中国制(1987)</th><th colspan="3">苏联卡庆斯基制(1957)</th><th>美国制(1951)</th><th>国际制(1930)</th></tr>
<tr><td>3～2</td><td rowspan="2">石砾</td><td rowspan="2" colspan="3">石砾</td><td>石砾</td><td>石砾</td></tr>
<tr><td>2～1</td><td>极粗砂粒</td><td rowspan="4">粗砂粒</td></tr>
<tr><td>1～0.5</td><td rowspan="2">粗砂粒</td><td rowspan="7">物理性砂粒</td><td colspan="2">粗砂粒</td><td>粗砂粒</td></tr>
<tr><td>0.5～0.25</td><td colspan="2">中砂粒</td><td>中砂粒</td></tr>
<tr><td>0.25～0.2</td><td rowspan="3">细砂粒</td><td rowspan="3" colspan="2">细砂粒</td><td rowspan="2">细砂粒</td></tr>
<tr><td>0.2～0.1</td><td rowspan="3">细砂粒</td></tr>
<tr><td>0.1～0.05</td><td>极细砂粒</td></tr>
<tr><td>0.05～0.02</td><td rowspan="2">粗粉粒</td><td rowspan="2" colspan="2">粗粉粒</td><td rowspan="4">粉粒</td></tr>
<tr><td>0.02～0.01</td><td rowspan="3">粉粒</td></tr>
<tr><td>0.01～0.005</td><td>中粉粒</td><td rowspan="6">物理性黏粒</td><td colspan="2">中粉粒</td></tr>
<tr><td>0.005～0.002</td><td>细粉粒</td><td rowspan="2" colspan="2">细粉粒</td></tr>
<tr><td>0.002～0.001</td><td>粗黏粒</td><td>黏粒</td><td>黏粒</td></tr>
<tr><td>0.001～0.0005</td><td rowspan="3">细黏粒</td><td rowspan="3">黏粒</td><td>粗黏粒</td><td rowspan="3"></td><td rowspan="3"></td></tr>
<tr><td>0.0005～0.0001</td><td>细黏粒</td></tr>
<tr><td><0.0001</td><td>胶质黏粒</td></tr>
</table>

数据来源：黄昌勇，土壤学。

从土壤的工程性能角度，国内《土的工程分类标准》（GB/T 50145—2007）规定的划分方法如表2.7所示，把粒组分为巨粒、粗粒和细粒。上述划分方法中，土壤颗粒越粗，粒组划分范围越大；颗粒越细，粒组划分范围越小。这是因为小粒径范围内的变化会导致土壤性质发生更大的变化。

表2.7　我国《土的工程分类标准》粒组划分方法

粒组	颗粒名称		粒径 d 的范围/mm
巨粒	漂石(块石)		$d>200$
	卵石(碎石)		$60<d\leqslant 200$
粗粒	砾粒	粗砾	$20<d\leqslant 60$
		中砾	$5<d\leqslant 20$
		细砾	$2<d\leqslant 5$
	砂粒	粗砂	$0.5<d\leqslant 2$
		中砂	$0.25<d\leqslant 0.5$
		细砂	$0.075<d\leqslant 0.25$
细粒	粉粒		$0.005<d\leqslant 0.075$
	黏粒		$d\leqslant 0.005$

需要注意的是，国际上一般把粒径小于2mm的才称为土壤，我国的《土的工程分类标准》中包含了大于2mm的砾粒、卵石和漂石。

从环境科学的角度，更关注不同粒径土壤对污染物作用的差异。现有研究表明，Cu、Zn、Cd、Pb等在土壤粒径小于0.002mm时，土壤对其吸附量会呈现大幅提高；大于0.002mm时，吸附量未有明显差异。但并非所有实际污染土壤中的重金属都会呈现这个规律。对有机污染物的研究结果显示，大多数土壤对有机物的吸附量随土壤粒径减小而增大，但部分有机物在不同粒径土壤中的吸附量并未呈现明显差异。

由此可见，按照对污染物的作用差异对土壤颗粒进行粒组分级难度较大，因为土壤与污染物的性质差异都太大，难以有很强的规律性。但总体来看，颗粒越小对污染物的吸附能力越强，颗粒越大对污染物的吸附能力越弱，这个现象是普遍性的。同时，土壤中的有机质含量对污染物的影响巨大，把土壤有机质含量作为区别土壤性质的一个参考因素是有积极意义的（付融冰，2022）。

在污染场地修复中，对土壤颗粒进行分析是非常必要的，有助于分析污染物赋存状态以及筛选修复技术，如通常采用土壤粒径分布情况判断该污染土壤是否适合采用洗脱技术进行修复。对粗颗粒土壤（粒径大于0.1mm或0.075mm）采用筛析法，即用一系列孔径不同的标准筛对干燥土壤进行筛分，称量筛上或筛下的土壤重量，即可求出大于或小于某个粒径的土重占总重量的比例。对于细颗粒土壤（粒径小于等于0.1mm或0.075mm），根据土壤颗粒在水中均匀下沉时的速度与粒径关系的斯托克斯公式，采用密度计法或移液管法进行颗粒分析，具体方法可参考《土工试验方法标准》（GB/T 50123—2019）。

粒径分析的结果常用粒径级配曲线表示，粒径较小时普通坐标难以清晰表达曲线关系，采用半对数坐标系可以较好地解决这个问题。如图 2.9 所示，横坐标表示粒径的常用对数值，纵坐标表示小于曲线上对应横坐标粒径的土壤重量占总重量的百分比。图中曲线 $S1$、$S2$、$S3$ 分别代表三种土壤，分析图中曲线特征可知：大、中、小颗粒土壤都占据一定比例、级配较好的土壤曲线比较平缓，跨度较大；而土壤颗粒粒径分布范围较小、级配不良时，曲线较陡峭。通过计算，三种土壤的粒径不均匀系数 C_e 分别为 85.71、6.40 和 10.42。$S1$ 的大于 $S2$ 的，说明 $S1$ 代表的土壤粒径级配优于 $S2$ 的；$S2$ 的小于 $S3$ 的，说明 $S3$ 代表的土壤粒径级配优于 $S2$ 的。

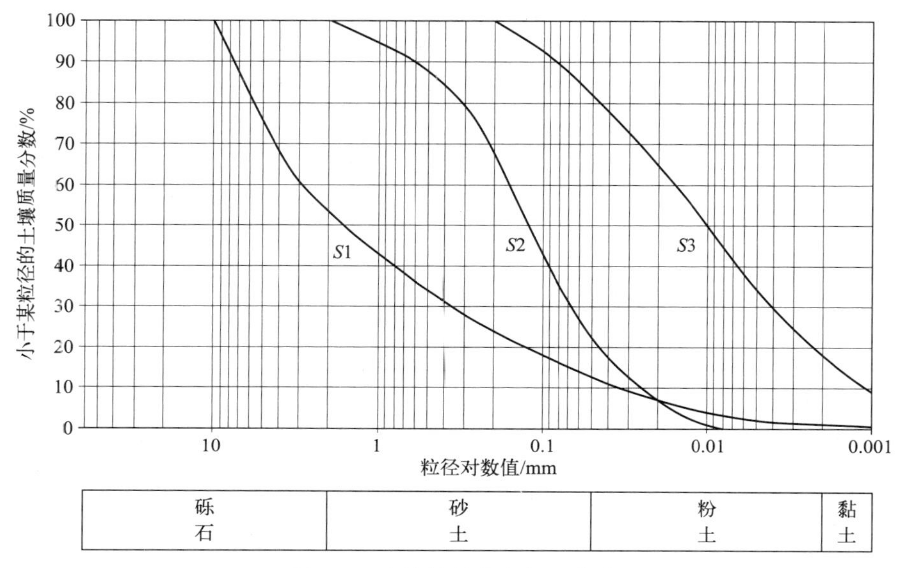

图 2.9　土壤粒径分布级配曲线

2.4.4.3　土的分类

粒组划分好后，对于不同的土壤，各粒组所占的比例差异很大。粒组分布符合一定规律能反映土壤的某种基本属性，从而可以区分这类土壤，这就涉及土的分类问题。总体上看，有两大类分法。一类是土壤学上的分法，即土壤质地的分类，是完全基于粒度的划分方法，主要有国际分类制、美国农业部分类制、苏联卡庆斯基分类制，我国也有自己的质地分类法。另一类是基于土壤的工程性能的划分方法，既考虑了粒度又考虑了工程性能（塑性、剪应力等），国内主要有《土的工程分类标准》（GB/T 50145—2007）、《建筑地基基础设计规范》（GB 50007—2011）、《岩土工程勘察规范》（2009 年版）（GB 50021—2001）、《公路土工试验规程》（JTG 3430—2020）等标准规范。

（1）国际分类制

土壤质地国际分类制如表 2.8 所示。按照砂粒、粉粒和黏粒三类的含量，分为四类十二级。采用的主要标准为：①以黏粒含量 15%作为砂土类和壤土类与黏壤土类的划分界限，以黏粒含量 25%作黏壤土与黏土的划分界限；②以粉粒含量达 45%以上作为粉砂质壤土的定名标准；③以砂粒含量达 85%以上作为划分砂土类的界限，砂粒含量在 55%～85%时，作为砂质壤土的定名标准。

表 2.8　土壤质地国际分类制标准

质地类别	质地名称	各级土粒含量/%		
		黏粒(<0.002mm)	粉粒(0.02～0.002mm)	砂粒(2～0.02mm)
砂土类	砂土及壤质砂土	0～15	0～15	85～100
壤土类	砂质壤土	0～15	0～45	55～85
	壤土	0～15	30～45	40～55
	粉砂质壤土	0～15	45～100	0～55
黏壤土类	砂质黏壤土	15～25	0～30	55～85
	黏壤土	15～25	20～45	30～55
	粉砂质黏壤土	15～25	45～85	0～40
黏土类	砂质黏土	25～45	0～20	55～75
	壤质黏土	25～45	0～45	10～55
	粉砂质黏土	25～45	45～75	0～30
	黏土	45～65	0～35	0～55
	重黏土	65～100	0～35	0～35

（2）美国农业部分类制

美国农业部制定的分类制采用三角坐标图解法。如图 2.10 所示，等边三角形的三个顶点分别代表 100%的黏粒（小于 0.002mm）、粉粒（0.002～0.05mm）及砂粒（0.05～2mm），三条边线分别代表某种土粒从 0%到 100%的范围。实测得到的土壤粒径比例，分别作对应底边的平行线，相交点的位置落入哪个土壤类型的范围，即为该土壤的名称。如分析某土壤得到 55%的砂土、8%的粉土与 37%的黏土，先在图中找到砂粒 55%的位置，经

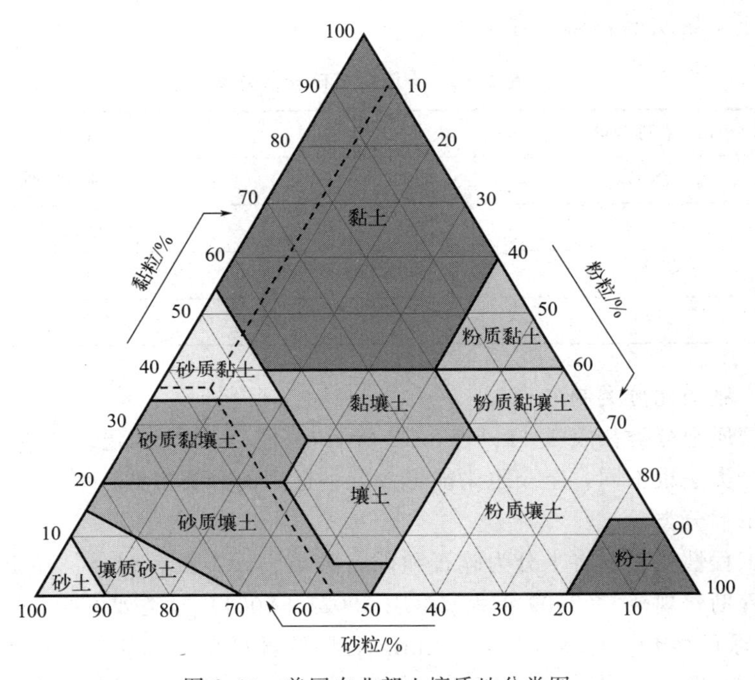

图 2.10　美国农业部土壤质地分类图

过该点作平行于砂粒为0%的底边的平行线，再找到粉粒为8%的位置，经过该点作平行于粉粒为0%的底边的平行线（或找到黏粒为37%的位置，经过该点作平行于黏粒为0%的底边的平行线），二者相交的点位落入砂质黏土的范围，该土壤的类型即为砂质黏土。

（3）卡庆斯基分类制

卡庆斯基分类制把土壤划分为物理性砂粒（大于0.01mm）和物理性黏粒（小于等于0.01mm）两大部分，按照它们的含量把不同土壤划分为砂土类、壤土类和黏土类，各类再按性质和黏粒含量差别，划分为三类九级，如表2.9所示。

表2.9　卡庆斯基土壤质地分类（简明方案）　　单位：%

质地名称		物理性黏粒(≤0.01mm)			物理性砂粒(＞0.01mm)		
		灰化土类	草原土红黄壤类	碱土及碱化土类	灰化土类	草原土红黄壤类	碱土及碱化土类
砂土类	松砂土	0～5	0～5	0～5	100～95	100～95	100～95
	紧砂土	5～10	5～10	5～10	95～90	95～90	95～90
壤土类	砂壤土	10～20	10～20	10～15	90～80	90～80	90～85
	轻壤土	20～30	20～30	15～20	80～70	80～70	85～80
	中壤土	30～40	30～45	20～30	70～60	70～55	80～70
	重壤土	40～50	45～60	30～40	60～50	55～40	70～60
黏土类	轻黏土	50～65	60～75	40～50	50～35	40～25	60～50
	中黏土	65～80	75～85	50～65	35～20	25～15	50～35
	重黏土	＞80	＞85	＞65	＜20	＜15	＜35

表2.9中不包含粒径大于1mm的石砾，这部分石砾另行计算，按照表2.10中标准确定石质程度，冠于土壤质地名称之前。

表2.10　土壤中石砾含量分类

＞1mm石砾含量/%	石质程度
＜0.5	非石质土(质地名称前不冠)
0.5～5	轻石质土
5～10	中石质土
＞10	重石质土

（4）我国土壤质地分类制

我国的土壤质地分类如表2.11、表2.12所示，分三大类十二组。我国在不同的时期采用的土壤质地分类法也不同，至今也未能形成统一适用的分类方法。

（5）土的工程分类

从土壤的工程性能上，将土分为碎石和砾石类土、砂类土、粉土、黏土以及特殊土等。根据《岩土工程勘察规范》（2009年版）（GB 50021—2001）分类如下：

① 碎石、砾石类土。把粒径大于2.0mm的颗粒含量超过总质量50%的土定名为碎石土，并按表2.13进一步分类，定名时，根据颗粒级配由大到小以最先符合者确定。

表 2.11 我国土壤质地分类标准（熊毅等，1987）

<table>
<tr><th rowspan="2">质地类别</th><th rowspan="2">质地名称</th><th colspan="3">不同粒级的颗粒组成/%</th></tr>
<tr><th>砂粒(1～0.05mm)</th><th>粗粉粒(0.05～0.01mm)</th><th>细黏粒(<0.001mm)</th></tr>
<tr><td rowspan="3">砂土类</td><td>粗砂土</td><td>>70</td><td>—</td><td rowspan="6"><30</td></tr>
<tr><td>细砂土</td><td>60～70</td><td>—</td></tr>
<tr><td>面砂土</td><td>50～60</td><td>—</td></tr>
<tr><td rowspan="5">壤土类</td><td>砂粉土</td><td>>20</td><td rowspan="2">>40</td></tr>
<tr><td>粉土</td><td><20</td></tr>
<tr><td>砂壤土</td><td>>20</td><td rowspan="2"><40</td></tr>
<tr><td>壤土</td><td><20</td><td>40～55</td></tr>
<tr><td>砂黏土</td><td>>50</td><td>—</td><td>≥30</td></tr>
<tr><td rowspan="4">黏土类</td><td>粉黏土</td><td colspan="2">—</td><td>30～35</td></tr>
<tr><td>壤黏土</td><td colspan="2">—</td><td>35～40</td></tr>
<tr><td>黏土</td><td colspan="2">—</td><td>40～60</td></tr>
<tr><td>重黏土</td><td colspan="2">—</td><td>>60</td></tr>
</table>

表 2.12 土壤石砾含量分级

石砾含量/%	分级
<1	无砾质(质地名称前不冠)
1～10	少砾质
>10	多砾质

表 2.13 碎石、砾石类土的分类

<table>
<tr><th>名称</th><th>颗粒形状</th><th>级配</th></tr>
<tr><td>漂石</td><td>圆形及亚圆形为主</td><td rowspan="2">粒径大于 200mm 的颗粒超过总质量的 50%</td></tr>
<tr><td>块石</td><td>棱角形为主</td></tr>
<tr><td>卵石</td><td>圆形及亚圆形为主</td><td rowspan="2">粒径大于 20mm 的颗粒超过总质量的 50%</td></tr>
<tr><td>碎石</td><td>棱角形为主</td></tr>
<tr><td>圆砾</td><td>圆形及亚圆形为主</td><td rowspan="2">粒径大于 2mm 的颗粒超过总质量的 50%</td></tr>
<tr><td>角砾</td><td>棱角形为主</td></tr>
</table>

② 砂类土。把粒径大于 2.0mm 的颗粒含量不超过总质量 50%、粒径大于 0.075mm 的颗粒含量超过总质量 50%的土定名为砂土，并按表 2.14 进一步分类，根据颗粒级配由大到小以最先符合者确定。工程上把粒径大于 0.075mm 的颗粒含量超过总质量 50%的土称为粗粒土，碎石和砾石类土、砂类土都为粗粒土。

表 2.14 砂类土的分类

名称	级配
砾砂	粒径大于 2mm 的颗粒占总质量的 25%～50%
粗砂	粒径大于 0.5mm 的颗粒占总质量的 50%以上

续表

名称	级配
中砂	粒径大于 0.25mm 的颗粒占总质量的 50%以上
细砂	粒径大于 0.075mm 的颗粒占总质量的 85%以上
粉砂	粒径大于 0.075mm 的颗粒占总质量的 50%以上

③ 粉土。粒径大于 0.075mm 的颗粒含量占总质量 50%以下，且塑性指数等于或小于 10 的土壤称为粉土。粉土通常是粉粒、黏粒和砂粒的混合物，但以粉粒为主。当粉土中黏粒（粒径小于 0.005mm）含量小于 10%时，称为砂质粉土；当黏粒含量大于 10%时，称为黏质粉土。

④ 黏土。塑性指数大于 10 的土定名为黏性土，当塑性指数大于 10 且小于 17 时，称为粉质黏土；当塑性指数大于 17 时，称为黏土。黏土还可以按照软硬状态、活动度、灵敏度等指标分类。从时间上分，把第四纪晚更新世（Q_3）及以前沉积的黏性土称为老黏土，这类土年代久远，压密性、胶结性、固结性好，强度大，压缩性低；把全新世早期、中期沉积的黏性土称为一般黏土，这类土分布广泛，工程性能差别大；把晚全新世以后形成的黏性土称为新黏土，这类土形成历史短，压密性和固结性不够。

⑤ 特殊土。工程上把一些具有特殊工程性能的土归为特殊土，包括：湿陷性土、红黏土、软土、混合土、填土、多年冻土、膨胀岩土、盐渍岩土、风化岩和残积土、污染土。

由上可知，土壤的工程分类不仅考虑了颗粒级配的组合，也考虑了土壤的工程性能指标（如塑性指数、软硬状态、活动度、灵敏度、湿度、密实度等）。由于工程建设过程中岩土工程勘察成为一个必不可少的前置环节，场地环境调查时获取这类地质资料更为便捷，因此，土壤的工程分类法在场地调查和治理中得到了广泛应用。

2.4.4.4 土壤异质性

由前文所述，土壤是由粒径大小不同的颗粒组成的，即便在同类土壤中随机抽取一些土壤进行粒径分析，其粒径分布也是不同的，这种现象称为土壤的异质性。土壤异质性主要由于土壤质地和成分不同，体现在两个方面：一是颗粒级配不同；二是颗粒组成与性能不同，这里的性能更多是指环境科学视角的性质。从尺度上讲，即便是微小范围内（如几厘米）土壤的性能差异也是很明显的，可称为微尺度异质性。

土壤颗粒大，以原生矿物为主，比表面积小，对污染物的吸附能力弱。黏粒则以次生矿物为主，有机质含量高，具有胶体性质，颗粒小，成板状或片状，比表面积大，具有强烈的负电荷以及较弱的正电荷，从而能够吸附正离子和负离子，对有机物及无机物的吸附能力都很强。黏土颗粒的分层板也为吸附污染物提供了空间，如蒙脱石两个黏土板之间的阳离子（如 Ca^{2+}）可以吸引二苯并对二噁英分子的部分负电荷实现对二噁英的吸附。土壤中的有机质对有机污染物的分配作用显著，能吸附更多的有机污染物。

图 2.11 显示了不同粒径土壤对镉、砷、铅、铬以及苯系物（BTEX）和多环芳烃（PAHs）的吸附能力。由图 2.11 可知，无论是重金属还是有机物，土壤颗粒越小，污染物吸附量越大，尽管个别粒径组不完全符合这个规律，但总体上来说，细颗粒土壤占据了大部分的污染物吸附量。由表 2.15 可知，粒径小于 0.001mm 的土壤质量仅占总土壤质量的 18.5%，但是其对铅的持有量却达到了总铅量的 40.1%；粒径小于 0.075mm 的土壤颗粒铅

持有量占总铅量的 69.6%。

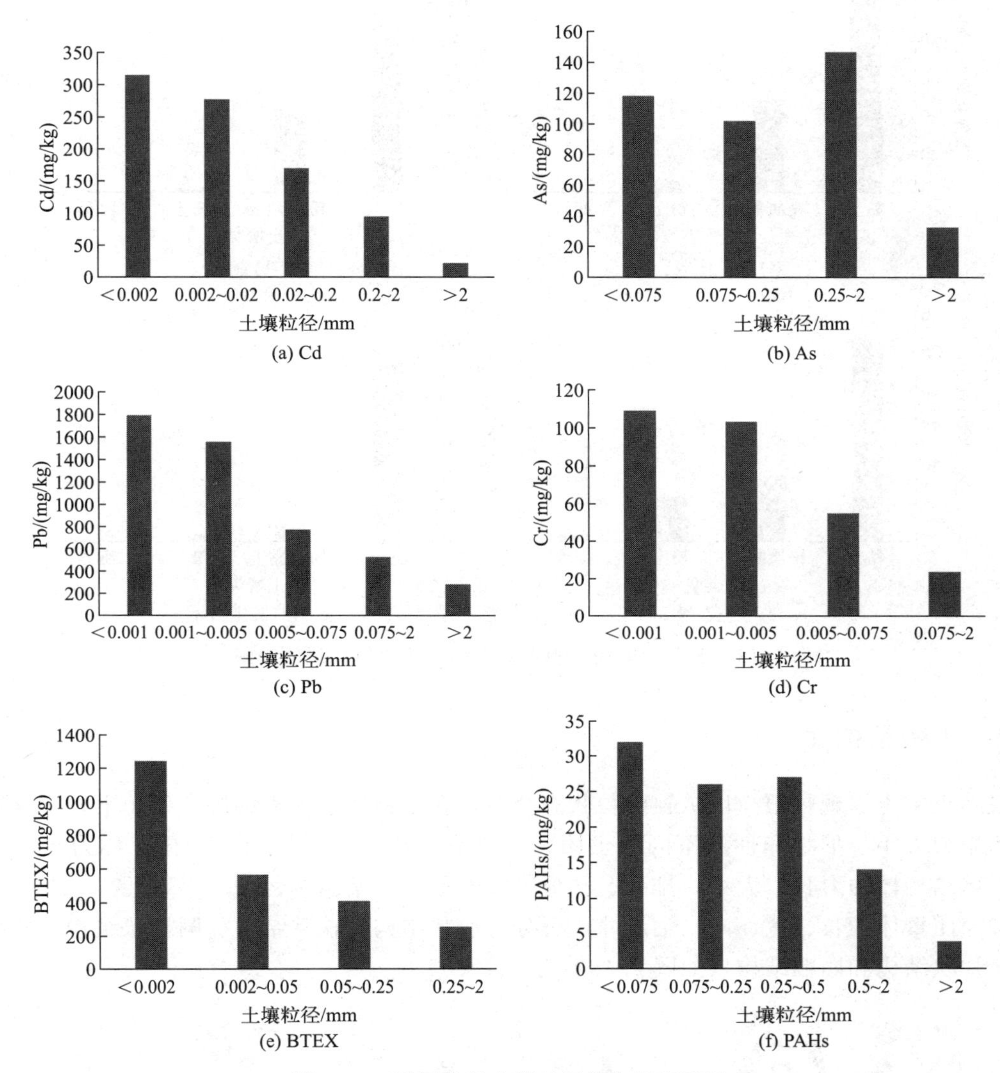

图 2.11　不同粒径土壤对污染物的吸附量

表 2.15　土壤粒径与铅吸附量的关系

土壤粒径/mm	粒径占比/%	Pb/(mg/kg)	占总铅比例/%
<0.001	18.5	1790.38	40.1
0.001～0.005	11.3	1554.20	21.2
0.005～0.075	8.9	770.00	8.3
0.075～2	32.0	523.20	20.3
>2	29.3	286.30	10.1

图 2.12 为实际氯代烃污染场地中土壤采样的检测结果。尽管不同类型的土壤受到氯代烃污染的原始浓度不同，但是总体上看，黏土对四氯化碳、氯仿、三氯乙烯和四氯乙烯的吸附量最大，其次是粉质黏土，粉土与细砂的吸附量明显小很多。

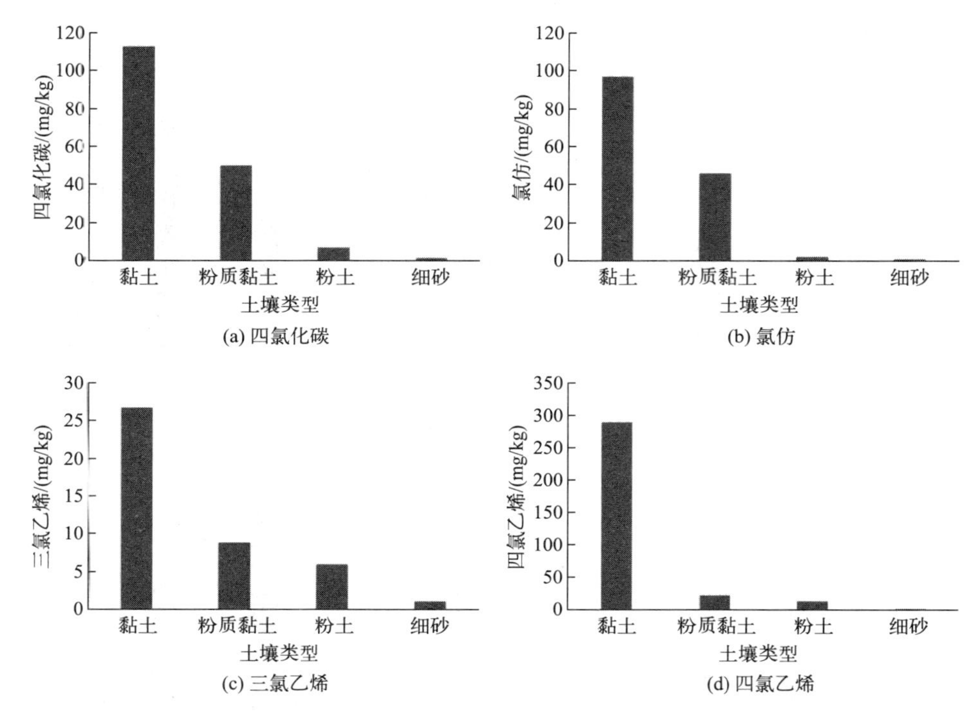

图 2.12　实际污染场地中不同类型土壤对氯代烃的吸附量

2.4.5　土壤结构性

自然界中土壤颗粒很少以单独颗粒状态存在，在多种成土因素的综合作用下，土壤颗粒相互团聚成大小、形状和性质不同的土团、土块或土片等团聚体或结构体，称为土壤结构体，土壤结构体的形状、大小、排列、孔隙等特性称为土壤结构性。

按照团聚体的长、宽、高三轴尺寸，可分为块状结构、核状结构、圆柱状结构、棱柱状结构、片状结构和团粒结构，如图 2.13 所示。

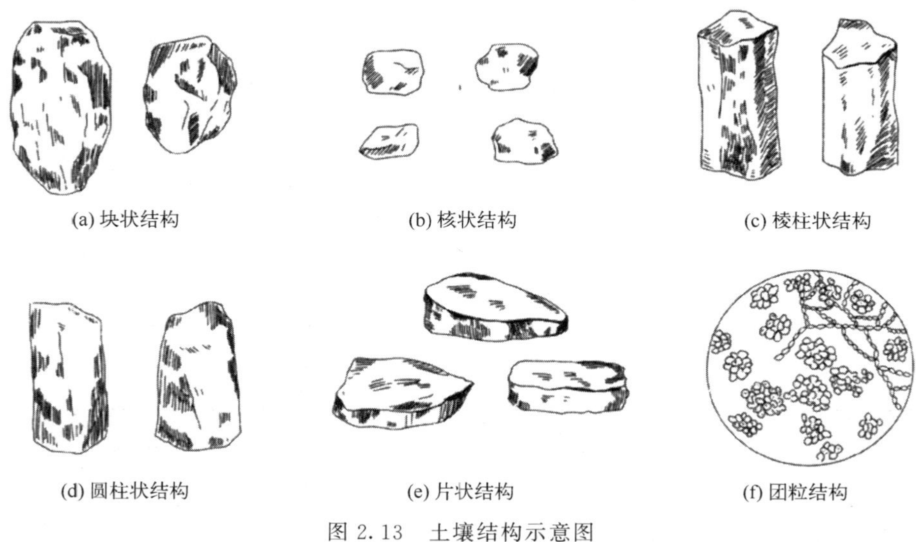

图 2.13　土壤结构示意图

块状结构长、宽、高大致相等，边面与棱角不明显。核状结构边面与棱角明显，块体相对较小，一般在 5～20mm。纵轴较大，呈直立型，棱角不明显的称圆柱状结构，棱角明显的称棱柱状结构。片状结构呈薄片状，通常成层排列。团粒结构是在腐殖质的作用下形成的近似球体的疏松多孔小土团，团粒结构大小差异较大，直径一般在 0.25～10mm 之间，直径小于 0.25mm 的称为黏团。

2.4.6　岩土空隙性

土壤由松散的颗粒及团粒组成，因此，土壤中充满形状及大小不一的空隙。岩石也不是实体，其中也有空隙，如可溶性岩石中的溶洞、地下暗河等。岩土的空隙是松散岩土中的孔隙、坚硬不可溶岩石中的裂隙以及可溶岩石中的溶隙（一般包括溶孔、溶洞、溶穴、溶道、地下暗河）的总称，是地下水的储存场所及运动通道。这些空隙的大小、多少、形状、分布及连通情况等统称为岩土的空隙性，它对岩土中地下水的赋存及运动具有重要的控制意义。岩土中各种空隙如图 2.14 所示。

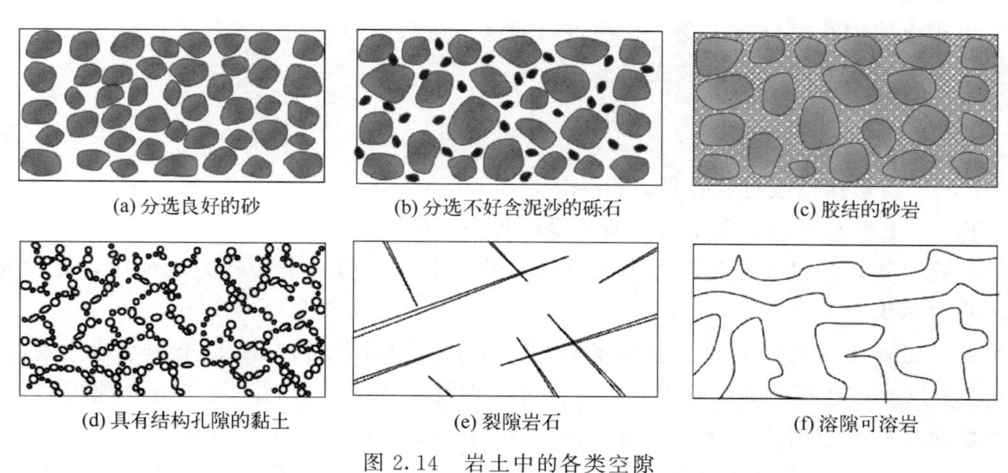

图 2.14　岩土中的各类空隙

2.4.6.1　孔隙

松散土壤是由大小不等的颗粒组成的，颗粒或颗粒集合体之间充满空隙，空隙相互连通呈孔状，称作孔隙。孔隙的大小、多少、形状等为土壤的孔隙性。土壤孔隙是土壤具有渗透性的根源，也是土壤中物质和能量贮存交换、动物和微生物活动以及植物根系生长的重要场所。

孔隙的多少用孔隙度或孔隙率表示，是指一定体积土壤中孔隙体积与该土壤总体积之比，公式如下：

$$n=\frac{V_{\mathrm{v}}}{V} \tag{2.2}$$

式中　n——孔隙度（率）；

V_{v}——土壤中孔隙的体积；

V——土壤总体积，包括固体骨架及孔隙体积。

有时也用孔隙比 e 表示土壤孔隙的多少，公式为：

$$e=\frac{V_{\mathrm{v}}}{V_{\mathrm{s}}}=\frac{n}{1-n} \tag{2.3}$$

则：

$$n=\frac{e}{1+e} \tag{2.4}$$

式中　e——土壤孔隙比；

V_s——土壤中固体骨架体积。

孔隙度可以通过土壤体密度和土壤颗粒密度计算得出，即：

$$n=\frac{V_v}{V}=\frac{V-V_s}{V}=\frac{\dfrac{V-V_s}{m_s}}{\dfrac{V}{m_s}}=\frac{\dfrac{1}{\rho_b}-\dfrac{1}{\rho_s}}{\dfrac{1}{\rho_b}}=1-\frac{\rho_b}{\rho_s} \tag{2.5}$$

式中　ρ_b——土壤体密度；

m_s——土壤颗粒质量，g 或 t；

ρ_s——土壤颗粒密度。

孔隙度可以衡量土壤中孔隙的多少，孔径的大小对土壤持水、透水、通气等性能的影响巨大。由于土壤中孔隙复杂多变，孔径难以测量，通常用当量孔径或有效孔径来表示，即与一定土壤水吸力相当的孔径，公式如下：

$$d=\frac{3}{T} \tag{2.6}$$

式中　d——当量孔径或有效孔径，mm；

T——土壤水吸力，即土壤水所承受的吸力，kPa。

由公式可知，当量孔径与孔隙形状及均匀性无关，只与土壤水吸力成反比，孔隙越小，土壤水吸力越大。

由此，可对土壤孔径大小进行分类，把当量孔径小于 0.002mm、土壤水吸力在 1.5×10^5Pa 以上以及一些不连通的死端孔隙称为非活性孔隙或无效孔隙，这部分孔隙被结合水占据，土壤对水的分子引力很大，不能流动，不能被植物利用，也不能通气。把当量孔径为 0.002～0.02mm、土壤水吸力为 1.5×10^4～1.5×10^5Pa 的孔隙称为毛管孔隙，这部分孔隙被毛管水占据，具有毛管作用，可被植物利用。把当量孔径大于 0.02mm、土壤水吸力约小于 1.5×10^4 的孔隙称为非毛管孔隙或通气孔隙，不具有毛管作用，孔隙中是重力水，受重力支配流动及排出。

土壤孔隙中扣掉无效孔隙的体积即为有效体积，有效体积的数量用有效孔隙度表示：

$$n_e=\frac{V_e}{V} \tag{2.7}$$

式中　n_e——有效孔隙度；

V_e——土壤中的有效孔隙体积；

V——土壤总体积。

需要注意的是，虽然土壤中无效孔隙的体积对地下水的流动意义不大，但是对污染物的赋存及分子扩散仍有意义，在场地治理修复时仍需重视。

孔隙度的大小主要取决于颗粒排列方式及土壤质地，颗粒形状与胶结结构也有影响，特别是对黏土而言。假设土壤颗粒是大小相当的球体，当颗粒以立方体排列时是最疏松的排列，计算出的孔隙度为 47.64%；当以四面体排列时是最紧密的排列，孔隙度为 25.95%。

也就是说孔隙度只与排列方式有关，与颗粒粒径大小无关。排列方式如图 2.15 所示。自然界中松散土壤的排列以及孔隙度大多介于上述两种情况之间，表 2.16 给出了几种典型岩土的孔隙度。

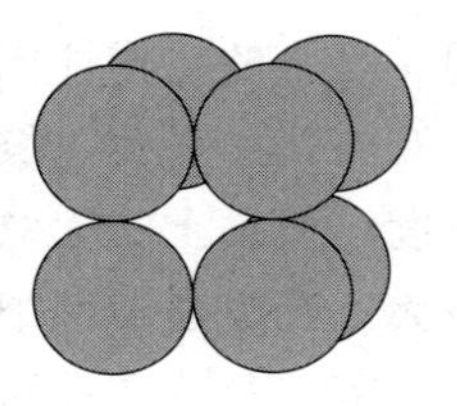

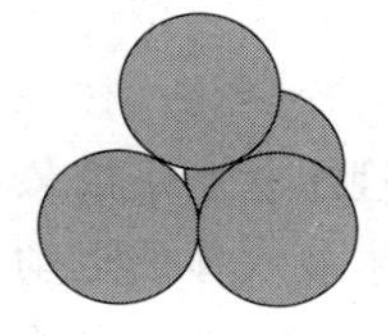

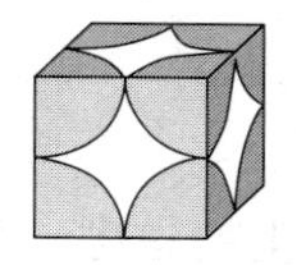

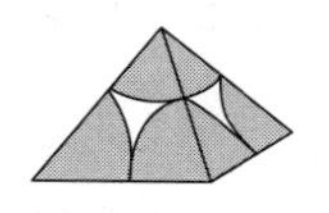

(a) 立方体排列　　(b) 四面体排列

图 2.15　颗粒的排列方式

表 2.16　常见典型岩土的孔隙度　　单位：%

岩土名称	孔隙度		有效孔隙度
	范围	典型值	
砾石(粗砾)		28	
砾石(中砾)	25～40	32	24
砾石(细砾)		34	
砂(粗粒、中粒)	25～50	39	28
砂(细粒)		43	
粉砂、粉土	35～50	46	8
黏土	40～70	42	3
黄土		49	
泥炭		92	
砂岩(细粒)	5～30	33	0.5～10
砂岩(中粒)		37	
石灰岩		30	
白云岩		26	
页岩	0～10	6	
片岩		38	
粉砂岩		35	
黏土岩		43	
玄武岩	5～35	17	
花岗岩(风化)		45	
辉长岩(风化)		43	
冰碛物(含大量粉砂)		34	
冰碛物(含大量砂)		31	

注：数据来源于 Todd (2005)、Freeze (1979)、Roscoe Moss (1990)、Domenico (1997)。

实际上，土壤中颗粒粒径大小不可能是一样的，土壤颗粒的形状与结构也不同。当不均匀系数 C_e 越大时，粒径差异越大，小颗粒填充在大颗粒之间的空隙中，土壤的孔隙度就越小，反之孔隙度就越大。当颗粒形状不规则、棱角越大时，棱角的架空作用越突出，排列越松散，孔隙度就越大。对于黏土，情况又有不同，黏土的结构性比较明显，因有机质的存在形成了团聚体结构，因而疏松多孔，往往还发育有虫孔、根孔、裂缝等次生孔隙，使得黏土的孔隙度有时会大于上述理想状态下的最大孔隙度，但黏土的无效孔隙度也高。

土壤孔隙大小对地下水及气体的运动影响极大，孔隙通道最细小的部分称作孔喉，其直径为孔喉直径或收缩直径；最宽的部分称作孔腹，其直径称作孔腹直径。孔隙大小往往取决于孔喉直径，因为孔腹部分被细小颗粒所填充。

2.4.6.2 裂隙

裂隙是坚硬岩石在各种应力作用下破裂变形产生的空隙。根据裂隙成因可分为成岩裂隙、构造裂隙和风化裂隙。成岩裂隙是岩石在成岩过程中，由于冷凝收缩（岩浆岩）或固结干缩（沉积岩）而产生的；构造裂隙是岩石在构造变动中受力而产生的；风化裂隙是在各种物理与化学等因素的作用下岩石遭受破坏而产生的裂隙，主要分布于近地表处，有供水意义。

裂隙的多少用裂隙率表示，是岩石中裂隙体积与包含裂隙体积在内的岩石总体积的比值：

$$K_t=\frac{V_t}{V} \tag{2.8}$$

式中 K_t——裂隙率；

V_t——岩石中裂隙体积；

V——岩石总体积。

也可以用面积裂隙率或线裂隙率表示，面积裂隙率是一定面积的裂隙岩层中裂隙面积与岩石总面积之比，线裂隙率是一定长度的裂隙岩层中裂隙宽度之和与岩石长度之比。

2.4.6.3 溶隙

可溶性岩石（如盐岩、石灰岩和白云岩等）在地下水溶蚀作用下产生的空洞称为溶隙。溶隙的多少以溶隙率表示：

$$K_k=\frac{V_k}{V} \tag{2.9}$$

式中 K_k——溶隙率；

V_k——岩石中溶隙体积；

V——岩石总体积。

2.4.6.4 土壤密度

土壤有孔隙，因此，衡量土壤的密实程度根据表达方式不同相应有多个指标，这些指标的称谓在不同的学科中也不尽相同。

单位容积（不包括土壤孔隙在内）固体土壤颗粒的质量，称为土壤密度或土壤颗粒密度或真密度：

$$\rho_s=\frac{m_s}{V_s} \tag{2.10}$$

式中 ρ_s——土壤密度或土壤颗粒密度或真密度，g/cm^3 或 t/m^3；

m_s——土壤颗粒质量，g 或 t；

V_s——土壤颗粒体积，cm^3 或 m^3。

土壤密度大小取决于土壤矿物组成及有机质含量，一般土壤的颗粒密度在 2.6～2.7g/cm^3 之间，常取中间值 2.65g/cm^3 进行计算。

在实际工程应用中，土壤体密度的概念更为常用，即单位体积（包括固体骨架与空隙体积）土壤的质量：

$$\rho_b=\frac{m_s}{V} \tag{2.11}$$

式中 ρ_b——土壤体密度（不同学科中有不同的叫法，如土壤容重、土壤表观密度、土壤天然密度、土壤堆积密度等），g/cm^3 或 t/m^3；

m_s——土壤颗粒质量，g 或 t；

V——土壤总体积，包括固体颗粒与空隙，cm^3 或 m^3。

土壤体密度大小跟孔隙度有关，孔隙度小，体密度大；孔隙度大，体密度小。砂土体密度为 1.2～1.8g/cm^3，黏土体密度为 1.1～1.3g/cm^3；

土壤体密度又有干体密度和湿体密度之分。干体密度是土壤颗粒干质量与土壤总体积之比：

$$\rho_d=\frac{m_s}{V}=\frac{m_s}{V_s+V_v}=\frac{m_s}{V_s+V_w+V_a} \tag{2.12}$$

式中 ρ_d——土壤干体密度，有时也称干密度；

V_s——土壤中固体颗粒的体积；

V_v——土壤中孔隙的体积，$V_v=V_w+V_a$；

V_w——土壤孔隙中水占的体积；

V_a——土壤孔隙中空气占的体积。

湿体密度是土壤颗粒湿质量与土壤总体积之比：

$$\rho_{wet}=\frac{m_{wet}}{V}=\frac{m_s+m_w}{V_s+V_v}=\frac{m_s+m_w}{V_s+V_w+V_a}=\rho_d+\frac{m_w}{V} \tag{2.13}$$

式中 ρ_{wet}——土壤湿体密度，有时也称湿密度或总体密度；

m_{wet}——土壤湿质量，$m_{wet}=m_s+m_w$；

m_w——土壤中水的质量。

当土壤孔隙中充满水时，土壤颗粒质量与其中水的质量之和与土壤总体积之比，称为土壤饱和密度，是湿密度的一种特例：

$$\rho_{sa}=\frac{m_s+V_v\rho_w}{V} \tag{2.14}$$

式中 ρ_{sa}——土壤饱和密度；

ρ_w——水的密度。

土方工程中多用湿体密度。自然状况下沉积的地层中，由于土壤自重的压密作用，土壤体密度随着地层深度增加逐渐增大。如果将土壤挖掘出来自然堆置，土壤会膨胀，体积增大，此时的土壤体密度降低，有时也用松散堆积密度表示。

单位体积固体土粒的质量与4℃同体积水的质量之比为相对密度，无量纲。

例题 2.1 采用土壤取样器从场地中取得一柱状土样，称重为2.3kg，容器质量为200g，容器长为50cm，内径为5.5cm。将样品置于烘箱中在105℃下烘干至恒重后，称重为2.1kg。已知土壤的颗粒密度 ρ_s 为 $2.65g/cm^3$。土壤的干体密度和总体密度为多少？土壤的孔隙度与孔隙比为多少？

解：

① 土壤的干重为：$m_s=2100-200=1900(g)$

土壤的湿重为：$m_{wet}=2300-200=2100(g)$

土壤的总体积为：$V=3.14\times(5.5/2)^2\times50=1187.3(cm^3)$

则土壤干体密度为：$\rho_d=m_s/V=1900/1187.3=1.60(g/cm^3)$

土壤的总体密度为：$\rho_{wet}=m_{wet}/V=2100/1187.3=1.77(g/cm^3)$

② 土壤孔隙度：$n=1-\rho_d/\rho_s=1-1.60/2.65=0.40$

孔隙比：

$$e=\frac{n}{1-n}=\frac{0.4}{1-0.4}=0.67$$

2.4.7 土体构造

土壤在形成过程中受不同的地质年代和不同的成土因素驱动，形成了一些形态特征各不相同的重叠的层，同一层内的土壤物质组成、结构基本一致，土壤性质大致相同，这就是土壤发生层，常称为土层。性质各异、厚薄不等的若干土层以特定的上下次序进行组合而成的组合体，就是土体。在一定土体中，结构相对均匀的土层单元体的形态和组合特征，称为“土体构造”，也称“土壤剖面构型”，包括土层单元体的大小、形状、排列和相互关系，单元体的分界面称结构面或层面。在地质勘察和工程地质勘察中又有多种叫法，如“工程地质层”“土的构成”“岩土层结构”“岩土构成”“土/岩性”“地层分布”“地层结构”等（付融冰，2022）。

土体构造是土壤在成土因素和人为因素作用下形成的外在属性，其随着土壤类型的分化显示不同的土体特征，是影响农业生产、土壤与地下水环境调查与修复的重要因素之一。

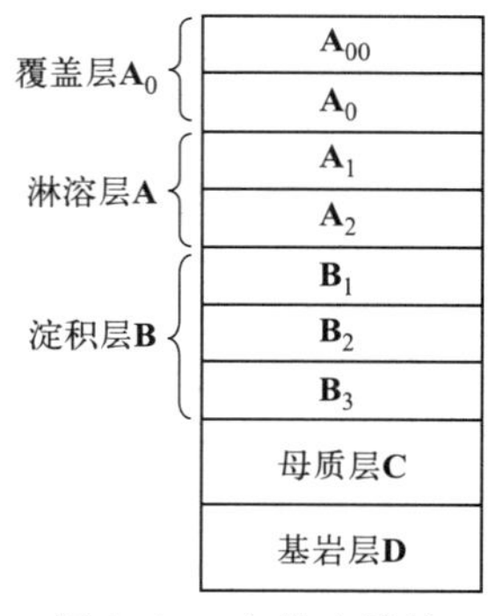

图 2.16 自然土壤的土体构造示意图

2.4.7.1 基本土壤发生层

一个完整的土壤剖面应包括母质层和土壤发生层。土壤发生层的形态特征主要有颜色、质地、结构及新生体，土壤发生层分化越明显说明土体的发育度越高。

一个土壤发生层主要有三个基本层次，即淋溶层（A）、淀积层（B）和母质层（C），各层又可进行细分（图2.16）：

① 覆盖层（A_0）。主要存在于森林土壤中，为枯枝落叶层。

② 淋溶层（A）。该层为土壤发生层中最重要的土壤剖面，含有水溶性物质和黏粒，在该层有向下淋溶的趋势，故命名为淋溶层；通常存在于土体最上部，因此又称表土层。此层包含两个

亚层：腐殖质层（A_1）、灰化层（A_2）。A_1 有机质积累较多，颜色较深，植物根系和微生物集中分布在该层，土质疏松，该层的土壤肥力最好；A_2 易溶盐类、铁铝和黏粒都会向下淋溶，只有难迁移的石英会滞留在该层，常为灰白色，养分贫乏，肥力差。

③ 淀积层（B）。由物质淀积作用形成，淀积物质可来自土体的上部，也可来自地下水上升带来的水溶性和还原性物质，还可来自人们施用的石灰、肥料等土体外部的物质。根据发育程度，该层有三个亚层：B_1、B_2 和 B_3。

④ 母质层（C）。处于土体最下部，由风化程度不同的岩石风化物或各种地质沉积物所构成。

⑤ 基岩层（D）。未风化或半风化的土层。

2.4.7.2　农用地土壤土体构型

农用地土壤的土体构造是人类长期耕种活动的产物。由于耕作方式、灌排措施等不同，旱田和水田的土体构型也明显不同，如图 2.17 所示。农用地土壤关注的深度范围比较小，农用地土壤修复也基本限于这个范围。

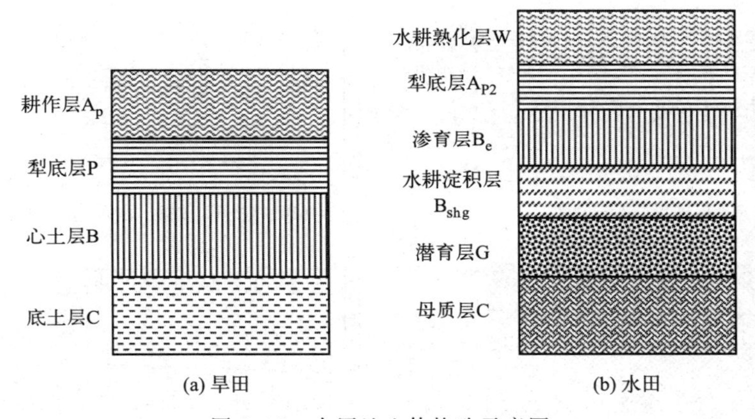

图 2.17　农用地土体构造示意图

旱田土壤一般可分为四层：耕作层、犁底层、心土层及底土层。

耕作层（A_p）即表土层或熟化层，是耕作生产活动的主要发生层，疏松多孔，土壤有机质含量高，颜色深。

犁底层（P）即亚表土层，位于耕作层之下，受耕作活动压实作用，土壤较紧实，呈片状或层状结构，通气性差，有机质含量低，颜色较浅。

心土层（B）位于犁底层之下，土壤紧实，通气性极差，有不同物质的淀积现象，受上部环境影响较小，温度湿度较稳定，有机质含量极少，微生物活动微弱，少有植物根系分布。

底土层（C）即母质层或生土层，位于心土层之下，受上层耕作、作物及气候影响都很小。

水田土壤可分为：耕作层或水耕熟化层（W）、犁底层（A_{P2}）、渗育层（B_e）、水耕淀积层（B_{shg}）、潜育层或青泥层（G）、母质层（C）。

2.4.7.3　建设用地土壤土体构型

相比于农用地，建设用地污染深度就大得多，但一般不会超过地表以下 50m 深，极少数情况下地下水污染可能达到百余米或数百米。

土层沉积的时间长短不同，使得土体中土层单元体的厚度不一，单元体的形状多为层状、条带状和透镜状。土体由单一地层组成的土体结构称为单一结构；土体由厚度较大、岩性不同的土层单元体相互交替叠置而成的土体结构，称为互层结构；由厚度较大的与厚度很小的单层组成的，称为夹层结构。

不同地域或同一地域地层构造的差异都很大，图 2.18 为我国典型区域地层构造示意图，是随机选取地质云平台钻孔数据库中的若干钻孔数据绘制而成的，示意图中各地层岩性及厚度均为综合结果，由于区域地质条件复杂，未表示出地层倾向、地表起伏、构造断裂带、挤

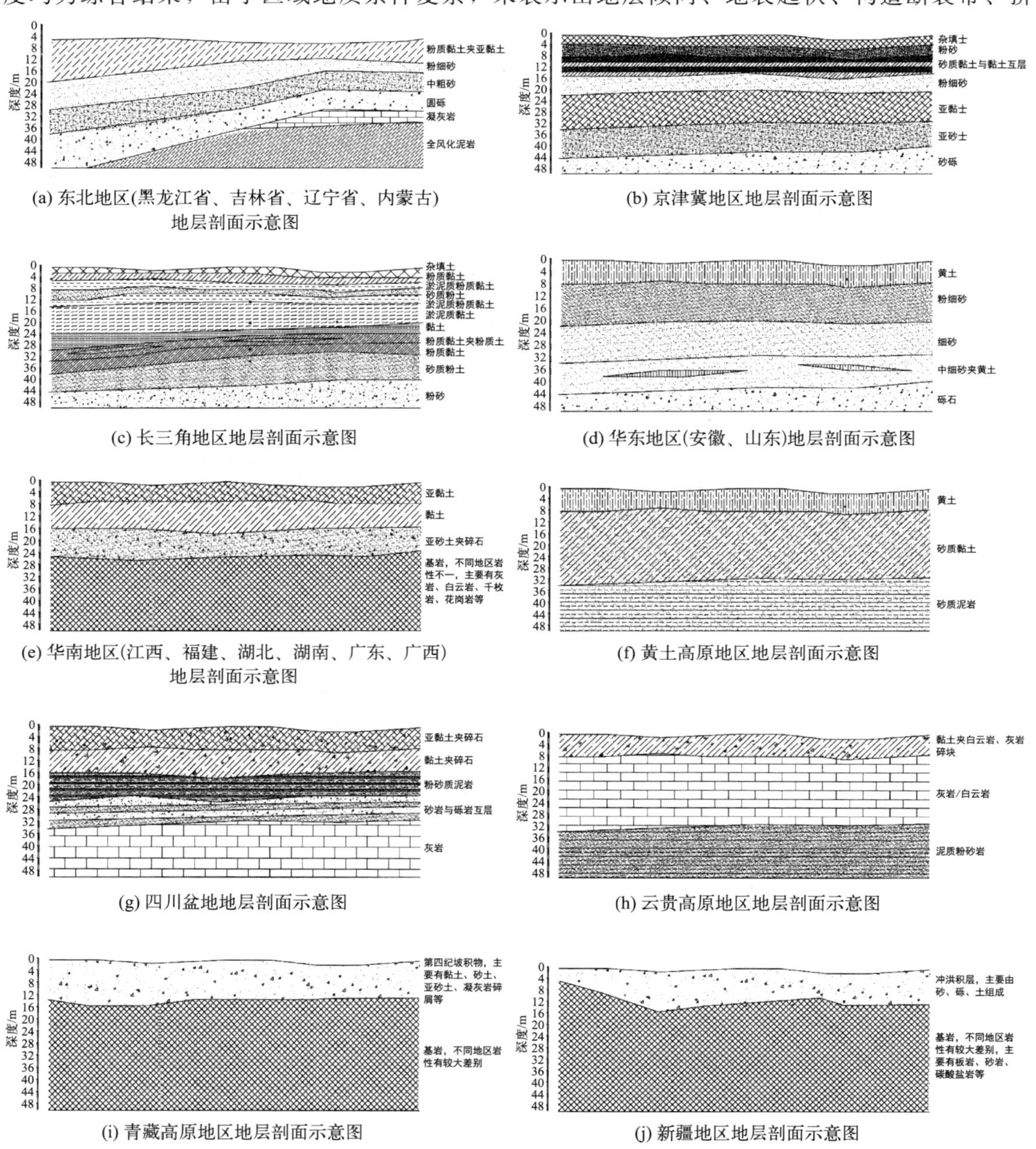

图 2.18　我国主要地区地层构造示意图（付融冰，2022）

（比例尺　水平 1∶500000　垂直 1∶200）

压带、侵入岩体以及局部的岩性变化，仅适用于区域地质条件中浅层第四系沉积物及岩层风化带（图中仅显示了50m以浅的地层构造）。这些地区的地块在作为建设用地使用时，最上层往往有杂填土或素填土层。

2.4.8 土壤胶体特性

2.4.8.1 土壤胶体

土壤胶体是指直径小于1μm的土壤固体颗粒，分为土壤无机胶体、土壤有机胶体和土壤有机无机复合体。土壤无机胶体分为层状铝硅酸盐黏土矿物（2∶1型和1∶1型等黏土矿物）、氧化物及其水合物；土壤有机胶体主要是腐殖质及各种组分，此外还有少量的蛋白质、氨基酸、多肽和多糖类化合物；土壤有机无机复合体主要是层状铝硅酸盐黏土矿物（晶体）。

2.4.8.2 土壤胶体性质

① 土壤胶体具有巨大的比表面积和表面能。比表面积是指单位质量（或体积）物体的总表面积，物质的比表面积越大，吸附能力越强。土壤胶体具有巨大的比表面积，因而具有巨大的表面能。

② 土壤胶体具有电性，有永久电荷和可变电荷。有机胶体一般带负电，其电荷是由腐殖质中的羧基（—COOH）、羟基（—OH）、酚羟基（$—C_6H_4—OH$）解离出氢离子后使胶粒带负电。

③ 土壤胶体具有凝聚与分散性能，胶体从溶胶变为凝胶为凝聚，从凝胶转变为溶胶为分散。

2.4.8.3 土壤阳离子吸附与交换作用

土壤胶体一般带负电荷，因此，能够靠静电作用在胶体表面吸附带正电荷的阳离子，这些被吸附的阳离子又可被溶液中的其他阳离子所置换取代，这种交换反应称为阳离子交换作用。阳离子交换是一个可逆反应，符合质量作用定律，遵循等价交换的原则。如一个Ca^{2+}可交换两个一价的K^+或Na^+，一个Fe^{3+}可交换三个一价的K^+或Na^+。离子价数越低，交换能力越弱，但如果提高低价离子的浓度，也可以交换出价数较高的离子。影响土壤离子交换能力的因素有离子性质和土壤性质。离子性质包括离子电荷、离子半径与水化度以及离子浓度。一般电荷越多交换能力越强；相同电荷数下离子半径越小交换能力越大，水化度越小交换能力越大；离子浓度越高交换能力越大。土壤中常见阳离子的交换能力大小为：$Fe^{3+}>Al^{3+}>H^+>Ca^{2+}>Mg^{2+}>K^+>NH_4^+>Na^+$。土壤胶体类型、土壤质地和土壤pH值对土壤阳离子交换量（CEC）影响最大。土壤胶体类型不同所带电荷差异很大，有机胶体CEC最大，层状铝硅酸盐矿质胶体中2∶1型矿物比1∶1型矿物大，三氧化物胶体的CEC最小；土壤黏粒含量越高，带负电越多，交换能力越大；土壤pH升高，可变电荷增加，CEC增大。

土壤阳离子交换能力的大小用土壤阳离子交换容量（CEC）表示，CEC为单位质量土壤的负电荷或可交换的阳离子量，即每100g土壤中阳离子的物质的量（毫摩尔数计）。1mmol的Na^+，约有一个阿伏伽德罗常数（6.02×10^{20}）个带正电的离子。一般黏土和有机质含量高的土壤CEC大，粉土、砂土CEC小。

土壤阳离子交换是土壤吸附阳离子的主要机制。重金属在土壤中大都以阳离子形式存在，因此与土壤结合得比较牢固；对于呈现阴离子形态的重金属如 As、Cr(Ⅵ) 等，则不容易与土壤结合，更容易释放到土壤溶液中，在地下水中更容易检出。

例题 2.2 某土壤含有 32%的黏粒、3%的有机质和 65%的其他矿质颗粒，若该类型黏粒 CEC 为 150cmol/kg，有机质的 CEC 为 300cmol/kg，其他矿质颗粒 CEC 为 5cmol/kg。计算该种土壤总 CEC 含量。

解：

对于单位质量的土壤，黏粒中的 CEC 含量为：1kg×32%×150cmol/kg=48cmol

有机质中的 CEC 含量为：1kg×3%×300cmol/kg=9cmol

其他矿质颗粒的 CEC 含量为：1kg×65%×5cmol/kg=3.25cmol

所以每千克土壤中的 CEC 含量为：48cmol+9cmol+3.25cmol=60.25cmol

可见，土壤的 CEC 主要取决于黏粒含量与有机质含量。

2.4.9 土壤酸碱性

2.4.9.1 土壤酸碱性定义

土壤酸碱性通常用土壤溶液的 pH 表示，对土壤的氧化还原、沉淀溶解、吸附解吸和配位反应起支配作用。土壤总酸度是用碱滴定而获得的，包含各种形态的酸，大小顺序排列情况为：土壤潜在酸>土壤的非交换性酸>土壤的交换性酸>土壤的活性酸。土壤的碱性主要是碱性物质如钠、钙、镁的碳酸盐和碳酸氢盐以及吸附性钠的水解反应导致的。

土壤上吸附的交换性阳离子可分为两类，一类是致酸离子（如 H^+、Al^{3+}），另一类是盐基离子（如 Na^+、K^+、Ca^{2+}、Mg、NH_4^+ 等）。当土壤中阳离子全部是盐基离子时土壤呈盐基饱和状态，用盐基饱和度表示；当土壤中阳离子吸附的不全是盐基离子，还有部分致酸离子时，土壤为盐基不饱和状态。

$$盐基饱和度=\frac{交换性盐基总量}{阳离子交换量}\times 100\% \tag{2.15}$$

由于土壤的碱性很大程度上取决于土壤胶体上吸附的交换性 Na^+ 的数量，所以通常把交换性 Na^+ 的饱和度称为土壤碱化度：

$$碱化度=\frac{交换性钠}{阳离子交换量}\times 100\% \tag{2.16}$$

2.4.9.2 土壤酸碱性对污染物的影响

土壤 pH 值显著影响土壤中重金属的存在形态及活性。重金属在不同的 pH 值条件下与氢氧根形成金属氧化物的溶度积不同。大多数重金属元素，在酸性条件下通常以游离态、水化离子态存在，生物毒性较大，在中性、碱性条件下易生成碱性沉淀，毒性降低。但有些重金属在 pH 值继续升高时又形成配位化合物进一步溶解吸出，如铜、锌等。pH<5.5 时，众多重金属的溶解度增加。对铬、砷等含氧酸根阴离子，在中性、碱性条件下，Cr(Ⅲ) 生成氢氧化物沉淀；在碱性条件下，可溶性砷的含量增加，增加了砷的生物毒性。对重金属基于 pH 变化的浸出行为研究表明，重金属的浸出规律大体相似：在中性条件下（pH 范围为 6～8）浸出比例最低，在强酸和强碱性的极端 pH 条件下，重金属的浸出浓度显著增大。

土壤与地下水的酸碱性对土壤中矿物的溶解沉淀影响很大，如弱碱条件下含氟矿物在含水层沉积物中的水解释放是地下水氟浓度高的重要原因。

2.4.10 土壤生物学性质

土壤中的生物有机体赋予了土壤生命和能量，并且负责驱动大部分在该体系中发生的化学反应和转化。土壤中的生物种类繁多，这些土壤生物占据了许多不同的生态位，执行各种各样的功能，并且与其他有机体及土壤基质以无数种方式进行互动。土壤生物学性质包括土壤介质中生物群落组成、能量传递关系与物质代谢类型等，对应着土壤中生物的角色、地位与联系。

2.4.10.1 土壤生物群落组成

一块健康的土地包含了来自生物界各个界的大量不同种类的物种。这些物种包括动物、植物（根系）、真菌和细菌。根据生物体尺寸大小所绘分类见图 2.19。

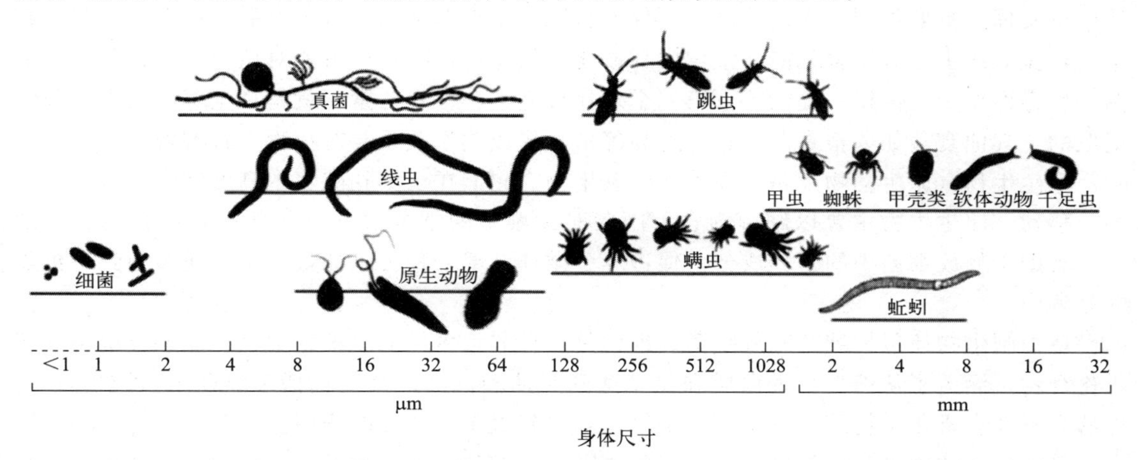

图 2.19 根据尺寸大小对土壤生物群分类图（Brackin et al.，2017）

（1）土壤动物

土壤中的动物包括许多种，经常可以观察到的包括：

① 所有常见的土壤栖息的哺乳动物和蛇类。这些动物位于食物链的较高位置，它们以植物和较小的动物为食。

② 节肢动物。包括蜘蛛、昆虫和昆虫幼虫。

③ 环节动物。包括各种类型的蠕虫。

④ 软体动物。包括蜗牛和蛞蝓。

这些节肢动物、环节动物和软体动物大多是草食动物和腐食动物，它们以植物和动物的尸体为食。这一过程可以实现大块有机材料的分解，使其更容易被其他分解者获得。

（2）土壤植物

土壤中的生物也包括所有植物的根系，以及藻类植物。植物是非常重要的土壤生物，因为它们是主要的生产者，光合作用可使得水、来自阳光的能量以及大气中的二氧化碳转化为生物组织的有机物质。地球上的所有其他生物，都依赖于这些生物。植物将大量有机物质注入土壤，人们通常种植的作物，如玉米、小麦、豆类等，其根系在土壤中留下的重量平均约占地上部分产量的 25％。

与维管植物类似，藻类也是光合作用生物，它们利用阳光作为能源来源。大多数藻类的直径在2～20μm之间。藻类还向土壤中添加有机物质，一些藻类会排泄糖类物质到土壤中，有助于稳定土壤结构（Stehouwer，2004）。

除了向土壤添加有机物质之外，植物根系还对紧邻它们的土壤环境产生重大影响。这个土壤体积（或区域）通常称为根际，一般指活跃根部表面向外延伸约2mm的范围（Li et al.，2018）。植物根系向这个区域分泌有机物质，并脱落生长根部的死细胞。由于有机碳的供应增加，根际中的微生物可能比周围土壤中的微生物多2～10倍。

（3）土壤微生物

随着尺寸的递减，来到了一个以微生物为主的大群体，即真菌，包括蘑菇、酵母、霉菌和锈菌等。尽管部分真菌具有植物致病性，但许多土壤真菌在土壤和作物的整体健康中发挥着非常重要的作用。真菌是土壤生态系统中的重要分解者，它们能分解许多细菌难以处理的物质，比如植物的纤维素、淀粉和木质素，以及部分动物物质。它们在形成腐殖质和养分循环中也发挥着重要作用。真菌的菌丝不仅能帮助稳定土壤结构，特定类群还可以捕食其他微生物，比如线虫。有些真菌能向土壤中释放化学物质，这些物质可能对植物、动物和其他细菌产生毒性作用。值得一提的是，第一个现代抗生素——青霉素，就是从土壤中的青霉菌中提取的。其他真菌如菌根真菌，它们与高等植物形成共生关系，对植物生长有益。

原生生物（原生动物）是一大类单细胞生物。它们在土壤孔隙水中高度活跃，可以“游动”移动。原生生物主要以细菌为食，因此对土壤中的细菌群落有显著影响。它们捕食细菌，有助于释放细菌中的营养成分，促进养分循环。部分种类（如鞭毛虫）还参与到有机质的分解中。

单细胞生物还包括细菌和放线菌。细菌是一种非常多样的单细胞生物，能够分解各种有机化合物，涵盖了从糖类、蛋白质和氨基酸到柴油和汽油，甚至包括多氯联苯（PCBs）这样的高毒性有机化学物质。细菌在土壤氮循环中起着至关重要的作用。一些细菌可以将大气中的氮转化为植物可利用的形式，也就是氮固定。其他细菌则通过硝化作用将氨转化为硝酸盐，还有一些细菌通过反硝化作用将硝酸盐转化为气态氮。

放线菌与真菌相似，它们是丝状的，通常高度分枝。放线菌也能分解复杂的有机化合物，如纤维素、木质素、甲壳质和难降解腐殖质，通常在有机物质分解的最后阶段最为活跃。它们在富含腐殖质的土壤中非常丰富。

2.4.10.2 土壤生物结构关系

在土壤中生活的大量微生物和动物组成了土壤食物网，其在生态系统中的主要作用是循环利用地表植物食物网的有机物质。土壤食物网中最为众多和多样的成员是微生物——细菌和真菌。但是，也有许多不同大小的动物物种生活在土壤中，包括微型动物（体宽小于0.1mm，例如原生动物和线虫）、中型动物（体宽0.1～2.0mm，例如微型节肢动物）和大型动物（体宽大于2mm，例如白蚁和千足虫）。这些动物跨越了不同的营养级别，在土壤食物网中，它们通常根据其进食习惯被划分为不同的功能组。有些主要以微生物为食（微生物食性者）或以碎屑为食（食腐者），而其他一些主要以植物根为食（食草者）或以其他动物为食（食肉者）。在土壤食物网中，杂食性动物非常常见，许多土壤动物在不同的营养级别中获取食物（Ponsardc et al.，2000；Scheu et al.，2000）。一般的土壤食物网结构见图2.20。

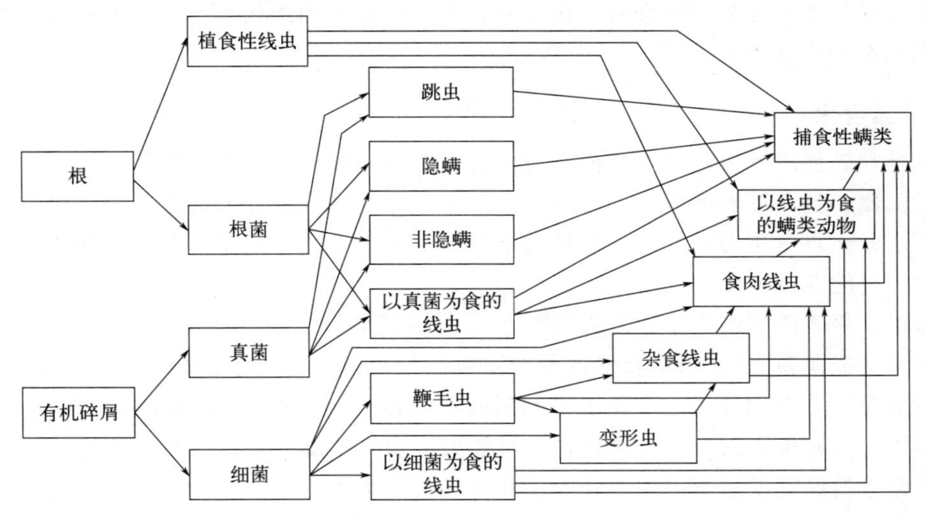

图 2.20　土壤食物网结构（Deruiter et al.，1995）

土壤食物链的初级消费者主要是微生物（细菌、真菌、放线菌和藻类），它们主要负责分解和矿化复杂的有机物质。微生物在土壤食物链中最丰富和多样化，土壤中实际上存在着成千上万种微生物物种。微生物中两个最丰富的群体是真菌和细菌。真菌与细菌有所不同。真菌是真核生物，通常产生丝状菌丝，可以穿透和探索土壤的微生态环境。相比之下，细菌是原核生物，是单细胞的。在移动性方面，细菌依赖于鞭毛的存在，使它们能够通过水膜移动，如果没有鞭毛，细菌则依靠根系、动物或水在土壤中的流动进行被动运输（O'Donnell et al.，2005；Robinson et al.，2005）。

土壤中的动物与微生物共存，它们以微生物和同级别动物为食，同时也以土壤有机物为食。土壤中存在着多种多样的动物，它们在食物特化、生活史策略和空间分布方面表现出很大差异。土壤动物的物种在对非生物因素的响应方面存在明显差异，据报道，它们对土壤湿度、食物可用性和干旱的耐受性存在种间差异（Scheu et al.，1996），这可能决定了土壤中生物物种特定的空间和时间分布。此外，与微生物类似，许多土壤动物具有在条件不利时进行“休眠”的能力，从而使它们能够忍受恶劣的土壤条件。

2.5　地下水的赋存与理化特征

地下水的赋存特征是指地下水在岩土空隙中、不同介质中以及不同埋藏条件下的存在特征，地下水理化特征是指物理性质和化学性质。

2.5.1　水在岩土中的存在形式

水在岩土中的存在形式如图 2.21 所示。岩土中的水可以分为两类：一类存在于岩土空隙中，包括液态水、固态水和气态水；另一类

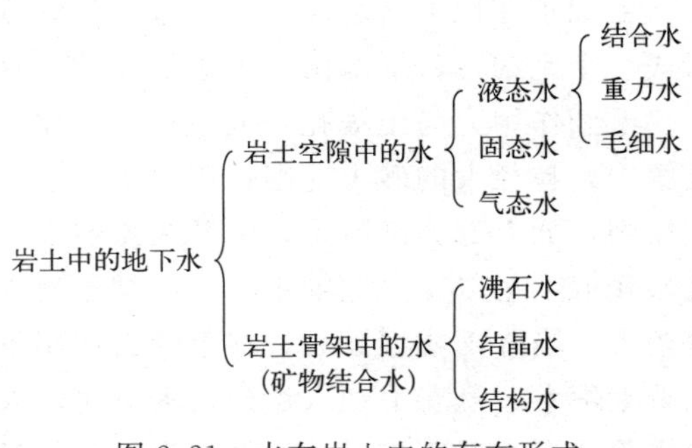

图 2.21　水在岩土中的存在形式

存在于岩土骨架中，即矿物结合水，包括沸石水、结晶水和结构水，从地下水与土壤污染的角度，不怎么关注这类水。

2.5.1.1 结合水

土壤颗粒表面以及岩石空隙壁面带有电荷，能够通过静电吸引水分子，静电引力与距离的平方成反比，越靠近表面静电引力越大，以至于远远大于水分子自身重力，把受固体表面引力大于水分子自身重力的这部分水称为结合水。由于引力作用非常大，这部分水被束缚于固相表面，不能在重力作用下运动。

最靠近固相表面的结合水称为强结合水（或吸着水），其外层的结合水结合力减弱，称为弱结合水（或薄膜水）。强结合水的厚度一般认为相当于几个水分子或几百个水分子直径，受到的引力为1万个大气压，水分子排列紧密，密度约为2g/cm^3，冰点为－78℃，力学性质近似固体，具有很大的抗剪切作用，溶解能力极弱，不能流动，但可以转化为气态水。

弱结合水的厚度说法不一，为几十、几百或几千个水分子直径。水分子排列不如强结合水紧密，密度为1.3～1.774g/cm^3，抗剪强度和黏滞性较高，由内而外逐渐减弱，当外力大于抗剪强度时，外层水也可以发生流动。弱结合水有一定溶解能力，可被植物吸收。

尽管结合水无运动意义，但是对污染物的分子扩散及在固-液体系中的动态平衡仍有一定影响。

2.5.1.2 重力水

距离固体表面更远的水，固体表面对它的吸引力更弱，小于重力对它的影响，能在重力作用下运动，这部分水称为重力水。重力水靠近固体表面的部分，受吸引力的影响水分子排列比其他部分更为整齐，流动时呈层流状态；远离固体表面的重力水只受重力作用，容易呈紊流运动。

重力水是水文地质和地下水水文学研究的重点，在场地修复中，是地下水异位修复的对象。

2.5.1.3 毛细水

液体表面对固体表面存在吸引力，当孔径很小的管插入浸润液体或非浸润液体时，管中液面在吸引力作用下上升或下降的现象称为毛细现象。土壤中存在的毛细孔隙通道犹如毛细管，毛细孔隙吸收的水称为毛细水或毛管水。毛细水受到的引力为0.008～0.625MPa，从引力小的地方向引力大的地方移动，并且具有溶解和运移化学物质的能力。毛细水能被植物所利用。

毛细水在地下潜水面以上的包气带中广泛存在，地下水在毛细作用下上升到一定高度，形成一个毛细带，下部由地下水面支撑，这种毛细水称为支撑毛细水。

毛细作用力与土壤孔径或粒径成反比，一般认为毛细作用发生在土壤粒径小于2mm的土壤中，粒径大的砂土毛细作用力小，粒径小的黏土毛细作用力大。在土壤粒径发生变化的土层中，如上部为细粒土，下部为粗粒土，当水位从细粒土层下降到粗粒土层，毛细作用力突然降低不足以支撑毛细水时，毛细水发生断裂，上部的毛细水呈悬挂状态，或者地下水埋深较大，当降雨或灌溉后，在毛管力作用下不能下渗的水，这两种毛细水称为悬挂毛细水或悬着毛细水。悬着毛细水达到最大量时，农业上也称田间持水量或最大田间持水量，它是土壤排除重力水后所能保持的悬挂毛细水的最大值，是结合水与悬挂毛细水的总和。

在非饱和带，土壤颗粒与颗粒的接触点处孔隙很小，产生毛细力，使毛细水形成弯液面，这种毛细水称为孔角毛细水或触点毛细水，孔角毛细水在较大颗粒的砾石中普遍存在。

关于毛细带上升高度还存在不同的认识，理论计算方法也不统一。最初采用毛细作用力（以水柱高度表示）茹林公式进行计算：

$$h_c = P_c = \frac{0.03}{D} = \frac{0.075}{d} \tag{2.17}$$

式中，h_c 为毛细水上升高度，m；P_c 为以水柱上升高度表示的毛细力，m；D 为土壤孔径，mm；d 为土壤粒径，mm。

该公式是在理想的毛细管中推导出来的，天然土层中土壤颗粒间孔隙要复杂得多。该公式计算结果对砂土仍较吻合，但对黏土与野外观测结果差异较大。这是因为砂土中水的运动受毛细力和重力控制，而在黏土中还增加了结合水黏滞力的影响，实际毛细水上升高度远远小于理论计算值。据此，进一步提出了改进的计算公式(张建国等，1988)：

$$h_c = \frac{P_c}{J_0 + 1} = \frac{0.03}{(J_0 + 1)D} = \frac{0.075}{(J_0 + 1)d} \tag{2.18}$$

式中，J_0 为黏性土中结合水发生运动时的起始水力坡度。该式既适用于砂土也适用于黏土，在砂土、粉土中 J_0 较小，接近于零。

还有一些经验公式，如 Mavis 和 Tsui（1939）提出的公式：

$$h_c = \frac{2.2}{d} \times \left(\frac{1-n}{n}\right)^{3/2} \tag{2.19}$$

Polubarinova-Kochina（1952，1962）提出的公式：

$$h_c = \frac{0.45}{d} \times \frac{1-n}{n} \tag{2.20}$$

式中，n 为孔隙度；d 为土壤粒径。

上述公式两边量纲不统一，哈臣（Hazen）公式统一了量纲：

$$h_c = \frac{C}{d_{10}} \times \frac{1-n}{n} \tag{2.21}$$

式中，n 为孔隙度；d_{10} 为土壤有效粒径；C 为系数，与土壤性质及表面状态有关，一般为 $1\times10^{-5} \sim 5\times10^{-5}\,m^2$。

这些公式都有一定的局限性。实际工作中，也可参考野外观测资料和实验室测试结果统计的毛细水上升高度经验值，如表 2.17 所示。

表 2.17　毛细水上升高度经验值（张建国等，1988）

土壤类型	上升高度/m	土壤类型	上升高度/m
砂砾土	0.05～0.10	粉砂土	1.00～2.00
粗砂土	0.10～0.15	亚砂土	2.00～3.00
中砂土	0.15～0.25	亚黏土	1.00～2.00
细砂土	0.25～0.50	黏土	0.50～1.00
极细砂	0.50～1.00		

2.5.1.4　固态水与矿物结合水

固态水是指土壤中的冰，主要存在于寒冷地区的永冻土以及非永冻土的冻土层中，或温暖地区因降温发生冻结的土壤中。土壤自由水的冰点要低于地面上纯净自由水的冰点。

矿物晶体中或之间结合的水称为矿物结合水，有时也把它归为固态水。矿物结合水包括沸石水、结晶水和结构水。沸石水存在于沸石的晶格孔隙之间，与矿物结合得不是很牢固，加热时可从矿物中分离出来，成为土壤液态水。结晶水存在于多种土壤矿物中，在高温下可释放出来而不破坏矿物的结晶构造。矿物结合水未从土壤固相中释放出来时，是土壤固相的组分，不参与土壤水的各种功能。

2.5.1.5 气态水

气态水是存在于土壤孔隙中呈气态的水，来源于岩土中水分的蒸发和地表大气中水汽的渗入。气态水可从压力大的地方向压力小的地方流动，可随空气运动。水汽达到饱和时或温度降低达到露点时，会向液态转化。在不同的压力及温度条件下气态水可与液态水、固态水相互转化。

2.5.2 不同埋藏条件下的地下水

地面以下是由不同的土层构成的，土层之间性质的差异导致地下水在其中的埋藏条件也不同。把含水层的位置以及受隔水层（弱透水层）的限制情况称为埋藏条件，据此可将地下水分为非饱和带（包气带）水或非饱和水（包括土壤水、上层滞水、毛细水及过路重力水）、潜水和承压水，如图 2.22 所示。

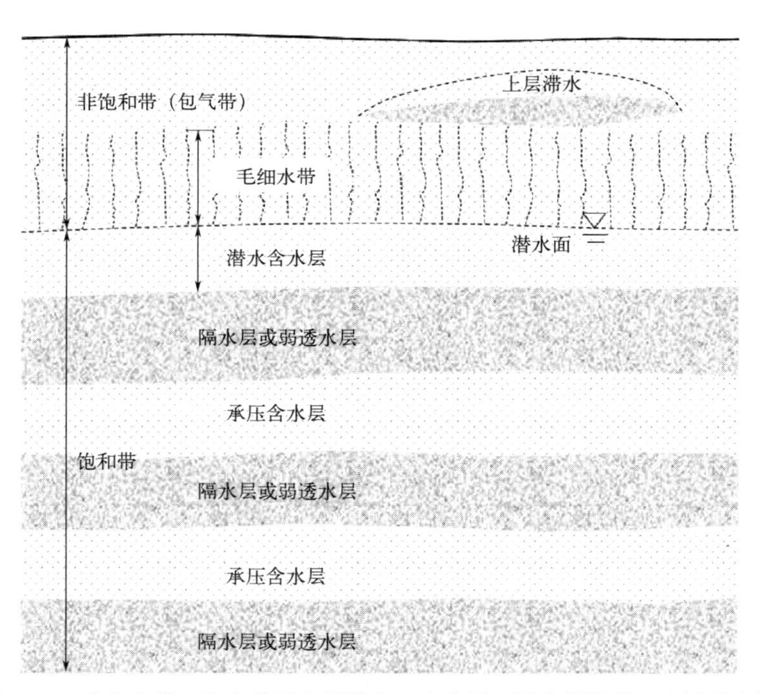

图 2.22　非饱和带、饱和带及上层滞水、含水层、隔水层及弱透水层示意图

2.5.2.1 非饱和带和饱和带

地面与地下水面之间和大气相通的含有气体的地带，称为非饱和带或包气带。赋存于非饱和带（包气带）中的水称为非饱和带（包气带）水，这部分水未充满岩土的全部空隙，主

要形式有结合水、毛细水、气态水、过路重力水以及上层滞水，除上层滞水外，其他水的赋存与运动主要受土壤水分势能的影响。非饱和带是饱和带与地表水圈、大气圈联系的必然通道，受气候因素影响显著。

地下水面以下岩土空隙全部或几乎全部被水充满的地带，称为饱和带。饱和带中的水连续分布，可传递静水压力，在水头差作用下可连续运动。

2.5.2.2　含水层、隔水层与弱透水层（越流含水层）

岩土按渗透性强弱及给水性可分为含水层、隔水层和弱透水层。

能够透过并给出相当数量水的岩层称为含水层，形成含水层一般需要具备有可供储水的空间、周围有隔水地质体以及补给来源三个条件。

不能透过并给出相当数量水或透过并给出水的数量很小的岩层称为隔水层或不透水层。

透水性能很差，但在水头差（如天然大水头差或强烈抽水）作用下且过水断面较大时通过越流方式可交换较大水量的岩层，称为弱透水层，也称越流含水层，如松散沉积物中的黏性土，裂隙稀少而狭小的坚硬基岩中的砂质页岩、泥质粉砂岩等。

含水层、隔水层与弱透水层具有相对性，在一定条件和不同视角下可以相互转化。如一般认为黏土不能透水，但是当水压差大到能克服其中结合水的抗剪强度时，则可以透水，可视为含水层，弱透水层因此也可成为透水层。从水资源意义上讲，在一定渗透性和水头条件下是隔水层（如黏土层）；但从环境科学角度，在同样渗透性及水头条件下，当有非水相液体（如氯代烃）污染物存在时，由于非水相液体与土壤之间的相互作用，土壤结构发生变化，颗粒之间空隙变大，此时隔水层就会变成弱透水层或透水层。因此，污染场地中不存在绝对的隔水层，水文地质意义上的隔水层并不是环境意义上的隔污层（隔离污染的水或非水相液体），在对待污染场地问题时需特别注意这一点。

2.5.2.3　上层滞水

当非饱和带中存在局部隔水层或弱透水层时，其上部会聚集滞留一部分具有自由水面的重力水，称为上层滞水。其补给来源主要是大气降水，并通过蒸发或向隔水底板边缘下渗排泄。受水文因素影响强烈，雨季获得补充，水量增加，旱季水量减少。

2.5.2.4　潜水

地表以下第一个稳定隔水层之上具有自由水面的地下水称为潜水。潜水没有隔水顶板或只有局部隔水顶板。潜水直接与非饱和带相连，因此，不承受静水压力，仅承受大气压力，在重力作用下可从水位高的地方向水位低的地方流动。潜水的分布区与补给区一般是一致的，只要地面适合雨水下渗就可以补给。但是城市区域地面大都有硬化层，大大限制了潜水的补给。潜水排泄方式一般有三种：一是流入其他含水层；二是流到地形低洼处以泉、泄流方式向地表或地下水排泄；三是通过土面蒸发或植物蒸腾作用进入大气。

潜水与大气圈和地表水密切相连，其水位、含水层厚度、流量、水化学成分等受地区、气候及人类活动影响显著，是最容易受到污染的。

潜水的自由表面称为潜水面，潜水面到隔水底板的垂直距离为潜水含水层厚度，潜水面到地面的距离称为潜水埋藏深度即埋深。含水层底部的隔水层被称为隔水底板，潜水面上任意一点的高程即为潜水水位。如图 2.23(a) 所示。

潜水面受到地形、补给、排泄等各种因素的影响而呈现不同的形状。当地表水体（河流、湖泊）水位高于潜水水位时，潜水接受地表水体的补给，如图 2.23(a) 左侧地表水所

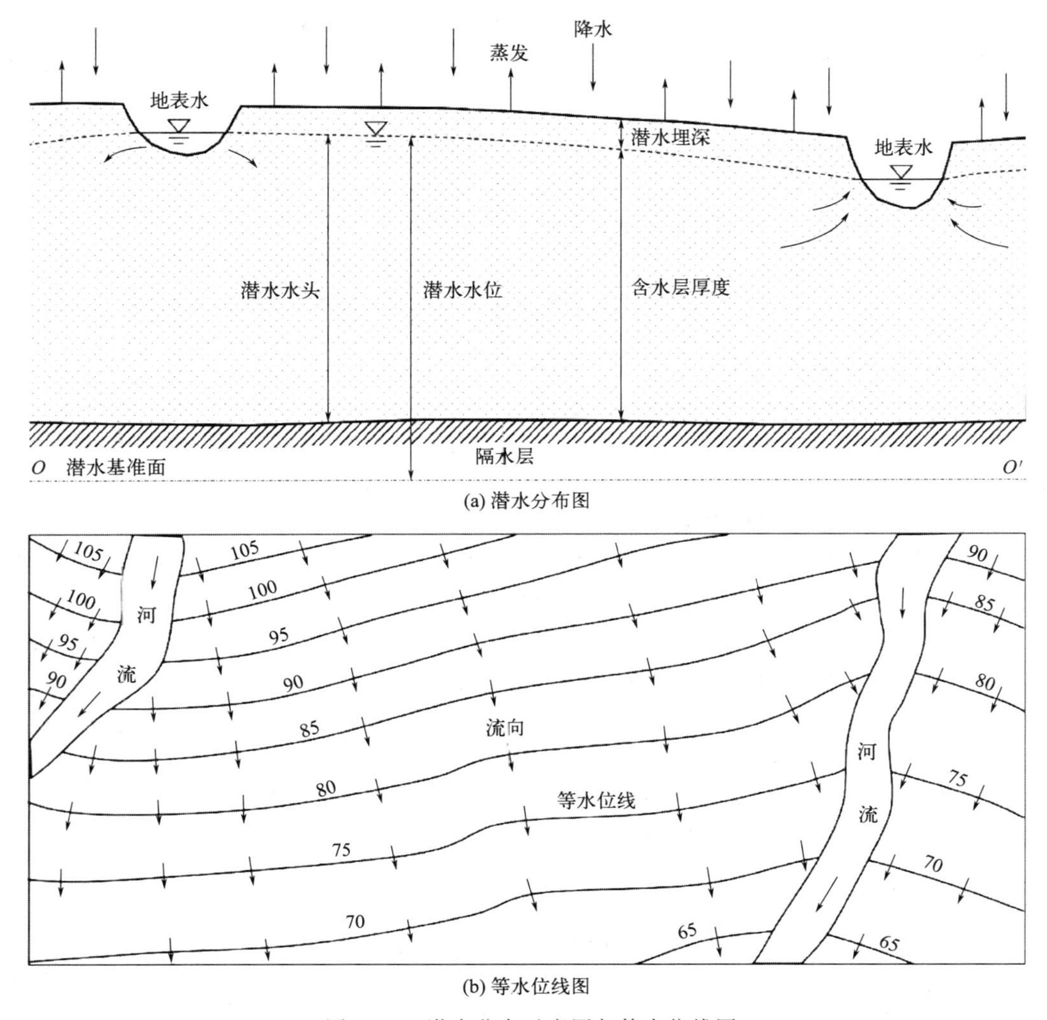

(a) 潜水分布图

(b) 等水位线图

图 2.23 潜水分布示意图与等水位线图

示；当河流切割潜水面且水位低于潜水时，起到排泄潜水的作用，如图 2.23(a) 右侧地表水所示。潜水面的形状一般用潜水等水位线图表示。等水位线图就是潜水面的等高线，是把潜水面上水位标高相同的点按照一定距离连接成线而成的，如图 2.23(b) 所示。

通过等水位线图，可以获知以下信息：

① 潜水面及隔水底板的形状。

② 潜水流向。垂直于等水位线，由高水位指向低水位的方向即为流向。

③ 潜水的水力坡度。相邻两条等水位线的水位差与两者之间水平距离的比值就是该范围内的水力坡度。

④ 潜水埋深。在地形等高线上，等水位线与地形等高线相交点处两者高程之差，即为该点的潜水埋深。若交点处二者数值相同，则该处潜水埋深为零，即为地表水出露之处，如泉、河流、湖泊等。

⑤ 潜水与地表水的补排关系。如图 2.23(b) 所示，当潜水流向指向河流时，潜水补给河流；当流向背离河流时，河流补给潜水。

⑥ 含水层的渗透性。可根据等水位线的疏密及水力坡度判断含水层的渗透性，图中右

侧等水位线比左侧稀疏，水力坡度变小，含水层渗透性变好。

地下水在含水层中从高水位处向低水位处流动，场地地下水位数据较多时，通常采用 Surfer 等软件以克里金（Kriging）或其他方法绘图。有时场地只有三口或四口监测井，可以采用图解法作图，大致了解地下水的流向，但一般需要不少于三口井的资料。作图方法如下：

① 获取井点位置及水位高程资料。测量各监测井的井口标高及井口到地下水水位深度，可以计算出各点水位标高，在平面图和剖面图上进行标注。

② 绘制等水位线。以高程最大值的井点位置为原点，分别向另外两口井位置连线。分别在各线上以内插法标注水位高程，然后连接数值相等的点位，形成的线即为等水位线。为了提高准确性，3 个点位连线形成锐角三角形，最小的夹角不宜小于 40°。

③ 标注地下水流向。在均质等向的含水层中，地下水流向与等水位线垂直，在等水位线上标注垂线即为地下水流向。

④ 计算水力坡度。任意两条等水位线之间的水位高程差，除以二者之间的水平距离，即为该范围地下水的水力坡度。两点之间的水平距离，可以用比例尺换算出来。

例题 2.3　对某污染场地开展环境调查，需要先知道场地地下水的大体流向，在没有其他水文地质资料的情况下，如何用最少的监测井绘制出地下水的流向，并估算两监测井之间的平均水力坡度？

解： 在场地中以锐角三角形布设三口潜水地下水监测井 A、B、C，监测井为完整井（全部含水层厚度上布设过滤管，并且全断面都可进水的井）。A 点的地面标高为 102m，水位埋深为 2m；B 点的地面标高为 101.9m，水位埋深为 2.2m；C 点的地面标高为 101.5m，水位埋深为 2.1m。

如图 2.24 所示，在平面上先根据比例画出三口井的位置，计算出地下水水位标高分别为 A

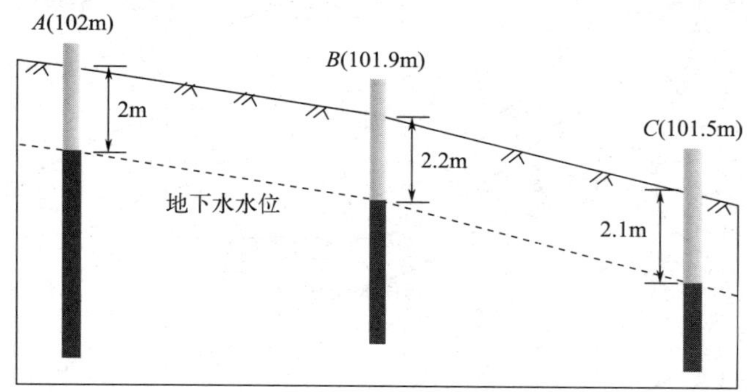

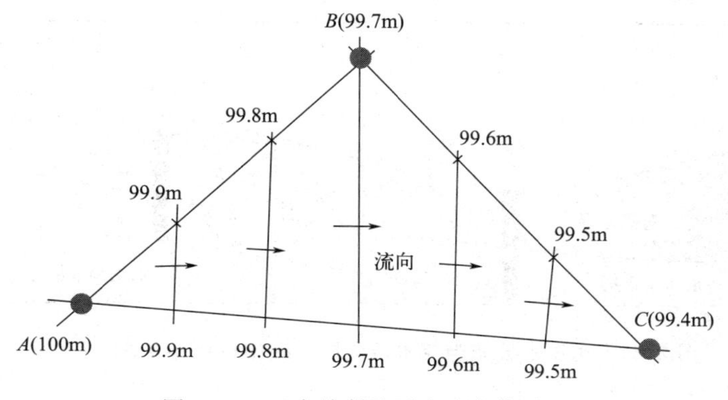

图 2.24　三点绘制地下水流向作图法

(100m)、B (99.7m)、C (99.4m)。测量出三口井两两之间的距离，以内插法标出 AB、BC、AC 线上等分点的地下水水位，连接水位相等的点形成的线为等水位线，地下水的流向垂直于等水位线并从高水位指向低水位处。以 A、C 两点为例，A、C 间距离 L 为 30m，则 A、C 间平均水力坡度为：

$$J_{AC}=\frac{\Delta H}{L}=\frac{100\text{m}-99.4\text{m}}{30\text{m}}=0.02$$

2.5.2.5 承压水

顶部和底部由隔水层（弱透水层）限制的含水层称为承压含水层，含水层上部的隔水层（弱透水层）称为隔水顶板，下部的隔水层（弱透水层）称为隔水底板，二者之间的垂直距离为承压含水层的厚度（M）。承压含水层中的具有承压性质的水称为承压水，承压水以一定压力作用于隔水顶板，当钻孔揭露隔水顶板时，承压水会沿钻孔上升到隔水顶板以上一定高度才静止，这个水位到含水层顶面的距离为承压高度（h），水位的高程称为测压水位（H）。当水位高于地面时，承压水会自溢出地面，这样的井称为自流井。在自溢区范围内的区域钻井，穿透承压水层顶板时地下水会自流出地面。将某一承压含水层测压水位相等的各点连接起来所得的线即为等水压线图，根据该图可以确定承压水的流向和水力坡度。承压水的测压面只是一个虚构的面，只有钻孔揭露含水层上层隔水板时才见到地下水，因此，等水压线图通常要附以含水层顶板等高线图和地形等高线图，如图 2.25 所示。

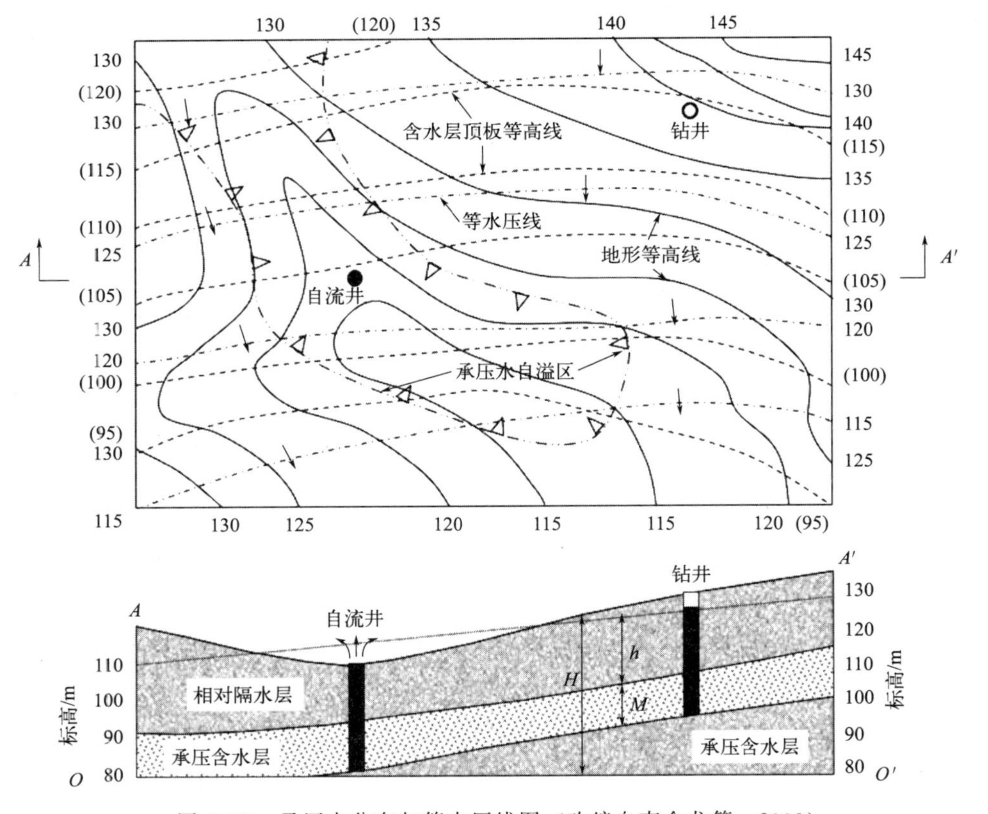

图 2.25　承压水分布与等水压线图（改编自束仓龙等，2009）

由于承压水有隔水顶板的限制，其补给区往往小于分布区，只有在补给区出露的地方才能受到地表水或大气降水的补给。同样，排泄区范围往往也有限，常通过泉等地表水体进行排泄。当隔水顶板为弱透水层时，还可以通过越流方式进行补给或排泄。承压水受隔水层的限制，其动态比较稳定，一般不容易受污染，但当隔水顶板是弱透水层或有特殊污染物（如氯代烃等）时，承压水受污染的情况仍很常见。

例题 2.4 根据图 2.25，如果钻井与自流井之间的距离为 200m，计算钻井的水位埋深以及钻孔到自流井之间的水力坡度。

解：

① 由图可知，钻井处的地面标高为 140m，承压水水位高程为 129.5m，因此钻井的水位埋深为：140m－129.5m＝10.5m。

② 自流井处的水位标高为 110m，钻井与自流井之间的水压差 $\Delta H=129.5\text{m}-110\text{m}=19.5\text{m}$。钻井到自流井之间的距离 $L=200\text{m}$，水力坡度为：

$$J=\frac{\Delta H}{L}=\frac{19.5\text{m}}{200\text{m}}=0.0975$$

2.5.3 不同介质中的地下水

岩土中的空隙可分为孔隙、裂隙和溶隙，相应地赋存于其中的地下水分别为孔隙水、裂隙水和岩溶水。

2.5.3.1 孔隙水

存在于岩土孔隙中的地下水称为孔隙水。广泛分布于第四纪松散沉积物中，部分分布于坚硬基岩的风化壳中。根据沉积物成因类型，孔隙水可分为洪积物中的地下水、河流冲积物中的地下水、湖积物中的地下水、沉积物中的地下水和黄土中的地下水。不同成因类型沉积物中的地下水的特征不同。了解沉积物及地下水特征有助于开展污染场地的水文地质调查和治理。

（1）洪积物中的地下水

洪积物是季节性雨水或冰雪融水汇集而成的含有大量砂石的洪流，从山地流出山口或流入河谷，堆积形成的堆积物。一般以山口为顶点形成扇形或锥形，扇锥之间形成洼地，也称洪冲积扇或洪积扇或冲积锥。洪积物广泛分布于山间盆地及山前平原地带，尤以干旱、半干旱地区最为发育。

洪积物的沉积特性体现在其地貌上。洪流从狭窄陡急的河床中冲出山口后，由于地势开阔流速变慢，大而重的砾石、卵石及漂石等首先在扇的顶部沉积下来，由于流速的突变，其间也会夹杂部分细粒层、砂和黏土夹层或团块，整体层理不明显。再向外砂开始沉积，过渡为以砾石和砂为主，出现黏土夹层，层理明显。外部没入平原的部分，黏土大量沉积，形成砂与黏土互层。

洪积扇的上部地势高，岩土颗粒大，透水性好，潜水埋深大，为潜水深埋带。洪积扇的中部地势变缓，颗粒变小，透水性变差，地下水流受阻滞抬升，一定条件下以泉或沼泽的形式溢出地表，称为潜水溢出带。洪积扇的下部地势平坦，以黏土与砂为主，渗透性较弱，蒸发作用强烈，水以垂直交替为主，地下水埋深少有增加，称为潜水下沉带或垂直交替带。

（2）冲积物中的地下水

冲积物是河流冲积形成的沉积物，是流动水体中以机械或沉积方式形成的碎屑物。河流上、中、下游冲积作用不同，形成的冲积物的岩性和结构特征也不同。

河流上游山区河谷的河床坡度大，水流急，冲积物不发育，只在河湾处有卵砾石堆积，分布不大，其中赋存潜水，透水性强，与河水水力联系密切，水化学成分与河水相近。河流中游丘陵、半山区河谷河床坡度变缓，河流弯曲加宽，冲积层厚度逐渐加大，并有阶地发育。冲积层常具有二元结构特征。地下水赋存于下部砂砾石层中，由于上层细颗粒物具有相对的隔水性，下层砂砾石层中的地下水具有微承压性质。河流下游大多为平原，河床坡度小，流速变慢，来自上游的泥沙大量堆积，河床变浅，冲积层厚度大，颗粒细，不同地区的岩性差异较大。

（3）湖积物中的地下水

湖积物即湖泊沉积物，属于静水沉积，按水体性质又分为淡水湖沉积物和咸水湖沉积物。湖周流水在向湖心汇集的过程中，所携泥沙由于流速下降而在湖心沉积，在湖心深水地带以细粒的粉砂、黏土沉积为主，具水平层理，厚度较大，一般达数十米至数百米。在湖滨浅水地带以颗粒较粗的砂砾沉积为主，常见斜层理和波痕，厚度较小。与其他陆相沉积物相比，湖积物一般颗粒较细，颗粒的分选性、砂砾的磨圆度、砾石的扁平度均较高。可出现石灰岩、泥灰岩、硅藻土、沼铁矿、有机质腐泥、石膏、岩盐等化学和生物化学沉积。含湖泊水生生物化石，有时也含陆生动物与植物化石。

（4）黄土中的地下水

黄土质地均一，富含钙质，无层理，具有大孔隙及垂直节理。在新构造运动及流水的长期侵蚀作用下，黄土高原沟谷深切，地形破碎，地下水呈现间断分布的特点。黄土高原被侵蚀后，仍保持有大片平缓倾斜的黄土平台，称为黄土塬；被侵蚀成长条状的黄土丘陵称为黄土梁；顶部浑圆、呈馒头形的孤立黄土丘陵称为黄土峁。

黄土塬多发育在古地形切割不强、沟谷间距较大的地区，地下水多赋存于孔隙和裂隙发育的黄土状土层中。每个塬各自成为独立的水文地质单元，塬面接收降水入渗补给，在塬边沟谷中以泉的形式排泄，潜水埋藏于塬区中心，含水层厚大，塬边缘水位埋深变大，含水层变薄。黄土塬的凹地相对富水，塬面平坦区潜水埋深一般为 10～20m，水量比塬面周围大 5～10 倍以上。

黄土高原降水较少，黄土中可溶性盐含量高，地下水矿化度普遍较高，以硫酸盐型为主，局部为氯化物型。

（5）滨海三角洲沉积物中的地下水

河流挟持大量泥沙汇入海洋时，在滨海地区分叉，河水与海水相混使得流速迅速减小，泥沙便在河口处堆积下来，形成沙岛、沙坝、沙嘴等地形，这些地形进一步相连形成了三角洲。三角洲的组成介质由陆地向海洋颗粒逐渐变细，在剖面上，自上而下分为三部分：一是顶积层，由冲积、湖积和沼泽相物质交互沉积而成；二是前积层，由河相和海相物质交互沉积而成；三是底积层，由海相淤泥和黏土物质组成。在平面上，可把顶积层的水上部分划分为三角洲平原带（相）、三角洲前缘带（相）和前三角洲带（相）；顶积层的水下部分和前积层的一部分合称三角洲前缘带（相），前积层下部和底积层合称前三角洲带（相）。

在海相岩层中，地下水多为咸水或微咸水；河湖相沉积物中可能赋存淡水。由于海水侵蚀和降水补给作用，淡水可能被咸化也可能被冲淡，地表水附近常出现淡水带或淡水透镜体。

2.5.3.2 裂隙水

存在于岩石裂隙中的地下水称为裂隙水，受岩石成因类型、性质及发育程度的控制。因裂隙的空间展布具有明显的方向性，裂隙水分布不均匀、水力联系差，具有强烈的不均匀性和各向异性。裂隙水是丘陵、山区供水的重要水源，也是矿坑充水的重要来源。按裂隙的成因，可分为风化裂隙水、成岩裂隙水与构造裂隙水。按埋藏条件，可以是潜水或承压水。

存在于地表风化岩石裂隙中的水称为风化裂隙水，一般为潜水。通常情况下，风化裂隙规模有限，风化裂隙含水层水量不大，矿化度较低。

岩石在成岩过程中受内部应力作用而产生的原生裂隙为成岩裂隙，存在于成岩裂隙中的地下水为成岩裂隙水。

地壳运动过程中，岩石在构造应力作用下产生构造裂隙，存在于构造裂隙中的地下水为构造裂隙水。构造裂隙是最常见、分布最广的裂隙成因类型，是裂隙水研究的主要对象。构造裂隙水具有强烈的非均匀性、各向异性和随机性的特点。

2.5.3.3　岩溶水

赋存于可溶性岩石（如方解石、白云石、石灰石等）的溶蚀裂隙和溶洞中的地下水称为岩溶水，又称喀斯特水。其最明显特点是岩溶水在流动过程中不断溶蚀扩展介质的空隙，空隙的大小、形状不断改变，从而岩溶水的补给、径流、排泄条件及地下水动态特征也随之不断改变，因此，岩溶水的分布极不均匀。岩溶水系统是一个地下水与介质相互作用不断自我演化的动力系统，在我国南部、西部分布极为广泛。

由于岩溶水系统的极其复杂性，矿区的污染防治以及污染场地调查与治理面临很大的挑战。

2.5.4　岩土的水理性质

根据前文所述，岩土具有空隙性，地下水以不同形态存在于岩土空隙中，使得岩土具有了一定控制水分的水理性质，亦称岩土的水文地质性质。主要包括含水性（容水性、持水性）、给水性和透水性，分别体现了岩土含有水分、给出水分和透过水分的能力。

2.5.4.1　含水性

含水性是岩土容纳、持有水分的性能，体现在容水性和持水性两个方面。

（1）容水性

岩土具有的容纳一定水量的性质称为岩土的容水性，用容水度（S_c）衡量。容水度是指岩土空隙完全被水充满时的含水体积与岩土体积之比，也称饱和含水率，以小数或百分数表示。当空隙被完全充满时，容水度在数值上与岩土的空隙度相当；但对膨胀土而言，容水度可能大于空隙度。

（2）持水性

饱水岩土在重力作用下排出重力水后仍能保持一定水量的性质，称为岩土的持水性，用持水度（S_r）来衡量，数值上等于饱水岩土释水后仍能保持的水的体积与岩土总体积之比，也可采用质量比，以小数或百分数表示。持水度是岩土重力释水后且不受蒸发、蒸腾作用消耗时的含水量，有时也称最大持水度或残留含水量，农业上称田间持水量或最大田间持水量。在重力作用下，岩土所保持的水主要是结合水和毛细水，非饱和带岩土含水量一般小于最大持水度。

土壤中含有的水分一般用土壤含水量表示，也称土壤湿度，又分土壤质量含水量和土壤体积含水量两种表示方式。

土壤质量含水量为土壤中水的质量与土壤颗粒质量之比：

$$\theta_m=\frac{m_w}{m_d}=\frac{m_{wet}-m_d}{m_d} \tag{2.22}$$

式中　θ_m——土壤质量含水量，%；

m_w——土壤中水的质量；

m_d——干土质量，为土壤在105℃下烘干的质量；

m_{wet}——土壤总质量（湿质量），$m_{wet}=m_w+m_d$。

这种含水量是部分比部分，不是部分比总体。因此，在数值上可能会大于100%，如一些软黏土含水量可能达到百分之几百。

土壤体积含水量为土壤中水的体积与土壤总体积之比：

$$\theta_v=\frac{V_w}{V} \tag{2.23}$$

$$V_w=\frac{m_{wet}-m_d}{\rho_w} \tag{2.24}$$

式中　θ_v——土壤体积含水量，%；

V_w——土壤中水的体积；

V——土壤总体积，$V=V_w+V_s$；

V_s——土壤颗粒的体积；

ρ_w——水的密度。

土壤相对含水量为土壤实际含水量与土壤持水量之比：

$$\theta_r=\frac{m_w}{m_r} \tag{2.25}$$

式中　θ_r——土壤相对含水量；

m_w——土壤中实际水的质量；

m_r——土壤持水量，即排出重力水之后所持有的水量，等于持水度S_r。

土壤持有的水占据了土壤孔隙的一部分，水对土壤孔隙的占有程度用土壤饱和度（有时也称水饱和度）表示，是土壤中水的体积与土壤孔隙体积之比：

$$S_w=\frac{V_w}{V_v}=\frac{\theta}{n} \tag{2.26}$$

式中　S_w——土壤饱和度；

V_w——土壤中水的体积；

V_v——土壤中孔隙体积；

θ——土壤含水量，%；

n——土壤孔隙度。

同理，土壤孔隙中扣除水占有的体积后，剩下的由空气占据，空气占据土壤孔隙之比，称为空气饱和度：

$$S_a=\frac{V_a}{V_v} \tag{2.27}$$

式中　S_a——空气饱和度；

V_a——空气占有的体积。

因此有：

$$S_w+S_a=1$$

由于土壤持水量无法靠重力排出，这部分水占据的孔隙是无效的，扣除这一部分的饱和度称为有效饱和度：

$$S_e=\frac{\theta-\theta_r}{\theta_s-\theta_r}=\frac{\theta-\theta_r}{n-\theta_r} \tag{2.28}$$

式中　S_e——土壤有效饱和度；

θ_r——土壤中残留含水量，等于土壤持水度 S_r；

θ_s——土壤饱和含水量，等于土壤孔隙度 n。

自然状态下包气带土壤中的孔隙由地下水和土壤空气占据。把水占据土壤孔隙的体积与总体积之比称为体积含水量，也称孔隙水体积比；把空气占据的孔隙体积与总体积之比称为空气孔隙度。则有：

$$n=n_w+n_a \tag{2.29}$$

$$n_w=\frac{\rho_b\times\theta_m}{\rho_w} \tag{2.30}$$

式中　n——包气带土壤孔隙度；

n_w——包气带土壤孔隙中水的体积占比，即孔隙水体积比，等于体积含水量 θ_V；

n_a——包气带土壤孔隙中气体的体积占比，即孔隙空气体积比；

ρ_b——包气带土壤体密度；

θ_m——包气带土壤质量含水量；

ρ_w——水的密度。

这几个参数在场地风险评估时要用到。

例题 2.5　根据例题 2.1 的信息，采用土壤取样器从场地中取得一柱状土样，称重为 2.3kg，容器质量为 200g，容器长为 50cm，内径为 5.5cm。将样品置于烘箱中以 105℃下烘干至恒重后，称重为 2.1kg。已知土壤的颗粒密度 ρ_s 为 2.65g/cm^3，水的密度为 ρ 为 1.00g/cm^3，试求：土壤的体积含水量和质量含水量为多少？水饱和度与空气饱和度各为多少？孔隙水体积比与孔隙空气体积比各为多少？

解：

① 土壤中水的质量为：$m_w=2300-2100=200$(g)

土壤质量含水量：$\theta_m=200/1900=10.5\%$（岩土工程中为：$\theta_m=200/2100=9.5\%$）

土壤中水的体积 $V_w=m_w/\rho=200/1.00=200$(cm^3)

体积含水量为：$\theta_V=V_w/V=200/1187.3=16.8\%$

② 土壤孔隙体积为：$V_v=nV=0.40\times1187.3=474.9$(cm^3)

则水饱和度：$S_w=V_w/V_v=200/474.9=42.1\%$

空气饱和度：$S_a=1-S_w=1-42.1\%=57.9\%$

③ 孔隙水体积比：$n_w=200/1187.3=16.8\%$，等于体积含水量。

孔隙空气体积比：$n_a=1-n_w=1-16.8\%=83.2\%$

2.5.4.2　给水性

饱水岩土在重力作用下能够自由排出一定水量的性质称为岩土的给水性，用给水度

(μ) 衡量，数值上为岩土在重力作用下排出的水的体积与岩土总体积之比，以小数或百分数表示。在地下水动力学中，有时把潜水含水层的给水性称为重力给水度，把承压含水层的称为弹性给水度（即储水率）。

对于均质松散岩土，给水度的大小与岩性、初始地下水位埋深以及地下水位下降速率等因素有关。岩性决定了空隙特征，颗粒大的松散岩土、裂隙宽的坚硬岩石以及溶隙发育可溶岩石，重力释水时，排出的水较多，空隙中留存的结合水与孔角毛细水较少，给水度较大，接近于孔隙度、裂隙率和溶隙率。但颗粒细小的黏性土，重力释水时，大部分水以结合水与悬挂毛细水的形式滞留于孔隙中，给水度往往很小。初始地下水位埋深如果小于最大毛细上升高度，当水位下降时，毛细管要维持最大高度，部分重力水转化成支持毛细水保留在地下水面之上，给水度会偏小。当地下水位下降速度较大时，给水度也会偏小，可能与重力释水时间的滞后性有关，因此抽水降速过快时给水度也偏小。

容水度、持水度和给水度有以下关系：

$$S_c = S_r + \mu \tag{2.31}$$

一般来说，黏土、粉、砂砾、砾石和卵石的孔隙度和持水度按顺序依次减小，但给水度是先逐渐增大，至砂时最大，然后又呈缓慢下降趋势。

给水度不仅是地下水水文学计算中非常重要的参数之一，也是污染地下水抽出处理体量计算的重要参数。常见松散岩土的给水度见表 2.18。

表 2.18 常见松散岩土的给水度 单位：%

岩土名称	给水度	岩土名称	给水度	岩土名称	给水度
砾石(粗)	23	粉砂	8	泥炭土	44
砾石(中)	24	黏土	3	泥岩	12
砾石(细)	25	砂岩(细)	21	耕作土(主要为泥)	6
砂(粗)	27	砂岩(中)	27	耕作土(主要为砂)	16
砂(中)	28	沙丘砂	38	耕作土(主要为砾石)	16
砂(细)	23	黄土	18		

注：数据来源于《堤防工程手册》。

2.5.4.3 透水性

岩土具有孔隙、裂隙和溶隙，这些空隙相互连通，当水进入岩土中时，在重力作用下从水位较高处流向水位较低处。岩土这种被水透过的性质称为岩土的透水性，一般用渗透系数 (K) 表示。渗透性是岩土的一个极其重要的性质，能够制约污染物的迁移扩散，也几乎跟所有的管控与修复技术密切相关，鉴于其重要性，其相关内容将在第 3 章中详细讨论。

2.5.4.4 土壤水分特征曲线

土壤中水的形态学分类在解释土壤持水能力及运动性能时难以区分和定量化，从能量的角度研究土壤水分可以更好地解决这个问题。土壤水吸力是一个比较直观易懂的概念，它是指土壤水在承受一定吸力的情况下所处的能态，包括基质吸力（即基质势，指因土壤基质特性引起的对水分的吸持力或自由能状态）和溶质吸力（土壤中含有离子或非离子溶质从而对水分产生了吸力），通常是指基质吸力。土壤水吸力概念上虽不是土壤对水的吸力，但数值上仍可以用土壤对水的吸力来表示。

土壤水的基质势或土壤水吸力随土壤含水量而变化，二者形成的关系曲线称为土壤水分特征曲线或土壤持水曲线，如图 2.26(a) 所示，不同类型岩土的土壤水分特征曲线不同，并受多种因素影响。

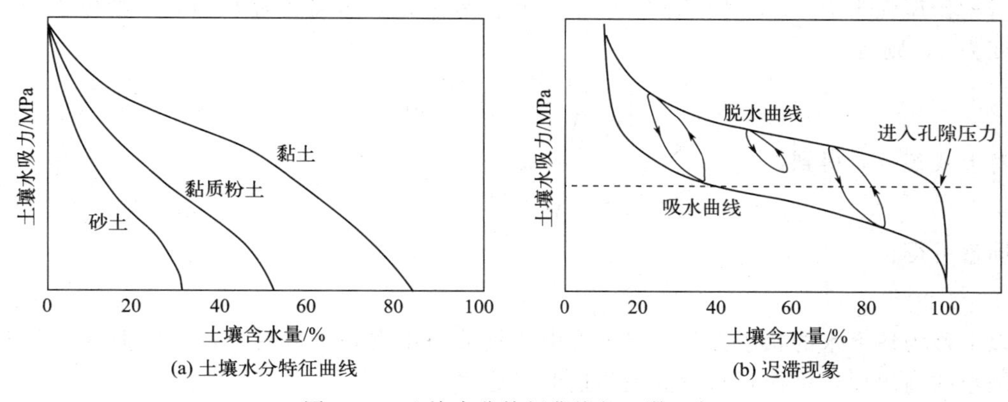

图 2.26　土壤水分特征曲线与迟滞现象

如图 2.26(b) 所示，当岩土是饱和状态时，增加土壤水吸力，水不会马上排出，当土壤水吸力大于进入孔隙压力后，空气进入孔隙中，水开始排出，并随土壤水吸力增加，排出的水量也越多。但当土壤水吸力大于某个数值，土壤孔隙中的水含量不会再减小，此时孔隙中含有的水即为残留含水量，即最大持水度。这个过程曲线称为脱水曲线。但如果岩土是干燥状态，逐渐加水，减少土壤水吸力所得的曲线称为吸水曲线。可以看出，两条线并不重合，同一吸力值对应两个含水量值，土壤水吸力与含水量之间并非单值函数，这种现象称为迟滞现象。产生迟滞现象的主要原因是岩土孔隙大小不均形成了瓶颈。脱水过程中土壤水吸力大于细孔径的毛细力时，粗孔隙才开始排水；而吸水过程只需要土壤水吸力小于粗孔径的毛细力，粗孔隙就可以吸水。因此，相同持水情况下，脱水过程的吸力要大于吸水过程。

土壤水分特征曲线反映了土壤水分能量指标（土壤水吸力）和容量指标（土壤含水量）之间的关系，是研究土壤水分运动和保持的基本曲线，在农业生产以及场地降水、抽水中有重要应用。

2.5.5　含水层的压缩性

地下水研究中，把由固体物质组成的骨架以及骨架之间大量互相连通的空隙所构成的多相体系称为多孔介质，通常包括孔隙介质（含有孔隙的砂层、砾石层和疏松砂岩）、裂隙介质（裂隙发育的石英岩、花岗岩、石灰岩等）和某些岩溶不十分发育的石灰岩和白云岩组成的碳酸盐介质。

由多孔介质和地下水组成的含水层，当承受上覆地层荷重压力时，含水层会受到压缩，即为含水层的压缩性，用压缩系数表示。含水层的压缩包括对地下水的压缩和多孔介质的压缩。多孔介质的压缩又有两种方式：一是固体骨架的压缩，一般认为这个压缩小到可以忽略；二是介质间孔隙的压缩，因固体颗粒受压重新排列使孔隙减少，这个压缩是主要的。

2.5.5.1　地下水的压缩性

假定水近似符合弹性形变，在等温条件下，体积为 V 的地下水，在压强 P 的作用下，根据虎克定律，水的压缩系数 β 为：

$$\beta=-\frac{1}{V}\times\frac{\mathrm{d}V}{\mathrm{d}P} \tag{2.32}$$

若初始压强为 P_0 时，水的体积为 V_0，密度为 ρ_0，当压强变为 P 时，水的体积变为 V，密度变为 ρ，则有：

$$\int_{V_0}^{V}\frac{\mathrm{d}V}{V}=-\beta\int_{P_0}^{P}\mathrm{d}P$$

对上式积分，得到：

$$V=V_0\mathrm{e}^{-\beta(P-P_0)} \tag{2.33}$$

同理可得：

$$\rho=\rho_0\mathrm{e}^{\beta(P-P_0)} \tag{2.34}$$

以上称为地下水的状态方程，将公式中的指数项用泰勒级数展开，当压强变化不大时，忽略级数的高次项，可得到状态方程的近似表达式：

$$V=V_0[1-\beta(P-P_0)] \tag{2.35}$$

$$\rho=\rho_0[1+\beta(P-P_0)] \tag{2.36}$$

因为 ρ 和 V 的乘积为常数，故有：

$$\mathrm{d}(\rho V)=\rho\mathrm{d}V+V\mathrm{d}\rho=0$$

得：

$$\mathrm{d}\rho=-\rho\frac{\mathrm{d}V}{V}=\rho\beta\mathrm{d}P \tag{2.37}$$

水的压缩率在常温下可视为常数，约为 $4.4\times10^{-10}\mathrm{m^2/N}$，即对含水层施加一个大气压时，单位体积的水会被压缩 0.004%，数值非常小。

2.5.5.2 多孔介质的压缩性

假定多孔介质近似符合弹性形变，与地下水的压缩系数同理，总体积为 V（其中固体骨架体积为 V_s，孔隙体积为 V_v）的多孔介质的压缩系数 α 为：

$$\alpha=-\frac{1}{V}\times\frac{\mathrm{d}V}{\mathrm{d}P} \tag{2.38}$$

由于 $V=V_s+V_v$，则有：

$$\frac{\mathrm{d}V}{\mathrm{d}P}=\frac{\mathrm{d}V_s}{\mathrm{d}P}+\frac{\mathrm{d}V_v}{\mathrm{d}P}$$

将 $V_s=(1-n)V$，$V_v=nV$ 代入上式，得：

$$\alpha=-\frac{1}{V}\times\frac{\mathrm{d}V_s}{\mathrm{d}P}-\frac{\mathrm{d}V_v}{V\mathrm{d}P}=-\frac{1-n}{V_s}\times\frac{\mathrm{d}V_s}{\mathrm{d}P}-\frac{n}{V_v}\times\frac{\mathrm{d}V_v}{\mathrm{d}P}$$

令岩土骨架的压缩系数 α_s 和孔隙压缩系数 α_p 分别为：

$$\alpha_s=-\frac{1}{V_s}\times\frac{\mathrm{d}V_s}{\mathrm{d}P};\alpha_p=-\frac{1}{V_v}\times\frac{\mathrm{d}V_p}{\mathrm{d}P} \tag{2.39}$$

则：

$$\alpha_p=-\frac{1}{V_v}\times\frac{\mathrm{d}V_p}{\mathrm{d}P}$$

$$\alpha=(1-n)\alpha_s+n\alpha_p \tag{2.40}$$

固体骨架本身的压缩性远远小于孔隙的压缩性，即 $(1-n)\alpha_s\ll n\alpha_p$，故有：

$$\alpha \approx n\alpha_p$$

多孔介质的压缩性不是固定的，会随应力大小而不同，呈非线性变化。黏土、砂、砾石介质的压缩率分别为 $10^{-6} \sim 10^{-8} m^2/N$、$10^{-7} \sim 10^{-9} m^2/N$、$10^{-8} \sim 10^{-10} m^2/N$，可见黏土的压缩性远远大于其他介质的。此外，多孔介质的压缩性不具有可逆性，被压缩的多孔介质在施加大小相反的应力时，也无法恢复到原来的孔隙率。

2.5.5.3　含水层的弹性存储

土壤中的孔隙是互相连通的，含水层土壤孔隙中的水是饱和、连续的，与静水一样能够承担或传递压力，称为孔隙水压力，用 P 表示，其值为：

$$P = \rho_w g h_w \tag{2.41}$$

式中　ρ_w——水的密度；

g——重力加速度；

h_w——研究点位处水头，即测压管中水柱高度。

含水层中除孔隙水压力外，还有通过土壤颗粒之间接触面传递的应力（单位面积上所受的内力），称为有效应力 σ'。由于直接实测或计算有效应力很困难，需要以间接的方法建立有效应力与孔隙水压力之间的关系。

取一处于平衡状态的单位面积饱和含水层，假设含水层中颗粒之间没有黏聚力，如图 2.27(a) 所示，选取单位含水层柱体（体积为 V）中的一个水平截面（面积设为 1），颗粒与颗粒相接触的面积为 m［即颗粒接触面积在水平截面上的投影，如图 2.27(b) 所示］，则水所占的面积就为 $1-m$。在含水层柱体处于平衡状态时，作用在水平截面上的上覆荷重（上部岩土体、地表建筑/构筑物和大气压力等）形成的总应力（截面上的法向应力）只能由土壤固体骨架应力和孔隙水压力共同承担，即有：

$$\sigma = m\sigma_s + (1-m)P \tag{2.42}$$

式中　σ——上覆荷重引起的总应力；

σ_s——作用在固体骨架上的应力；

P——孔隙水压力。

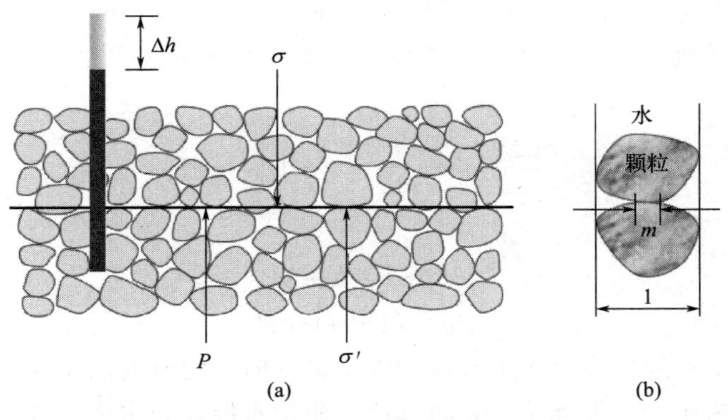

图 2.27　承压含水层的应力关系

由土壤颗粒承担的应力 $m\sigma_s$，即为有效应力 σ'。由于颗粒直接接触面积 m 值很小，仅为百分之几，可以忽略，即 $(1-m)P \approx P$，则上式转换为：

$$\sigma = \sigma' + P \tag{2.43}$$

这就是太沙基（Terzaghi）有效应力理论。它表达了研究平面上总应力、有效应力与孔隙水压力之间的关系。式中总应力可以计算，孔隙水压力可以实测或计算，因此，有效应力可以通过上式进行计算。

总应力 σ 可表示为：

$$\sigma=\rho_v g h_v+\rho_s g h_s+P \tag{2.44}$$

式中 ρ_v——包气带土壤密度；

ρ_s——饱和带土壤密度；

g——重力加速度；

h_v——包气带厚度；

h_s——饱和带厚度；

P——地面上外部荷载（如建筑物、构筑物及其他荷载）产生的应力，在已经拆除的场地中 P 为 0。

根据该理论，如果水的压强减小，如从含水层中抽水，水位下降了 Δh，则水的反作用力减小了 $\Delta h\rho g$，由于上覆荷重并没改变，这部分压力转移到了多孔介质固体骨架上，有效应力增大，多孔介质受到压缩，固体骨架本身受到的压缩很小，可以忽略，主要是介质受压重新排列，多孔介质孔隙度（n）变小，含水层变薄。同时，水压变小导致水的膨胀。多孔介质的压缩与水的膨胀引起地下水从含水层中释放出来。反之，水的压力增大，孔隙度变大，含水层膨胀变厚，水的密度变大，储水量增加。含水层的这种随地下水头降低或升高能够释放或储存地下水的性质，称为含水层的弹性释水或弹性储水。

由于含水层中固体颗粒本身的压缩可忽略不计，即 $(1-n)V$ 为常数，则：

$$\mathrm{d}[(1-n)V]=\mathrm{d}V-n\mathrm{d}V-V\mathrm{d}n=0$$

$$\frac{\mathrm{d}V}{V}=\frac{\mathrm{d}n}{1-n} \tag{2.45}$$

含水层受到压缩时侧向受到限制基本不发生压缩形变，含水层的压缩主要在垂直方向上引起含水层厚度 Δz 的压缩变化，故：

$$\frac{\mathrm{d}V}{V}=\frac{\mathrm{d}(\Delta z)}{\Delta z} \tag{2.46}$$

将含水层压缩系数 α 引入上式，并考虑到有效应力与水的压强变化大小相等，方向相反，可得：

$$\frac{\mathrm{d}(\Delta z)}{\Delta z}=\frac{\mathrm{d}n}{1-n}=-\alpha\mathrm{d}\sigma'=\alpha\mathrm{d}P$$

得：

$$\mathrm{d}(\Delta z)=\Delta z\alpha\mathrm{d}P \tag{2.47}$$

$$\mathrm{d}n=(1-n)\alpha\mathrm{d}P \tag{2.48}$$

上式分别反映了水的压强变化引起的含水层在垂向上的厚度以及含水层孔隙度的变化。

对于水平面积为 $1\mathrm{m}^2$、厚度为 1m 的单位体积含水层，当水头下降 1m 时，水的压强变化了 $\mathrm{d}P=-\Delta h\rho g=-\rho g$，负号表示减小，同时含水层的有效应力增加了 ρg。根据多孔介质压缩系数 α，可得单位体积含水层体积的变化量为：

$$-\mathrm{d}V=\alpha V\mathrm{d}P=\alpha\rho g \tag{2.49}$$

同理，根据水的压缩系数 β 的定义，可得单位体积含水层中水的变化量为：

$$dV=-\beta V dP=-\beta n(-\rho g)=n\beta\rho g \tag{2.50}$$

含水层的体积变化与地下水的体积变化之和 $\rho g(\alpha+n\beta)$，即为单位体积含水层释放的水量，称为储水率或释水率，用 S_s 表示，量纲为 L^{-1}。储水率与含水层的厚度 M 之积，即 $S=S_sM$，称为弹性释水（储水）系数，表示水平截面为1个单位面积、厚度为含水层全厚度 M 的含水层柱体中，当水头改变1个单位时弹性释放（储存）的水量，无量纲。

对承压含水层，当水头下降不低于含水层顶板以下时，水头的下降只会引起含水层的弹性释水，用储水系数 S 表示。对潜水含水层，水头下降时，排出的水由两部分组成：一部分是潜水面下降引起的重力排水，用给水度 μ 表示；另一部分是饱水区域的弹性释水，用储水系数 S 表示。

大部分承压含水层的储水系数在 $10^{-5}\sim10^{-3}$ 之间，这个值很小，意味着要从承压含水层抽出水的压力非常大。潜水含水层的给水度为0.05～0.25，砂质潜水含水层的储水系率数量级为 $10^{-7}cm^{-1}$，弹性释水远比重力释水小，往往忽略。

例题2.6 某承压含水层为砂层，压缩率为 $10^{-9}m^2/N$，孔隙率为0.23，含水层厚度为50m，抽水范围 A 为 $10000m^2$。从此含水层中抽水，试计算此含水层的储水系数，多孔介质压缩与水膨胀的比例是多少？如果抽水水位下降15m，请问抽出的水量是多少？

解：

水的压缩率为 4.4×10^{-10}，根据储水率公式得：

$$S_s=\rho g(\alpha+n\beta)=1000\times9.8\times(10^{-9}+0.23\times4.4\times10^{-10})=1.08\times10^{-5}(m^{-1})$$

多孔介质压缩与水膨胀之比为：

$$(10^{-9}):(0.23\times4.4\times10^{-10})=9.88:1.00$$

抽出的水量为：

$$V=S_s\times\Delta h\times S=1.08\times10^{-5}\times50\times15\times10000=81(m^3)$$

2.5.6 地下水的物理性质

2.5.6.1 温度

地壳表层的热量来源：一是地表太阳的辐射，二是地球内部的热流。根据受热源影响的情况，地壳表层可分为变温带、常温带和增温带。

变温带也称日常温带，深度一般为3～5m，温度变化主要受太阳辐射的影响，具有昼夜变化规律，其中埋藏较浅的地下水水温随季节略有变化。常温带指受气温影响很小、年内温度变化幅度接近于零的地带。常温带的最大深度为30～40m，温度一般比当地年平均气温略高1～2℃，年变化很小。再下层为增温带，温度主要受地球内部的热量影响，随着深度的增加而有规律地升高。增温带内温度的变化可以用地温梯度表示，指每增加单位深度时地温的增值，一般以℃/100m为单位。

可以根据地下水温度将地下水划分为：过冷水（<0℃）、冷水（0～20℃）、温水（20～42℃）、热水（42～100℃）和过热水（>100℃）。

地下水的温度对水中化学成分的含量影响很大。一般情况下，水温升高，化学反应速率和盐（如钠盐和钾盐）的溶解度也随之升高。但是钙盐是特例，所以冷水常是钙质的，而热水、温水常是钠质的。

2.5.6.2 颜色

地下水一般是无色的，但有时由于水中的悬浮物和溶解物质的影响，地下水可能呈现出不同的颜色。如含硫化氢的地下水呈暗绿色，含低价铁呈浅灰蓝色，含高价铁呈黄褐色，含锰化合物呈暗红色，含腐殖酸呈暗黄或暗灰色，可以理解为相应溶质溶解在水中所呈现的颜色。

2.5.6.3 透明度

地下水的透明度取决于水中固体与胶体悬浮物的含量，含量越多，其对光线的阻碍程度越大，水越不透明。按透明度可将地下水分为四级，见表 2.19。

表 2.19 地下水透明度分级表

分级	鉴定特征
透明的	无悬浮物及胶体，60cm 水深可见 3mm 粗线
微浊的	有少量悬浮物，小于 60cm、大于 30cm 水深可见 3mm 粗线
浑浊的	有较多悬浮物，半透明状，小于 30cm 水深可见 3mm 粗线
极浊的	有大量悬浮物和胶体，似乳状，水很浅也不能清楚看见 3mm 粗线

2.5.6.4 嗅和味

地下水通常是无气味的，但当其中含有某些离子或气体时，则会产生特殊气味。如含硫化氢时具有臭鸡蛋味，含亚铁离子很多时具有铁腥味，含腐殖质时有鱼腥味等。气味的强弱与温度有关，在 40℃左右时，气味最显著。故在测定地下水气味时，应将水稍稍加热，以使气味明显、易辨。地下水按气味的强弱分为六级，详见表 2.20。

表 2.20 水中气味强度等级

等级	程度	说明
Ⅰ	无	没有任何气味
Ⅱ	极微弱	有经验分析者能察觉
Ⅲ	弱	注意辨别时，一般人能察觉
Ⅳ	显著	易于察觉，不加处理不能饮用
Ⅴ	强	气味引人注意，不能饮用
Ⅵ	极强	气味强烈扑鼻，不能饮用

地下水的味道取决于它的化学成分。地下水中溶解了多种物质，包括盐类和气体，因此具有一定的味感。如含氯化钠的水具有咸味，含硫酸钠的水具有涩味，含碳酸或碳氢酸的水清凉可口，含大量有机物的水略具甜味等。水的味道在 20～30℃时最为显著，测定地下水味道时应该将水稍稍加热。

2.5.6.5 密度和相对密度

水的密度较为特殊，在 4℃时纯水的密度最大，为 1kg/L。当水的温度从 0℃上升到 4℃时，水的密度随温度的上升而增大。同时，水中溶解的化学成分越多，水的密度越大。海水入侵到含水层中，地下水达到海水的密度，约为 1.03kg/L。

某种物质的相对密度是该物质的密度与在标准大气压下 3.98℃时纯水的密度（999.972kg/m^3）的比值，因此，水的相对密度与水的密度变化规律相同。液体相对密度说明了它们在另一种流体中是下沉还是漂浮。相对密度无量纲，由于水的密度在4℃最大，其相对密度在4℃时也最大。

2.5.6.6 导电性和导热性

地下水的导电性取决于其中溶解的电解质的数量和质量，即离子的含量和离子价。离子含量越多，离子价越高，水的导电能力也越强。此外，温度影响电解质的溶解，从而也影响到水的导电性。

地下水的导热性比其他液体要小，在20℃时水的导热率为0.5987J/(m·s·℃)。

2.5.6.7 放射性

地下水的放射性取决于其中所含放射性元素的数量，地下水或强或弱都具有放射性，但一般极为微弱。储存和运动于放射性矿床以及酸性火山岩分布区的地下水，其放射性有所增强。

2.5.7 地下水的化学性质

地下水是一种复杂的溶液。赋存于岩石圈中的地下水，不断与岩土发生化学反应，并在与大气圈、水圈和生物圈进行水量交换的同时交换化学成分。地下水溶解岩土的组分，搬运这些组分，并在某些情况下将这些组分从水中析出。地下水中元素迁移与水的流动密切相关。

地下水中含有各种气体、离子、胶体、有机物以及微生物等。

2.5.7.1 地下水中的气体成分

地下水中常见的气体成分有O_2、N_2、CO_2、CH_4及H_2S等，尤以前三种为主。通常情况下，地下水中气体含量不高，每升水中只有几毫克到几十毫克。

地下水中的氧气和氮气主要来源于大气。溶解氧含量越多，说明地下水所处的地球化学环境越有利于氧化作用进行。在封闭的环境中，O_2将耗尽而只留下N_2。因此，N_2的单独存在，通常可说明地下水起源于大气，并处于还原环境。

地下水中出现H_2S与CH_4，其意义与出现O_2恰好相反，说明地下水处于还原的地球化学环境。这两种气体的生成，均在与大气相对隔绝的环境中，与有机物存在、微生物参与的生物化学过程有关。

地下水中的CO_2主要来源于土壤。有机质的发酵作用与植物的呼吸作用使土壤中源源不断地产生CO_2，并溶入流经土壤的地下水中。地下水中含CO_2越多，其溶解碳酸盐类和对结晶岩进行风化作用的能力越强。

2.5.7.2 地下水中的离子成分

地下水中分布最广、含量较多的离子共计七种，即氯离子（Cl^-）、硫酸根离子（SO_4^{2-}）、碳酸氢根离子（HCO_3^-）、钠离子（Na^+）、钾离子（K^+）、钙离子（Ca^{2+}）和镁离子（Mg^{2+}）。

一般情况下，随着溶解性总固体的变化，地下水中占主要地位的离子组分也随之发生变化。低矿化水中常以HCO_3^-、Ca^{2+}、Mg^{2+}为主；中等矿化水中，阴离子常以SO_4^{2-}为主，主要阳离子则可以是 Na^+ 或 Ca^{2+}；高矿化水中则以 Cl^- 和 Na^+ 为主。

（1）氯离子（Cl^-）

氯离子在地下水中广泛分布，但在低矿化水中含量仅数毫克每升，高矿化水中可达数克每升乃至100克每升以上。

地下水中的 Cl^- 主要有以下几种来源：①沉积岩中含盐氯化物的溶解；②岩浆岩中含氯矿物的风化溶解；③海水补给地下水；④火山喷发物的溶滤；⑤人为污染。

氯离子不被植物及细菌所摄取，难被土粒表面吸附，氯化物溶解度大，不易沉淀析出，是地下水中最稳定的离子。其含量随着矿化度增长而不断增加，Cl^- 的含量常可以用来说明地下水的矿化程度。

（2）硫酸根离子（SO_4^{2-}）

在高矿化水中，SO_4^{2-} 的含量仅次于 Cl^-，可达数克每升，个别达数十克每升；在低矿化水中，一般含量仅数毫克到数百毫克每升；中等矿化的水中，SO_4^{2-} 常成为含量最多的阴离子。

地下水中的 SO_4^{2-} 来自石膏（$CaSO_4 \cdot 2H_2O$）或其他硫酸盐的溶解。硫化物的氧化，则使本来难溶于水的硫以 SO_4^{2-} 形式大量进入水中。化石燃料的燃烧给大气提供了人为作用产生的 SO_4^{2-} 与氮氧化物，反应后构成富含硫酸及硝酸的酸雨，从而使地下水中的 SO_4^{2-} 增加。

由于 $CaSO_4$ 的溶解度较小，限制了 SO_4^{2-} 在水中的含量，所以，地下水中 SO_4^{2-} 远不如 Cl^- 来得稳定，最高含量也远低于 Cl^-。

（3）碳酸氢根离子（HCO_3^-）

地下水中的碳酸氢根主要来自含碳酸盐矿物（如方解石、白云石、石膏等）的沉积岩与变质岩（岩浆岩中碳酸盐矿物的含量极少）。$CaCO_3$ 和 $MgCO_3$ 是难溶于水的，当水中有 CO_2 存在时，会溶解一定数量的碳酸盐，水中 HCO_3^- 的含量取决于与 CO_2 含量的平衡关系。岩浆岩与变质岩地区，HCO_3^- 的主要来源为铝硅酸盐矿物的风化溶解。地下水中 HCO_3^- 的含量一般不超过数百毫克每升，HCO_3^- 是低矿化水的主要阴离子成分。

（4）钠离子（Na^+）

Na^+ 在低矿化水中的含量一般很低，仅数毫克每升到数十毫克每升，但在高矿化水中是主要的阳离子，其含量最高可达数十克每升。

Na^+ 来自沉积岩中岩盐及其他钠盐的溶解，还可以来自海水。在岩浆岩和变质岩地区，则来自含钠矿物的风化溶解。酸性岩浆岩中有大量含钠矿物，如钠长石，因此，在 CO_2 和 H_2O 的参与下，将形成低矿化的以 Na^+ 及 HCO_3^- 为主的地下水。

（5）钾离子（K^+）

K^+ 的来源以及在地下水中的分布特点与钠离子相近。它来自含钾盐类沉积岩的溶解，以及岩浆岩、变质岩中含钾矿物的风化溶解。在低矿化水中含量甚微，而在高矿化水中较多。虽然在地壳中钾的含量与钠接近，钾盐的溶解度也相当大，但是，在地下水中 K^+ 的含量要比 Na^+ 少得多，这是因为 K^+ 大量地参与形成不溶于水的次生矿物（水云母、蒙脱石、绢云母），并易被植物吸收。由于 K^+ 的性质与 Na^+ 相近，含量少，所以一般情况下，将 K^+ 归并到 Na^+ 中，不加区分。

（6）钙离子（Ca^{2+}）

Ca^{2+}是低矿化水中的主要阳离子，其含量一般不超过数百毫克每升。在高矿化水中，由于阴离子主要是 Cl^-，而 $CaCl_2$ 的溶解度相当大，故 Ca^{2+} 的绝对含量显著增大，但通常仍远低于 Na^+。矿化度格外高的水，Ca^{2+} 也可成为主要离子。

地下水中的 Ca^{2+} 来源于碳酸盐类沉积物及含石膏沉积物的溶解，以及岩浆岩、变质岩中含钙矿物的风化溶解。

（7）镁离子（Mg^{2+}）

Mg^{2+} 的来源及其在地下水中的分布与钙离子相近，来源于含镁的碳酸盐类沉积岩（白云岩、泥灰岩）的溶解，此外，还来自岩浆岩、变质岩中含镁矿物的风化溶解。Mg^{2+} 在低矿化水中含量通常较 Ca^{2+} 少，通常不成为地下水中的主要离子成分，部分原因是地壳组成中 Mg^{2+} 比 Ca^{2+} 少。

除了以上主要离子成分外，地下水中还有一些次要离子，如 H^+、Fe^{2+}、Fe^{3+}、Mn^{2+}、NH_4^+、OH^-、NO_2^-、NO_3^-、CO_3^{2-}、SiO_3^{2-} 和 PO_4^{3-} 等。

2.5.7.3 地下水中的有机物

地下水中有机物种类繁多，主要有氨基酸、蛋白质、糖（碳水化合物）、烃类、醇类、羧酸、苯酚衍生物、胺等。有机物可分为极性的（离子型的）和非极性的（非离子型的），其中每一类又可分为挥发性的和非挥发性的。

天然的地下水中以溶解态存在的有机化合物含量甚微。但在污染场地中，生产活动排放到地下水中的有机物浓度可能会很高，许多都以非水相液体形式存在，是场地修复关注的主要对象。

2.5.7.4 地下水中的胶体

地下水中的胶体分为无机胶体和有机胶体两大类。无机胶体中主要有 $Fe(OH)_3$、$Al(OH)_3$ 及 H_2SiO_3 等，这些成分很难以离子状态溶解于水中。有机胶体是以碳、氢、氧为主的高分子化合物，在地球表面分布很广，尤其是在热带和沼泽地区的地下水中这些组分的含量都很高。

2.5.7.5 地下水中的微生物

地下水中重要的微生物主要有细菌、真菌和藻类。除光合细菌外，细菌和真菌能将复杂的化合物分解成比较简单的物质，并从中提取能量，满足其繁衍和代谢需要。细菌中有适于在氧化环境中生存和繁殖的硝化细菌、硫细菌、铁细菌等好氧细菌，也有适于在厌氧环境中生存和繁殖的脱氮菌、脱硫菌、甲烷生成菌、氨生成菌等。藻类能够利用阳光，把光能转变为化学能储存起来；在无阳光条件下，藻类只能利用化学能来满足其代谢需要。微生物在浅层和深层地下水中都能繁殖，所适应的温度范围很宽，可以在零下几摄氏度到零上 85～90℃的温度范围内生存。

微生物的存在使得水和土壤中的大量化学过程得以进行。微生物在地下水化学成分的形成和演变过程中起着重要的作用。

2.5.7.6 地下水中的其他组分

地下水中的微量组分，还有 Br、I、F、B、Sr 等。

习题与思考题

1. 如何理解土壤与地下水系统的复杂性?

2. 土壤中对污染物的迁移归趋最具影响力的成分是什么? 为何?

3. 分析土壤一般带负电的原因。

4. 某种土壤由两种不同粒径的颗粒构成，大颗粒的孔隙度为 n_1，小颗粒的孔隙度为 n_2，则该种土壤的孔隙度是多少?

5. 根据图 2.9 土壤粒径分布图，土壤 $S3$ 中砂土、粉土和黏土各占多少? 对照图 2.10，属于何种土壤类型? 均匀度是多少?

6. 从土壤的构成与胶体特性角度分析土壤所带的电性及原因。

7. 根据土壤胶体的结构特征，分析比较蛭石、蒙脱石、高岭石、土壤腐殖质的阳离子交换容量的大小。

8. 土壤中的生物多样性对土壤健康和生态系统功能有何重要性? 这些微生物对污染土壤与地下水的治理有什么作用?

9. 分别从环境学与水文地质学的角度分析含水层、隔水层及弱透水层含义的差别。

10. 论述丰水期、枯水期地表水与潜水水位变化的机制。

11. 承压水水位可以揭示哪些水文地质信息? 通过测定场地的潜水水位和承压水水位，分析地块污染物垂向扩散情况。

12. 如图 2.28 所示，在某污染场地中共建了 4 口地下水监测井，位置构成一个边长为 20m 的正方形。A、B、C、D 监测井的井口高程分别为 7.0m、8.0m、6.0m、5.0m，井口至地下水水面的距离分别为 4.5m、5.3m、3.5m 和 2.7m。

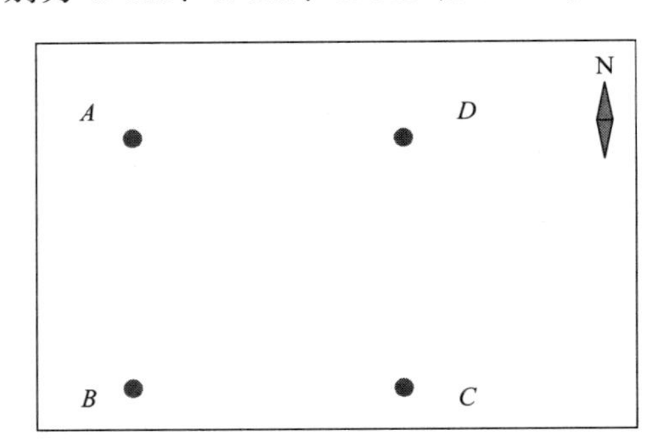

图 2.28　某污染场地监测井位置

① 请用作图法画出地下水等水位线和地下水流向；

② 计算水力坡度；

③ 如果土壤的孔隙度为 0.40，有效孔隙度为 0.18，水力传导系数为 0.005cm/s，则地下水流速为多少?

13. 图 2.29 为某地区潜水等水位线（虚线）及地面等高线图（实线）（图中数字为标高，单位 m），有一条河流穿过其中。A、B 两点水平距离为 60m，试确定：

① 潜水的流向以及与河流的补给关系；

② A、B 两点间的平均水力坡度；

③ 在 C 点处建井，钻进多深可见到地下水；

④ D 点处有何水文地质现象。

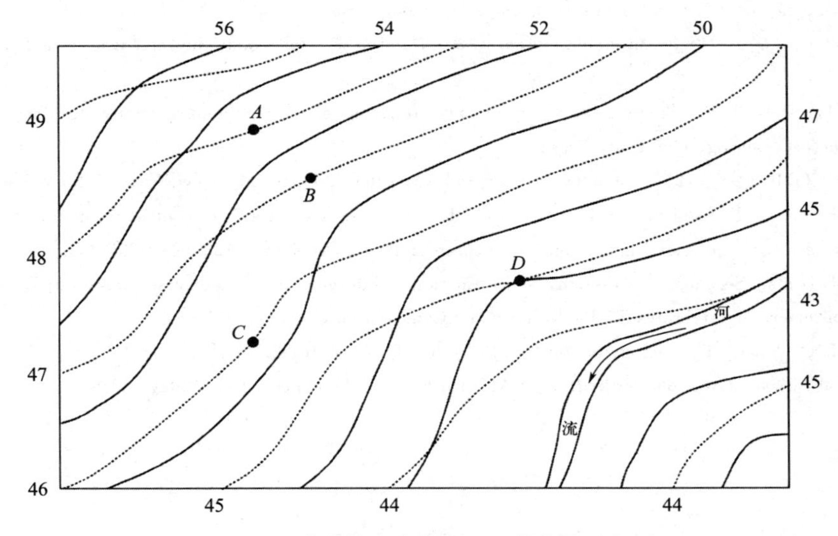

图 2.29 潜水等水位线及地面等高线示意图

14. 某场地面积为 $70000m^2$，承压含水层受污染，含水层压缩率为 $10^{-9}m^2/N$，孔隙率为 0.35，含水层厚度为 20m。拟抽出处理污染地下水，抽提之前在地块边界构建了止水帷幕，试计算此含水层的储水系数。如果抽水水位下降 8m，试计算抽出的水量是多少。

15. 地下水中存在氧气、二氧化碳、硫化氢、甲烷时，判断其地球化学环境状态。

参考文献

陈怀满，等，2018. 环境土壤学[M]. 3 版. 北京：科学出版社.

付融冰，2022. 场地精准化环境调查方法学[M]. 北京：中国环境出版集团.

黄昌勇，等，2010. 土壤学[M]. 3 版. 北京：中国农业出版社.

束龙仓，等，2009. 地下水水文学[M]. 北京：中国水利水电出版社.

王大纯，等，2002. 水文地质学基础[M]. 北京：地质出版社.

熊毅，等，1987. 中国土壤[M]. 2 版. 北京：科学出版社.

赵珊茸，2011. 结晶学与矿物学[M]. 北京：高等教育出版社.

张建国，等，1988. 地下水毛细上升高度及确定[J]. 地下水，8：135-139.

中华人民共和国建设部，等，2008. 土的工程分类标准：GB/T 50145—2007[S]. 北京：中国计划出版社.

中华人民共和国建设部，等，2009. 岩土工程勘察规范（2009 版）：GB 50021—2001[S]. 北京：中国建筑工业出版社.

Ahmed A A，et al，2015. Interaction of polar and nonpolar organic pollutants with soil organic matter：Sorption experiments and molecular dynamics simulation[J]. Science of the Total Environment，508：276-287.

BRACKIN R，et al，2017. Soil biological health what is it，and how can we improve it? 39th Conference of the Australian Society of Sugar Cane Technologists，Cairns，Australia，May 3—5，2017[C]. Red Hook：Curran Associates.

DERUITER P C，et al，1995. Energetics patterns of interaction strengths and stability in real ecosystems[J]. Science，269 (5228)：1257-1260.

DOMENICO P A，et al，1997. Physical and chemical hydrogeology[M]. New York：John Wiley and Sons.

FREEZE R A，et al，1979. Groundwater[M]. New Jersey：Prentice-Hall International.

LI P，et al，2018. The response of dominant and rare taxa for fungal diversity within different root environments to the cultivation of Bt and conventional cotton varieties[J]. Microbiome，6 (1)：184.

O'DONNELL A G, et al, 2005. Twenty years of molecular analysis of bacterial communities in soils and what have we learned about function? [M]. Cambridge: Cambridge University Press.

PONSARD S, et al, 2000. What can stable isotopes (δ^{15}N and δ^{13}C) tell about the food web of soil[J]. Ecology, 81 (3): 852.

ROBINSON C H, et al, 2005. Biodiversity of saprotrophic fungi in relation to their function: do fungi obey the rules? [M]. Cambridge: Cambridge University Press.

ROSCOE MOSS COMPANY, 1990. Handbook of ground water development[M]. New York: John Wiley and Sons.

SCHEU S, et al, 2000. The soil food web of two beech forests (Fagus sylvatica) of contrasting humus type: Stable isotope analysis of a macro-and a mesofauna-dominated community[J]. Oecologia, 123 (2): 285-296.

SCHEU S, et al, 1996. Secondary succession, soil formation and development of a diverse community of oribatids and saprophagous scil macro-invertebrates[J]. Biodiversity and Conservation, 5 (2): 235-250.

STEHOUWER R C, 2004. The biology of soils[J]. Biocycle, 45 (6): 46-52.

TODD D K, et al, 2005. Groundwater hydrology[M]. 3rd Edition. Hoboken: John Wiley and Sons.

第3章

土壤与地下水污染物迁移转化基础理论

3.1 土壤与地下水污染物迁移转化概述

一般来说，土壤与地下水环境在未受人类活动干扰的自然条件下，其水文地球化学环境和生物地球化学环境在漫长的地质过程中基本达到了比较稳定的平衡状态，而一旦污染物进入土壤与地下水系统中，就打破了这种平衡，从而在自身及地下水流作用下，在固相（土壤、风化岩石、生物）-液相（地下水、非水相液体）-气相（岩土空隙空气、污染物蒸气）多介质体系中发生物理迁移、化学反应和生物转化。往往这些作用相比于自然条件下的地球化学过程剧烈得多。这些环境过程的基础是地下水的运动以及地下环境中的物理、化学及生物作用。

污染物在进入土壤与地下水中后，会在物理、化学及生物的作用下发生空间与时间上的浓度变化，称为迁移转化，有时也称归趋或宿命。一般将控制污染物的过程大体分为两类：一类是污染物的性质本身不发生改变，只是在不同相间和空间移动，称为迁移或传输；另一类是污染物被转化为不同于原来化学性质的物质，称为转化。迁移或传输是物理过程，主要包括相间分配［包括吸附解吸（也有人归为化学过程）、挥发、溶解］、对流、扩散、弥散等作用；而转化是化学和生物过程，主要包括酸碱反应、氧化还原、沉淀和生物降解作用。

研究污染物在地下环境中的迁移转化，主要和四个问题有关：一是地下水流问题，即水力水头驱动（导致水头差的因素有重力势、温度势、溶质势、电势和化学势等）的地下水流问题，与水文循环密切相关；二是溶解在地下水中的污染物的迁移问题，即地下水渗流与溶质迁移问题；三是多相流问题，即地下水流与非水相液体流的复合运动问题；四是物质反应问题，即污染物在不同环境条件下发生化学和生物反应转化成其他物质的问题。

本章重点对这些基础理论进行介绍。首先介绍水文循环，这有助于理解区域水流与局部水流之间的关系。其次介绍地下水运动的基本原理，结合实际问题的需求，专门介绍了成层土体的渗透特性。鉴于在修复实践中，在场地中构建水井进行抽提污染地下水或向土壤及含水层中注入修复药剂是场地修复的重要技术手段，而这些技术的设计和实施都离不开水井力学的基本知识，本章也专门对水井力学进行了介绍。最后介绍污染物迁移转化的基本原理和基本方程，这部分是地下水数值模拟的基础。

掌握污染物在土壤与地下水环境中迁移转化的基本原理，对了解污染物的归趋和赋存极为重要，也是场地环境调查、管控与修复的基础性内容。

3.2 水文循环

地球上的总水量是不变的，只是借由不同形态不断地循环。地球浅部圈层中的水（大气水、地表水及地壳浅部地下水）一直处于不断循环转化中，称为水文循环，如图 3.1 所示。海洋和陆地表面的水在太阳辐射下蒸发到大气圈中，随气流飘移，遇冷凝结成雨、雪形态，在地球引力作用下降落到地表。一部分水分被地面上的土壤、建筑物、植被等吸收。多余部分，一部分沿地形从高处往低处流动，汇成江河，形成地表径流，进入湖泊、海洋；一部分继续下渗到岩土中变成地下水，形成地下径流。地表水中有些继续蒸发进入大气，有些继续下渗成为地下水，有些流入海洋。植物吸收的水分也会通过蒸腾作用进入大气。地下水中的部分通过地面蒸发返回大气，部分在流动过程中可能会反复出露于地面又进入地下水，最终返回海洋。如此周而复始地循环下去。

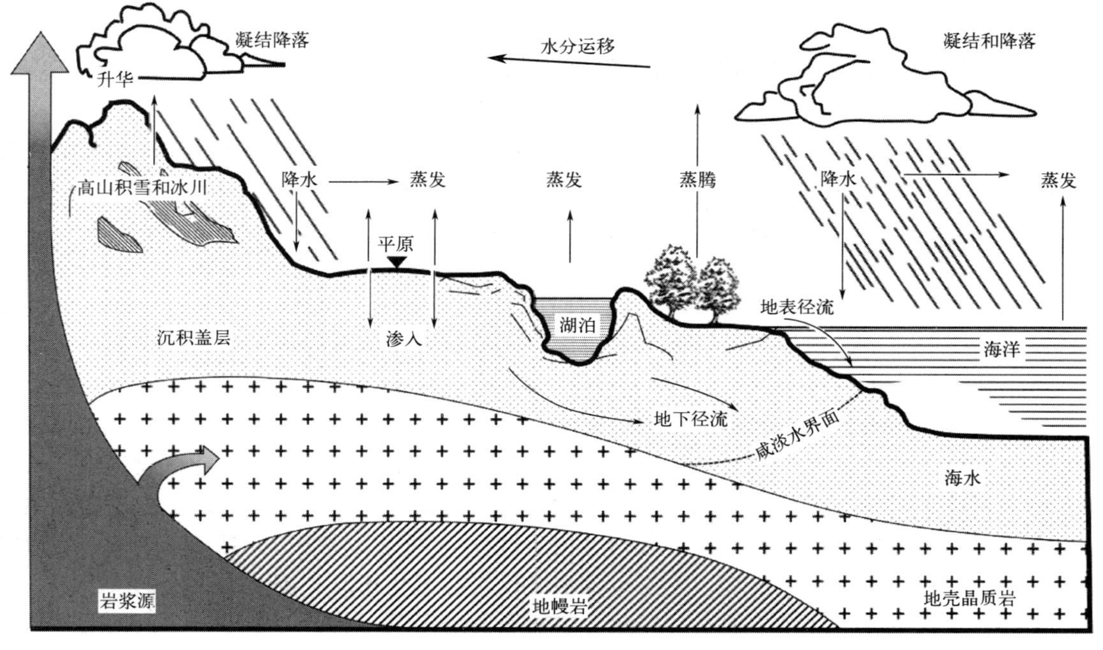

图 3.1 水文循环示意图

水分从海洋蒸发，以液态或固态形式降落到陆地，又以地表径流或地下水径流的形式返回海洋的循环，称为大循环或外循环。水分从海洋表面蒸发或从陆地表面蒸发，又重新降落到海洋或陆地上的循环，称为小循环或内循环。大循环是大气降水的主要来源，但是对远离海洋的地区，陆地地表蒸发、地表水蒸发及植被蒸腾等的贡献作用变得更加重要。

3.3 地下水运动的基本原理

3.3.1 渗透与渗流的基本概念

3.3.1.1 基本概念与研究方法

多孔介质中有许多相互连通的空隙，流体在重力的作用下通过多孔介质空隙的运动现象，称为渗透。地下水的渗透是在土壤孔隙、岩石裂隙和溶隙中的运动，受固体边界的约束，只能在空隙中流动，由于岩土空隙的大小、形态复杂多样，地下水在各位置处的运动轨迹和运动要素也各不相同，如图 3.2(a) 所示。若从微观水平上研究每个空隙中流体单个质点的运动规律，将十分困难，客观上也无法实现特征量的测定。因此，只能从宏观上研究流体具有平均性质的渗透规律。

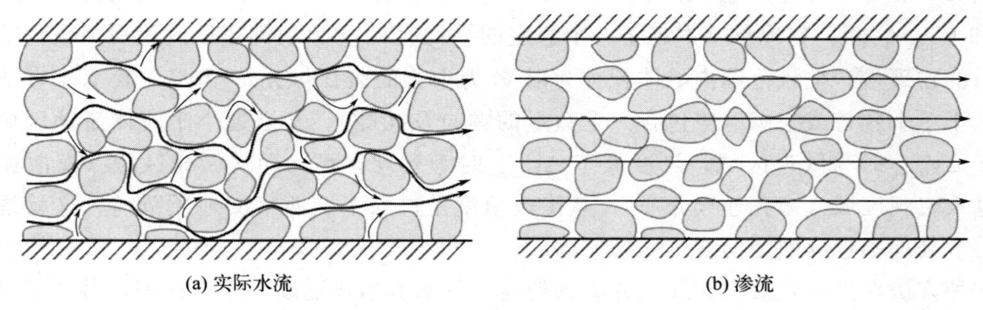

图 3.2　多孔介质中的地下水流

假想多孔介质中存在一种水流，如图 3.2(b) 所示，充满整个多孔介质空隙以及固体骨架全部体积，这个水流的断面流量、压力及受到的水力阻力与实际水流相同，用这种假想水流代替真实水流，方便研究多孔介质中流体的总体平均运动规律。这种假想的水流是宏观水平的地下水渗透水流，称为渗流，它占据的空间称为渗流场或渗流区。

研究渗流规律，需要质点上的物理量，表征渗流场运动特征的物理量称为渗流运动要素，包括水头、水压和流速。但是与河流湖泊等纯相水体不同，对于多孔介质中的某一质点来说，落在固体骨架上和落在空隙中其物理量是不一样的，以孔隙度为例，质点落在骨架上孔隙度为 0，质点落在空隙中孔隙度为 1，物理量变得不连续了。为了对多孔介质中地下水流做连续性处理，需要引入一个“表征体元”的概念，有时也称为“典型体元”“代表性体元”。

假设 P 为多孔介质中的一个数学点，以 P 为核心取一微小体积 ΔV，求出 ΔV 上的物理量 n。当 ΔV 大小不同时，对应着一系列不同的物理量 n。作 n 与 ΔV 的关系曲线，如图 3.3

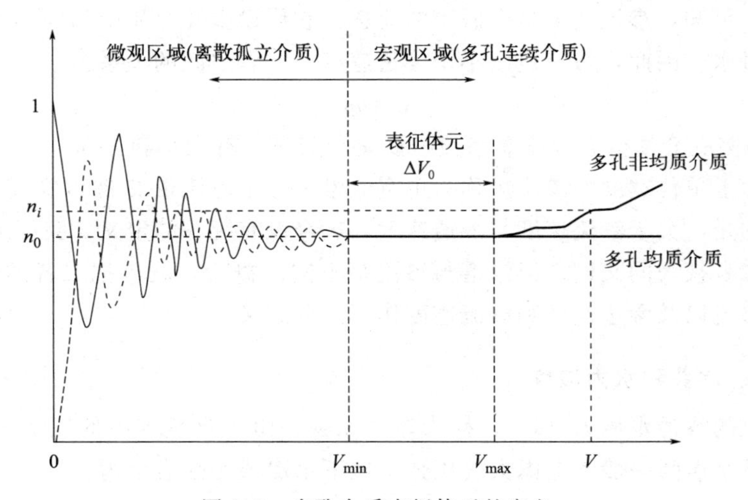

图 3.3　多孔介质表征体元的定义

所示。由图可知，在微观领域，当 ΔV 小到只能落在一个土壤颗粒或一个孔隙中时，此时的质点物理量波动巨大；但当 ΔV 逐渐增加，包含进来的颗粒或孔隙越来越多时，物理量 n 波动逐渐减小。当 ΔV 取至某个 $V_{\min}$ 时，物理量趋于一个平均值 n_0，即：

$$\lim_{\Delta V \to \Delta V_{\min}} n = n_0$$

当 ΔV 继续增大到 $V_{\max}$ 时，如果多孔介质为非均质，物理量将发生明显变化。ΔV 处于 $V_{\min}$ 和 $V_{\max}$ 之间，物理量基本趋于一个稳定的平均值 n_0，该值即表征或代表了该范围内多孔介质的物理量。把该范围内的体积称为以 P 为中心的表征体元，用 ΔV_0 表示。表征体元远远大于单个颗粒或空隙（应包含一定数量的颗粒及孔隙），又远远小于流体流动区域。尺度小于 $\Delta V_{\min}$ 时为微观区域，尺度大于 $\Delta V_{\min}$ 时为宏观区域，即从微观区域（离散孤立介质）进入宏观区域（多孔连续介质），从渗流角度是进入了达西水文地质范畴。这就是地下水动力学处理不连续问题的连续介质方法。

这种方法将多孔介质中实际上并不处处连续的水流当作连续水流来处理，避开了研究具体某个孔隙边界刻画及水流规律的困难，使得许多流体力学的知识和方法可以使用，又满足了运动要素与实际水流相同的实际要求。

3.3.1.2 渗透速度与渗流速度

含水层中垂直于渗流方向的截面，称为过水断面。过水断面是含水层的全截面，既包括空隙面积也包括固体颗粒所占的面积。渗流平行时，过水断面为平面；弯曲时为曲面。

实际水流是在多孔介质中的空隙中流动的，通过多孔介质流体的空隙平均流动速度，称为渗透速度，也称平均实际速度，是地下水通过多孔介质过水断面上空隙面积的平均流速，用 u 表示，数值上等于流量除以过水断面上的空隙面积。

地下水的渗透速度在不同的空隙位置可能不同，为使用上的方便，把通过多孔介质过水断面（包括固体骨架及空隙）的流量，称为渗流速度，也称比流量，用 $\boldsymbol{v}$ 表示，数值上等于通过过水断面的渗流量 Q 除以过水断面 A，即：

$$v = \frac{Q}{A} \tag{3.1}$$

由式(3.1) 可知，渗流速度是个假想的流速，它假设多孔介质中的固体骨架部分也能过水，即全断面过水。因此，渗流速度小于渗透速度，二者之间的关系为：

$$\boldsymbol{v} = n\boldsymbol{u} \tag{3.2}$$

式中，n 为多孔介质的孔隙率。渗流速度是个矢量，有大小和方向。

把过水断面上单位宽度的渗流量称为单宽流量，等于总流量 Q 除以宽度 B。

需要说明的是，关于渗流速度与渗透速度，迄今没有统一的定义。我国大部分地下水动力学的书籍把二者视为同义词，但渗透与渗流是不同的概念，就应把二者的速度区分对待。本书把渗透和渗流以及渗透速度和渗流速度作了区分定义。

3.3.1.3 压强、水头和水力坡度

单位面积上的渗透水压力（P），称为渗透压强，由于自然界中的地下水都承受大气压力，习惯上地下水压强一般不考虑大气压强。地下水渗透压强表示为：

$$P = \rho g h \tag{3.3}$$

式中 ρ——地下水的密度；

g——重力加速度；

h——测压高度，是指任一点上单位质量地下水的压力能，也称压力水头，因此，h 为：

$$h=\frac{P}{\rho g} \tag{3.4}$$

地下水所处的位置高程，称为位置高度（z），也称高程水头，反映的是单位质量的位能。

地下水的位置高度与测压高度之和，称为测压水头（H_p），也称水力水头。

$$H_p=z+\frac{P}{\rho g} \tag{3.5}$$

总水头为测压水头和流速水头之和，反映的是流场中任意点具有的位置势能、压力势能和动能三者之和，即：

$$H=z+\frac{P}{\rho g}+\frac{u^2}{2g} \tag{3.6}$$

式中 z——位置高度；

u——渗透速度；

ρ——地下水的密度；

g——重力加速度。

由于地下水的运动十分缓慢，流速水头很小，一般可忽略不计。因此，地下水动力学中通常对二者不再区分，统称水头，用 H 表示，近似表达为：

$$H\approx z+\frac{P}{\rho g}=H_p \tag{3.7}$$

水头 H 随位置高度 z 而变，位置高度又取决于基准面的位置。为便于计算，实际中常把潜水含水层的水平隔水底板作为基准面，其他情况通常以海平面为基准面。水头 H 可以用从基准面到揭穿该点井孔水位处的垂直距离表示。潜水含水层及承压含水层的压强及水头如图 3.4(a) 和图 3.4(b) 所示。

地下水在含水层中的流动也遵循从水头高处向水头低处运动的原则。因为地下水具有黏滞性，在流动的过程中会消耗能量，体现在水头上就是水头沿流向不断减小。因此，在渗流场中各点的水头是不一样的。由水头值相等的各点连成的面（线），称为等水头面（线），可以是平面（直线），也可以是曲面（曲线）。任意一条等水头线上的水头都相等。等水头面（线）在渗流场中是连续的，不同数值的等水头面（线）是不相交的，如图 3.4(c) 所示。

在等水头面的法向上单位距离的水头损失（即水流克服阻力而损耗的机械能），称为该点处的水力坡度。在法向上水头变化率最大，数值上等于水头梯度值，方向为沿着等水头面的法线指向水头降低的方向，用 $\boldsymbol{J}$ 表示：

$$\boldsymbol{J}=-\frac{\mathrm{d}H}{\mathrm{d}n}\boldsymbol{n} \tag{3.8}$$

式中，$\boldsymbol{n}$ 为法线方向单位矢量。在空间直角坐标系中的三个分量为：

$$J_x=-\frac{\mathrm{d}H}{\mathrm{d}x},J_y=-\frac{\mathrm{d}H}{\mathrm{d}y},J_z=-\frac{\mathrm{d}H}{\mathrm{d}z} \tag{3.9}$$

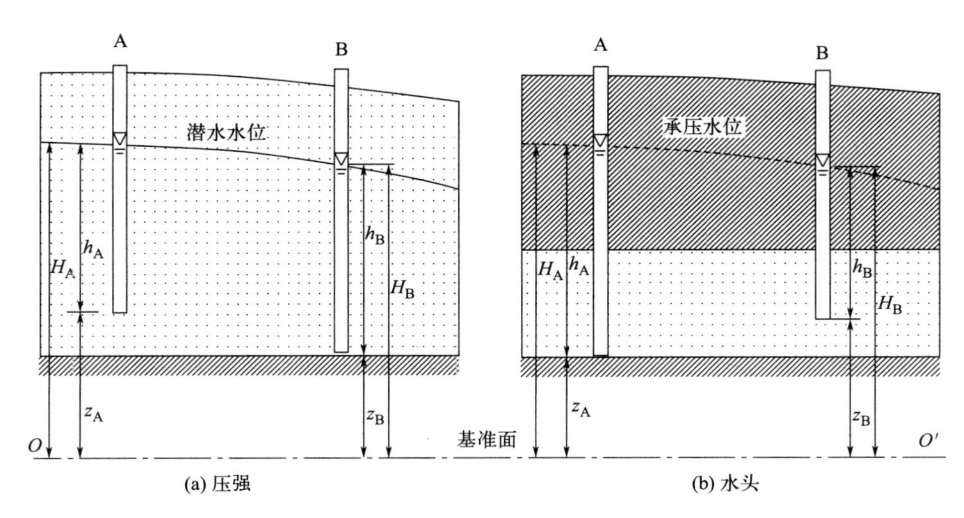

(a) 压强　　(b) 水头

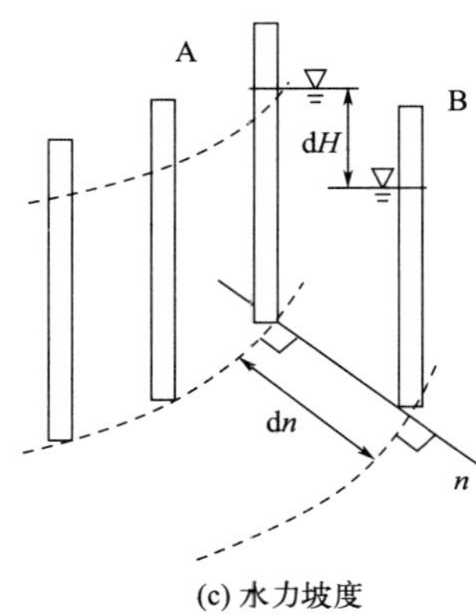

(c) 水力坡度

图 3.4　含水层压强、水头及水力坡度示意图

例题 3.1　某潜水含水层的地面高程为 200m，地下水水位埋深为 5m，地面以下 20m 处水的流速为 0.5cm/s，求该点处的测压水头、总水头和水压。

解：

该点高程水头为：200m－20m＝180m

压力水头为：20m－5m＝15m

根据式(3.5) 得该点的测压水头为：

$$H_p = z + \frac{P}{\rho g} = 180 + 15 = 195(\mathrm{m})$$

该点的流速水头为：

$$\frac{u^2}{2g} = \frac{(0.005\mathrm{m/s})^2}{2 \times 9.8\mathrm{m/s^2}} = 1.27 \times 10^{-6}\mathrm{m}$$

该点的总水头为：

$$H = H_p + \frac{u^2}{2g} = 195 + 1.27 \times 10^{-6} \approx 195(\mathrm{m})$$

该点的水压为：

$$P = \rho g h = (1000\mathrm{kg/m^3}) \times (9.81\mathrm{m/s^2}) \times 15\mathrm{m} = 1.47 \times 10^5 \mathrm{kg/(m \cdot s^2)} = 0.147\mathrm{MPa}$$

由计算结果可知，地下水流速为 0.5cm/s 已经很大了，即便在这么快的流速下，地下水流速水头仅为 0.000127cm，显然可以忽略不计。

3.3.1.4 迹线与流线

渗流场中某一渗流质点在某一段时间内的运动轨迹，称为迹线。渗流场中某一瞬时的一条线，线上各个水质点在此刻的流向均与此线相切，这条线称为流线。流线是互不相交的光滑曲线。稳定流条件下迹线与流线重合；非稳定流中，二者一般不重合。

3.3.1.5 流态

地下水在多孔介质空隙中的流动类似管流，水流运动迹线呈近似平行的流动称为层流，水流运动迹线呈不规则的流动称为紊流。可用雷诺数（Re）判断，文献报道 Re 的临界值为 150～300。自然状态下的地下水运动多处于层流状态。

在渗流场中任一点处，渗流的运动要素不随时间变化的流动状态，称为稳定流；渗流的运动要素随时间变化的流动状态，称为非稳定流。

多孔介质饱和渗流场中，任一点处的压强大于大气压强时，即不存在自由面的渗流称为有压流。渗流场中存在自由面，在自由面处压强等于大气压强，这种渗流称为无压流，亦称潜水流。

渗流场中，水流各运动要素随一个空间坐标变化的流动，称为一维流；各运动要素随两个空间坐标变化的流动，称为二维流；运动要素随三维空间坐标变化的流动，称为三维流。

3.3.2 地下水渗流的基本定律

3.3.2.1 达西定律

1856 年，法国水力学家亨利·达西（Henry Darcy）根据在装满砂的圆筒中的实验结果（见图 3.5），建立了地下水运动的渗透定律，即达西定律：

$$Q=KA\frac{h_1-h_2}{L} \tag{3.10}$$

式中 Q——通过砂柱断面的渗流量；

K——比例系数，称为水力传导率或渗透系数；

A——过水断面面积，包括砂粒和孔隙两部分面积；

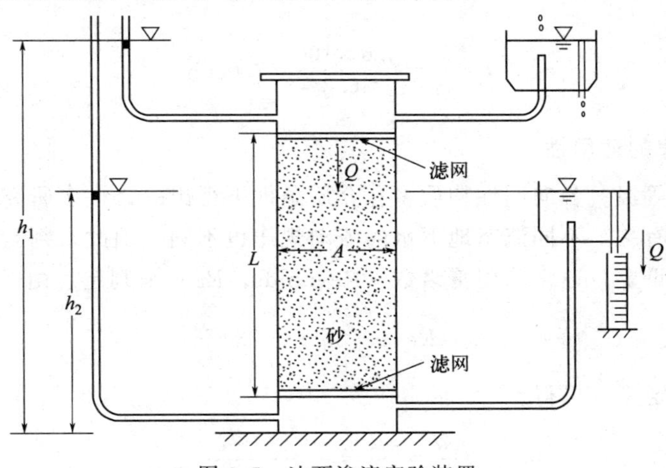

图 3.5 达西渗流实验装置

h_1、h_2——通过砂样前后的水头；

L——水流经过的长度。

式中$\frac{h_1-h_2}{L}$即为水力坡度J，故上式可改写为另一种表达形式：

$$v=\frac{Q}{A}=KJ \tag{3.11}$$

式中　v——渗流速度或比流量。

达西定律表明单位时间内流过砂柱的流量与过水断面和水头差成正比，与流经的距离成反比，有时也称为线性定律。达西定律描述了水在饱和含水层中的运动规律，是研究地下水运动的基础。

无论是赋存于土壤非饱和多孔介质中的土壤水，还是赋存于含水层饱和多孔介质中的水，其流动都遵循达西定律。非饱和带中渗透系数K是土壤含水量的函数，即$K=K(\theta)$，渗透系数随含水量的变小而变小，呈非线性关系；饱和带中渗透系数属于饱和渗透系数，一般可看作定值。

非饱和带中地下水孔隙流速与渗透流速的关系为：

$$u=\frac{v}{\theta}=\frac{v}{nS} \tag{3.12}$$

式中　u——地下水孔隙流速；

v——渗流流速；

θ——含水量；

n——土壤孔隙度；

S——土壤饱和度。

例题 3.2　非饱和带中地下水呈稳态下渗，渗流速度为 8cm/h，土壤孔隙度为 0.32，平均饱和度为 0.68，非饱和带厚度 H 为 2.6m，试计算地表水下渗到潜水面所需要的时间。

解：

地下水孔隙流速为：

$$u=\frac{v}{nS}=\frac{8}{0.32\times0.68}=36.82(\mathrm{cm/h})$$

所需时间为：

$$t=\frac{H}{u}=\frac{2.6\times100}{36.8}=7.06(\mathrm{h})$$

3.3.2.2　达西定律的适用性

达西定律是在等温、各向同性均质多孔介质条件下得出的，许多研究证明达西定律的适用性与流体的流态有关，不同流态地下水的流动规律也不同。因此，判断多孔介质流体流态是层流还是紊流很重要，通常采用雷诺数（Reynolds，Re）来判定。由巴甫洛夫斯基公式：

$$v=Re(0.75n+0.23)\frac{\gamma}{d_0} \tag{3.13}$$

结合雷诺数的定义，可得：

$$Re=\frac{\rho vd}{\mu}=\frac{vd}{\gamma}=\frac{vd_0}{(0.75n+0.23)\gamma} \tag{3.14}$$

式中 v——地下水渗流速度；

ρ——水的密度；

μ——地下水动力黏滞系数；

γ——地下水运动黏滞系数；

d——含水层颗粒平均粒径（通常由以下方法确定①$d=d_0$；②$d=\sqrt{\frac{K}{n}}$；③$d=\sqrt{K}$）；

d_0——含水层颗粒的有效粒径，为粒径小于该直径的颗粒质量占全部颗粒质量的10%；

K——渗透系数；

n——孔隙度。

根据达西定律做 v-J 的关系曲线，如图3.6(a) 所示。由图可知，只有在雷诺数 Re 为1～10的层流条件下达西定律才适用，层流的临界 Re 为150～300，可见达西定律只适用于层流中的很小的一段。根据巴甫洛夫斯基公式试算可知，自然条件下，地下水的运动一般属于层流，且绝大多数情况下仍服从达西定律。

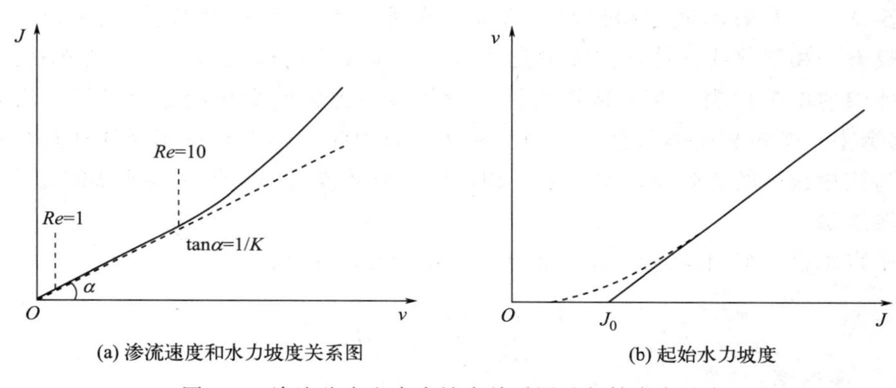

图3.6 渗流速度和水力坡度关系图及起始水力坡度

对于达西定律的下限，实验发现由黏土组成的多孔介质，存在一个起始的水力坡度 J_0，渗透速度与水力坡度的关系图如图3.6(b) 所示，当 $J \leqslant J_0$ 时，几乎不发生流动；当 $J > J_0$ 时，才发生流动。可用下列数学式表达：

$$v=\begin{cases} 0 & (J \leqslant J_0) \\ K(J-J_0) & (J > J_0) \end{cases} \tag{3.15}$$

关于起始水力坡度，目前尚未完全研究清楚，但一般认为主要原因是黏土颗粒细密、孔隙小，水大多以结合水形式存在，低水力坡度难以克服水与颗粒的结合力，因此难以流动起来。

当 $Re>10$ 时，渗流速度与水力坡度之间的关系可以用福希海默提出的非线性关系式表达：

$$J=av+bv^2 \tag{3.16}$$

式中 a、b——实验确定的常数，取决于流体的流动状态。

若渗流属于层流，则系数 $b=0$，$J=av$，得 $v=(1/a)J$，与达西定律（$v=KJ$）表达形式一致；若渗流属于紊流，则系数 $a=0$，$J=bv^2$，得 $v=\frac{1}{\sqrt{b}}J^{1/2}$。

1912 年克拉斯诺波里斯基提出了紊流条件下的地下水渗流基本定律：

$$v = KJ^{\frac{1}{2}} \tag{3.17}$$

与福希海默提出的紊流态时的表达式一致。

3.3.3 岩层的渗透特性

流体通过多孔介质空隙的特性称为渗透特性，岩土的渗透特性是极为重要的水文地质特性，对污染物的迁移转化以及风险评估、风险管控与修复的影响很大。渗透性通常包含渗透率、渗透系数和导水系数 3 个重要参数。根据岩层透水性与空间以及水流方向的关系，又可以分为不同的类型。

3.3.3.1 渗透性参数

（1）渗透率

流体通过多孔介质的能力称为渗透率，也称固有渗透率，是表示渗透性强弱的物理量，又分绝对渗透率、有效渗透率和相对渗透率。绝对渗透率（也称物理渗透率，又简称渗透率）是指仅有一相气体或液体在空隙中流动而与介质没有物理化学作用时所求得的渗透率，通常以气体渗透率为代表，在场地挥发性污染物风险评估时会用到这个参数；有效渗透率（也称相渗透率）是多相流体共存并流动于多孔介质中时，其中某一相流体通过多孔介质的能力，称为该相流体的有效渗透率；某一相流体的有效渗透率与绝对渗透率的比值为该相流体的相对渗透率。

渗透率常用科泽尼-卡尔曼（Kozeny-Carman）公式计算：

$$k = C_0 \frac{n^3}{(1-n)^2 M_s^2} \tag{3.18}$$

式中 k——渗透率；

n——孔隙度；

M_s——颗粒比表面积；

C_0——系数，一般取 1/5。

k 的单位用 cm^2 或 da（Darcy）表示。在流体动力黏滞系数为 0.001Pa·s、压强差为 101325Pa 条件下，通过面积为 $1cm^2$、长度为 1cm 多孔介质的流量为 1cm/s 时，多孔介质的渗透率为 1da。也用 cda（10^{-2} da）和 mda（10^{-3} da）表示，$1da = 9.8697 \times 10^{-9} cm^2$。

由上式可知，渗透率与多孔介质的孔隙大小、形状、分布及孔隙率有关，与流体的物理性质无关，仅是介质的特性。其中孔隙的大小是主要影响因素，孔隙率是次要影响因素。如黏土的孔隙率（50%～60%）比砂（30%～40%）大，但其渗透率仅是砂土的万分之一甚至更小。

（2）渗透系数

渗透系数也称水力传导系数，用于描述含水层传输地下水的能力。根据达西定律，渗透系数 K 是 v 与 J 的比例常数，在数值上等于水力坡度为 1 时的流体渗透速度。渗透系数是衡量土渗透性强弱的一个主要力学指标，与诸多因素有关，如多孔介质的种类、成分、密度、颗粒大小、级配、孔隙比、温度以及流体性质等。在其他条件相同的情况下，不同性质的流体，其渗透速度和渗透系数不同，特别是在污染场地中，不能单纯以水的渗透系数判断地层的渗透性，因为场地中的流体不是单纯的地下水，而是污染物与水的混合物或非水相液体，其渗透流速根据污染物的性质可能变大也可能变小。在温度差异大的地区，水温差10℃，渗透系数差30%～40%，因此在这样的地区，水温差异引起的渗透性变化亦不能忽视。

达西定律的另一种形式考虑了流体的性质：

$$v=-\frac{k\rho g}{\mu}\times\frac{\mathrm{d}H}{\mathrm{d}s} \tag{3.19}$$

式中 v——渗流速度；

k——渗透率；

ρ——流体密度；

g——重力加速度；

μ——动力黏滞系数；

$-\frac{\mathrm{d}H}{\mathrm{d}s}$——流体渗流的压力梯度，对于地下水就是水力坡度 J。

通过与达西定律 $v=\frac{Q}{A}=KJ$ 对比，可得出渗透率 k 与渗透系数 K 之间的关系：

$$K=\frac{k\rho g}{\mu}=\frac{g}{\gamma}k \tag{3.20}$$

式中 γ——运动黏性系数，$\gamma=\mu/\rho$。

在场地挥发性污染物风险评估计算时，需要渗透率参数（风险评估中也称透性系数或渗透系数，需要注意其单位），一般根据实测的岩土渗透系数通过上式进行换算。

例题3.3 某场地存在挥发性有机污染物，在水文地质勘察时，测得地下水温度为20℃，某点位地下1m处土壤的渗透系数 K_v 为 3.6×10^{-6}cm/s，试计算该污染物风险评估时选取的渗透率参数为多少。

解： 渗透系数取土层的垂向渗透系数 K_v 为 3.6×10^{-6}cm/s，动力黏滞系数 μ 取值为 1.010×10^{-6}kPa·s（20℃），地下水密度 ρ 为1g/cm³（20℃），重力加速度 g 为9.8m/s²。

根据公式 $K=\frac{k\rho g}{\mu}$ 得：

$$k=\frac{K\mu}{\rho g}=\frac{(3.6\times10^{-8}\,\mathrm{m/s})\times(1.010\times10^{-3}\,\mathrm{Pa\cdot s})}{1\,\mathrm{g/cm^3}\times9.8\,\mathrm{m/s^2}}=3.71\times10^{-15}$$

渗透系数难以通过理论准确计算，主要靠试验测定获得。因此，要准确地获取土的渗透系数要尽量保持土的原始状态。渗透系数可通过现场试验和室内试验方法测得。室内试验是将场地勘察获取的土壤样品送到实验室测定，土样从地下取出后应力得到释放，水温发生变化，一定程度上改变了土体的原始状态；现场试验则尽可能地保持了土体的原始状态，测得的结果比实验室内更准确可靠。为能更好地支撑修复技术方案的编制，地层渗透性需要采用抽水试验、注水试验及微水试验等现场测试方法获取。

不同的土类其渗透系数不同，表3.1给出了几种土的渗透系数和渗透率参考值。表中的渗透性是针对未污染的、具有一定地球化学特性的地下水而言。一般情况下，岩土的渗透系数和渗透性是不变的，但是在外部荷重变化引起岩土固结和压密时，修复措施引起温度变化以及化学试剂与岩土介质反应时，岩土的 K 和 k 会发生变化。

表 3.1　不同岩土的渗透性

土类	渗透系数/(cm/s)	渗透率/da	渗透性
砾石	$>10^{-1}$	$10\sim10^{3}$	高渗透性
粗砂	$10^{-1}\sim10^{-2}$	$1\sim10^{2}$	中渗透性
中砂	10^{-2}		中渗透性
细砂	$10^{-3}\sim10^{-2}$		中渗透性
粉砂	10^{-3}	$10^{-2}\sim1$	中渗透性
粉土	10^{-4}	$10^{-3}\sim10^{-1}$	低渗透性
粉质黏土	$10^{-4}\sim10^{-6}$	$10^{-6}\sim10^{-3}$	低渗透性
黏土	$<10^{-7}$		极弱透水(不透水)

(3) 导水系数

渗透系数可以反映岩土的透水性，但是当含水层的厚度差异大时，单靠渗透系数还不能说明含水层的出水能力，需要引入导水系数的概念。渗透系数 K 与含水层厚度 M 的乘积称为导水系数 T，其意义是水力坡度等于 1 时，通过这个含水层厚度上的单宽流量，常用单位为 m^2/d。

3.3.3.2　岩层透水特征类型

自然界中的岩土具有成层的特征，这使得岩层的透水性在不同空间以及不同流向上不同。根据岩层透水性随空间坐标变化情况，可把岩层分为均质的和非均质的两类。如果渗流场中各点的渗透系数都相同，则称岩层是均质的，否则为非均质的。自然界中没有绝对均质的岩层，均质与非均质是相对而言的。非均质岩层一般有两种类型：一类是透水性是渐变的，如山前洪积扇，由山口至平原渗透系数是逐渐变小的；另一类是透水性是突变的，如岩层中的夹层、互层以及地质透镜体。

根据岩层透水性和渗透方向的关系，可把岩层分为各向同性和各向异性两类。如果渗流场中任何一点的渗透系数与渗流方向无关，都是相同的，则介质是各向同性的，否则是各向异性的。均质岩层可以是各向异性的，如黄土层、沉积岩，垂直方向渗透系数大于水平方向渗透系数，但不同点上相同方向的渗透系数是相等的，所以是均质的。

3.3.3.3　岩层水平等效渗透系数

土壤成层的特征使得一定土体在水平方向上总的渗透系数（等效渗透系数或平均渗透系数）与垂直方向不同。图 3.7(a) 为成层土体的渗流示意图。设水平渗流长度为 L，各土层的厚度为 $H_j\,(j=1,2,\cdots,n)$，总厚度为 H，对应各土层的渗透系数为 $K_j\,(j=1,2,\cdots,n)$，土体的水平等效渗透系数为 K，土层的平均水力坡度为 J，通过各层的渗滤量为 q_j，通过土体总的渗流量为 q。

根据达西定律，通过整个土体的总渗流量为：

$$q=KJH$$

对于每一土层，各土层水平相同距离的水头损失均相等，因此各土层的水力坡度与整个土体的平均水力坡度也是相等的，所以，任一土层的渗流量为：

$$q_j=K_jJH_j$$

通过土体总的渗流量为各层上的渗流量之和，即：

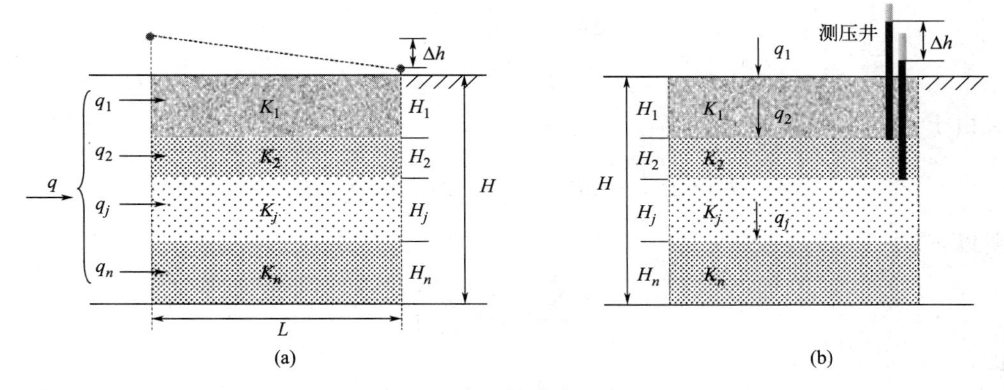

图 3.7　岩土的渗流示意图

$$q = q_1 + q_2 + \cdots + q_n = \sum_{j=1}^{n} q_j$$

所以：

$$KJH = \sum_{j=1}^{n} K_j J H_j$$

因此，整个土层水平等效渗透系数为：

$$K = \frac{1}{H} \sum_{j=1}^{n} K_j H_j \tag{3.21}$$

由上式可知，当土体各层厚度差别不大，而渗透系数差别较大特别是数量级的差别时，渗透系数较小的土层对渗透性贡献较小，甚至可以忽略，土体整体水平渗透系数取决于透水性最好的土层的厚度及渗透性。这就是渗透性好的土层最容易成为污染物的传输通道的理论依据。

3.3.3.4　岩层垂直等效渗透系数

对垂直于岩层的渗流情况［图 3.7(b)］，设垂向渗流面积为 A；各土层的垂直渗透系数为 K_j（$j=1,2,\cdots,n$），土体的垂向平均渗透系数（等效渗透系数）为 K；通过各层的渗滤量为 q_j，通过土体总的渗流量为 q。渗流通过任一土层的水头损失为 Δh_j，水力坡度 J_j 为 $\Delta h_j / H_j$，则整个土体的水头损失 h 为 $\sum \Delta h_j$，总平均水力坡度为 h/H，则由达西定律可知，通过整个土体的总渗流量为：

$$q = K \frac{h}{H} A$$

对于任一土层，通过的渗流量为：

$$q_j = K_j \frac{\Delta h_j}{H_j} A$$

根据水流连续原理，通过各层土壤的渗流量等于通过整个土体的渗流量，即：

$$q_1 = q_2 = q_3 = \cdots = q$$

因此有：

$$K_j \frac{\Delta h_j}{H_j} A = K \frac{h}{H} A$$

即：

$$\Delta h_j = K\ \frac{h}{H} \times \frac{K_j}{H_j}$$

又由于：

$$h = \Delta h_1 + \Delta h_2 + \cdots + \Delta h_n = \sum_{j=1}^{n} \Delta h_j$$

所以：

$$h = \sum_{j=1}^{n} K\ \frac{h}{H} \times \frac{K_j}{H_j}$$

即：

$$K = \frac{H}{\sum_1^n \left(\frac{H_j}{K_j}\right)} \tag{3.22}$$

由式可知，渗透系数越小的层，在分母中占的权重越大，土体整体渗透系数就越小，垂向平均渗透系数取决于最不透水土层的厚度和渗透性，这就是场地的黏性土层往往成为隔水层的原因。比较上述两个渗透系数公式可知，场地的整体水平渗透性远大于垂向渗透性。

3.3.3.5 突变界面的水流折射

场地的成层特性，使得水流从一种介质流入另一种介质时，会发生折射。如地下水循环井的循环水流跨越不同地层时会受到水流折射的影响。水流的折射如图 3.8 所示，水流在两种不同介质（水流从介质Ⅰ进入介质Ⅱ）交界处某点的渗流速度分别为 v_1、v_2，水头的值分别为 H_1、H_2。

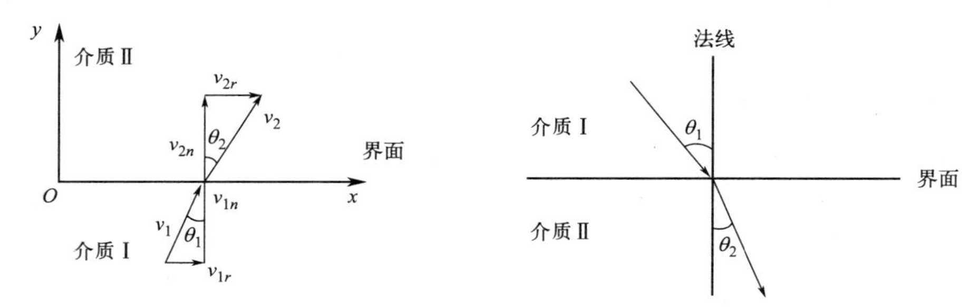

图 3.8　渗透水流的折射

对于界面上的任一点应满足：$H_1 = H_2$，$v_{1n} = v_{2n}$，$\tan\theta_1 = \frac{v_{1r}}{v_{2n}}$，$\tan\theta_2 = \frac{v_{2r}}{v_{2n}}$，则

$\frac{\tan\theta_1}{\tan\theta_2} = \frac{v_{1r}}{v_{2r}} = \frac{-K_1 \frac{\partial H_1}{\partial x}}{-K_2 \frac{\partial H_2}{\partial x}}$，因为$\frac{\partial H_1}{\partial x} = \frac{\partial H_2}{\partial x}$，则渗流时必须满足的水流折射定律：

$$\frac{\tan\theta_1}{\tan\theta_2} = \frac{K_1}{K_2} \tag{3.23}$$

式中　K_1——地下水流出岩层（K_1 层）的渗透系数，m/d；

K_2——地下水流出岩层（K_2 层）的渗透系数，m/d；

θ_1——地下水流向与流入岩层（K_1 层）层界法线之间的夹角，(°)；

θ_2——地下水流向与流入岩层（K_2 层）层界法线之间的夹角，(°)。

水流折射定律的结论：

① 若 $K_1=K_2$，则 $\theta_1=\theta_2$，表明在均质介质中水流不发生折射。

② 若 $K_1\neq K_2$，且 K_1、K_2 均不为 0，如 $\theta_1=0$，则 $\theta_2=0$，表明水流垂直通过界面时不发生折射。

③ 若 $K_1\neq K_2$，且 K_1、K_2 均有数值时，如 $\theta_1=90°$，则 $\theta_2=90°$，表明水流平行于界面时水流不发生折射。

④ 当水流斜向通过界面时，介质的渗透系数越大，θ 值越大，水流流线越接近于界面，介质相差越大，两角差值也越大。

3.3.4　地下水流运动的基本方程

3.3.4.1　饱和带渗流连续性方程

地下水渗流的连续性方程是根据质量守恒定律推导出来的，也称质量守恒方程或水均衡方程。由于在渗流场中各点的渗透速度大小、方向都可能不同，要研究含水层中地下水运动的普遍规律，需要用到前文介绍的表征体元的方法，在三维空间中研究地下水不稳定渗流的质量守恒关系。

假设在充满水的三维各向异性多孔介质空间渗流区内，地下水是可以压缩的，岩土多孔介质骨架在垂向上可以压缩，但水平方向不能压缩变形。建立直角坐标系，x、y、z 轴分别平行于各向异性岩层渗透系数主方向。如图 3.9 所示，以质点 p（x,y,z）为中心取一微小的平行六面体作为表征体元（即质量均衡单元体），各边长度分别为 Δx、Δy、Δz，并且和坐标轴平行；p 点沿坐标方向的渗流速度分别为 v_x、v_y、v_z，p_1、p_2 点的坐标分别为（$x-\Delta x/2$，y，z）、（$x+\Delta x/2$，y，z），渗透速度分别为 v_{x1}、v_{x2}；水的密度为 ρ；含水层孔隙度为 n。

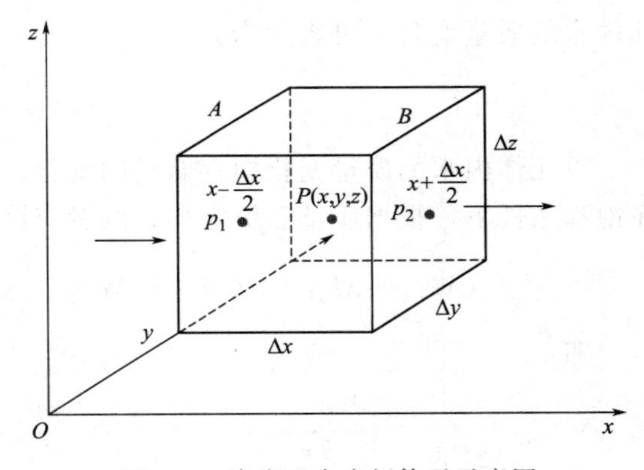

图 3.9　渗流区中表征体元示意图

单位时间内通过垂直于坐标轴方向的单位水流质量分别 ρv_x、ρv_y、ρv_z，那么通过垂直于 x 轴方向上的 A 截面中点 p_1 点的单位时间、单位面积的水流质量为 ρv_{x1}，利用泰勒（Talor）级数展开求得：

$$\rho v_{x1}=\rho v_x+\frac{\partial(\rho v_x)}{\partial x}\times\left(-\frac{\Delta x}{2}\right)+\frac{1}{2!}\times\frac{\partial^2(\rho v_x)}{\partial x^2}\times\left(-\frac{\Delta x}{2}\right)^2+\cdots+\frac{1}{n!}\times\frac{\partial^n(\rho v_x)}{\partial x^n}\times\left(-\frac{\Delta x}{2}\right)^n$$

高阶项很小，略去二阶以上的高次项，则 A 截面流入的地下水质量为：

$$\rho v_{x1}=\rho v_x-\frac{1}{2}\times\frac{\partial(\rho v_x)}{\partial x}\Delta x$$

因此，在 Δt 时间内从 A 截面流入单元体 $\Delta x\Delta y\Delta z$ 的水的质量 M_{xA} 为：

$$M_{xA}=\left[\rho v_x-\frac{1}{2}\times\frac{\partial(\rho v_x)}{\partial x}\Delta x\right]\Delta y\Delta z\Delta t$$

同理，从 B 截面流出单元体的水的质量 M_{xB} 为：

$$M_{xB}=\left[\rho v_x+\frac{1}{2}\times\frac{\partial(\rho v_x)}{\partial x}\Delta x\right]\Delta y\Delta z\Delta t$$

因此，沿 x 轴方向流入和流出单元体的水的质量差为：

$$M_{xA}-M_{xB}=\left[\rho v_x-\frac{1}{2}\times\frac{\partial(\rho v_x)}{\partial x}\Delta x\right]\Delta y\Delta z\Delta t-\left[\rho v_x+\frac{1}{2}\times\frac{\partial(\rho v_x)}{\partial x}\Delta x\right]\Delta y\Delta z\Delta t$$

$$=-\frac{\partial(\rho v_x)}{\partial x}\Delta x\Delta y\Delta z\Delta t$$

同理，在 y 轴和 z 轴方向流入和流出单元体的水的质量差分别为：

$$M_{yA}-M_{yB}=-\frac{\partial(\rho v_y)}{\partial y}\Delta x\Delta y\Delta z\Delta t$$

$$M_{zA}-M_{zB}=-\frac{\partial(\rho v_z)}{\partial z}\Delta x\Delta y\Delta z\Delta t$$

则 Δt 时间内流入和流出该单元体总的水的质量为：

$$(M_{xA}-M_{xB})+(M_{yA}-M_{yB})+(M_{zA}-M_{zB})$$

$$=-\left[\frac{\partial(\rho v_x)}{\partial x}+\frac{\partial(\rho v_y)}{\partial y}+\frac{\partial(\rho v_z)}{\partial z}\right]\Delta x\Delta y\Delta z\Delta t$$

在单元体内，水的体积为 $n\Delta x\Delta y\Delta z$，水的质量为 $\rho n\Delta x\Delta y\Delta z$，则在 Δt 时间内，单元体内水的质量变化量可表达为：

$$\frac{\partial}{\partial t}(\rho n\Delta x\Delta y\Delta z)\Delta t$$

单元体内水的质量变化即存储量的变化，是由流入和流出单元体的水的质量差造成的，在饱和条件下，根据质量守恒定律，两者应该相等：

$$(M_{xA}-M_{xB})+(M_{yA}-M_{yB})+(M_{zA}-M_{zB})=\frac{\partial}{\partial t}(\rho n\Delta x\Delta y\Delta z)\Delta t$$

即：

$$-\left[\frac{\partial(\rho v_x)}{\partial x}+\frac{\partial(\rho v_y)}{\partial y}+\frac{\partial(\rho v_z)}{\partial z}\right]\Delta x\Delta y\Delta z=\frac{\partial}{\partial t}(\rho n\Delta x\Delta y\Delta z) \tag{3.24}$$

这就是渗流的连续性方程，也称水流质量守恒方程。它表达了在渗流场内任何一个微小的单元体都遵循质量守恒定律。连续性方程是研究地下水运动的基本方程，其他地下水运动方程都是根据连续性方程和反应动量守恒定律方程建立起来的。

3.3.4.2 承压含水层水流的基本微分方程

由于连续性方程中的 v 难以确定，为了方便使用，需要转化成以水头 H 为参数的形式。为对等式进行转化，一般考虑含水层受压时侧向形变受到旁边岩土的限制，而只在垂向上进行压缩，于是只有 Δz、水的密度 ρ 和孔隙度 n 随压力变化，对式(3.24) 的右端进行偏微分，可得：

$$\frac{\partial}{\partial t}(\rho n\Delta x\Delta y\Delta z)=\left[n\rho\frac{\partial(\Delta z)}{\partial t}+\rho\Delta z\frac{\partial n}{\partial t}+n\Delta z\frac{\partial\rho}{\partial t}\right]\Delta x\Delta y$$

根据 2.5.5 小节中介绍，把 $\mathrm{d}\rho=-\rho\frac{\mathrm{d}V}{V}=\rho\beta\mathrm{d}P$、$\mathrm{d}(\Delta z)=\Delta z\alpha\mathrm{d}P$ 和 $\mathrm{d}n=(1-n)\alpha\mathrm{d}P$

代入上式右侧，可得：

$$\frac{\partial}{\partial t}(\rho n \Delta x \Delta y \Delta z)=\left[n\rho \Delta z \alpha \frac{\partial P}{\partial t}+\rho \Delta(1-n)\alpha \frac{\partial P}{\partial t}+n \Delta z \beta \frac{\partial P}{\partial t}\right]\Delta x \Delta y=\rho(\alpha+n\beta)\frac{\partial P}{\partial t}\Delta x \Delta y \Delta z$$

于是连续性方程变为：

$$-\left[\frac{\partial(\rho v_x)}{\partial x}+\frac{\partial(\rho v_y)}{\partial y}+\frac{\partial(\rho v_z)}{\partial z}\right]\Delta x \Delta y \Delta z=\rho(\alpha+n\beta)\frac{\partial P}{\partial t}\Delta x \Delta y \Delta z$$

一般假设水的密度 ρ 不随空间变化，则上式左侧的 ρ 可视为常数，提到括号外，则上式变为：

$$-\left[\frac{\partial v_x}{\partial x}+\frac{\partial v_y}{\partial y}+\frac{\partial v_z}{\partial z}\right]\Delta x \Delta y \Delta z=(\alpha+n\beta)\frac{\partial P}{\partial t}\Delta x \Delta y \Delta z$$

由于水头 $H=z+\frac{P}{\gamma}$，故 $P=\gamma(H-z)=\rho g(H-z)$，则其对时间 t 的偏微分为：

$$\frac{\partial P}{\partial t}=\rho g \frac{\partial H}{\partial t}+Hg \frac{\partial \rho}{\partial t}-zg \frac{\partial \rho}{\partial t}=\rho g \frac{\partial H}{\partial t}+(H-z)g \frac{\partial \rho}{\partial t}=\rho g \frac{\partial H}{\partial t}+\frac{P}{\rho}\times\frac{\partial \rho}{\partial t}$$

把 $\mathrm{d}\rho=-\rho \frac{\mathrm{d}V}{V}=\rho\beta \mathrm{d}P$ 代入上式得：

$$\frac{\partial P}{\partial t}=\frac{\rho g}{1-\beta P}\times\frac{\partial H}{\partial t}$$

水的压缩性很小，可视为 $1-\beta P\approx 1$，得：

$$\frac{\partial P}{\partial t}\approx\rho g \frac{\partial H}{\partial t}$$

将上式代入 $-\left[\frac{\partial v_x}{\partial x}+\frac{\partial v_y}{\partial y}+\frac{\partial v_z}{\partial z}\right]\Delta x \Delta y \Delta z=(\alpha+n\beta)\frac{\partial P}{\partial t}\Delta x \Delta y \Delta z$，得：

$$-\left[\frac{\partial v_x}{\partial x}+\frac{\partial v_y}{\partial y}+\frac{\partial v_z}{\partial z}\right]\Delta x \Delta y \Delta z=\rho g(\alpha+n\beta)\frac{\partial H}{\partial t}\Delta x \Delta y \Delta z$$

再对上式左侧进行转化，根据达西定律有：

$$v_x=-K_x \frac{\partial H}{\partial x}, v_y=-K_y \frac{\partial H}{\partial y}, v_z=-K_z \frac{\partial H}{\partial z}$$

代入上式左侧，得：

$$\left[\frac{\partial}{\partial x}\left(K_x \frac{\partial H}{\partial x}\right)+\frac{\partial}{\partial y}\left(K_y \frac{\partial H}{\partial y}\right)+\frac{\partial}{\partial z}\left(K_z \frac{\partial H}{\partial z}\right)\right]\Delta x \Delta y \Delta z=\rho g(\alpha+n\beta)\frac{\partial H}{\partial t}\Delta x \Delta y \Delta z$$

根据储水率的定义 $\mu_s=\rho g(\alpha+n\beta)$，简化上式，得：

$$\frac{\partial}{\partial x}\left(K_x \frac{\partial H}{\partial x}\right)+\frac{\partial}{\partial y}\left(K_y \frac{\partial H}{\partial y}\right)+\frac{\partial}{\partial z}\left(K_z \frac{\partial H}{\partial z}\right)=S_s \frac{\partial H}{\partial t} \tag{3.25}$$

该式为饱和介质中最主要的地下水流方程，是研究承压含水层地下水运动的基础。它反映了承压含水层地下水运动的质量守恒关系，其物理意义是，左侧表示单位时间内流入和流出单元体的水量差，右侧表示该时间段内单元体内弹性释放（或储存）的水量。因为单元体内并没有其他流入或流出的“汇”或“源”，水量差只可能来自弹性释水（或储存）。在不同的条件下，上式可以演化出许多不同的公式：

① 稳定流条件下，水位变化很小，$\frac{\partial H}{\partial t}\rightarrow 0$，上式可变为：

$$\frac{\partial}{\partial x}\left(K_x \frac{\partial H}{\partial x}\right)+\frac{\partial}{\partial y}\left(K_y \frac{\partial H}{\partial y}\right)+\frac{\partial}{\partial z}\left(K_z \frac{\partial H}{\partial z}\right)=0 \tag{3.26}$$

如果含水层多孔介质为均质，即各向同性，渗透系数相等且为常数，$Kx=Ky=Kz$，则上式可变为拉普拉斯方程：

$$\frac{\partial^2 H}{\partial x^2}+\frac{\partial^2 H}{\partial y^2}+\frac{\partial^2 H}{\partial z^2}=0 \tag{3.27}$$

② 若含水层多孔介质为均质同向，则 $K_x=K_y=K_z=K$，方程变为：

$$\frac{\partial^2 H}{\partial x^2}+\frac{\partial^2 H}{\partial y^2}+\frac{\partial^2 H}{\partial z^2}=\frac{S_s}{K}\times\frac{\partial H}{\partial t} \tag{3.28}$$

③ 若将式(3.25) 两侧同乘以含水层厚度 M，可得：

$$\frac{\partial}{\partial x}\left(MK_x \frac{\partial H}{\partial x}\right)+\frac{\partial}{\partial y}\left(MK_y \frac{\partial H}{\partial y}\right)+\frac{\partial}{\partial z}\left(MK_z \frac{\partial H}{\partial z}\right)=MS_s \frac{\partial H}{\partial t}$$

由于 $MK_x=T_x, MK_y=T_y, MK_z=T_z, MS_s=S$，$T$ 为导水系数，S 为储水系数，上式可为：

$$\frac{\partial}{\partial x}\left(T_x \frac{\partial H}{\partial x}\right)+\frac{\partial}{\partial y}\left(T_y \frac{\partial H}{\partial y}\right)+\frac{\partial}{\partial z}\left(T_z \frac{\partial H}{\partial z}\right)=S \frac{\partial H}{\partial t} \tag{3.29}$$

该式可用于地下水模拟软件中模拟含水层在抽水条件下引起的水头变化情况。

④ 若含水层中垂直方向上没有水头变化，则变为二维地下水流方程：

$$\frac{\partial}{\partial x}\left(T_x \frac{\partial H}{\partial x}\right)+\frac{\partial}{\partial y}\left(T_y \frac{\partial H}{\partial y}\right)=S \frac{\partial H}{\partial t} \tag{3.30}$$

当承压含水层为非均质各向异性时，平面二维地下水流方程为：

$$\frac{\partial}{\partial x}\left(T_{xx} \frac{\partial H}{\partial x}+T_{xy} \frac{\partial H}{\partial y}\right)+\frac{\partial}{\partial y}\left(T_{yx} \frac{\partial H}{\partial x}+T_{yy} \frac{\partial H}{\partial y}\right)=S \frac{\partial H}{\partial t} \tag{3.31}$$

式中　T_{ij}——含水层导水系数张量。

非均质含水层方程很难求解，往往引入均质含水层的条件，即均质各向同性时，平面二维地下水流方程为：

$$\frac{\partial^2 H}{\partial x^2}+\frac{\partial^2 H}{\partial y^2}=c \frac{\partial H}{\partial t} \tag{3.32}$$

式中，$c=S/T$，为含水层导压系数。

⑤ 当含水层有抽水、注水、越流补给等影响，则在等式(3.25) 的左侧加一项 $W(x,y,z,t)$，这种垂向交换水量称为源汇项。流入（注水）为正，表示源；流出（抽水）为负，表示汇。

三维渗流条件下，可得：

$$\frac{\partial}{\partial x}\left(K_x \frac{\partial H}{\partial x}\right)+\frac{\partial}{\partial y}\left(K_y \frac{\partial H}{\partial y}\right)+\frac{\partial}{\partial z}\left(K_z \frac{\partial H}{\partial z}\right)+W(x,y,z,t)=S_s \frac{\partial H}{\partial t} \tag{3.33}$$

二维渗流条件下，可得：

$$\frac{\partial}{\partial x}\left(T \frac{\partial H}{\partial x}\right)+\frac{\partial}{\partial y}\left(T \frac{\partial H}{\partial y}\right)+W(x,y,z,t)=S \frac{\partial H}{\partial t} \tag{3.34}$$

3.3.4.3 潜水含水层水流的基本微分方程

（1）裘布依（Dupuit）假设

潜水之上的包气带存在入渗补给和蒸发排泄，因此包气带水既参与潜水的垂直交换，也参与水平流动。潜水在流动时，潜水面不是水平的，因此等水头面不是铅垂面，即铅垂线上各点的水头是不一样的。潜水流属于三维流或二维流问题，因此，潜水流动问题比较复杂。

法国水力学家裘布依（Dupuit，1863）发现大多数情况下潜水面的坡度都很小，如图3.10所示，对潜水面上无垂直入渗补给与排泄的二维稳定流，潜水面是流面，潜水面上任意点 P 的渗流速度为：

$$v_s=-K\frac{dH}{ds}=-K\sin\theta \tag{3.35}$$

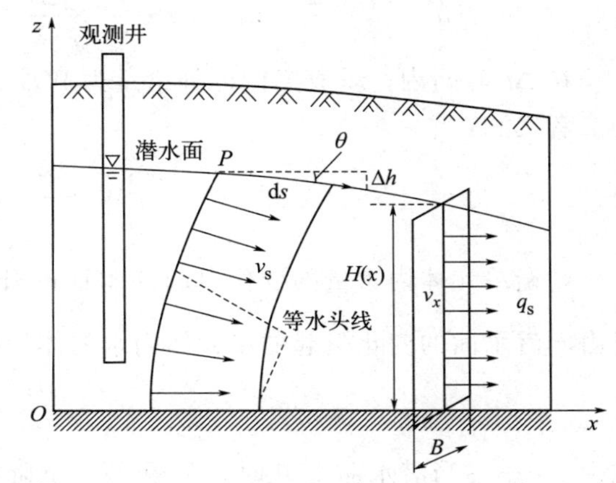

图3.10 裘布依假设示意图

由于潜水面坡度很小，即 θ 很小，裘布依认为可以用 $\tan\theta=\frac{dH}{dx}$ 代替 $\sin\theta=\frac{dH}{ds}$，根据该假设，当潜水流动比较缓慢时，潜水流基本上水平，潜水渗透速度垂直分量 v_z 远远小于水平分流速 v_x 和 v_y，v_z 可忽略，此时等水头面是铅垂面，铅直剖面上各点的水力坡度和渗透速度是相等的，这就是裘布依假设。于是，渗流速度可表示为：

$$v_x=-K\frac{dH}{dx},H=H(x) \tag{3.36}$$

相应地，通过宽度为 B 的垂直面（过水断面）水流量为：

$$q_x=-KhB\frac{dH}{dx},H=H(x) \tag{3.37}$$

式中 q_x——x 方向的水流量；

h——潜水厚度，隔水层为水平的情况下 $h=H$。

在二维空间上，$H=H(x,y)$，H 与 z 无关，则有：

$$v_x=-K\frac{dH}{dx},v_y=-K\frac{dH}{dy},H=H(x,y) \tag{3.38}$$

和

$$q_x=-KhB\frac{dH}{dx},q_y=-KhB\frac{dH}{dy},H=H(x,y) \tag{3.39}$$

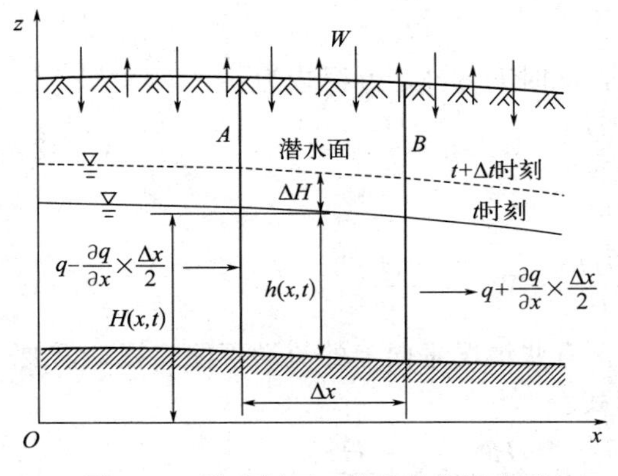

图3.11 潜水剖面二维流均衡示意图

该方程常称为Dupuit微分方程。

（2）布西涅斯克（Boussinesq）微分方程

1904年，法国数学家布西涅斯克（Boussinesq）在裘布依假设的基础上，提出了潜水渗流运动的微分方程。如图3.11所示，假定水是不可压缩流体，在一维渗流场中，取一个单位宽度的均衡单元，上界面是潜水面，下界面是隔水底板；上游界面为 A，地下水流入量为 $q-\frac{\partial q}{\partial x}\times\frac{\Delta x}{2}$；下游界面为 B，流出量为 $q+\frac{\partial q}{\partial x}\times\frac{\Delta x}{2}$；相距 Δx。由大气降水入渗补给（正值）和潜水蒸发（负值）形成的垂直交换水量为 W，定义为单位水平面积、单位时间的入渗量，量纲为 $L^3/L^2T=L/T$。

在 Δt 时间内，根据裘布依假设，上下游的水量差为：

$$\left(q-\frac{\partial q}{\partial x}\times\frac{\Delta x}{2}\right)\Delta t-\left(q+\frac{\partial q}{\partial x}\times\frac{\Delta x}{2}\right)\Delta t=-\frac{\partial q}{\partial x}\Delta x\Delta t=-\frac{\partial(v_x h)}{\partial x}\Delta x\Delta t$$

在 Δt 时间内，垂直方向的补给量为 $W\Delta x\Delta t$，则 Δt 时间内均衡单元体中水量总的变化为二者之和：

$$\left[W-\frac{\partial(v_x h)}{\partial x}\right]\Delta x\Delta t$$

均衡单元体内水量的变化引起潜水面的升降，潜水面的变化速率为 $\frac{\partial H}{\partial t}$，则在 Δt 时间内由于潜水面的变化引起的单元体内水的体积的变化为：

$$\mu\frac{\partial H}{\partial t}\Delta x\Delta t$$

式中　μ——当潜水面上升时为饱和差，下降时为给水度，岩土骨架和水的弹性储存忽略不计。

于是，根据质量守恒水流连续性原理，流入量与流出量之和等于均衡体内水的增量，即：

$$\left[W-\frac{\partial(v_x h)}{\partial x}\right]\Delta x\Delta t=\mu\frac{\partial H}{\partial t}\Delta x\Delta t$$

将 $v_x=-K\frac{\mathrm{d}H}{\mathrm{d}x}$ 代入上式，得：

$$K\frac{\partial}{\partial x}\left(h\frac{\partial H}{\partial x}\right)+W=\mu\frac{\partial H}{\partial t} \tag{3.40}$$

这就是潜水含水层地下水非稳定运动的布西涅斯克（Boussinesq）方程。该方程引入裘布依假设，使得剖面二维流问题降为水平一维流近似解决。复杂的上边界入渗补给问题，直接采用 W 在微分方程中表示，简化了方程的求解。

在二维运动情况下，可进一步推导出相应的 Boussinesq 方程：

$$\frac{\partial}{\partial x}\left(Kh\frac{\partial H}{\partial x}\right)+\frac{\partial}{\partial y}\left(Kh\frac{\partial H}{\partial y}\right)+W=\mu\frac{\partial H}{\partial t} \tag{3.41}$$

当隔水底板水平时，坐标原点设于隔水底板上，此时 $h=H$，方程式为：

$$\frac{\partial}{\partial x}\left(KH\frac{\partial H}{\partial x}\right)+\frac{\partial}{\partial y}\left(KH\frac{\partial H}{\partial y}\right)+W=\mu\frac{\partial H}{\partial t} \tag{3.42}$$

对于非均质含水层，$K=K(x,y)$，此时方程如下：

$$\frac{\partial}{\partial x}\left(K_x h\frac{\partial H}{\partial x}\right)+\frac{\partial}{\partial y}\left(K_y h\frac{\partial H}{\partial y}\right)+W=\mu\frac{\partial H}{\partial t} \tag{3.43}$$

上式均是在裘布依假设的基础上推导出来的，但有些情况垂向上的流动不能忽视，需要采用不考虑裘布依假设的 Boussinesq 方程的一般形式：

$$\frac{\partial}{\partial x}\left(K\frac{\partial H}{\partial x}\right)+\frac{\partial}{\partial y}\left(K\frac{\partial H}{\partial y}\right)+\frac{\partial}{\partial z}\left(K\frac{\partial H}{\partial z}\right)=S_s\frac{\partial H}{\partial t} \tag{3.44}$$

式中 S_s 为储水率，但对潜水的渗流来说，弹性释水量远小于潜水面下降疏干排水量，因此可以认为 $S_s=0$，则上式变为：

$$\frac{\partial}{\partial x}\left(K\frac{\partial H}{\partial x}\right)+\frac{\partial}{\partial y}\left(K\frac{\partial H}{\partial y}\right)+\frac{\partial}{\partial z}\left(K\frac{\partial H}{\partial z}\right)=0$$

当潜水位变化很小时，$\frac{\partial H}{\partial t}\to 0$，上述潜水运动方程就变为潜水稳定流方程。若无入渗补给和蒸发，得均质含水层潜水二维稳定流动方程为：

$$\frac{\partial}{\partial x}\left(h\frac{\partial H}{\partial x}\right)+\frac{\partial}{\partial y}\left(h\frac{\partial H}{\partial y}\right)=0 \tag{3.45}$$

非均质含水层二维稳定流动方程为：

$$\frac{\partial}{\partial x}\left(Kh\frac{\partial H}{\partial x}\right)+\frac{\partial}{\partial y}\left(Kh\frac{\partial H}{\partial y}\right)=0 \tag{3.46}$$

Boussinesq 方程是非线性的，求解十分困难，通常采用近似方法使之线性化再求解。

3.3.4.4 非饱和带运动基本方程

非饱和带是地面污染物进入含水层时通过的区域，非饱和土壤中地下水流的运动对污染物的迁移扩散具有重要影响。

在非饱和带中，达西定律同样适用，可写为：

$$v=-K(\theta)\frac{\partial H}{\partial x} \tag{3.47}$$

$$K=K(\theta)$$

在非饱和带中，水分只占据土壤孔隙的一部分，其他孔隙空间被气体占据。非饱和带渗透系数在水饱和时达到最大值，随着含水量降低，渗透系数下降。在含水量非常低时，土壤颗粒表面的水膜很薄，土壤对水分的吸附力很大，水难以流动，渗透系数接近零。因此，在非饱和带中渗透系数是土壤含水量的函数，渗透系数随含水量 θ 的变小而变小，呈非线性关系。用含水量 θ 代替渗流连续方程中的孔隙度，可得非饱和带的水平衡方程：

$$-\left[\frac{\partial v_x}{\partial x}+\frac{\partial v_y}{\partial y}+\frac{\partial v_z}{\partial z}\right]=\frac{1}{\rho}\times\frac{\partial(\rho\theta)}{\partial t} \tag{3.48}$$

将式(3.47) 代入上式，可得：

$$\frac{\partial}{\partial x}\left[K(\theta)\frac{\partial H}{\partial x}\right]+\frac{\partial}{\partial y}\left[K(\theta)\frac{\partial H}{\partial y}\right]+\frac{\partial}{\partial z}\left[K(\theta)\frac{\partial H}{\partial z}\right]=\frac{\partial\theta}{\partial t} \tag{3.49}$$

这就是非饱和土壤中地下水流运动的 Richards 方程。式中有测压水头 H 和含水量 θ 两个参数，含水量容易测定，实际中为了方便使用，常用含水量表示的水分运动方程：

$$\frac{\partial}{\partial x}\left[D_h(\theta)\frac{\partial\theta}{\partial x}\right]+\frac{\partial}{\partial y}\left[D_h(\theta)\frac{\partial\theta}{\partial y}\right]+\frac{\partial}{\partial z}\left[D_h(\theta)\frac{\partial\theta}{\partial z}\right]+\frac{\mathrm{d}K(\theta)}{\mathrm{d}\theta}\times\frac{\partial\theta}{\partial z}=\frac{\partial\theta}{\partial t} \tag{3.50}$$

式中，$D_h(\theta)$ 为扩散系数或毛细管扩散系数：

$$D_h(\theta)=\frac{K(\theta)}{S_h(\theta)}=-K(\theta)\frac{\mathrm{d}h_c}{\partial\theta}$$

式中，$S_h(\theta)$ 为土壤容水度，也称非饱和储水率，定义为在非饱和土壤中，毛细管压力水头变化一个单位时，单位体积土壤中水分含量的变化量：

$$S_h(\theta)=-\frac{\mathrm{d}\theta}{\mathrm{d}h_c}$$

非饱和带中水流下渗，常常处理成一维垂向水流运动方程：

$$\frac{\partial}{\partial x}\left[D_h(\theta)\frac{\partial\theta}{\partial z}\right]+\frac{\mathrm{d}K(\theta)}{\mathrm{d}\theta}\times\frac{\partial\theta}{\partial z}+\varepsilon=\frac{\partial\theta}{\partial t} \tag{3.51}$$

式中 ε——土壤源汇项，[T^{-1}]，大气降水时为正值，地下水蒸发时为负值。

3.3.4.5 多相流渗流方程

土壤与地下水中污染物往往比较复杂，特别是有机污染物的存在形态多样，一部分溶解在水中，一部分呈非水相液体存在，一部分挥发为气体形态。溶解于水中的污染物的渗流方程与地下水流方程相同，非水相液体状态的需要用两个方程进行描述：

对地下水流，其方程式为：

$$\frac{\partial}{\partial x}\left(\frac{k\rho_{\mathrm{w}}k_{\mathrm{rw}}}{\mu_{\mathrm{w}}}\times\frac{\partial P_{\mathrm{w}}}{\partial x}\right)+\frac{\partial}{\partial y}\left(\frac{k\rho_{\mathrm{w}}k_{\mathrm{rw}}}{\mu_{\mathrm{w}}}\times\frac{\partial P_{\mathrm{w}}}{\partial y}\right)+\frac{\partial}{\partial z}\left[\frac{k\rho_{\mathrm{w}}k_{\mathrm{rw}}}{\mu_{\mathrm{w}}}\left(\frac{\partial P_{\mathrm{w}}}{\partial z}+\rho_{\mathrm{w}}g\right)\right]=\frac{\partial}{\partial t}(\theta\rho_{\mathrm{w}}) \tag{3.52}$$

对非水相污染物，其方程式为：

$$\frac{\partial}{\partial x}\left(\frac{k\rho_{\mathrm{p}}k_{\mathrm{rp}}}{\mu_{\mathrm{p}}}\times\frac{\partial P_{\mathrm{p}}}{\partial x}\right)+\frac{\partial}{\partial y}\left(\frac{k\rho_{\mathrm{p}}k_{\mathrm{rp}}}{\mu_{\mathrm{p}}}\times\frac{\partial P_{\mathrm{p}}}{\partial y}\right)+\frac{\partial}{\partial z}\left[\frac{k\rho_{\mathrm{p}}k_{\mathrm{rp}}}{\mu_{\mathrm{p}}}\left(\frac{\partial P_{\mathrm{p}}}{\partial z}+\rho_{\mathrm{p}}g\right)\right]=\frac{\partial}{\partial t}(nS_{\mathrm{p}}\rho_{\mathrm{p}}) \tag{3.53}$$

式中 k——饱和渗透率；
k_{rw}——水的相对渗透率，$k_{\mathrm{rw}}=k(\theta)/k$；
k_{rp}——污染物的相对渗透率，$k_{\mathrm{rp}}=k_{\mathrm{p}}(\theta)/k$；
$k_{\mathrm{p}}(\theta)$——土壤中污染物的非饱和渗透率，对含水层来说 $k_{\mathrm{rp}}=1$；
μ_{w}、μ_{w}——水和污染物的动力黏滞系数；
S_{p}——污染物的饱和度；
ρ_{w}、ρ_{p}——水和污染物的密度；
P_{w}、P_{p}——水和污染物的渗透压力；
n——孔隙度。

3.3.4.6 定解条件

要想刻画某区域地下水流动规律，还需要确定上述微分方程的边界条件和初始条件。

（1）边界条件

边界条件是刻画渗流研究区域边界上的水力特征或研究区域之外对研究区域边界的水力作用。如果研究区域包含整个地下水系统，那么边界条件基本是自然边界。但一般污染场地尺度比较小，而且是人为划定的，往往只是大的水文地质单元或系统的一小部分，这时边界一般属于非自然边界或人为边界，其确定就比较复杂。地下水流动问题的边界条件主要分三类。

① 第一类边界条件（给定水头边界条件）。边界上地下水水头已知的为第一类边界，其表达式为：

$$H(x,y,z,t)|_{\Gamma_1}=H_1(x,y,z,t),(x,y,z)\in\Gamma_1 \tag{3.54}$$

式中 $H_1(x,y,z,t)$——第一类边界上已知的水头分布；
Γ_1——第一类边界。

这类边界最常见的是渗流区与地表水体（河、湖、海等）的分界线（面），一般地表水是水头已知的地方，可以提供一个固定水头边界。如果有水井，往往取水井水位作为第一类边界条件。如图 3.12 所示，在左侧分水岭 $ABGH$ 边界处水头是固定的 $h=98\text{m}$。

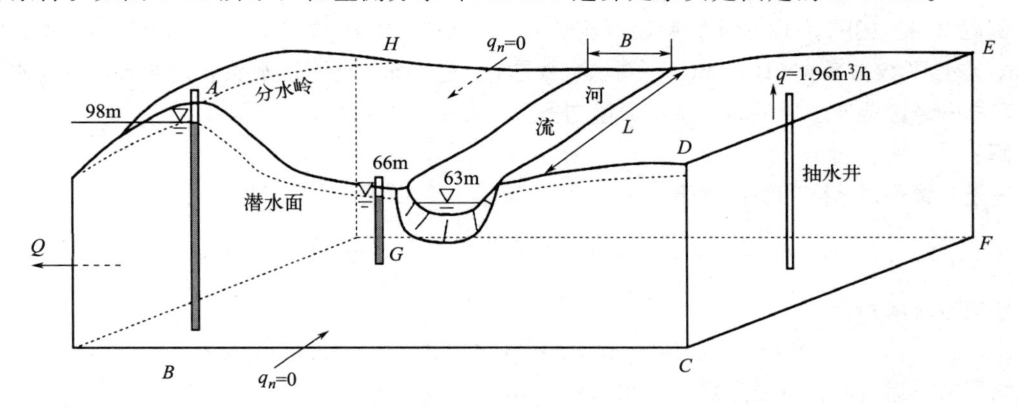

图 3.12　研究区域边界条件示意图

② 第二类边界条件（给定流量边界条件）。垂直于边界上的单宽流量 q 或渗流速度 v 已知或水力坡度已知的边界条件称为第二类边界条件，表示为：

$$T\frac{\partial H}{\partial n}\Big|_{\Gamma_2}=q(x,y,z,t),(x,y,z)\in\Gamma_2 \tag{3.55}$$

和

$$K\frac{\partial H}{\partial n}\Big|_{\Gamma_2}=v(x,y,z,t),(x,y,z)\in\Gamma_2 \tag{3.56}$$

式中　n——边界 Γ_2 的外法线方向；

Γ_2——第二类边界；

q、v——Γ_2 上单宽面积的侧向补给量和渗流速度。

注入井和抽提井可视为第二类边界条件，边界条件为井壁。零流量边界为第二类边界条件中的特例，可能发生在分水岭、含水层与低渗透地层的交界或是没有水流流经的垂直流线上。如图 3.12 所示，在分水岭处进入边界的水流量 $Q=0$，边界 $ABCD$、$HGFE$ 处 $q_n=0$，在 $CDEF$ 边界处抽水井抽水量 $q=1.96\text{m}^3/\text{h}$。

③ 第三类边界（给定水头和流量的组合）。地下水系统中水头和流量的组合分布在边界上已知的边界称为第三类边界，也称混合边界条件。表示为：

$$v_n=\frac{K_m}{M}[h(x,y,z,t)-h_m(x,y,z,t)],(x,y,z)\in\Gamma_3 \tag{3.57}$$

式中　v_n——渗流速度；

K_m——边界渗透系数；

h——边界内水力水头；

h_m——边界外水力水头。

当地表水与含水层进行水力交换时，如图 3.12 所示，二者之间的岩土介质为弱透水层，如其厚度为 M，渗透系数为 K_m，过水断面为 A，地表水水头为 h_m，地下水水头为 h。根据达西定律，弱透水层的渗流速度为：

$$v=K_m\frac{h_m-h}{M} \tag{3.58}$$

则地表水与地下水交换流量为：

$$Q=K_m A\frac{h_m-h}{M} \tag{3.59}$$

例题 3.4 如图 3.12 所示，假设河流长 L 为 600m，宽 B 为 25m，河床弱透水层厚度 M 为 1.5m，渗透系数为 8.6×10^{-6}cm/s，河水水头为 h_m 为 63m，地下水水头 h 为 66m。则含水层与河流之间的通过弱透水层的越流交换流量为多少，补给关系如何?

解：

首先计算弱透水层的渗流速度：

$$v=K_m\frac{h_m-h}{M}=8.6\times10^{-5}\times\frac{66-63}{1.5}=1.72\times10^{-5}(\mathrm{cm/s})$$

则越流水量为：

$$Q=Av=LBv=600\times25\times1.72\times10^{-5}=222.9(\mathrm{m^3/d})$$

地下水补给河流，越流交换量为 $222.9\mathrm{m^3/d}$。

（2）初始条件

求解稳态地下水流方程，只需边界条件，无需初始条件。但是对非稳态水流方程，则需要确定初始条件，即在模拟开始（$t=0$）状态下的水头，可写为：

$$H(x,y,z,0)=H_0(x,y,z),(x,y,z)\in\Gamma,t=0$$

式中 $H_0(x,y,z)$——研究地下水区域初始已知水头。

3.3.4.7 渗流数学模型的解法

描述地下水流变量性质的数学模型包括两类，一类是确定性模型，由一个或一组微分方程及相应的定解条件构成，模型中变量取确定值。另一类是随机模型，研究对象为随机变量，其取值不是确定的而是概率。这儿只介绍确定性模型的求解，主要有三种方法：解析法、数值法和物理模型法。

（1）解析法

解析法是用数学分析法（参数分析及积分变换等方法）直接求解数学模型解的方法。解析解是精确解，是一个用连续函数表达其解的方法。该法简单、准确，但是只能够求解比较简单的问题及微分方程，一般要求含水层为均质、等厚，边界为直线、圆形或无界，只有定水头边界或隔水边界等条件。实际问题往往很复杂，一般很难获得解析解。

（2）数值法

数值法是用数值方法（离散化方法）求解数学模型的方法，其解是近似解，不是一个连续的函数。它把整个渗流区分割成大量形状规则的小单元，在小单元内近似处理成均质的，然后建立每个单元地下水流动的关系式。其优势是不受水文地质条件的限制，几乎能对任何复杂的地下水流问题给出足够精度的解，广泛用于水量计算、水质模拟中，是求解地下水流问题的主要方法。数值法又分为限差分法和有限元法。数值法的计算量很大，需要借助计算机才能实现，实际中许多商业软件如 Modflow、Visualflow、GMS 等得到广泛应用。

（3）物理模型法

物理模型法是通过控制地下水流微分方程与其他物理现象的微分方程相似时，借助其他物理模型来研究渗流的方法。在地下水流研究中较少使用。

3.4 水井力学

通过在污染场地中构建水井进行抽提地下水或向土壤及含水层中注入药剂进行修复，是场地修复的常用技术。这些技术的设计和实施都需要水井力学的基本知识。

3.4.1 水井基本知识

在地层中钻探孔洞或埋设管筒抽取地下水或注入水的构筑物都可称为水井。地下水向井的运动简称“井流”。

3.4.1.1 水井类型

按照水井伸展方向，可分为垂直井和水平井。井轴垂直于地面的井称为垂直井，井轴与地面平行或近似平行的井称为水平井。在抽水时，大多数情况下都是采用垂直井，但当透水性总体较差的地层中夹有透水性相对较好的薄层时，往往采用垂直井和水平井相结合的方法。

按照井径大小可分为管井和筒井。直径小于等于0.5m、深度比较大的井称为管井，直径大于0.5m、深度比较小的井称为筒井。场地修复中大多采用管井。

按照井的功能，可分为抽水井和注水井。

按井揭露的地下水类型，可分为潜水井和承压水井。只揭露潜水含水层的井称为潜水井，又称无压井；揭露承压含水层的井称为承压水井，又称有压井。按井揭露含水层的程度和进水条件，可分为完整井和非完整井。完整井是指水井贯穿整个含水层，且整个井管都可以进水，如图3.13中a所示；如果水井没有贯穿整个含水层，只允许地下水从井底和含水层局部段进入井中，或揭穿整个含水层，但只有部分含水层厚度上进水的称为非完整井，如图3.13中的b、c、d。实际中两种类型的井经常组合使用。习惯上，也会把贯穿不同含水层且整个井管都可以进水的完整井称为混合井，把只允许某一个含水层进水的井称为分层井。

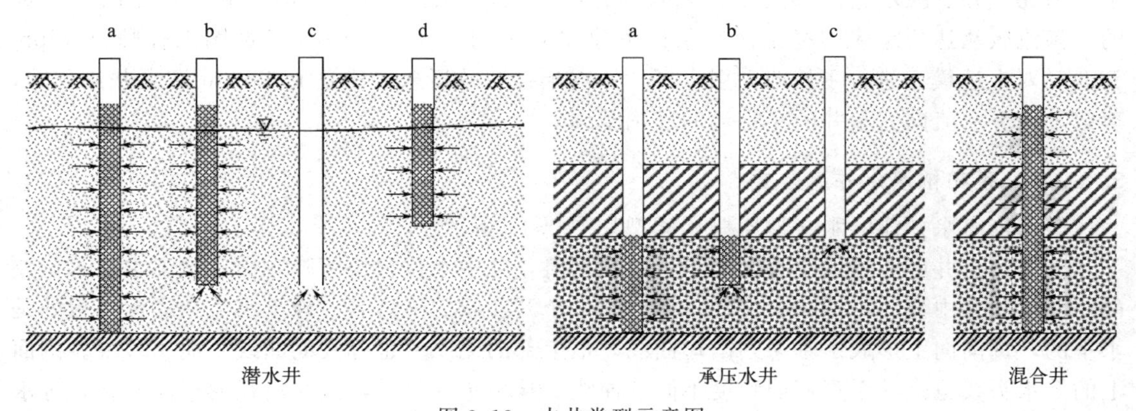

图3.13 水井类型示意图

实际工作中，为了更准确地描述水井的类型，可以采用复合命名法，如潜水完整井、潜水非完整井、承压水完整井、承压水非完整井。

按照地下水运动要素是否随时间变化，又可分为稳定井流和非稳定井流两种类型。

3.4.1.2 水井结构

根据实际需要，水井的结构大致可以分为裸井、过滤器井和填砾井。裸井是井中不下井管，一般用于完整岩石或固结程度好、不塌孔的松散沉积物地层中。井内有井管，在含水层抽水段设置过滤器的称为过滤器井，多用于破碎岩石地层中的抽水。在过滤器井的过滤器与井壁之间填入厚度和粒径适当的砾料，防止细小颗粒随水进入井管中，这种井称为填砾井。场地调查与修复中多用填砾井。

3.4.1.3 水位降深

从井中抽水时，井管中的水很快下降，井周围含水层中地下水在水压差的驱动下向井中运动，水位降低。若井周围某点（x, y）的初始水头为 $H(x, y, 0)$，抽水 t 时间后的水头为 $H(x, y, t)$，则该点的水位降低值为水位降深，表示为：

$$s(x, y, t) = H_0(x, y, 0) - H(x, y, t) \tag{3.60}$$

水位降深在不同位置处是不同的，井中心降深最大，一般用 s_w 表示，距离井轴越近降深越大，越远降深越小。整体上形成了漏斗形状的水头下降区，亦称降落漏斗。

3.4.1.4 井排放流量和单位涌水量

井排放出来的水量称为井排放流量或抽水流量，一般用 Q 表示，单位为 m^3/d。抽水井每降低单位深度带来的井排放流量，称为单位涌水量，数值上等于井排放流量除以抽水井降深，单位为 m^2/d：

$$单位涌水量 = \frac{Q}{s_w} \tag{3.61}$$

3.4.2 地下水向完整井的稳定流运动

法国水力工程师裘布依（Dupuit）于1863年提出了著名的潜水稳定井流公式。该公式是在含水层为均质、各向同性、平面上无限延伸、隔水底板水平、外侧面为定水头、中心抽水井为完整井、抽水量连续稳定、无入渗补给和蒸发排泄、水头下降引起释水是瞬时完成的、渗流服从达西定律的稳定流等条件下建立起来的。其后，1970年德国工程师 Adolph-Thiem 对上述模型进行了修改，引入了“影响半径”的概念，建立了 Thiem 潜水井流公式，奠定了地下水流向完整井的稳定流的理论基础。

3.4.2.1 裘布依潜水井流公式

裘布依潜水井流的水文地质概化模型如图3.14所示。

从通过水井中心线的垂直剖面上看，抽水时，井中水位很快下降，周边地下水在水位差的驱动下向井中流动，即径向流动，形成了一个漏斗状的降落区。地下水流线靠近底板处是水平的，逐渐向上形成了一系列凸形曲线，最上部的流线（也称浸润曲线）曲率最大。剖面上的等水头线也是一系列弯曲程度不同的曲线。从水平面上看，流线沿径向指向井轴，等水位线是一系列同心圆，由于距离井轴越近水力坡度越大，距离井轴越远水力坡度越小，所以等水位线靠近井孔附近密集，远离井孔处稀疏。由于曲面方程比较复杂，裘布依把剖面上的等水头线近似视为铅垂线，忽略流速的垂直分量，把三维井流问题简化为二维井流来处理，则等水位面为一系列以井轴为圆心的垂直于底板的同心圆柱面，也即过水断面。

如图 3.14 所示，径向流更适于用极坐标表达。以隔水底板为基准面，井轴为 h 轴，向上为正；隔水底板从井轴向外为 r 轴，向外为正，r_w 为井的半径；潜水面处的水头值等于渗流厚度 h，h_0 为含水层外边界处的水位；K 为含水层的渗透系数。根据达西定律，任意渗流断面的流量 Q 为：

$$Q=KA\frac{dh}{dr}$$

一般将抽水视为正值，则 h 随 r 的增大而增大，式中 $\frac{dh}{dr}$ 为正。

把过水断面 $A=2\pi rh$ 代入上式，得：

$$Q=2\pi rhK\frac{dh}{dr}$$

则：

$$Q\,dr=2\pi rhK\,dh$$

对上式进行积分，r 取 r_w 到 R，h 取 h_w 到 H_0：

$$\int_{r_w}^{R}Q\frac{dr}{r}=\int_{h_w}^{H_0}2\pi hK\,dh$$

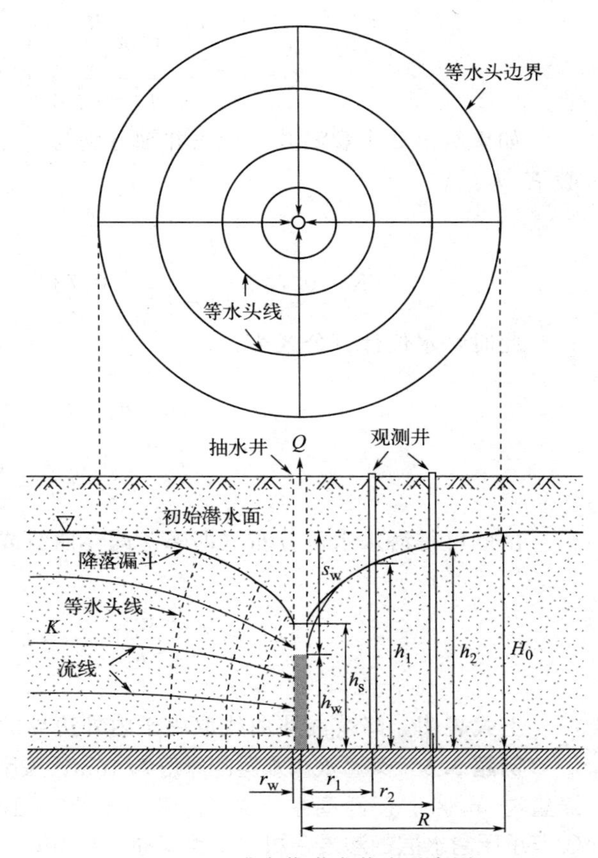

图 3.14　裘布依潜水井流示意图

得：

$$Q[\ln r]_{r_w}^{R}=[2\pi Kh^2]_{h_w}^{H_0}$$

整理后得：

$$Q=\pi K\frac{H_0^2-h_w^2}{\ln\frac{R}{r_w}}=1.366K\frac{H_0^2-h_w^2}{\lg\frac{R}{r_w}} \tag{3.62}$$

这就是裘布依稳定潜水井流涌水量公式。若引入井水水位降深 $s_w=H_0-h_w$。即得：

$$Q=1.366K\frac{(2H_0-s_w)s_w}{\lg\frac{R}{r_w}} \tag{3.63}$$

Thiem 用“影响半径”R_0 代替上式中的 R，得 Dupuit-Thiem 潜水井流公式为：

$$Q=1.366K\frac{(2H_0-s_w)s_w}{\lg\frac{R_0}{r_w}} \tag{3.64}$$

此公式与裘布依公式形式上一样，差别是用 R_0 代替了 R，影响半径是指在水平方向无限延伸的含水层中从抽水井中心到实际上观测不出水位下降处的水平距离（关于影响半径的定义及意义，在地下水动力学研究中还存在不同的看法）。

根据上式，可以通过抽水试验资料计算含水层的渗透系数 K，公式为：

$$K=0.732\frac{Q\lg\dfrac{R}{r_w}}{H_0^2-h_w^2}=0.732\frac{Q}{(2h_0-s_w)s_w}\lg\frac{R}{r_w} \tag{3.65}$$

如果给出 2 个观测井，距离井轴分别为 r_1 和 r_2，井中水位分别为 h_1 和 h_2，则渗透系数 K 为：

$$K=0.732\frac{Q\lg\dfrac{r_2}{r_1}}{h_2^2-h_1^2}=0.732\frac{Q}{(2H_0-s_1-s_2)(s_1-s_2)}\lg\frac{r_2}{r_1} \tag{3.66}$$

此时，水位计算公式为：

$$h_2^2-h_1^2=\frac{Q}{\pi K}\ln\frac{r_2}{r_1} \tag{3.67}$$

$$h_2^2-h_w^2=\frac{Q}{\pi K}\ln\frac{r_2}{r_w} \tag{3.68}$$

由此可得潜水水位分布（即降落漏斗曲线或浸润曲线）方程为：

$$h^2=h_w^2+\frac{Q}{\pi K}\ln\frac{r}{r_w}=h_w^2+(H_0^2-h_w^2)\frac{\ln\dfrac{r}{r_w}}{\ln\dfrac{R}{r_w}} \tag{3.69}$$

上式表明，降落漏斗曲线取决于内外边界的水位 h_w 和 H_0，与 Q 和 K 无关。

例题 3.5 某潜水含水层的厚度为 10m，采用直径为 10cm、深为 10m 的完整井抽水，抽水流量为 $5m^3/h$，在距离抽水井 3m 和 6m 处的监测井的水位降深分别 0.5m 和 0.24m，试求：①非承压含水层的渗透系数；②距离抽水井 10m 处的监测井的降深。

解：

① 距离抽水井 3m 和 6m 处的监测井的水位分别为：10m−0.5m＝9.5m 和 10m−0.24m＝9.76m。由式(3.66) 可得：

$$K=0.732\frac{Q\lg\dfrac{r_2}{r_1}}{h_2^2-h_1^2}=0.732\times\frac{5\times24\times\lg(6/3)}{9.76^2-9.5^2}=7.21(\mathrm{m/d})$$

② 根据式(3.67) 得：

$$h_2^2-h_1^2=\frac{Q}{\pi K}\ln\frac{r_2}{r_1}=h_2^2-9.5^2=\frac{5\times24}{3.14\times7.21}\ln\frac{10}{3}$$

得：$h_2=9.83\mathrm{m}$

因此，距离抽水井 10m 处的监测井的降深为：10m−9.83m＝0.17m。

3.4.2.2 裘布依承压水井流公式

在承压含水层中，采用完整井进行抽水，其水文地质条件概化如图 3.15 所示，图中的字母的含义与图 3.14 相同。在这种条件下，剖面上的流线是相互平行的直线，等水头线是铅垂线，等水头面是真正的圆柱面。

采用与上述相同的方法，把过水断面 $A=2\pi rM$ 代入达西定律公式，得任意渗流断面的流量 Q 为：

$$Q=KA\frac{\mathrm{d}h}{\mathrm{d}r}=K2\pi rM=2\pi Tr\frac{\mathrm{d}h}{\mathrm{d}r}$$

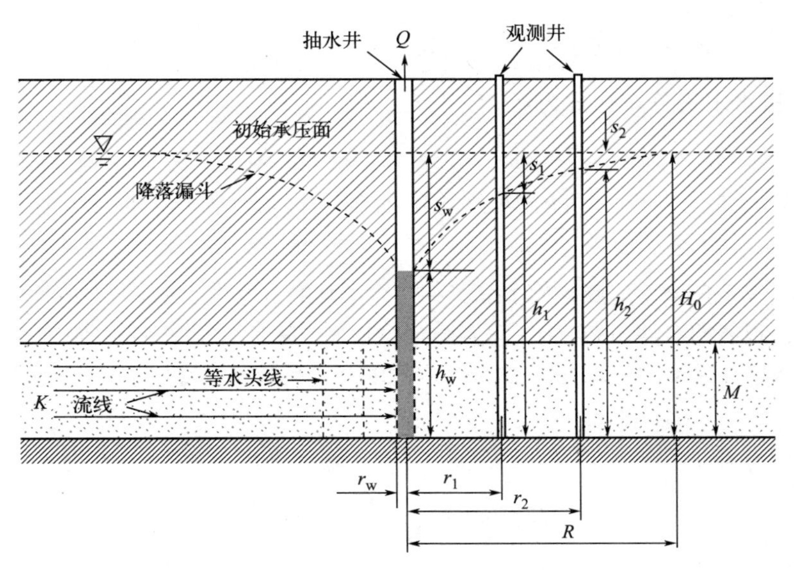

图 3.15　裘布依承压水井流示意图

由于 $KM=T$，T 为导水系数，则：

$$Q\frac{dr}{r}=2\pi T\,dh$$

对上式进行积分，r 取 r_w 到 R，h 取 H_w 到 H_0：

$$\int_{r_w}^{R}Q\frac{dr}{r}=\int_{H_w}^{H}2\pi T\,dh$$

得：

$$Q=\frac{2\pi KM(H_0-H_w)}{\ln\dfrac{R}{r_w}}=2.73\frac{Ts_w}{\lg\dfrac{R_0}{r_w}} \tag{3.70}$$

这就是裘布依稳定完整井流涌水量公式。Thiem 用“影响半径”R_0 代替上式中的 R，由此得 Dupuit-Thiem 公式为：

$$Q=2.73\frac{Ts_w}{\lg\dfrac{R_0}{r_w}} \tag{3.71}$$

根据上式，可以通过抽水试验资料计算含水层的渗透系数 K，公式为：

$$K=0.366\frac{Q}{Ms_w}\lg\frac{R_0}{r_w} \tag{3.72}$$

如果某观测井距离井轴的距离为 r，降深为 s，则可得：

$$s_w-s=\frac{Q}{2\pi T}\ln\frac{r}{r_w} \tag{3.73}$$

给出 2 个观测井，距离井轴分别为 r_1 和 r_2，降深分别为 s_1 和 s_2，则可得：

$$s_1-s_2=\frac{Q}{2\pi T}\ln\frac{r_2}{r_1} \tag{3.74}$$

可得：

$$K=0.366\frac{Q}{M(h_2-h_1)}\lg\frac{r_2}{r_1}=0.366\frac{Q}{M(s_1-s_2)}\lg\frac{r_2}{r_1} \tag{3.75}$$

此时，承压水水头分布公式为：

$$h=h_w+(H_0-h_w)\frac{\lg\dfrac{r}{r_w}}{\lg\dfrac{R_0}{r_w}} \tag{3.76}$$

例题 3.6 某承压含水层厚度为 12m，一口完整井的直径为 0.1m，以 $6m^3/h$ 的定流速对含水层进行抽水，距离抽水井 3m 处的 1 号监测井稳态水位降深 s_1 为 0.8m，距离抽水井 9m 处的 2 号监测井稳态水位降深 s_2 为 0.24m，试求含水层的渗透系数及距离抽水井 6m 处的水位降深。

解：

根据公式：

$$K=0.366\frac{Q}{M(s_1-s_2)}\lg\frac{r_2}{r_1}$$

可得：

$$K=0.366\times\frac{6\times24}{12\times(0.8-0.24)}\lg\frac{9}{3}=3.74(\mathrm{m/d})$$

根据公式：

$$s_1-s_2=\frac{Q}{2\pi KM}\ln\frac{r_2}{r_1}$$

得距离抽水井 6m 处监测井的水位降深 s 为：

$$s=s_2+\frac{Q}{2\pi KM}\ln\frac{r_2}{r}=0.24+\frac{6\times24}{2\times3.14\times3.74\times12}\ln\frac{9}{6}=0.45(\mathrm{m})$$

3.4.2.3 承压-潜水井流公式

当承压水井中水位持续降低至低于承压含水层的顶板时，在井周围出现无压水流区，即变成承压-潜水井（图 3.16）。用分段法计算流向井中的水量。井轴径向距离 r 以内区域为无

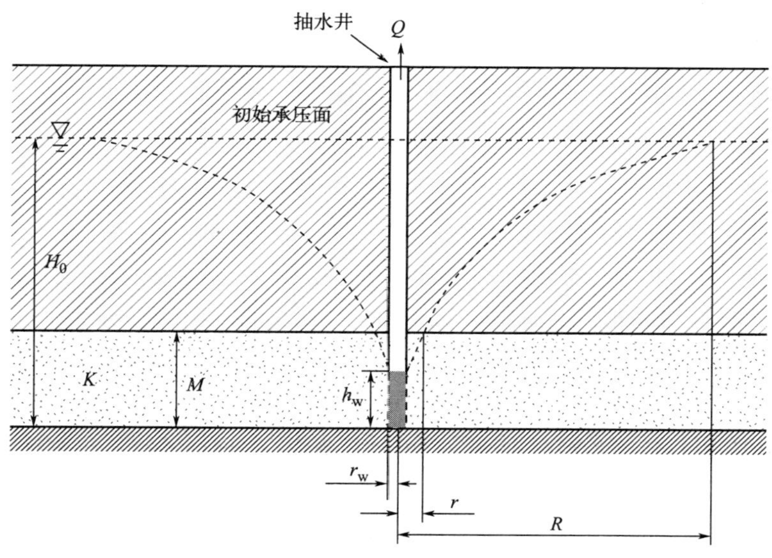

图 3.16 承压-潜水井流示意图

压水流区，其流量为：

$$Q=1.366K\frac{M^2-h_w^2}{\lg r-\lg r_w}$$

在径向距离 r 之外的为承压水流区，有：

$$Q=2.73\frac{KM(H_0-M)}{\lg R_0-\lg r}$$

通过上述两式，可得承压-潜水井的流量公式为：

$$Q=1.366\frac{K(2H_0M-M^2-h_w^2)}{\lg\dfrac{R_0}{r_w}} \tag{3.77}$$

3.4.3　地下水向完整井的非稳定流运动

3.4.3.1　承压含水层非稳定流的泰斯（Theis）公式

（1）泰斯（Theis）公式

实际上稳定流条件是很难存在的，大多数情况下的井流都是非稳定流。

1935 年，美国地质学家泰斯（Theis）在数学家克拉伦斯（Clarence）的帮助下建立了 Theis 公式，奠定了非稳定流运动的基础。非稳定流是在含水层均质、各向同性、平面上无限延伸、抽水起始点水力坡度为零、中心抽水井为无限小完整井、定量抽水、水头下降引起释水是瞬时完成的、渗流服从达西定律等条件下建立起来的，其水文地质概化模型如图 3.17 所示。

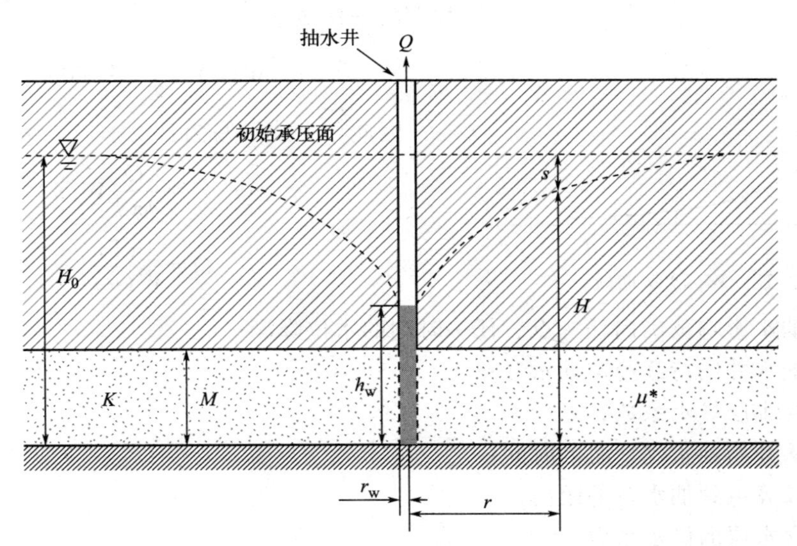

图 3.17　承压水完整井流示意图

将承压水非稳定流运动的基本微分方程 $\dfrac{\partial^2 H}{\partial x^2}+\dfrac{\partial^2 H}{\partial y^2}=c\dfrac{\partial H}{\partial t}$ 转换成极坐标形式，得：

$$\frac{\partial^2 H}{\partial r^2}+\frac{1}{r}\times\frac{\partial H}{\partial r}=\frac{S}{T}\times\frac{\partial H}{\partial t}$$

将上式改写成以降深 s 为变量的形式：

$$\frac{\partial^2 s}{\partial r^2}+\frac{1}{r}\times\frac{\partial s}{\partial r}=\frac{S}{T}\times\frac{\partial s}{\partial t}$$

抽水起始时刻 $t=0$ 时，渗流区内任一点的水头都是常数，降深为零。在距离井轴无穷远处，降深不受抽水影响，即 $\frac{\partial s}{\partial r}|_{r\to\infty}=0$，根据达西定律，抽水井处有 $\lim\limits_{r\to 0} r\frac{\partial s}{\partial r}=-\frac{Q}{2\pi T}$，则上式问题的数学模型可表达为：

$$\begin{cases}\frac{\partial^2 s}{\partial r^2}+\frac{1}{r}\times\frac{\partial s}{\partial r}=\frac{S}{T}\times\frac{\partial s}{\partial t}(t>0,0<r<\infty)\\ s(r,0)=0(0<r<\infty)\\ s(\infty,t)=0,\frac{\partial s}{\partial r}|_{r\to\infty}=0(t>0)\\ \lim\limits_{r\to 0} r\frac{\partial s}{\partial r}=-\frac{Q}{2\pi T}(t>0)\end{cases} \tag{3.78}$$

对上述数学模型，可用积分变换法、分离变量法或博尔兹门变换法求解。其解为：

$$s(r,t)=\frac{Q}{4\pi T}\int_u^\infty \frac{e^{-x}}{x}dx \tag{3.79}$$

式中：

$$u=\frac{r^2 S}{4Tt} \tag{3.80}$$

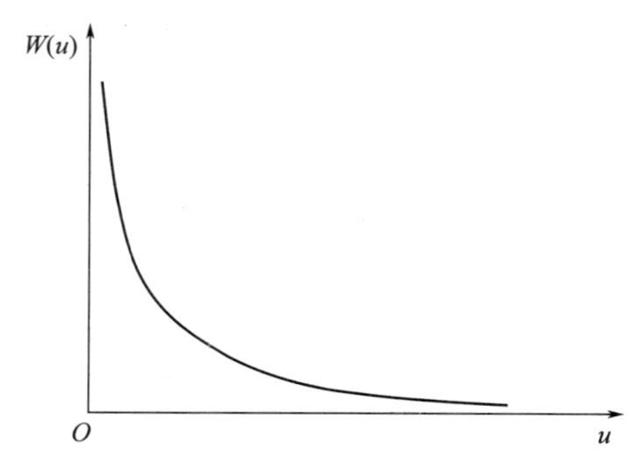

图 3.18 $W(u)$-u 曲线

上式中的积分项习惯上计为泰斯井流的井函数 $W(u)$，其曲线如图 3.18 所示，为便于计算，井函数专门制作成表。

$$W(u)=\int_u^\infty \frac{e^{-x}}{x}dx \tag{3.81}$$

因此，上式可写为：

$$s(r,t)=\frac{Q}{4\pi T}W(u) \tag{3.82}$$

$$Q=\frac{4\pi Ts}{W(u)} \tag{3.83}$$

式中 s——抽水影响范围内任一点、任一时刻的水位降深；

Q——抽水井的持续稳定抽水量；

T——含水层导水系数；

t——从开始抽水到计时的时间；

r——计算点到抽水井的距离；

S——含水层的储水系数。

这就是承压完整井定流量非稳定流公式，即泰斯（Theis）公式。

把井函数 $W(u)$ 展开成级数形式：

$$\begin{aligned}W(u)&=\int_u^\infty \frac{e^{-y}}{y}dy\\ &=-0.577216-\ln u+u-\frac{1}{2\times 2!}(u)^2+\frac{1}{3\times 3!}(u)^3-\cdots+\sum_{n=2}^{\infty}(-1)^n\frac{u^n}{n\times n!}\end{aligned}$$

上式最后一项为一个交替级数，当u很小时，上式右侧前两项之后的可省略，有：

$$W(u) \approx -0.577216 - \ln u$$

根据交替计算的性质，$\sum_{n=2}^{\infty}(-1)^n \frac{u^n}{n \times n!} < u$，则省略部分$u - \sum_{n=2}^{\infty}(-1)^n \frac{u^n}{n \times n!} \leqslant 2u$，因此，省略之后造成的误差为：

当$u \leqslant 0.01$，即$t \geqslant 25$（r^2/T）时，不超过0.25%；

当$u \leqslant 0.05$，即$t \geqslant 5$（r^2/T）时，不超过2%；

当$u \leqslant 0.1$，即$t \geqslant 2.5$（r^2/T）时，不超过5%。

因此，Cooper和Jacob指出，根据上式计算造成的误差是很小的，可把Theis公式近似表达为：

$$s(r,t) = \frac{Q}{4\pi T}(-0.577216 - \ln u) = \frac{Q}{4\pi T}\ln\frac{2.25Tt}{r^2 S} = \frac{0.183Q}{T}\lg\frac{2.25Tt}{r^2 S} \tag{3.84}$$

该式称为雅可布（Jacob）公式。

根据上述公式，同一时刻随着径向距离r增大，降深s变小，r趋向无穷远时，s趋于零。在以井轴为圆心的同心圆截面上（过水断面）的s都相同，且s随抽水时间t延长而增大，降落漏斗随时间延长逐渐向外扩展，处于一种非稳定状态。

随着r增大，水头下降速度减小，每个断面水头降速初期由小变大，然后再由大变小，后期趋于等速下降，即抽水时间大到一定程度，在抽水井周围一定范围内，水头下降速度基本上是相同的。非稳定流不同过水断面上的流量是不相等的，距离井轴越近流量越大。抽水时间足够长时，井附近水头变化趋缓，降落曲线趋于稳定，并与稳定流降落曲线形状相似。

例题3.7 某承压含水层厚度为15m，含水层的渗透系数为12m/d，储水系数为0.006，一口完整井的抽水流量为90m³/d，试求两天后距离抽水井10m处的观测井的水位降深为多少。

解：

含水层的导水系数为：

$$T = KM = 12\text{m/d} \times 15\text{m} = 180\text{m}^2/\text{d}$$

根据公式：

$$u = \frac{r^2 S}{4Tt}$$

得：

$$u = \frac{(10\text{m})^2 \times 0.006}{4 \times (180\text{m}^2/\text{d}) \times (2\text{d})} = 4.17 \times 10^{-4}$$

则：

$$W(u) \approx -0.577216 - \ln u = -0.577216 - \ln(4.17 \times 10^{-4}) = 7.2$$

代入公式：

$$s(r,t) = \frac{Q}{4\pi T}W(u)$$

得：

$$s = \frac{90\text{m}^3/\text{d}}{4 \times 3.14 \times (180\text{m}^2/\text{d})} \times 7.2 = 0.29\text{m}$$

（2）含水层参数的试验确定

利用上述公式可以根据已知参数进行流量或水头计算，也可根据流量与水头的观测数据进行求解含水层参数，常用的方法有配线法、Jacob 直线图解法和恢复水位法等。

① 配线法。对 $s(r,t)=\frac{Q}{4\pi T}W(u)$ 和 $u=\frac{r^2S}{4Tt}$ 两边取对数，可得：

$$\lg s=\lg W(u)+\lg\frac{Q}{4\pi T}$$

$$\lg\frac{t}{r^2}=\lg\frac{1}{u}+\lg\frac{QS}{4T} \tag{3.85}$$

上述两式右侧第二项都是常数，在双对数坐标系中，s-$\frac{t}{r^2}$ 和 $W(u)$-$\frac{1}{u}$ 标准曲线的形状是相同的，只是横坐标平移了 $\frac{Q}{4\pi T}$ 和 $\frac{S}{4T}$ 的距离。在两线重合的条件下，将其线上任一点的坐标值代入泰斯公式，即可确定有关参数。该方法称为降深-时间距离配线法。

同理，在双对数坐标系中，s-t 和 $W(u)$-$\frac{1}{u}$ 曲线、s-r^2 和 $W(u)$-u 曲线有相同的形状，也可用上述方法求参数。如果只有一个观测井，可以用该井不同时刻的降深值绘制 s-t 双对数曲线，与 $W(u)$-$\frac{1}{u}$ 标准曲线拟合求参数，此法称为降深-时间配线法。如果有多个观测井，可以取 t 为定值，利用所有观测井的降深数据，绘制 s-r^2 双对数曲线，再与 $W(u)$-u 标准曲线拟合求参数，此法称为降深-距离配线法。

配线法的优点是可以利用多个观测井的数据，避免个别资料误差影响精度，不足之处是有一定的随意性。

② 雅可布（Jacob）直线图解法。当 $u\leqslant 0.01$ 时，可将 Jacob 公式进行改写：

$$s=\frac{2.3Q}{4\pi T}\lg\frac{2.25Tt}{s}+\frac{2.3Q}{4\pi T}\lg\frac{t}{r^2} \tag{3.86}$$

s 与 $\lg\frac{t}{r^2}$ 呈线性关系，斜率为 $\frac{2.3Q}{4\pi T}$，利用斜率 i 可求出导水系数 T：

$$T=\frac{2.3Q}{4\pi i}=\frac{0.183Q}{i} \tag{3.87}$$

直线在零降深线上的截距为 $\frac{t}{r^2}$，另：

$$0=\frac{0.183Q}{T}\lg\frac{2.25Tt}{r^2S}$$

可求得：

$$S=2.25T\frac{t}{r^2} \tag{3.88}$$

以上方法称为 s-$\lg\frac{t}{r^2}$ 直线图解法。如果只有一个观测井，可利用 s-$\lg t$ 直线的斜率求导水系数 T，利用该直线在零降深线上的截距求储水系数 S；如果有多个观测井，可利用 s-$\lg r$ 直线求解导水系数 T 和储水系数 S。

该方法的适用条件是 $u\leqslant 0.01$，实际中控制在 $u\leqslant 0.05$ 即可。一般情况下，只有在 r 较小且 t 较大的条件下才能使用，否则抽水时间不够导致直线斜率小，所得的 T 值偏大 S 值偏小。

例题 3.8　某承压含水层厚度为 10m，采用一口完整井进行定流量抽水，流量为 $180\mathrm{m}^3/\mathrm{d}$，距离抽水井 30m 处有一口观测井，观测的时间与水位降深的数据如表 3.2 所示，试用直线图解法求该承压含水层的渗透系数和储水系数。

表 3.2　时间-降深观测数据

时间 $\lg t$/min	5	10	30	60	120	240	600	900
降深 s/m	0.045	0.25	0.94	1.52	1.68	2.15	2.30	2.80

解：只有一口观测井，可使用 s-$\lg t$ 直线图解法，根据表 3.2 中数据，绘制 s-$\lg t$ 曲线（如图 3.19 所示）。求得直线的斜率 $i=\Delta s=1.20$，则：

$$T=\frac{0.183Q}{i}=\frac{0.183\times180}{1.20}=27.45(\mathrm{m}^2/\mathrm{d})$$

$$K=\frac{T}{M}=\frac{27.45}{10}=2.75(\mathrm{m}/\mathrm{d})$$

直线在零降深线上的截距为 $t_0=4.77\mathrm{min}=3.31\times10^{-3}\mathrm{d}$，代入公式可得储水系数为：

$$S=2.25T\ \frac{t}{r^2}=2.25\times27.45\times\frac{3.31\times10^{-3}}{30^2}=0.00023$$

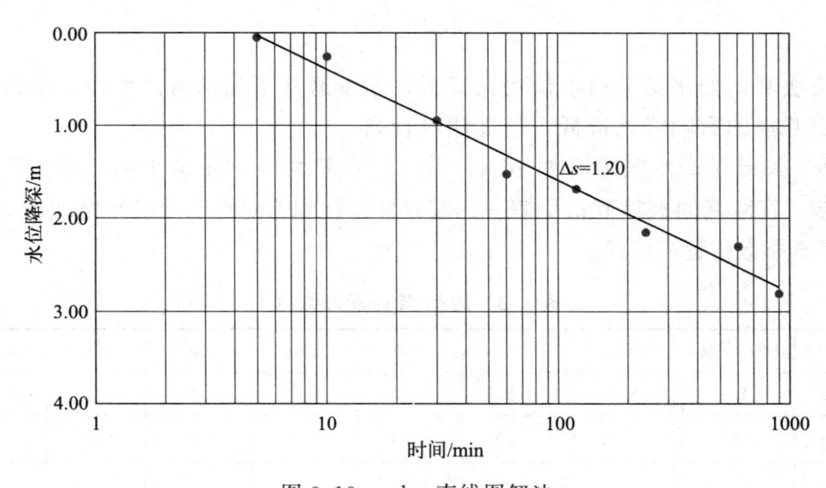

图 3.19　s-$\lg t$ 直线图解法

③ 恢复水位法。抽水井以定流量抽水，水位下降，持续时间 t_p 后停止抽水，在 $t>t_p$ 的时间里，水位慢慢恢复。这个过程地下水的水头分布相当于两口完全相同的水井叠加的结果，一口从 $t=0$ 开始以定流量 Q 抽水，另一口从 $t=t_p$ 开始以同样流量注水。在时刻 t，上述两口井的水位降深之和定义为剩余降深 s'，有：

$$s'=\frac{Q}{4\pi T}\left[W\left(\frac{r^2S}{4Tt}\right)-W\left(\frac{r^2S}{4Tt'}\right)\right] \tag{3.89}$$

式中，$t'=t-t_p$，当 $\frac{r^2S}{4Tt'}\leqslant0.01$ 时，上式可简化为：

$$s'=\frac{2.3Q}{4\pi T}\left(\lg\frac{2.25Tt}{r^2S}-\lg\frac{2.25Tt'}{r^2S}\right)=\frac{2.3Q}{4\pi T}\lg\frac{t}{t'}$$

s'与$\lg\frac{t}{t'}$呈线性关系，$\frac{2.3Q}{4\pi T}$为斜率i，则可得：

$$T=\frac{0.183Q}{i}$$

测出停抽时刻的水位降深s_p，停抽后任一时刻的水位上升值s^*可写成：

$$s^*=s_p-\frac{2.3Q}{4\pi T}\lg\frac{t}{t'}$$

或

$$s^*=\frac{2.3Q}{4\pi T}\lg\frac{2.25Tt_p}{r^2S}-\frac{2.3Q}{4\pi T}\lg\frac{t}{t'}$$

式中，s^*与$\lg\frac{t}{t'}$呈线性关系，$-\frac{2.3Q}{4\pi T}$为斜率i，利用试验资料绘制出曲线后，求出i，即可求出T。

又因$s_p=\frac{2.3Q}{4\pi T}\lg\frac{2.25Tt_p}{r^2S}$，将求出的$T=-\frac{2.3Q}{4\pi i}$代入，可得：

$$T=-\frac{0.183Q}{i} \tag{3.90}$$

$$S=2.25\frac{T}{r^2}10^{\frac{s_p}{i}} \tag{3.91}$$

恢复水位法利用抽水结束后水位变化资料，基本避开了抽水时产生的三维流对水位变化的影响，使得井损的影响降到最低，精度相对较高。

例题 3.9 某承压含水层厚度为 10m，有一口完整井以定流量 120m³/d 进行抽水，抽至 180min 时停泵，在距离抽水井 10m 处有一口观测井，观测的时间与水位数据如表 3.3 所示，试求含水层的渗透系数和储水系数。

表 3.3 时间-降深观测数据

时间/min	180（停泵）	185	190	200	220	250	290	340	400
剩余降深 s'/m	1.2	0.95	0.85	0.76	0.64	0.55	0.48	0.43	0.39
回升高度 s^*/m		0.25	0.35	0.44	0.56	0.65	0.72	0.77	0.81
$\lg t/t'$		37	19	10	5.5	3.57	2.64	2.13	1.82

解： 根据表 3.3 中的观测数据，绘制s^*-$\lg\frac{t}{t'}$曲线，如图 3.20 所示。

求直线的斜率，取一个对数周期相应的降深$i=\Delta s=-0.43$，则：

$$T=-\frac{0.183Q}{i}=-\frac{0.183\times 120}{-0.43}=51.1(\mathrm{m^2/d})$$

渗透系数：

$$K=\frac{T}{M}=\frac{51.1}{10}=5.11(\mathrm{m/d})$$

$$S=2.25\frac{T}{r^2}10^{\frac{s_p}{i}}=2.25\times\frac{51.1}{10^2}\times 10^{\frac{1.2}{-0.43}}=1.86\times 10^{-3}$$

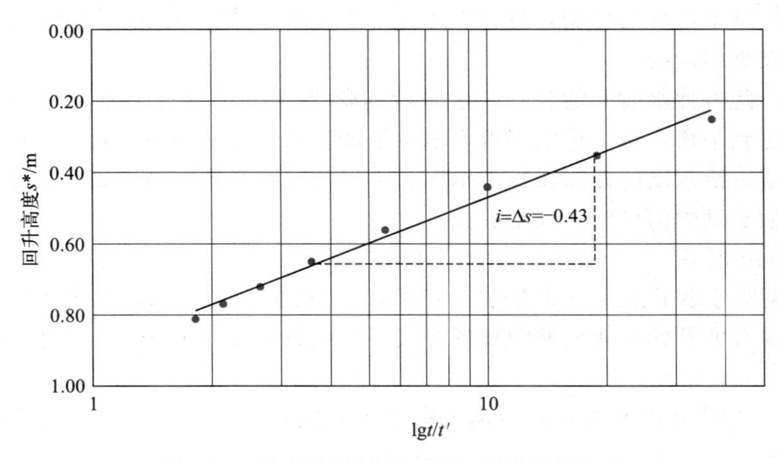

图 3.20 恢复水位试验 s^*-lgt/t'直线图解法

3.4.3.2 潜水含水层非稳定井流运动

潜水含水层井流运动是无压井流，与承压水井流有很大不同。潜水含水层井流的上界面即浸润曲面随时间而变化，含水层的导水系数 T 也随距离 r 和时间 t 而变化；当降深较大时，水流垂向速度不能忽略，在井附近为三维流；潜水含水层中抽出的水来自重力疏干，水是逐渐释放的而不像承压水那样瞬时释放，明显滞后于水位下降，给水度也是逐渐增大的；无压井流还存在水跃现象。这些问题使得潜水井流运动变得更为复杂，到目前还没有统一考虑上述情况的井流公式，无压井流问题在理论上尚未获得严格的解法。本章介绍的无压井流公式也是在忽略上述特点的情况下导出的。

目前潜水含水层中完整井非稳定井流运动常用近似法（仿 Theis 公式）、博尔顿（Boulton）迟后排水分析法和纽曼（Neuman）模型来描述。

（1）近似法（仿 Theis 公式）

如果潜水井流与承压水 Theis 井流模型仅是延后释水和瞬时释水的差别，那么在抽水时间足够长时，潜水含水层迟后排水现象逐渐不明显，这时可近似认为满足瞬时释水的条件。因此，在潜水完整井降深不大时，即 $s \leqslant 0.1\ H_0$（H_0 为抽水前潜水流厚度）时，可用承压含水层井流公式作近似计算。此时潜水流的厚度 H_m 可近似地用 $H_m=\dfrac{1}{2}(H_0+H)$来代替，将承压水井流公式中的 $2Ms$ 用 $H_0^2-H^2$ 代替，则有：

$$H_0^2-H^2=\frac{Q}{2\pi K}W(u), u=\frac{r^2S}{4Tt}, T=KH_m \tag{3.92}$$

也可采用修正降深值，直接用 Theis 公式：

$$s'=s-\frac{s^2}{2H_0}=\frac{Q}{4\pi T}W(u), u=\frac{r^2S}{4Tt}, T=KH_0 \tag{3.93}$$

（2）博尔顿（Boulton）迟后排水分析法

根据潜水完整井抽水的降深-时间曲线，将整个过程分为了三个阶段。

第一阶段为抽水起始阶段，时间很短（也许几分钟），主要表现为弹性释水，水位变化类似于不稳定承压井流，水流主要是水平运动，降深-时间曲线遵循承压井流的泰斯曲线。

第二阶段，降深-时间曲线斜率减小，明显偏离泰斯曲线，有时表现出短时间的稳定现象，它反映潜水疏干排水的作用，好像含水层得到补给一样，降深-时间曲线类似于一个越流承压含水层类型的曲线。

第三阶段，随着抽水时间的延长，这阶段的降深-时间曲线又与泰斯曲线吻合，迟后疏干的影响变小达到平衡，重力排水跟得上水位下降。水主要来自重力排水，降落漏斗扩散速度增大，此时重力给水度的作用相当于承压含水层的储水系数。基于该阶段获得的含水层参数比较可靠，抽水试验的延时应该足够长。

（3）Neuman 模型

Neuman 模型考虑了流速的垂直分量和潜水层弹性储量的作用，把潜水面视为可移动的物质界面，而没有涉及博尔顿模型中物理意义不明确的 $1/a$。Neuman 模型是在下列假设条件下建立的：

① 含水层是均质各向异性的，侧向无限延伸，隔水底板水平，主渗透方向平行于水平轴 r 和垂直轴 z；

② 同时考虑弹性释水和重力释水作用，并认为弹性给水度和重力给水度是常量；

③ 初始潜水面是水平的；

④ 抽水井是完整井，定流量抽水；

⑤ 渗流服从达西定律；

⑥ 抽水期间潜水面上部无入渗补给和蒸发排泄，潜水面降深与潜水含水层厚度相比小得多。

潜水完整井流示意图如图 3.21 所示。在上述假设下，定解问题可写为：

$$\begin{cases} K_r\left(\dfrac{\partial^2 s}{\partial r^2}+\dfrac{1}{r}\times\dfrac{\partial s}{\partial r}\right)+K_z\dfrac{\partial^2 s}{\partial z^2}=S_s\dfrac{\partial s}{\partial t}(0<z<H_0) \\ s(r,z,0)=0 \\ s(\infty,z,t)=0 \\ \dfrac{\partial s}{\partial z}(r,0,t)=0 \\ K_z\dfrac{\partial s}{\partial z}(r,H_0,t)\approx-\mu\dfrac{\partial s}{\partial t}(r,H_0,t) \\ \lim\limits_{r\to 0}\displaystyle\int_0^{H_0} r\dfrac{\partial s}{\partial r}\mathrm{d}z=-\dfrac{Q}{2\pi K_r} \end{cases} \tag{3.94}$$

式中 s——降深；

K_r——水平渗透系数；

K_z——垂向渗透系数；

t——从开始抽水到计时的时间；

r——计算点到抽水井的距离；

S_s——含水层的储水率；

μ——给水度；

H_0——潜水含水层的初始厚度。

对上式应用拉普拉斯变换和汉格尔变换并作反演后，可得潜水完整井流的 Neuman 降深公式：

$$s(r,z,t)=\frac{Q}{4\pi T}\int_0^{\infty}4yJ_0(y\beta^{\frac{1}{2}})\left[\omega_0(y)+\sum_{n=1}^{\infty}\omega_n(y)\right]\mathrm{d}y \tag{3.95}$$

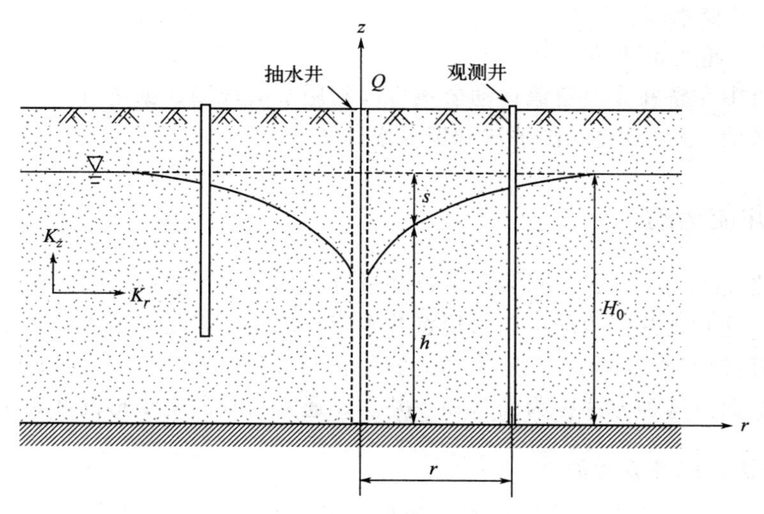

图 3.21　潜水完整井流示意图

式中

$$\omega_0(y)=\frac{\{1-\exp[-t_s\beta(y^2-\gamma_0^2)]\}\mathrm{ch}(\gamma_0 z_d)}{\{y^2+(1+R_\mu)\gamma_0^2-[(y^2-\gamma_0^2)^2/R_\mu]\}\mathrm{ch}(\gamma_0)}$$

$$\omega_n(y)=\frac{\{1-\exp[-t_s\beta(y^2-\gamma_n^2)]\}\mathrm{ch}(\gamma_n z_d)}{\{y^2+(1+R_\mu)\gamma_n^2-[(y^2-\gamma_n^2)^2/R_\mu]\}\mathrm{ch}(\gamma_n)}$$

其中，γ_0、γ_n 分别为下列两个方程的根：

$$R_\mu\gamma_0\mathrm{sh}(\gamma_0)-(y^2-\gamma_0^2)\mathrm{ch}(\gamma_0)=0,\gamma_0^2<y^2$$

$$R_\mu\gamma_n\mathrm{sh}(\gamma_n)+(y^2-\gamma_n^2)\cos(\gamma_n)=0$$

其中，

$$(2n-1)\frac{\pi}{2}<\gamma_n<n\pi,n\geqslant 1$$

式中　$J_0(x)$——零阶第一贝塞尔函数；

β——$\beta=R_k\overline{r}^2=\frac{K_z/H_0^2}{K_r/r^2}$；

R_k——主渗透系数之比，$R_k=\frac{K_z}{K_r}$；

K_r——水平渗透系数；

K_z——垂向渗透系数；

$\overline{r}$——无因次径距，$\overline{r}=\frac{r}{H_0}$；

t_s——关于 μ_s 的无因次时间，$t_s=\frac{Tt}{S_s r^2}$；

z_d——无因次高度，$z_d=\frac{z}{H_0}$；

R_μ——给水度之比，$R_\mu=\frac{S_s}{\mu}$；

S_s——储水率；

μ——重力给水度。

潜水含水层中完整井非稳定流运动公式可以利用水头观测数据进行求解含水层参数，常用的方法有配线法、Jacob 直线图解法和恢复水位法等。

3.4.4 井群井流运动

实际场地修复工程中，很少只采用单口井进行工作，为了提高效率，往往设置很多井同时抽水或注水。这时其井流运动可以采用点井渗流叠加法，但是，当水井很多时，一个井一个井地叠加计算很烦琐。如果在一定面积上的井孔流量分布比较均匀，可以把井群视为一个整体，即所谓汇面。这种方法称为面（积）井法。通常遇到的是矩形面井和圆形面井。

3.4.4.1 矩形面井的井流运动

如图 3.22(a) 所示，为一承压含水层矩形面井，P（x，y）为其中任一点，矩形面井的长为 $2l_x$，宽为 $2l_y$，总流量为 Q，则抽水强度为：

$$\varepsilon=\frac{Q}{2l_x\times 2l_y}\text{（抽水 }\varepsilon>0\text{，注水 }\varepsilon<0\text{）}$$

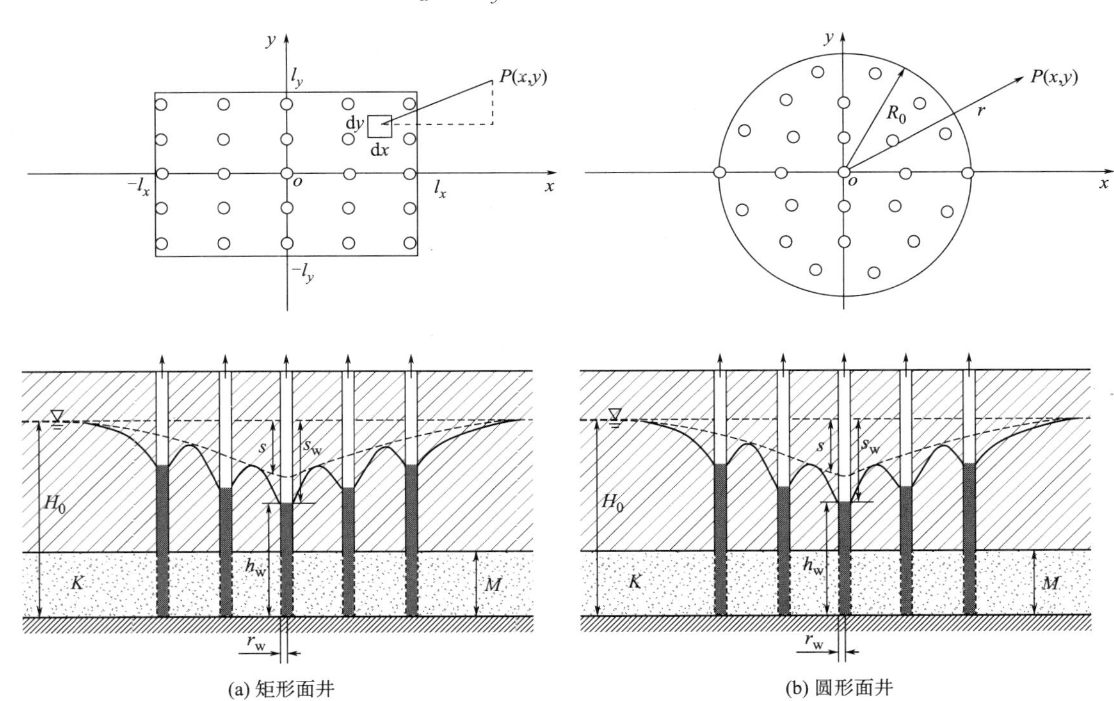

图 3.22　矩形面井和圆形面井示意图

取矩形面井中一微小汇面 $dxdy$，则总汇面对点 P 的作用可通过对整个汇面进行积分得到，在矩形面井的作用下任意点 P 的水位降深 s 为：

$$s=\frac{\varepsilon t}{4S}A_r(l_x,l_y,x,t,at)$$

和

$$A_r(l_x,l_y,x,t,at)=S^*\left(\frac{l_x+x}{\sqrt{4at}},\frac{l_y+y}{\sqrt{4at}}\right)+S^*\left(\frac{l_x+x}{\sqrt{4at}},\frac{l_y-y}{\sqrt{4at}}\right)+S^*\left(\frac{l_x-x}{\sqrt{4at}},\frac{l_y+y}{\sqrt{4at}}\right)+S^*\left(\frac{l_x-x}{\sqrt{4at}},\frac{l_y-y}{\sqrt{4at}}\right)$$

式中 a——压力传导系数，$a=T/S$；

A_r——矩形面井的井函数，函数 $S^*(\alpha,\beta)$ 可查表获得，$S^*(\alpha,\beta)$ 定义为：

$$S^*(\alpha,\beta)=\int_0^1 \mathrm{erf}\left(\frac{\alpha}{\sqrt{\tau}}\right)\mathrm{erf}\left(\frac{\beta}{\sqrt{\tau}}\right)\mathrm{d}\tau$$

式中，$\mathrm{erf}(v)=\frac{2}{\sqrt{\pi}}\int_0^v \mathrm{e}^{-t^2}\mathrm{d}t$ 为高斯误差函数。

在面井区中心处（$x=0$，$y=0$），降深 s_c 最大：

$$s_c=\frac{\varepsilon t}{S}S^*\left(\frac{l_x}{\sqrt{4at}},\frac{l_y}{\sqrt{4at}}\right) \tag{3.96}$$

对潜水含水层，如果 s/h_0 不大的话，任意点的水位方程为：

$$h_0^2-h^2=\frac{\varepsilon at}{2K}A_r \tag{3.97}$$

面井区中心处（$x=0$，$y=0$）的最低水位方程为：

$$h_0^2-h_c^2=\frac{2\varepsilon at}{K}S^*\left(\frac{l_x}{\sqrt{4at}},\frac{l_y}{\sqrt{4at}}\right) \tag{3.98}$$

3.4.4.2 圆形面井的井流运动

如图 3.22(b) 所示，为一承压含水层圆形面井，半径为 R_0，$P(x,y)$ 为其中任一点，到圆形面井圆心的距离为 r。抽水总流量为 Q，则抽水强度为：

$$\varepsilon=\frac{Q}{\pi R_0^2}(\text{抽水 }\varepsilon>0,\text{注水 }\varepsilon<0)$$

若圆形区域为等强度汇面，则定解问题可表达为：

$$\begin{cases} a\left(\frac{\partial^2 s}{\partial r^2}+\frac{1}{r}\times\frac{\partial s}{\partial r}\right)+\frac{\varepsilon}{S}f(r)=\frac{\partial s}{\partial t}(t>0,0\leqslant r<\infty) \\ s(r,0)=0(0\leqslant r<\infty) \\ s(\infty,t)=0(t>0) \\ \frac{\partial s}{\partial r}(0,t)=0(t>0) \end{cases} \tag{3.99}$$

式中

$$f(r)=\begin{cases}1(0<r<R_0)\\0(r>R_0)\end{cases}$$

汉图什对此问题的解为：

$$s=\frac{Q}{4\pi T}A_c(\bar{r},\bar{t}) \tag{3.100}$$

式中

$$A_c(\bar{r},\bar{t})=4\int_0^\infty (1-\mathrm{e}^{-\beta\bar{t}})J_1(\beta)J_0(\bar{r}\beta)\frac{\mathrm{d}\beta}{\beta}$$

式中 Q——面井流向；

A_c——圆形面井的井函数；

J_1、J_0——零阶和一阶第一类贝塞尔函数；

$\bar{r}$——无因次径距；

$\bar{t}$——无因次时间。

$$\bar{r}=\frac{r}{R_0}$$

$$\bar{t}=\frac{at}{R_0^2}$$

圆形面井井函数 $A_c(\bar{r},\bar{t})$ 已制成函数表，可查表获得。

最大降深发生在圆形面井的中心（$r=0$）处，该点的降深 s_c 为：

$$s_c=\frac{Q}{4\pi T}\left[W(u)+\frac{1-e^{-u}}{u}\right] \tag{3.101}$$

式中 $W(u)$ 为泰斯井函数。

$$u=\frac{R_0^2}{4at} \tag{3.102}$$

当 $u\leqslant 0.01$ 时，圆形区域中心处的降深可用下式近似表示：

$$s_c=\frac{Q}{4\pi T}[W(u)+1]=\frac{Q}{4\pi T}\ln\frac{6.11at}{R_0^2} \tag{3.103}$$

圆形区域内（$\bar{r}<1$），当 $t\geqslant 0.5(r^2/a)$（即 $u\leqslant 0.5$）时，其降深公式可近似表示为：

$$s=\frac{Q}{4\pi T}\left[W(u)+\frac{1-e^{-u}}{u}-\overline{r^2}e^{-u}\right] \tag{3.104}$$

在圆形区域外（$\bar{r}>1$），当 $t\geqslant 0.5(R_0^2/a)$（即 $t\geqslant 0.5$）时，其降深公式可近似表示为：

$$s=\frac{Q}{4\pi T}[W(u)+0.5ue^{-u}] \tag{3.105}$$

式中

$$u=\frac{r^2}{4at}$$

当 $\bar{r}>1.5$，$t>5$ 时，圆形面井的作用与位于圆心的同流量点井的作用相当，降深公式可近似表示为：

$$s=\frac{Q}{4\pi T}W(u) \tag{3.106}$$

对于潜水含水层，若降深 s 与含水层厚度相比不大，则在圆形面井作用下的水位分布为：

$$h_0^2-h^2=\frac{Q}{2\pi K}A_c(\bar{r},\bar{t}) \tag{3.107}$$

式中符号同上。

3.4.5 边界井及非完整井的井流运动

上述讨论均假设含水层是无限的，但在实际中，污染场地是有边界的，面积通常也不大，特别是实施修复工程时往往先做止水帷幕后抽水，许多井就设置在附近，这时就需要考虑边界的影响。经常遇到的是直线边界井流问题，具体可分为半无限含水层、扇形含水层、带状含水层和矩形含水层。具有一条直线边界的含水层，称为半无限含水层；具有两条相交的直线边界的含水层，称为扇形含水层；具有两条基本平行的直线边界的含水层，称带状含水层；具有四条正交的直线边界的含水层，称矩形含水层。

直线边界附近的不稳定井流问题是通过反映法（或映射法、镜像法）将它转变为无界问题后，再用降深的叠加原理来求解。其基本要求是，反映后所得的无界问题应保持反映前的边界条件，需满足四条要求：①在实井（真实的井）边界镜像处设置虚井（虚构的井），位置对称；②虚井的流量与实井相同；③对于直线隔水边界，虚井是抽水井，对于直线定水头边界，虚井是注水井；④对于不稳定流，虚井开始工作的时间与实井相同。

以下对场地修复中常见几种类型的井流进行介绍。

3.4.5.1 半无限含水层隔水边界附近完整井的井流

（1）直线隔水边界附近的稳定井流

如图3.23，一口抽水量为Q的实井，其到隔水边界的距离为a（$2a<R$，R为影响半径），隔水边界处不提供水，相当于没有边界时在另一侧$-a$位置处映射出一口同样流量的抽水井。$P(x,y)$为边界附近任一点，降深为s，到实井的距离为r_1，到虚井的距离为r_2，实井引起的降深为s_1，虚井引起的降深为s_2。

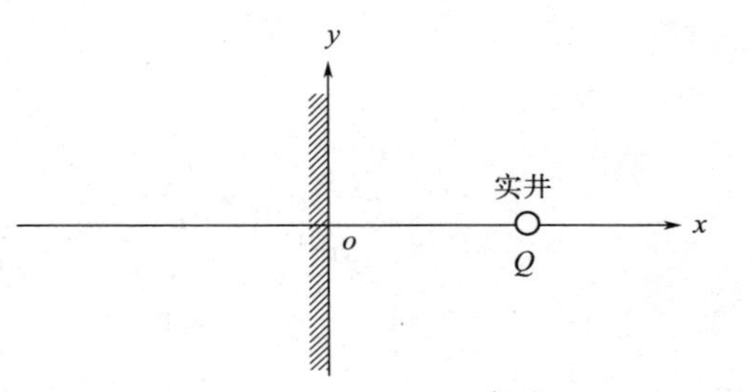

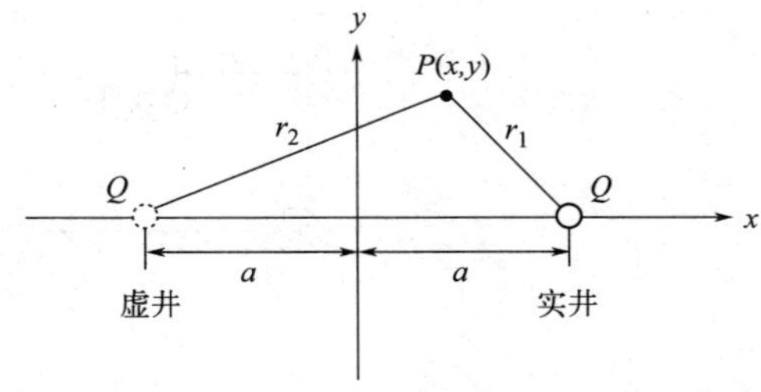

图3.23 井对直线边界的反映示意图

对于承压含水层，降深等于实井和虚井降深的叠加，即：

$$s=s_1+s_2=\frac{Q}{2\pi T}\ln\frac{R}{r_1}+\frac{Q}{2\pi T}\ln\frac{R}{r_2}=\frac{Q}{2\pi T}\ln\frac{R^2}{r_1 r_2}$$

对于潜水含水层，有：

$$H_0^2-h^2=\frac{Q}{\pi K}\ln\frac{R^2}{r_1 r_2} \tag{3.108}$$

为便于计算，把$P(x,y)$移至抽水井的井壁上，则$r_1=r_w$，$r_2\approx 2a$，得承压完整井稳定流公式：

$$Q=2\pi T\frac{s_w}{\ln\dfrac{R^2}{2ar_w}} \tag{3.109}$$

潜水完整井稳定流公式：

$$Q=\pi K\frac{(2H_0-s_w)s_w}{\ln\dfrac{R^2}{2ar_w}} \tag{3.110}$$

式中 s_w——抽水井的水位降深；

r_w——水井半径；

H_0——承压含水层初始水头或潜水含水层初始水位。

（2）直线隔水边界附近的非稳定井流

对于承压水井，当$u<0.01$时，有：

$$s=\frac{Q}{4\pi T}\left[\ln\frac{2.25Tt}{r_1^2 S}+\ln\frac{2.25Tt}{r_2^2 S}\right]=\frac{Q}{2\pi T}\ln\frac{2.25Tt}{r_1 r_2 S} \tag{3.111}$$

于潜水则有：

$$H_0^2-h^2=\frac{Q}{2\pi T}[W(u_1)+W(u_2)]=\frac{Q}{\pi K}\ln\frac{2.25Tt}{r_1r_2\mu}$$

$$s=H_0-\sqrt{H_0^2-\frac{Q}{\pi K}\ln\frac{2.25Tt}{r_1r_2\mu}} \tag{3.112}$$

3.4.5.2 扇形含水层隔水边界附近完整井的井流

（1）扇形含水层隔水边界附近的稳定井流

扇形含水层由两条隔水边界相交形成一定夹角，与半无限含水层一样，可以用反映法转变成无限含水层问题进行求解，如图 3.24 所示，为夹角是 120°和 90°的情况。其他角度处理的原理是一样的，需要注意的是，使用反映法的前提是两条边界形成的夹角能被 360°整除，但满足该条件的并不一定都能使用反映法。

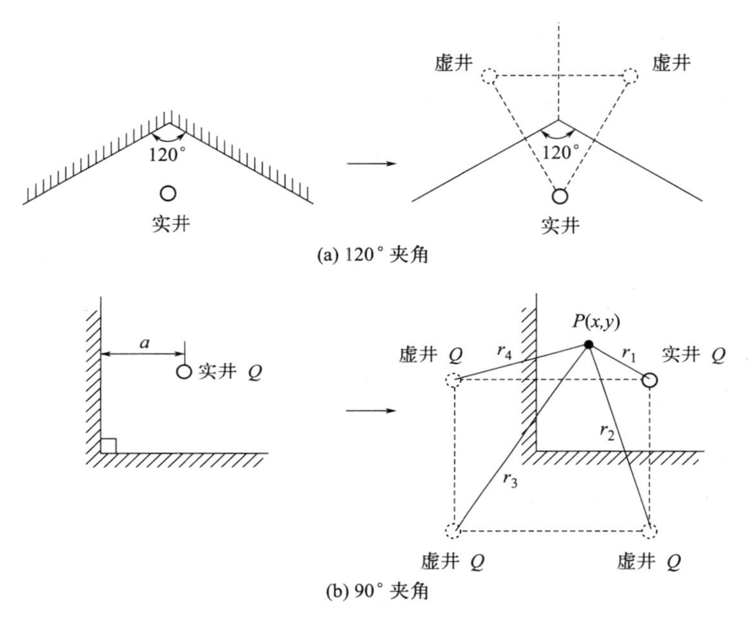

图 3.24　扇形含水层隔水边界映像示意图

以夹角是直角为例［图 3.24(b)］，边界的影响相当于 4 口井同时抽水，假设影响半径 R 相当大，利用降深叠加原理，可得承压含水层中任一点的降深 s 为：

$$s=s_1+s_2+s_3+s_4=\frac{Q}{2\pi T}\ln\frac{R^4}{r_1r_2r_3r_4} \tag{3.113}$$

式中　r_1、r_2、r_3、r_4——任一点 P 到各井的距离。

将点 P 移至抽水井井壁上，则 $r_1=r_w$，$r_2=2a$，$r_3=2b$，$r_4=2\sqrt{a^2+b^2}$，则有：

$$s_w=\frac{Q}{2\pi T}\ln\frac{R^4}{8r_wab\sqrt{a^2+b^2}}$$

于是，对潜水井有：

$$Q=\frac{\pi K(H_0^2-h_w^2)}{\ln\dfrac{R^4}{8r_wab\sqrt{a^2+b^2}}} \tag{3.114}$$

(2) 扇形含水层隔水边界附近的非稳定井流

对承压水中的任一点，当时间 t 足够长，使 $u<0.01$ 时，可用Jacob公式得：

$$s=\frac{Q}{\pi T}\ln\frac{2.25Tt}{\sqrt{r_1r_2r_3r_4S}} \tag{3.115}$$

3.4.5.3 带状含水层隔水边界附近完整井的井流

两条隔水边界平行时，应用反映法，井的影像不断重复，会映射无穷多次，这样带状含水层中的一口井就变成了无限含水层中的一个无穷井排。如图3.25所示，带状含水层宽度为 l，实井与虚井都为抽水井，流量为 Q；实井到一条边界（取为横坐标 x 轴）距离为 a，纵轴取在实井及映射虚井上；$P(x,y)$为带状含水层中任一点。

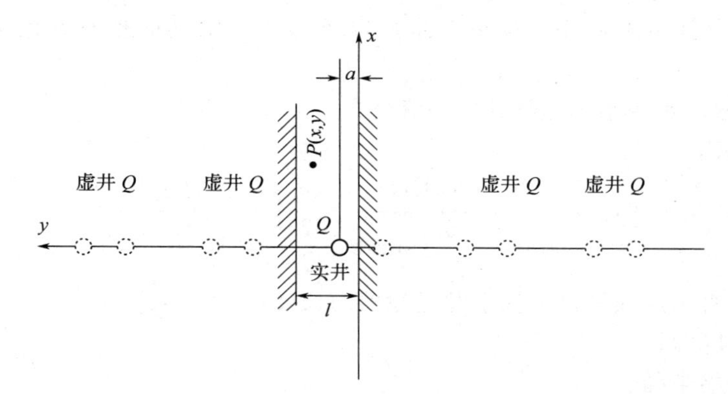

图3.25 带状含水层隔水边界映像示意图

带状承压含水层中任一点 P 的水头降深可由无穷级数表示：

$$s=\sum_{i=1}^{\infty}s_i=\sum_{i=1}^{\infty}\frac{Q}{4\pi T}W\left(\frac{r_i^2}{4aT}\right) \tag{3.116}$$

井函数 W 随 r 的增大而减小，实际应用时只取有限项即可，根据精度要求选取参与计算的井数。

鲍切维尔建议，当 $t\leqslant 0.5(l^2/a)$（a 为压力传导系数，$a=T/\mu^*$）时，取一实二虚3个井作近似计算即可满足实际要求。含水层的中部降深计算误差不会超过3%～5%，边界处误差可能达到10%～12%。

当抽水时间足够长，$t>0.5(l^2/a)$ 时，可用下列近似公式计算：

$$s=\frac{Q}{4\pi T}\left\{\frac{4\pi\sqrt{aT}}{l}f(v)+\ln\frac{e^{\frac{2\pi x}{l}}}{4\left[\mathrm{ch}\frac{\pi x}{l}-\cos\frac{\pi(y+a)}{l}\right]\left[\mathrm{ch}\frac{\pi x}{l}-\cos\frac{\pi(y-a)}{l}\right]}\right\} \tag{3.117}$$

式中：

$$f(v)=\mathrm{ierfc}(v)=\frac{e^{-v^2}}{\sqrt{\pi}}-v\,\mathrm{erfc}(v)$$

$$\mathrm{erfc}(v)=1-\mathrm{erf}(v)=\frac{2}{\sqrt{\pi}}\int_v^{\infty}e^{-t^2}\,dt\text{（余补误差函数）}$$

$$\mathrm{erf}(v)=\frac{2}{\sqrt{\pi}}\int_0^{v}e^{-t^2}\,dt\text{（高斯误差函数或概率积分函数）}$$

$$v=\frac{x}{2\sqrt{at}}$$

为方便使用，$f(v)$已做成函数表。

对于抽水井井壁处的降深为：

$$s_{\mathrm{w}}=\frac{Q}{4\pi T}\left(\frac{7.1\sqrt{at}}{l}+2\ln\frac{0.16l}{r_{\mathrm{w}}\sin\frac{\pi a}{l}}\right) \tag{3.118}$$

3.4.5.4 半无限厚含水层中不完整井的井流

如果井底揭穿了承压含水层的顶板，就构成井底或井壁进水的不完整井，井底进水的抽水井在场地修复中基本不使用。如果含水层厚度很大，则其底板对井流的影响可以忽略不计。

(1) 井壁进水的承压水不完整井的井流公式

巴布什金公式：

$$Q=\frac{4\pi Kls_{\mathrm{w}}}{\operatorname{arsh}\frac{0.25l}{r_{\mathrm{w}}}+\operatorname{arsh}\frac{1.75l}{r_{\mathrm{w}}}}=\frac{2\pi Kls_{\mathrm{w}}}{\ln\frac{1.32l}{r_{\mathrm{w}}}} \tag{3.119}$$

式中 l——承压含水层顶板以下抽水井过滤器的长度；

s_{w}——井壁降深；

r_{w}——过滤器半径。

公式推导时用到 $x\gg1$ 时，$\operatorname{arsh}x=(\ln\sqrt{x^2+1}+x)=\ln2x$，因此，应用上式时一般要求 $l/r_{\mathrm{w}}>5$。上式是在半无限厚含水层条件下推导出来的，实际中，$l<0.3\mathrm{m}$ 厚的含水层中，使用该公式的误差约为10%。

吉林吉斯将半椭球面换算成圆柱面后也得到近似公式：

$$Q=\frac{2\pi Kls_{\mathrm{w}}}{\ln\frac{1.6l}{r_{\mathrm{w}}}} \tag{3.120}$$

式中符号含义同上。上述两式只是系数不同，计算精度相近。

(2) 井壁进水的潜水不完整井的井流公式

当过滤器埋深较浅，$l/2<0.3\,m_0$（m_0 为过滤器中部到隔水底板的距离）时，潜水不完整井的井流公式：

$$Q=\pi Ks_{\mathrm{w}}\left(\frac{l+s_{\mathrm{w}}}{\ln\frac{R}{r_{\mathrm{w}}}}+\frac{l}{\ln\frac{0.66l}{r_{\mathrm{w}}}}\right) \tag{3.121}$$

式中 s_{w}——井降深；

r_{w}——过滤器半径；

l——滤器长度；

R——影响半径。

3.4.5.5 有限厚含水层中不完整井的井流

当含水层厚度有限时，需要同时考虑隔水顶板和隔水底板对水流的影响。马斯凯特

(Muskat) 研究了有限厚含水层中井过滤器与隔水顶板相连时稳定流的水头分布，采用汇线无限次映像得到承压水不完整井的 Muskat 公式：

$$Q=\frac{2\pi KMs_{\mathrm{w}}}{\frac{1}{2\lambda}\left(2\ln\frac{4M}{r_{\mathrm{w}}}-2.3A\right)-\ln\frac{4M}{R}} \tag{3.122}$$

式中　λ——抽水井不完整系数，$\lambda=l/M$。

$$A=f(\lambda)=\frac{\Gamma(0.875\lambda)\Gamma(0.125\lambda)}{\Gamma(1-0.875\lambda)\Gamma(1-0.125\lambda)}$$

式中　Γ——伽马函数。

A 可由图表查取。当 $\lambda=1$ 时，即为完整井，$A=0$，此时上式变为完整井公式。

使用该公式时，λ 不宜过小，一般 $l/r_{\mathrm{w}}>5$ 时，利用该公式计算的结果误差不超过10%。

3.5　污染物迁移的基本原理

3.5.1　相间分配作用

污染物一旦进入土壤与地下水环境，会在液相（地下水、自由相）-固相（土壤颗粒）-气相（土壤空气）多相之间进行质量分配与平衡，这个过程主要是物理过程，从污染物进入土壤与地下水环境的那一刻起就开始发生，通常认为是一个相对瞬态过程，是污染物后续迁移转化的起点。在包气带中，污染物在自由相-土壤-气相-液相（非饱和地下水）之间进行分配；在饱和带中，污染物在自由相-土壤-液相（饱和地下水）之间进行分配。总体上，污染物特别是非水相液体（NAPL）在土壤与地下水环境中以四种相态存在（如图3.26所示）：①无机固相或有机自由相；②吸附于土壤颗粒中；③溶解于水相中；④挥发到土壤孔隙中的气相。

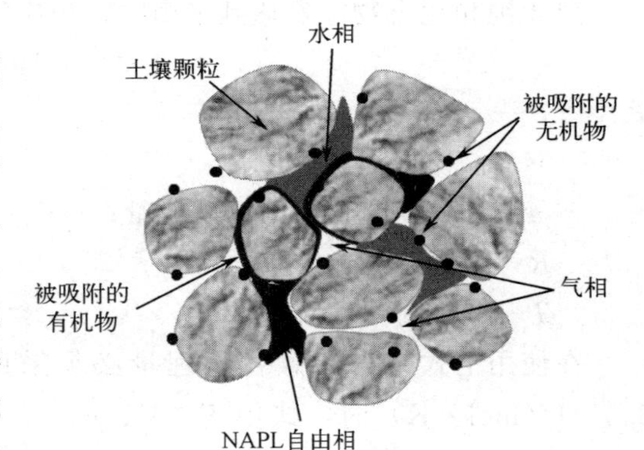

图3.26　污染物在土壤与地下水中的分配途径

污染物在不同的相间会根据环境条件的变化发生重新分配与平衡，并对污染物的迁移转化起到重要影响。国际上主要采用线性分配模型预测污染物在不同相间的分配行为。

3.5.1.1　自由相与气相的平衡

当液体与空气相接触时，液体中的分子倾向于向外逃逸或向外挤压，以蒸气的形式通过蒸发或挥发进入气相，这个过程称为挥发作用，形成的蒸气压最终与气相压力达到平衡。可用克劳修斯-克拉佩龙（Clausius-Clapeyron）方程描述：

$$\ln\frac{P_2}{P_1}=-\frac{\Delta H_{\mathrm{vap}}}{R}\left(\frac{1}{T_1}-\frac{1}{T_2}\right) \tag{3.123}$$

式中　P——纯液相组分的蒸气压，常用毫米汞柱（mmHg）或大气压（atm）表示，$760\mathrm{mmHg}=1\mathrm{atm}=1.013\times10^5\mathrm{N/m^2}=1.013\times10^5\mathrm{Pa}$；

T——绝对温度，K；

R——理想气体常数，J/(mol·K) 或 atm·L/(mol·K)；

ΔH_{vap}——液体的蒸发焓，假设不随温度变化。

蒸气压与温度有关，一般来说，温度越高蒸气压越高。安托因（Antoine）方程描述了蒸气压与温度的关系：

$$\ln P = A - \frac{B}{T+C} \tag{3.124}$$

式中 P——纯液相组分的蒸气压；

A、B、C——物性常数，不同物质对应不同的值；

T——绝对温度。

该方程适用于大多数化合物。

对于液体混合物，其气液平衡符合拉乌尔（Raoult）定律：

$$P_A = P x_A \tag{3.125}$$

式中 P_A——组分 A 在气相中的分压；

P——组分 A 为纯相时的蒸气压；

x_A——组分 A 在液体混合物中的摩尔分数。

该定律适用于理想溶液。

对于纯相化合物挥发达到平衡时，相应气相中的浓度可用气体状态方程计算：

$$PV = nRT \tag{3.126}$$

式中 P——蒸气压；

V——体积；

n——气相化合物的物质的量；

R——理想气体常数；

T——绝对温度。

在使用上式时需注意各物理量必须采用与 R 的数值及单位相匹配的单位，即 $R=8.314$J/(mol·K) 时，式中 P、V、n、T 只能用各自的基本单位 Pa、m^3、mol、K；当 $R=0.082$atm·L/(mol·K) 时，式中 P、V、n、T 的单位为 atm、m^3、mol、K。

根据式(3.126)，单位体积的质量浓度可以用分子量从单位体积的物质的量浓度转换而来：

$$C = \frac{n \times MW}{V} = \frac{PV}{RT} \times \frac{MW}{V} = \frac{PMW}{RT} \times 10^6 \tag{3.127}$$

式中 C——气相化合物的单位体积质量浓度，mg/m^3；

MW——分子量；

P——蒸气压，atm；

R——理想气体常数，0.082atm·L/(mol·K)；

T——绝对温度，K；

10^6——对应 C 的单位的转换系数。

例题 3.10 由甲苯［$C_6H_5(CH_3)$，分子量 92］、乙苯［$C_6H_5(C_2H_5)$，分子量 106］和二甲苯［$C_6H_4(CH_3)_2$，分子量 106］组成的工业溶剂泄漏到场地的包气带中，三者的含量分别为

40%、30%和 30%，地下温度为 20℃，试估算包气带中土壤孔隙中三者的最大气相浓度。

解：根据甲苯、乙苯和二甲苯的物化性质，甲苯的蒸气压是 22mmHg，乙苯的蒸气压是 7mmHg，二甲苯的蒸气压是 10mmHg。

根据三者的质量分数，得：

甲苯的摩尔分数为：(40%/92)/[(40%/92)+(30%/106)+(30%/106)]=43.4%

乙苯的摩尔分数为：(30%/106)/[(40%/92)+(30%/106)+(30%/106)]=28.3%

二甲苯的摩尔分数为：(30%/106)/[(40%/92)+(30%/106)+(30%/106)]=28.3%

根据拉乌尔定律，可得：

土壤孔隙中甲苯的最大分压为：22×43.4%=9.55mmHg=0.0126atm=12600ppm

土壤孔隙中乙苯的最大分压为：7×28.3%=1.98mmHg=0.0026atm=2600ppm

土壤孔隙中二甲苯的最大分压为：10×28.3%=2.83mmHg=0.0037atm=3700ppm

则根据式(3.127) 得：

土壤孔隙中甲苯的最大气相浓度为：

$$C=\frac{PMW}{RT}\times 10^6=\frac{0.0126\times 92}{0.082\times(273+20)}\times 10^6=48247.0(\mathrm{mg/m^3})$$

土壤孔隙中乙苯的最大气相浓度为：

$$C=\frac{PMW}{RT}\times 10^6=\frac{0.0026\times 106}{0.082\times(273+20)}\times 10^6=11470.9(\mathrm{mg/m^3})$$

土壤孔隙中二甲苯的最大气相浓度为：

$$C=\frac{PMW}{RT}\times 10^6=\frac{0.0037\times 106}{0.082\times(273+20)}\times 10^6=16324.0(\mathrm{mg/m^3})$$

也可以采用气相中 ppm 与 $\mathrm{mg/m^3}$ 转换的方法，1ppm$V$=MW/摩尔体积，摩尔体积在 0℃时为 22.4，20℃时为 24.05，25℃时为 24.5。

3.5.1.2　液相与气相的平衡

污染物在地下环境中遇到水会溶解，溶解的程度根据污染物的性质而不同。同时，污染物分子也有从水相中逃逸到气相中的趋势，当污染物溶解到水中的速率与从水相中挥发出来的速率相等时，即达到平衡。通常用亨利（Henry）定律来表达这个关系：

$$P=HC$$

或

$$G=HC \tag{3.128}$$

式中　P——污染物在气相中的蒸气分压；

C——污染物在液相中的浓度；

G——污染物在气相中的浓度；

H——亨利常数。

亨利常数是相同温度条件下测定的蒸气压与溶解度的比值，根据使用习惯不同，常用单位有 atm·L/mol、kPa·L/mol、mol/L·atm、mol/L·kPa、atm·L/mg、kPa·L/mg 及无量纲。无量纲形式的意义是气相中溶质的浓度与液相中溶质的浓度之比，可表示为 (mg/L)/(mg/L)。不同单位的亨利常数换算见表 3.4 所示，污染场地中常见污染物的亨利常数见表 4.2。

表 3.4　亨利常数换算表（Jeff，2014）

常用单位	换算方程
atm・L/mol	$H=H^* RT$
atm・m^3/mol	$H=H^* RT/1000$
mol/L・atm	$H=1/(H^* RT)$
atm/(液相摩尔分数)或 atm	$H=(H^* RT)(1000\gamma/w)$
(气相摩尔分数)/(液相摩尔分数)	$H=(H^* RT)(1000\gamma/w)/P$

注：H^* 为无量纲亨利常数，γ 为溶液相对密度（稀溶液为 1），w 为溶液的等价分子量（低浓度的含水相溶液为 18），R 为 0.082atm・L/(mol・K)，T 为绝对温度，P 为用 atm 表示的压力。

Henry 定律只适用于溶解度很小的体系，不能用于压力较高的体系。一般气相压力越高，亨利常数越大；溶解度越小，亨利常数越大。大多数化合物随着温度的升高，其气相压力增加而溶解度减少。

例题 3.11　某场地包气带土壤中土壤气的三氯甲烷检测浓度为 5.6g/m^3，地下温度为 20℃，试估算在该土壤气采样点处土壤水分中三氯甲烷的浓度。

解：查得三氯甲烷的亨利常数为 343kPa・L/mol，将其转换成无量纲形式 H^*：

根据：

$$H=H^* RT$$

得：

$$H^*=\frac{H}{RT}=\frac{\dfrac{3.43\times10^5}{1.013\times10^5}}{0.082\times(273+20)}=0.141$$

根据亨利定律有：

$$C=\frac{G}{H^*}=\frac{5.6}{0.141}=39.7(\text{mg/L})$$

3.5.1.3　固相与液相的平衡

土壤是多孔疏松介质，表面带有电荷，具有很大的表面积和吸附能，土壤具有很好的吸附作用。当污染物进入土壤与地下水环境中时，会吸附进入其中的液相中的污染物。吸附过程既与吸附剂（土壤颗粒或注入地下水中的活性物质）有关，也与吸附质（污染物）和溶剂（地下水）有关。土壤的吸附机理一般包括：①吸附在土壤矿物或有机质的表面及气液界面；②污染物与土壤基质表面进行离子交换；③溶解在土壤的有机质中；④带电荷的污染物与土壤介质表面相反电荷吸引结合；⑤污染物官能团与土壤介质表面形成结合键；⑥有机化合物凝结在土壤介质微孔隙中。

在固-液体系中，恒定温度下污染物在固液两相达到平衡时的平衡关系一般用吸附等温曲线表示，常用的有朗缪尔（Langmuir）吸附等温线、弗兰德里希（Freundlich）吸附等温线以及 BET 吸附等温线公式。

（1）Langmuir 吸附等温线公式

Langmuir 吸附等温线公式如下：

$$S=S_{\max}\frac{KC}{1+KC} \tag{3.129}$$

式中 S——固体吸附的浓度；

S_{max}——饱和吸附浓度；

C——液相中的浓度；

K——平衡常数，$1/K$ 为半饱和系数。

对上式两边取倒数，可得：

$$\frac{1}{S}=\frac{1}{S_{max}K}\times\frac{1}{C}+\frac{1}{S_{max}}$$

利用该式作$\frac{1}{S}$-$\frac{1}{C}$线性关系曲线，求出直线的斜率 $i=\frac{1}{S_{max}K}$，可求出公式中的参数 S_{max} 和 K。

(2) Freundlich 吸附等温线公式

Freundlich 吸附等温线公式如下：

$$S=KC^{\frac{1}{n}} \tag{3.130}$$

式中 K——经验常数；

n——经验常数，与吸附剂、吸附质、溶剂以及温度有关。

当 $n>1$ 时，吸附自由能随吸附量的增加而向正值增加，曲线向下弯曲；当 $n<1$ 时，吸附自由能随吸附量的增加而向负值减小，曲线向上弯曲；当 $n=1$ 时，为线性吸附，吸附浓度与溶液中浓度成正比。

研究证明，线性吸附 $S=KC$ 可适用于许多吸附现象，计算简单，应用较广。

(3) BET 吸附等温线公式

BET 吸附等温线公式如下：

$$\frac{S}{S_{max}}=\frac{cx}{(1-x)[1+(c-1)x]} \tag{3.131}$$

式中 x——浓度或压力比，$x=C/C^0$ 或 P/P^0；

C^0——吸附质的溶解度；

P^0——纯吸附质的蒸气压；

S_{max}——单层吸附容量，类似 Langmuir 中的 S_{max}；

c——经验常数。

BET 吸附等温线在污染物浓度很低时是线性的。该公式多用于气态污染物的吸附，也可以用于液相中离子的吸附。

对于土壤来说，由于土壤类型及性质差异大，对不同的土壤上述公式中的参数也不同，这使得上述经验式的普遍应用受到了限制。

(4) 分配系数

在固-液两相体系中，根据线性吸附等温线公式：

$$S=KC$$

可得：

$$K=\frac{S}{C} \tag{3.132}$$

对于土壤-水两相体系中，土壤对污染物的吸附分配系数公式常写为：

$$K_d=\frac{S}{C}\text{或}\frac{C_s}{C_w} \tag{3.133}$$

式中　K_d——污染物在土壤-水中的分配系数，表示污染物在两介质间的分配程度，等于吸附等温线的斜率，其单位为“溶剂体积/吸附质质量”，mL/g 或 L/kg；

S、C_s——吸附在土壤中的污染物的平衡浓度；

C、C_w——水相中污染物的平衡浓度。

大量研究证明，无机物与有机物在固液两相系统中的分配显著不同。无机化合物的 K_d 值分布范围很大，具有较大的不确定性。但对于有机化合物来说，土壤中固有的有机质对有机污染物的吸附产生了根本性影响，这种吸附能力取决于土壤中有机质对有机化合物的疏水键合作用。研究发现，土壤有机碳含量不低于1%时，土壤对有机化合物的吸附分配基本发生在有机碳部分，分配系数与土壤中有机碳含量 f_{oc} 呈线性关系，即：

$$K_d=f_{oc}K_{oc} \tag{3.134}$$

式中　K_{oc}——有机化合物碳分配系数，即有机化合物在纯有机碳中的分配系数；

f_{oc}——土壤有机碳含量。

有时也使用土壤有机质的分配系数 K_{om}：

$$K_d=f_{om}K_{om} \tag{3.135}$$

式中　f_{om}——土壤有机质的含量。

由于有机碳仅为有机质的一部分，因此 K_{oc} 大于 K_{om}，二者的近似关系为：

$$K_{oc}=1.72K_{om} \tag{3.136}$$

鉴于很多有机化合物没有 K_{oc} 值，有时就把 K_{oc} 与其他易获得的化学性质参数相关联，比较常见的是辛醇-水分配系数：

$$K_{ow}=\frac{C_{ow}}{C_w} \tag{3.137}$$

式中　K_{ow}——有机化合物在辛醇-水两相体系中的分配系数；

C_{ow}——有机化合物在正辛醇中的平衡浓度；

C_w——有机化合物在水相中的平衡浓度。

辛醇-水分配系数（K_{ow}）可以代表化合物的疏水性，与溶解度成反比，是模拟有机化合物的替代品。K_{ow} 是通过实验测得的，是在辛醇和水体积比为50：50的条件下测定的化合物的平衡辛醇相浓度与水相浓度之比。也可以用一些经验公式计算：

$$\lg K_{ow}=-a\lg C_w+b \tag{3.138}$$

式中　a、b——经验系数；

C_w——有机污染物在水中的溶解度。

之所以用 $\lg K_{ow}$，是因为 K_{ow} 值的范围很大，大多数化合物的 K_{ow} 介于1～100之间，但最大可达 10^8。有研究认为，$K_{ow}<500$（$\lg K_{ow}<2.7$）时，化合物溶解度高，迁移性强；$500\leqslant K_{ow}\leqslant 1000$（$2.7\leqslant \lg K_{ow}\leqslant 3.0$）时，溶解度中等，迁移性可能高或低；$K_{ow}>1000$（$\lg K_{ow}>3.0$）时，溶解度低，迁移性弱。

K_{ow} 亦可以用组成有机化合物的官能团的贡献量进行大概估计，可参考相关文献。

K_{oc} 和 K_{ow} 小时，有机化合物是亲水性的，土壤对化合物的吸附作用弱；K_{oc} 和 K_{ow} 大时，有机化合物是疏水性的，土壤对化合物的吸附作用强。二者之间有一定的关系：

$$\lg K_{oc}=a\lg K_{ow}+b \tag{3.139}$$

式中 a、b——经验系数。

来自不同文献的不同有机化合物的 K_{oc} 和 K_{ow}、C_w 的关联方程见表3.5，对于不同的化合物，不同的方程计算的结果大体相当。

表3.5 K_{oc} 和 K_{ow}、C_w 的关联方程

化合物	方程	$\lg K_{ow}$ 范围	R^2	来源
芳香族、羟基的酸和酯、杀虫剂、尿素、尿嘧啶、三嗪类化合物及其混合物	$\lg K_{oc}=0.544\lg K_{ow}+1.377$ 或 $\lg K_{oc}=-0.55\lg C_w+3.64$			EPA/625/4-91/026
多环芳烃、氯代烃	$\lg K_{oc}=1.00\lg K_{ow}-0.21$			
PCBs、农药、卤代乙烷和丙烷、四氯乙烯、1,2-二氯苯	$\lg K_{oc}=-0.56\lg C_w+0.93$			
烷基及含氯苯类、多氯联苯	$\lg K_{oc}=0.74\lg K_{ow}+0.15$	2.2～7.3	0.96	Schwarzenbach等(2003)
多环芳烃	$\lg K_{oc}=0.98\lg K_{ow}-0.32$	2.2～6.4	0.98	
氯酚类	$\lg K_{oc}=0.89\lg K_{ow}-0.15$	2.2～5.3	0.97	
一碳、二碳含卤素碳氢化合物	$\lg K_{oc}=0.57\lg K_{ow}+0.66$	1.4～2.9	0.68	
氯化烷类	$\lg K_{oc}=0.42\lg K_{ow}+0.93$		0.59	
氯化烯类	$\lg K_{oc}=0.96\lg K_{ow}-0.23$		0.97	
含溴化合物	$\lg K_{oc}=0.50\lg K_{ow}+0.81$		0.49	
苯基脲类	$\lg K_{oc}=0.49\lg K_{ow}+1.05$	0.5～4.2	0.62	
仅烷基及卤化酚尿素、酚甲基尿素、酚二甲基尿素	$\lg K_{oc}=0.59\lg K_{ow}+0.78$	0.8～2.9	0.87	
仅烷基及卤化酚尿素	$\lg K_{oc}=0.62\lg K_{ow}+0.62$	0.8～2.8	0.98	
疏水性化合物(只含有碳、氢或卤族元素的有机物)	$\lg K_{oc}=0.811\lg K_{ow}+0.10$	1.0～7.5		欧洲化学品管理局(European Chemical Agency)
非疏水性化合物(含有氧、氮元素的酚类、酯类、胺类)	$\lg K_{oc}=0.521\lg K_{ow}+1.02$	2.0～8.0		

有时也采用下列比较简单的关联式(Lide，1992)：

$$K_{oc}=0.63K_{ow} \tag{3.140}$$

由此可见，有机污染物在土-水两相中的吸附平衡是一种分配行为，通过有机碳含量 f_{oc} 和有机质含量 f_{om} 表达的分配系数似乎与土壤种类无关，而只与有机污染物有关。但是事实上，美国环境保护署（EPA）发现在多次测量同一化合物的有机碳-水分配系数时，经常会产生几个数量级的差异。这种不确定性可能来源于土壤特性的差异、实验方法和分析方法的差异以及实验或测量误差。EPA后续研究发现，非电离有机化合物和电离有机化合物的土壤-水分配行为不同，电离有机化合物的分配会受到土壤pH值的显著影响，非电离有机化合物的有机碳-水分配系数与辛醇-水分配系数有着很强的线性关系。因此，将有机化合物分为非电离有机化合物和电离有机化合物分别计算 K_{oc}，可以大大提高该系数的测量稳定性。

例题3.12 某场地含水层受三氯乙烯污染，采集的地下水监测井水样中三氯乙烯的浓度为65mg/L，该含水层土壤有机碳含量为2%，试计算含水层土壤中三氯乙烯的浓度。

解：

查表4.2得三氯乙烯的 $\lg K_{ow}=2.38$，则根据表3.5中的关联公式有：

$$\lg K_{oc}=1.00\lg K_{ow}-0.21=2.38-0.21=2.17$$

可得：

$$K_{oc}=10^{2.17}=147.9(\text{L/kg})$$

也可先求出 $K_{ow}=10^{2.38}=239.9$，由公式 $K_{oc}=0.63K_{ow}$ 得：

$$K_{oc}=0.63\times239.9=151.1(\text{L/kg})$$

则：

$$K_d=f_{oc}K_{oc}=2\%\times147.9=2.96(\text{L/kg})$$

由公式 $K_d=C_s/C_w$，得：

$$C_s=K_dC_w=2.96\times65=192.3(\text{mg/kg})$$

从本例可以看出，采用不同的公式计算得出的 K_{oc} 基本相近。此外，本例为了计算方便，把地下水监测井与对应的土壤视为一个简单的平衡体系。实际上，场地中污染的非均质性很大，地下水监测井进水筛管覆盖深度上的土壤污染不是均一的，并不是一一对应的关系。而且，监测井中水的浓度与监测井的结构、进水过滤管的长度、过滤管对应范围的土壤污染状况、洗井方式、取样位置等都有关，因此，在实际场地中评价地下水与土壤中污染物的浓度关系是非常复杂的，可参见文献（付融冰，2022）。

3.5.1.4 固相-液相-气相的平衡

在场地的包气带中，同时存在土壤颗粒、非饱和水、土壤孔隙空气，有时也会有非水相液体。污染物在固-液-气几相之间相互迁移，时间足够长时，几相之间会达到一个平衡状态。当其中一相的条件发生变化时，污染物又会在几相之间重新平衡，整个体系一直处于动态平衡状态中。只要知道其中一相中污染物的浓度，就可以通过平衡关系计算出其他相中的浓度。尽管实际土壤与地下水环境更为复杂，也未必能够达到平衡条件（大多数情况下土壤与地下水环境不是封闭体系），但是这样的计算还是能够为预测估计提供重要的参考。

例题 3.13 某场地中三氯乙烯储罐泄漏，三氯乙烯进入包气带中，且呈自由相存在。包气带土壤中有机质含量为 2%，地下温度为 25℃，试计算包气带中土壤气体、土壤非饱和水及土壤中三氯乙烯的最大浓度。

解： 本例即是一个污染物固-液-气多相平衡的问题。

三氯乙烯有自由相存在，可以查得 25℃下其饱和蒸气压为 60mmHg，则有：

$$60\text{mmHg}=60\text{mmHg}/(760\text{mmHg/atm})=0.079\text{atm}$$

换算为 mg/m^3 形式，三氯乙烯分子量为 131.4，则土壤孔隙气相中的三氯乙烯浓度 G 为：

$$G=0.079\times(131.4/24.5)\times10^3=423.4(\text{mg/L})$$

根据亨利定律求液相中的浓度，查表 4.2 得三氯乙烯亨利常数为 $H=9.1\text{atm}\cdot\text{L/mol}$，根据 $H=H^*RT$ 将其转化成无量纲形式，得：

$$H^*=\frac{H}{RT}=\frac{9.1}{0.082\times(273+20)}=0.38$$

根据亨利定律，水相中的浓度为：

$$C=\frac{G}{H}=\frac{423.4}{0.38}=1114(\text{mg/L})$$

再查得三氯乙烯的 $\log K_{ow}=2.38$

查表 3.5 得：

$$\log K_{oc}=1.00\log K_{ow}-0.21=2.38-0.21=2.17$$

可得：$K_{oc}=10^{2.17}=147.9(L/kg)$

由 $K_{oc}=1.724K_{om}$，可得：

$$K_{om}=K_{oc}/1.724=147.9/1.724=85.8(L/kg)$$

由公式 $K_d=f_{om}K_{om}$ 得：

$$K_d=f_{om}K_{om}=2\%\times85.8=1.716(L/kg)$$

由公式 $K_d=C_s/C_w$，得：

$$C_s=K_dC_w=1.716\times1114=1911.6(mg/kg)$$

3.5.1.5 污染物的多相分配

污染物进入地下包气带中，在多相体系中进行分配，在体积为 V 的包气带中，根据质量守恒，体积 V 中污染物总质量为溶解在液相中的污染物、吸附在土壤颗粒中的污染物、挥发到孔隙空气中的污染物以及自由相质量之和，可由下式计算：

$$M=Vn_wC+V\rho_bS+Vn_aG+m_f \tag{3.141}$$

式中 M——污染物的总质量，mg，包含了土壤颗粒吸附、液相、气相以及自由相的污染物；

V——包气带内土壤的体积，L；

n_w——土壤孔隙中水的体积占比，等于体积含水量 θ_v；

n_a——土壤孔隙中空气的体积占比，即孔隙空气体积比；

ρ_b——包气带土壤体密度，kg/L；

S——土壤中污染物的浓度，mg/kg，指吸附于单位体积干土壤颗粒上的污染物的量（土壤颗粒上还有一部分污染物溶解于吸附在土壤表面上的毛细水和结合水中），即污染物质量/土壤干质量；

G——土壤气相中污染物的浓度，mg/L；

m_f——包气带中自由相的质量，mg。

根据线性吸附关系及亨利定律，其中一相的浓度可以用其他相浓度来表示，有：

$$G=HC=H\left(\frac{S}{K_d}\right)=\left(\frac{H}{K_d}\right)S \tag{3.142}$$

$$C=\left(\frac{S}{K_d}\right)=\frac{G}{H} \tag{3.143}$$

$$S=K_dC=K_d\left(\frac{G}{H}\right)=\left(\frac{K_d}{H}\right)G \tag{3.144}$$

在无自由相的情况下，式(3.141) 可简化为：

$$\frac{M}{V}=[n_w+\rho_bK_d+n_aH]C=\left[\frac{n_w}{H}+\frac{\rho_bK_d}{H}+n_a\right]G=\left[\frac{n_w}{K_d}+\rho_b+n_a\frac{H}{K_d}\right]S \tag{3.145}$$

上式是三相的污染物质量平衡关系式，若在饱和带中，没有土壤空气，即 $n_a=0$、$n_w=n$，则可简化上式为：

$$\frac{M}{V}=[n+\rho_bK_d]C=\left[\frac{n}{K_d}+\rho_b\right]S$$

$\frac{M}{V}$为单位体积中污染物的平均质量。由于土壤空气中的污染物与土壤颗粒中及液相中的相比很小，总污染物可用下式近似表示：

$$\frac{M}{V}=X\rho_{\mathrm{wet}} \tag{3.146}$$

式中 X——土壤中污染物湿浓度，mg/kg，包含吸附于土壤颗粒上以及土壤毛细水与结合水中的污染物，等于污染物质量/湿土壤质量；

ρ_{wet}——土壤湿体密度，kg/L。

将式(3.146)代入式(3.145)可得：

$$X=\left(\frac{n_{\mathrm{w}}+\rho_{\mathrm{b}}K_{\mathrm{d}}+n_{\mathrm{a}}H}{\rho_{\mathrm{wet}}}\right)C=\left(\frac{\frac{n_{\mathrm{w}}}{H}+\frac{\rho_{\mathrm{b}}K_{\mathrm{d}}}{H}+n_{\mathrm{a}}}{\rho_{\mathrm{wet}}}\right)G=\left(\frac{\frac{n_{\mathrm{w}}}{K_{\mathrm{d}}}+\rho_{\mathrm{b}}+n_{\mathrm{a}}\frac{H}{K_{\mathrm{d}}}}{\rho_{\mathrm{wet}}}\right)S \tag{3.147}$$

知道其中部分参数，可以利用上式进行污染物的多相分配计算。

例题 3.14 某化工厂的小型危废仓库发生甲苯泄漏，该仓库墙壁在地下的基础隔离性较好，在包气带内围成的空间面积为 $5\mathrm{m}^2$，地下水潜水位埋深为 2.0m，包气带为杂填土，饱和带为黏性土层。设置了一口土壤气检测井，测得甲苯的气相浓度 G 为 $286\mathrm{mg/m}^3$，包气带中无自由相存在。通过地勘获知包气带土壤孔隙度为 38%，非饱和水占据了 25%，土壤的干体密度为 $1.56\mathrm{g/cm}^3$，湿密度为 $1.8\mathrm{g/cm}^3$，有机碳含量为 2%。试计算 20℃下甲苯在包气带中的总量以及土壤、地下水及气体中的质量分配。

解： 首先确定计算范围，即甲苯泄漏的影响范围，考虑到地下水墙体四周基础隔离性较好，含水层为黏性土，渗透性较差，可视为甲苯相对均匀地分布在该 $10\mathrm{m}^3$ 的空间中。

查取甲苯的物化性质知，分子量为 92.1，20℃下无量纲亨利常数为 0.279。

包气带中空气的体积为：

$$V_{\mathrm{a}}=10\times0.38\times(1-0.25)=2.85(\mathrm{m}^3)$$

包气带气体中甲苯的质量为：

$$m_{\mathrm{a}}=G\times V_{\mathrm{a}}=286\times2.85=815.10(\mathrm{mg})$$

再根据亨利定律确定在液相中的质量。根据 $C=G/H$，得：

$$C=\frac{G}{H}=\frac{286}{0.279}=1025.09(\mathrm{mg/m}^3)$$

非饱和水的体积为：

$$V_{\mathrm{l}}=10\times0.38\times0.25=0.95(\mathrm{m}^3)$$

土壤非饱和水中甲苯的质量为：

$$m_{\mathrm{l}}=V_{\mathrm{l}}\times C=0.95\times1025.09=973.84(\mathrm{mg})$$

查得甲苯的 $K_{\mathrm{oc}}=234\mathrm{L/kg}$，则：

$$K_{\mathrm{d}}=f_{\mathrm{oc}}\times K_{\mathrm{oc}}=0.02\times234=4.68(\mathrm{L/kg})$$

土壤颗粒中的甲苯浓度为：

$$S=K_{\mathrm{d}}C=4.68\times1025.1=4.80(\mathrm{mg/kg})$$

也可根据公式：

$$X=\left(\frac{\frac{n_{\mathrm{w}}}{H}+\frac{\rho_{\mathrm{d}}K_{\mathrm{d}}}{H}+n_{\mathrm{a}}}{\rho_{\mathrm{wet}}}\right)G$$

得土壤中甲苯湿浓度：

$$X=\left(\frac{\frac{0.095}{0.279}+\frac{1.56\times4.68}{0.279}+0.285}{1.8}\right)\times0.286=4.26(\mathrm{mg/kg})$$

可以看出土壤中甲苯的湿浓度略低于干浓度。

土壤的质量为：

$$M_s = V \times \rho_d = 10 \times 1.56 = 15600(\mathrm{kg})$$

则土壤中吸附的甲苯质量为：

$$m_s = M_s \times S = 15600 \times 4.80 = 74880(\mathrm{mg})$$

在包气带中三相中的甲苯总质量为：

$$m = m_a + m_l + m_s = 815.10 + 973.84 + 74880 = 76668.94(\mathrm{mg})$$

气相中甲苯的占比为：815.10/76668.94=1.06%

液相中甲苯的占比为：973.84/76668.94=1.27%

固相中甲苯的占比为：74889/76668.94=97.67%

通过该例可看出，甲苯绝大部分都吸附在固体颗粒上，气相中的甲苯含量最低。一般来说，忽略土壤气相中的污染物质量不会对污染物浓度的估值造成明显的影响。

3.5.2 对流

污染物随地下水流一起迁移的过程称为对流作用，有时也称平流或推流作用。对流作用是一个物理过程，仅发生空间位置的移动，污染物的总量不发生变化。污染物在土壤孔隙中随水流的实际渗透速度 u 与渗流速度 v 的关系为：

$$v = nu$$

根据达西定律有：

$$u = -\frac{K}{n} \times \frac{\mathrm{d}H}{\mathrm{d}L}$$

对流通量是污染物浓度和渗流速度或孔隙平均速度的乘积。因此，在饱和含水层中，污染物迁移的对流通量 F 可表达为：

$$F = vC = nuC = -KC\frac{\mathrm{d}H}{\mathrm{d}L} = -KC \tag{3.148}$$

式中　F——污染物通量，$\mathrm{kg/(m^2 \cdot s)}$；

C——地下水中污染物浓度，$\mathrm{kg/m^3}$；

n——土壤孔隙度；

K——渗透系数；

$\frac{\mathrm{d}H}{\mathrm{d}L}$——水头梯度，为负值，水头梯度可写为 x、y、z 三维形式。

对于非饱和土壤来说，水在孔隙中实际渗透速度 u 是含水量 θ 的函数，即 $u = u(\theta)$；渗透系数也是含水量 θ 的函数，即 $K = K(\theta)$。污染物迁移的对流通量 F 可表达为：

$$F = vC = \theta Cu(\theta) = -K(\theta)C\frac{\mathrm{d}H}{\mathrm{d}L} \tag{3.149}$$

对流是污染物在地下水环境中迁移的主要机制。

3.5.3 扩散

水分子的热运动导致的污染物从高浓度处向低浓度处分散的现象称为分子扩散或扩散，

是水中溶解的离子和分子从高浓度区向低浓度区迁移的过程。扩散作用是分子尺度的过程，是由浓度梯度和无规则运行导致的，无论是静止的还是流动的流场中都会发生。扩散作用可用菲克定律描述，即单位时间内通过垂直于扩散方向单位截面积的扩散物质通量与该截面处物质浓度梯度成正比，表达为：

$$F=-D_0\frac{\mathrm{d}C}{\mathrm{d}x} \tag{3.150}$$

式中 F——扩散通量，即单位时间通过单位面积的溶质质量，$kg/(m^2 \cdot s)$；

D_0——扩散系数，m^2/s，25℃下，D_0 值介于 $1\times10^{-9}\sim2\times10^{-9} m^2/s$ 之间；

C——扩散物质的浓度，kg/m^3；

x——扩散距离，m；

$\frac{\mathrm{d}C}{\mathrm{d}x}$——扩散物质的浓度梯度，由高浓度向低浓度扩散，为负值。

$\frac{\mathrm{d}C}{\mathrm{d}x}$不随时间变化的扩散为稳态扩散，即扩散物质的浓度只随距离变化，不随时间变化，各处的扩散通量都是一样的，这就是菲克第一定律。

实际上，大多数的扩散都是非稳定扩散，即扩散物质的浓度随时间是变化的，各处的扩散通量都是不一样的，这就是菲克第二定律：

$$\frac{\mathrm{d}C}{\mathrm{d}t}=\frac{\partial C}{\partial x}\left(D_0\frac{\partial C}{\partial x}\right) \tag{3.151}$$

在扩散系数 D_0 与浓度无关的情况下，上式可为：

$$\frac{\mathrm{d}C}{\mathrm{d}t}=D_0\frac{\partial^2 C}{\partial x^2} \tag{3.152}$$

式中 t——扩散时间；

D_0——分子扩散系数。

D_0 可通过 Wike-Chang 法求得：

$$D_0=\frac{5.06\times10^{-7}T}{\mu V^{0.6}} \tag{3.153}$$

式中 T——温度，K；

μ——水的黏度，厘泊（cP），$1cP=10^{-3}Pa\cdot s$；

V——正常沸点下溶质的摩尔体积，cm^3/mol。

式中 V 可以通过 LeBas 法计算（Jeff，1999），分子体积可由分子体积增量的附加量加和求得。单位摩尔分子（原子）的体积增量见表 3.6。

表 3.6 单位摩尔分子（原子）的体积增量

分子(原子)	增量/(cm^3/mol)	分子(原子)	增量/(cm^3/mol)
碳	14.8	氮	
氢	3.7	双键	15.6
溴	27	伯胺	10.5
氯	24.6	仲胺	12.0

续表

分子(原子)	增量/(cm^3/mol)	分子(原子)	增量/(cm^3/mol)
氧(除以下外)	7.4	环	
在甲酸和甲醚中	9.1	三环	−6.0
在乙酯和乙醚中	9.9	四环	−8.5
在更高的酯和醚中	11.0	五环	−11.5
在酸中	12.0	六环	−15.0
连接有 S、P、N	8.3	萘	−30.0
		无烟煤	−47.5

注：引自 Sherwood，1975。

由式(3.153) 可知，污染物在水中的扩散系数与温度成正比，与水的黏度成反比。水的黏度随温度上升而减小，扩散系数与温度、黏度的关系如下（Jeff，1999）：

$$\frac{D_{T_1}}{D_{T_2}}=\frac{T_1}{T_2}\times\frac{\mu_2}{\mu_1} \tag{3.154}$$

式中 D_{T_1}、D_{T_2}——温度为 T_1、T_2 时的扩散系数；

T_1、T_2——绝对温度，K；

μ_1、μ_2——温度为 T_1、T_2 时的水的黏度，厘泊。

扩散系数也可以用其他类似化合物的扩散系数和分子量的关系式计算：

$$\frac{D_1}{D_2}=\sqrt{\frac{MW_2}{MW_1}}$$

式中 D_1——污染物 1 的扩散系数；

D_2——污染物 2 的扩散系数；

MW_1——污染物 1 的分子量；

MW_2——污染物 2 的分子量。

在地下环境中，由于有固体颗粒的存在，污染物扩散受到固体颗粒的阻碍，需要经历弯弯曲曲的孔隙，其扩散路径不像在溶液中那样直接，需要引入一个有效扩散系数 D_e：

$$D_e=\omega D_0$$

式中，D_0 为分子扩散系数；ω 为水力弯曲系数，是多孔介质的固有属性，定义为实际流经路径的长度与路径两端之间的直线距离之比，是一个与弯曲度有关的系数，弯曲度表示多孔介质中溶质流动路径形状的状态，其值小于 1，可通过实验确定。采用均质砂测出的 ω 值为 0.7 或 0.67，也有的得出值为 0.01～0.5。

根据菲克定律，在地下多孔介质中，污染物的扩散通量与污染物的浓度梯度成正比。由于地下水只能在土壤孔隙中流动，因此，在饱和带中污染物的扩散通量需要用土壤孔隙度 n 做修正：

$$F=-nD_s\frac{dC}{dx} \tag{3.155}$$

式中 D_s——饱和带中的扩散系数。

在非饱和带中，分子扩散系数 D_u 是含水量的函数，$D_u=D_u(\theta)$，则扩散通量为：

$$F=-\theta D_{u}(\theta)\frac{dC}{dx} \tag{3.156}$$

非饱和带中的分子扩散系数 D_u 一般小于饱和带中 D_s，二者关系常用下式表示：

$$D_{u}=D_{s}\tau \tag{3.157}$$

式中，τ 为土壤弯曲因子，无量纲，对多数土壤来说，τ 值为 0.3～0.7。

扩散作用主要发生在静止水流或低流速的介质中。

例题 3.15 用 LeBas 法计算二甲苯在 20℃水溶液中的扩散系数。

解： 二甲苯的分子式为 $C_6H_4(CH_3)_2$，包含一个苯环和两个甲基。

20℃水的黏度为 1.002 厘泊。

分子体积可由分子体积增量的附加量加和求得（根据表 3.6）：

$V_C=(14.8cm^3/mol)\times 8=118.4cm^3/mol$

$V_H=(3.7cm^3/mol)\times 10=37.0cm^3/mol$

$V_{六环}=-15.0cm^3/mol$

则 $V=118.4cm^3/mol+37.0cm^3/mol-15.0cm^3/mol=140.4cm^3/mol$。

根据式(3.153) 得：

$$D_0=\frac{5.06\times 10^{-7}\times (273+20)}{1.002\times (140.4)^{0.6}}=0.76\times 10^{-5}(cm^2/s)$$

3.5.4 弥散

达西曾利用土柱实验研究对流过程，在土柱中连续注入示踪剂，绘制了示踪剂穿透曲线，发现污染物在地下水中的运移不仅仅受对流作用的控制呈推流式运动，而且示踪剂在运动方向上发生了弥漫扩散，也即穿透曲线的锋面不是直立的直线，而是如图 3.27 所示的“S”形。如果不存在这种弥散，则穿透曲线锋面处的示踪剂浓度应与刚注入时的相同。这种由于介质不均匀引起污染物在微观尺度上的流速和浓度与宏观尺度上的流速和浓度产生差异，从而导致污染物在土壤与地下水中的分异现象，称为机械弥散作用。机械弥散通量同样遵循非克定律，与污染物浓度梯度、土壤含水量或含水层孔隙率成正比：

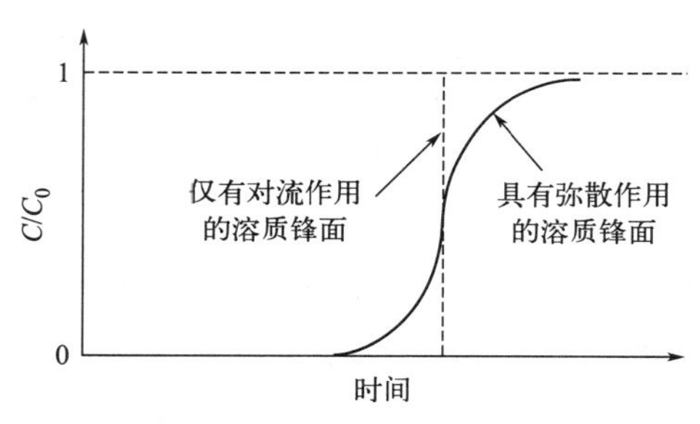

图 3.27 污染物流经柱体的穿透曲线

$$F=-nD_{m}\frac{dC}{dx}和F=-\theta D_{m}(\theta)\frac{dC}{dx} \tag{3.158}$$

式中，D_m 为机械弥散系数，m^2/s。前式为饱和带中的机械弥散通量，后式为非饱和带中的机械弥散通量。

一般认为，弥散现象主要起因于介质的非均质性，进而引起水流速度与路径的差异。如图 3.28(a) 所示，在孔道中，靠近孔壁的地方受到的摩擦力较大，流速较小，远离孔壁的地方流速较大；大孔隙中的平均流速大，小孔隙中的平均流速小［图 3.28(b)］；孔隙的非均质性导致地下水沿不同路径流动而延散，如图 3.28(c) 所示。弥散不仅发生在水流方向上，也发生在垂直于水流的方向上。沿水流方向发生的弥散作用称为纵向弥散，沿垂直于水流方向发生的弥散作用称为横向弥散。一般纵向弥散远远大于横向弥散，差别在几个数量级以上。

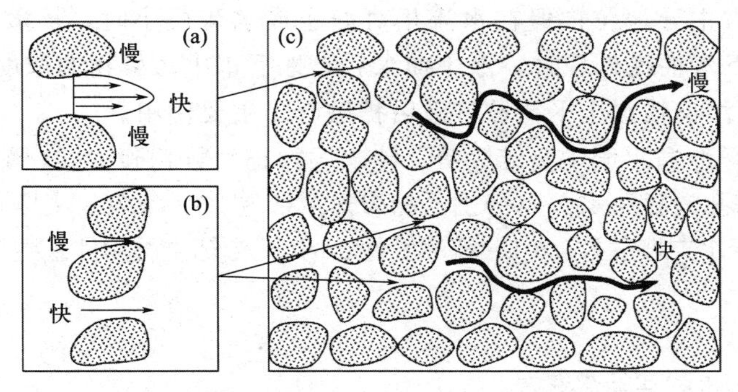

图3.28　污染物在多孔介质中的机械弥散机制

室内土柱试验研究显示，弥散作用是地下水平均线速度的函数，机械弥散系数是反映土壤孔隙扩散性能和流体扩散性能的参数，反映孔隙扩散性能的参数用弥散度 α 表示，机械弥散系数与地下水流速的关系如下：

$$D_m = \alpha u \tag{3.159}$$

式中　D_m——机械弥散系数，m^2/s；

α——弥散度，是一个与土壤粒径和均匀系数有关的常数，是多孔介质的一种性质；

u——地下水孔隙平均流速，m/s。

现场试验证明，弥散度与尺度呈正相关性。在室内土柱试验尺度下，弥散度仅为几厘米大小，但在实际场地中，弥散度可达几百米或上千米。

对于二维流场中污染物的迁移，其弥散系数可表示为：

$$D_{xx} = \frac{\alpha_L u_x^2 + \alpha_T u_y^2}{u} \tag{3.160}$$

$$D_{yy} = \frac{\alpha_T u_x^2 + \alpha_L u_y^2}{u} \tag{3.161}$$

$$D_{xy} = D_{yx} = (\alpha_L - \alpha_T)\frac{u_x u_y}{u} \tag{3.162}$$

式中　D_{xx}、D_{yy}——分别为纵向弥散系数和横向弥散系数；

α_L、α_T——分别为纵向弥散度和横向弥散度；

u——地下水孔隙平均流速。

如果地下水流为均匀流，且弥散方向与坐标轴方向一致，即 $D_{xy} = D_{yx} = 0$，则有：

$$D_{xx} = \alpha_L u, D_{yy} = \alpha_T u \tag{3.163}$$

实际上，机械弥散与分子扩散难以区分，往往是共同作用的结果，所以通常把二者的联合作用称为水动力弥散，并引入了水动力弥散系数 D_h，该系数同时考虑了机械弥散和分子扩散的作用。

$$D_h = D_e + D_m = \omega D_0 + \alpha u \tag{3.164}$$

水动力弥散通量也遵循菲克定律，与污染物浓度梯度成正比，表达公式也一样。

一般地下水中溶质的机械弥散系数比扩散系数大几个数量级。但是，在非饱和带中的气相中，扩散系数可达 $10^{-5} m^2/s$，扩散作用不能被忽略。

在前述各项作用中，地下水溶质迁移对流起主导作用，水动力弥散次之，扩散作用最小，因此地下水中污染物质量传输过程中扩散作用有时被忽略。一般情况下，在地下水流较大时，对流和弥散占主导地位；但在水流相对静止或水流极小时，扩散作用就变得比较重要。比如在污染地下水抽提处理时，停止抽水后，地下水中污染物的浓度又很快升高，即所谓的“反弹”，就是污染物水土平衡被打破后扩散起了主要作用。

例题 3.16 某场地含水层中受苯污染，含水层为黏土层和砂土层。黏土层的渗透系数为 10^{-6}cm/s，土壤有效孔隙度为 45%；砂土层的渗透系数为 10^{-2}cm/s，土壤有效孔隙度为 40%。地下水温为 20℃，若水力坡度为 0.01，弥散度为 2m，试求黏土层和砂土层的水力弥散和分子扩散系数。

解：

① 黏土层孔隙中水的实际流速为：

$$u=\frac{v}{n}=\frac{Ki}{n}=\frac{10^{-6}\times 0.01}{0.45}=2.2\times 10^{-8}(\mathrm{cm/s})$$

查取 20℃苯的分子扩散系数为 $1.02\times 10^{-5}\mathrm{cm^2/s}$，取 ω 为 0.67，则有效分子扩散系数为：

$$D_e=\omega D_0=0.67\times 1.02\times 10^{-5}=6.8\times 10^{-6}(\mathrm{cm^2/s})$$

弥散度为 2m，则机械弥散系数为：

$$D_m=\alpha u=200\times 2.2\times 10^{-8}=4.4\times 10^{-6}(\mathrm{cm^2/s})$$

则水力弥散系数为：

$$D_h=D_m+D_e=4.4\times 10^{-6}+6.8\times 10^{-6}=1.12\times 10^{-5}(\mathrm{cm^2/s})$$

② 同理可以算出砂土层的有效分子扩散系数：

$$u=\frac{v}{n}=\frac{Ki}{n}=\frac{10^{-2}\times 0.01}{0.40}=2.5\times 10^{-4}(\mathrm{cm/s})$$

则有效分子扩散系数为：

$$D_e=\omega D_0=0.67\times 1.02\times 10^{-5}=6.8\times 10^{-6}(\mathrm{cm^2/s})$$

机械弥散系数为：

$$D_m=\alpha u=200\times 2.5\times 10^{-4}=5.0\times 10^{-2}(\mathrm{cm^2/s})$$

水力弥散系数为：

$$D_h=D_m+D_e=5.0\times 10^{-2}+6.8\times 10^{-6}=5.0\times 10^{-2}(\mathrm{cm^2/s})$$

3.6 污染物转化的基本原理

3.6.1 反应动力学与热力学

化学反应是以分子尺度进行的物质化学变化过程。通过热力学可以判断化学反应的可能性、方向及趋势，通过动力学理论上可以阐明化学反应的机理。

3.6.1.1 反应动力学

化学反应动力学主要研究化学反应的速率以及各种不同因素对化学反应速率的影响。化学反应速率通常是用单位时间内物质（反应物或生成物）浓度的变化来表示。反映了化学反应进行的快慢程度。根据质量作用定律，在恒定温度下，反应速率与反应物浓度的乘积成正比。影响反应速率的基本因素是反应物的浓度和反应温度。

对于一般反应：

$$a\mathrm{A}+b\mathrm{B}=c\mathrm{C}+d\mathrm{D}$$

式中 A、B——反应物；

C、D——生成物；

a、b、c、d——化学计量数。

用各种物质的浓度 c 表示反应速率 r：

$$r=-\frac{1}{a}\times\frac{\mathrm{d}c(\mathrm{A})}{\mathrm{d}t}=-\frac{1}{b}\times\frac{\mathrm{d}c(\mathrm{B})}{\mathrm{d}t}=\frac{1}{c}\times\frac{\mathrm{d}c(\mathrm{C})}{\mathrm{d}t}=\frac{1}{d}\times\frac{\mathrm{d}c(\mathrm{D})}{\mathrm{d}t} \tag{3.165}$$

可任意选择一种反应物或生成物的浓度变化率来表示反应速率，通常选用最容易测定的反应物或生成物。

(1) 反应速率与浓度的关系

如果一个化学反应，反应物分子在碰撞中直接作用并即刻转化为生成物分子，这种化学反应称为基元反应。一个复杂反应要经过若干个基元反应才能完成。基元反应速率方程可以通过质量作用定律得出。当温度不变时，可通过组成该体系的各物质的浓度来确定反应速率，即基元反应的速率与各反应物浓度的幂乘积成正比，其中各浓度项的方次即为反应方程中各物质的系数，即：

$$r=kc^{a}(\mathrm{A})c^{b}(\mathrm{B}) \tag{3.166}$$

式中，k 为反应速率常数，一定条件下，取决于反应本性的一个特性常数，与浓度无关，但受温度、反应介质（溶剂）、催化剂等影响。

实际上只有少数简单反应（如基元反应）的质量作用定律表达式中，反应物浓度的指数与计量数一致，而对许多反应来说，两者并不一致，此时反应速率为：

$$r=kc^{m}(\mathrm{A})c^{n}(\mathrm{B}) \tag{3.167}$$

式中 r——反应速率；

$c(\mathrm{A})$、$c(\mathrm{B})$——反应物 A、B 的浓度；

m、n——反应级数，一般反应的 $m\neq a$，$n\neq b$。

如果 $m=1$，表示对 A 物质为一级反应，$n=2$，该反应对 B 物质是二级反应，二者之和为总反应级数。反应级数必须通过实验确定。反应级数的大小表示浓度对反应速率影响的程度，级数越大，反应速率受浓度的影响越大。

① 零级反应。式(3.167) 中，如果 $m=0$，反应速率与反应物浓度的零次方成正比（即与反应物浓度无关）称为零级反应。某些固体表面的反应和光化学反应等均属于零级反应。其速率方程为：

$$-\frac{\mathrm{d}c}{\mathrm{d}t}=kc_{0}=k \tag{3.168}$$

将上式在 $c_0\rightarrow c$、$0\rightarrow t$ 积分，可以得到反应时间与反应物浓度之间的关系：

$$c_{0}-c=kt \tag{3.169}$$

式中，c_0 为反应物起始浓度；c 为时间 t 时反应物的浓度。

由式(3.169) 可知，零级反应速率常数 k 的单位为浓度/时间，零级反应反应物浓度与时间呈线性关系。当反应物浓度消耗掉一半时，此时的时间为半衰期 $t_{1/2}$。将 $c=\frac{c_0}{2}$ 代入上式，可得 $t_{\frac{1}{2}}=\frac{c_0}{2k}$，因此，零级反应的半衰期与反应物的起始浓度成正比。通过以上特征可以判别反应是否属于零级反应。

② 一级反应和准一级反应。一级反应是反应速率与反应物中的一种反应物浓度的一次方成正比，速率方程可表示为：

$$-\frac{dc}{dt}=kc \tag{3.170}$$

将上式在 $c_0 \rightarrow c$、$0 \rightarrow t$ 积分，可以得到反应时间与反应物浓度之间的关系：

$$\ln\frac{c}{c_0}=-kt \tag{3.171}$$

$$k=-\frac{1}{t}\ln\frac{c}{c_0} \tag{3.172}$$

由上式可求得半衰期为：

$$t_{\frac{1}{2}}=\frac{0.693}{k} \tag{3.173}$$

由式(3.171）和式(3.172）可知，一级反应速率常数 k 的单位为［时间］$^{-1}$，说明 k 的数值与时间单位有关，与浓度单位无关。一级反应的半衰期与反应的速率常数成反比，与反应物起始浓度无关。通过以上特征可以判别反应是否属于一级反应。

基元反应的反应级数和反应分子数一般是一致的，但对于指定反应，反应分子数是一个固定数值，反应级数随反应条件不同而异。比如两种或两种以上反应物参加反应，若控制一种反应物大量过剩，则该反应物的浓度可近似看成常数，因此，从形式上看为一级反应，但实际上有两种反应物参加反应，这种反应称为假一级反应。

③ 二级反应。从反应总级数的定义可知，二级反应有两种类型，一种是反应速率与单一反应成分的浓度平方成正比，另一种是反应速率与两个不同反应成分的浓度一次方的乘积成正比。本书只讨论原料为单一组分或原料中两种组分最初浓度相同的简单情况。其速率方程为：

$$-\frac{dc}{dt}=k_2c_1c_2=kc^2 \tag{3.174}$$

将上式在 $c_0 \rightarrow c$、$0 \rightarrow t$ 积分，可以得到反应时间与反应物浓度之间的关系：

$$\frac{1}{c}=kt \tag{3.175}$$

$$k=\frac{1}{t}\times\frac{c_0-c}{cc_0} \tag{3.176}$$

由上式可求得半衰期为：

$$t_{\frac{1}{2}}=\frac{1}{kc_0} \tag{3.177}$$

由式(3.175）和式(3.176）可知，二级反应速率常数 k 的单位为［浓度×时间］$^{-1}$。二级反应的半衰期与反应物的起始浓度成反比。通过以上特征可以判别反应是否属于二级反应。

④ 反应级数的确定。在动力学研究中，通常要建立反应的速率方程，反应级数确定了，即可确定速率方程。

确定反应级数的方法很多，本书以初始速率法为例。初始速率法是指由反应物初始浓度的变化确定反应速率的方法。该方法为：将反应物按照不同组成配制一系列混合物，首先只改变一种反应物 A 的浓度，保持其他反应物浓度不变，反应在某一温度下开始进行，记录在一定时间间隔内 A 的浓度变化，再求相应的平均速率。如果控制反应条件，使反应时间足够短，以致反应物 A 的浓度变化很小，这时的平均速率就近似等于瞬时速率，从而确定 A 的反应级数。同样，可以确定其他反应物的反应级数。

例题 3.17 反应物 A、B 发生如下反应：

$$2A+2B=C+D$$

试用初始速率法确定该反应的速率方程式和反应级数。

解： 配制一系列不同组成的 A 与 B 的混合物。首先保持 $c(B)$ 不变，只改变 $c(A)$。在适当短的时间间隔内，通过测定浓度的变化，确定各物质浓度的改变和反应速率。然后再保持 $c(A)$ 不变，只改变 $c(B)$，确定反应速率。实验数据如表 3.7 所示。

表 3.7 反应过程中 A、B 的浓度及反应速率

实验编号	$c(B)/(mol/L)$	$c(A)/(mol/L)$	$r/[mol/(L \cdot s)]$
1	0.05	0.01	8.0×10^{-5}
2	0.05	0.02	3.2×10^{-4}
3	0.05	0.04	1.3×10^{-3}
4	0.025	0.04	6.4×10^{-4}
5	0.0125	0.04	3.2×10^{-4}

由实验数据可以看出，当 $c(B)$ 不变时，$c(A)$ 增大 2 倍，r 增大 4 倍，这说明 $r\propto c^2(A)$；当 $c(A)$ 不变时，$c(B)$ 减小一半，r 也减小一半，即 $r\propto c(B)$，因此，反应的速率方程式为：

$$r=kc^2(A)c(B)$$

将表中任意一组数据代入上式，可求得 k 值。如取第一组数据代入，得：

$$k=\frac{r}{c^2(A)c(B)}=\frac{8.0\times10^{-5}}{(1.0\times10^{-2})^2\times5.0\times10^{-2}}=16$$

该反应的速率方程式可写作：

$$r=16c^2(A)c(B)$$

该反应对 A 是二级反应，对 B 是一级反应，总的反应级数为 3。

(2) 反应速率与温度的关系

温度对反应速率的影响比浓度的影响更为显著，一般说来，反应的速率常数随温度的升高很快增大。阿伦尼乌斯方程表示了速率常数与温度之间的关系：

$$\frac{d\ln k}{dT}=\frac{E}{RT^2} \tag{3.178}$$

式中 k——温度 T 时的反应速率常数；

E——反应的特性常数，即经验活化能，简称活化能；

R——摩尔气体常数。

将上式积分可得：

$$\ln k=\ln A-\frac{E}{RT} \tag{3.179}$$

式中，A 为指数前因子。在温度变化不大时，A 与 E 不随温度而变化，可看作常数。

（3）化学反应平衡常数

绝大多数化学反应都能同时向正反两个方向进行。在一定条件下（温度、压力、浓度等），随着反应的进行，当正反两个方向的反应速率相等时，反应就达到了化学平衡状态。

大量实验事实证明，对任何可逆反应，在一定温度下，达到平衡时各生成物浓度的乘积与各反应物浓度的乘积的比值是一个常数，这个常数称为化学反应平衡常数，用 K_c（浓度平衡常数）表示，对于气相反应，用 K_p（压力平衡常数）表示。

对于一般反应，到达平衡状态时

$$K_c = \frac{c^c(\mathrm{C})c^d(\mathrm{D})}{c^a(\mathrm{A})c^b(\mathrm{B})} \tag{3.180}$$

K_c 值的大小反映了化学反应进行的程度，K_c 值越大，表明反应进行得越完全。平衡常数是化学反应的重要参数之一。

3.6.1.2 热力学

化学热力学主要研究化学变化过程以及与之密切相关的物理变化过程中的能量效应，并对化学反应的方向和进行的程度作出判断。

热力学的基础是热力学三大定律，特别是热力学第一、第二定律。由热力学第一、第二定律提出和建立的重要热力学函数有焓变和熵变。

（1）焓变

焓变（ΔH）是指系统在恒温恒压下吸收的热量。热力学第一定律的本质是能量守恒，即能量既不能被创造，也不能被消灭，但它可以从一种形式转化为另一种形式。在化学反应中，这种能量计算是以热量的形式来衡量的，焓（H）是热力学描述这一过程的关键参数。由热力学第一定律，焓变与内能变化的关系为：

$$\Delta H = \Delta E + \Delta PV \tag{3.181}$$

式中 H——焓；

E——内能；

P——压力；

V——体积。

对于凝聚系统，体积变化一般很小，恒压条件下，$\Delta PV \approx 0$。因此，在恒温、恒压条件下进行的化学反应，若系统只做体积功，则反应热等于系统的焓变。

$$\Delta H = \Delta E + q_P \tag{3.182}$$

式中 q_P——恒定压力下吸收的热，即反应热等于产物的标准焓之和减去反应物的标准焓之和。

绝大多数化学反应是在恒温、恒压条件下进行的，其反应热与焓变之间的关系，使得求反应热的问题转化为求反应的焓变。

（2）熵变

熵（S）是描述系统状态的函数，一般描述反应趋向平衡的自发性，与热力学第二定律有关。简而言之，热力学第二定律指出，熵将随着时间的推移而增加。当自发反应发生时，熵的变化（ΔS）总是为正的。因此，如果所有的熵（S）随着时间的推移而增加，所有的反应都在缓慢地向平衡发展。如果熵的变化（ΔS）为零，这意味着反应已经处于平衡状态。

对于可逆相变过程，其热效应就是相变热，相变熵为：

$$\Delta S=\frac{Q}{T} \tag{3.183}$$

式中　S——熵；

Q——系统与环境交换的热；

T——温度。

对于不可逆相变过程，不能用系统与环境交换的热 Q 除以过程温度 T 来计算不可逆过程的熵变，只能设计一条包括可逆相变步骤在内的可逆途径，计算熵值。

（3）吉布斯自由能

由于绝大多数化学反应或是在等容条件或是在等压条件下进行，为了更快捷判断化学反应的方向，必须综合考虑系统的焓变 ΔH 和熵变 ΔS 两个因素，特引入新的状态函数，吉布斯自由能（G，Gibbs）。热力学上定义为：

$$G=H-TS \tag{3.184}$$

G 是一个复合的热力学函数，其绝对值无法确定，通常是确定一定条件下系统状态变化的 Gibbs 函数变化值，在恒温恒压下：

$$\Delta G=\Delta H-T\Delta S \tag{3.185}$$

ΔG 为反应的 Gibbs 函数变。热力学研究指出，在恒温恒压下：

$\Delta G<0$，反应向正向进行，为释放能量的反应，可以自发发生；

$\Delta G>0$，反应向逆向进行，为吸热反应，不可能自发发生，反应需要能量输入才能发生；

$\Delta G=0$，反应处于平衡状态。

在标准状态［即1个标准大气压和25℃（298.15K）］下，标准生成 Gibbs 函数可写为：

$$\Delta G^{\circ}=\Delta H^{\circ}-T\Delta S^{\circ} \tag{3.186}$$

ΔG°在数值上为在标准状态下由指定单质生成1mol某物质的 Gibbs 函数变。热力学上选定298.15K时指定单质的标准生成 Gibbs 函数为零。标准状态下，化学反应的 Gibbs 函数变等于生成物的标准生成 Gibbs 函数（$G^{\circ}_{products}$）之和减去反应物（$G^{\circ}_{reacters}$）的标准生成 Gibbs 函数之和，即：

$$\Delta G^{\circ}=\sum G^{\circ}_{products}-\sum G^{\circ}_{reacters}$$

大多数化合物的 ΔG°值在化学书籍中可以找到。

热力学研究指出，在恒温恒压下，化学反应的 Gibbs 函数变与该反应的标准平衡常数 K°和系统的反应商之间的关系如下：

$$\Delta G=-RT\ln K^{\circ}+RT\ln Q=-2.303RT\lg K^{\circ}+2.303RT\lg Q \tag{3.187}$$

当各物质都处于标准状态时，反应的 ΔG 为标准 Gibbs 函数变 ΔG°，此时 $Q=1$。由上式得：

$$\Delta G^{\circ}=-RT\ln K^{\circ}=-2.303RT\ln K^{\circ} \tag{3.188}$$

将平衡常数 K°与热力学增量 ΔG°联系起来，使得求一个等温反应的平衡常数 K°变得和求该等温反应的标准吉布斯函数变化 ΔG°的问题完全等价起来，这样 K°值的计算就有了可靠的热力学基础。

3.6.2　酸碱反应

酸碱反应是一类没有电子转移的反应，在酸碱反应体系中元素的氧化数并不改变。人们对酸碱的认识经历了一个由低级到高级的过程，按照现代酸碱理论，酸碱反应的范围非常广阔，除了传统的含有 H^+ 和 OH^- 的物质反应外，还包括水解反应、配位反应等。大量的无机反应及生物化学反应都是酸碱反应。

3.6.2.1 传统酸碱反应

酸碱反应式表示为：

$$H_mA_n \rightleftharpoons mH^+ + nA^- \tag{3.189}$$

式中 H_mA_n——酸；

H^+——A^- 的共轭酸；

A^-——H^+ 的共轭碱。

酸或者碱可以是分子或离子。其热动力学关系为：

$$K_a = \frac{[H^+]^m[A^-]^n}{[H_mA_n]} \tag{3.190}$$

式中 []——物质的浓度；

K_a——酸碱解离常数。

多元弱酸的解离是分步进行的，第一、二、三……步解离常数分别为 K_1、K_2、K_3…，一般 $K_1 \gg K_2 \gg K_3 \gg \cdots$，溶液中的主要来自 H_3O^+ 第一步解离反应，计算 $[H_3O^+]$ 时可只考虑第一步，按一元弱酸的解离平衡处理。

地下环境中常见的弱酸碱反应及解离常数如表 3.8 所示。

表 3.8 地下环境中常见的弱酸碱反应及解离常数（25℃）

酸碱反应式	解离常数 K
$H_2CO_3 + H_2O \rightleftharpoons HCO_3^- + H_3O^+$	$K_1 = 4.4 \times 10^{-7}$
$HCO_3^- + H_2O \rightleftharpoons CO_3^{2-} + H_3O^+$	$K_2 = 4.7 \times 10^{-11}$
$NH_3 + H_2O \rightleftharpoons NH_4^+ + OH^-$	$K_1 = 1.8 \times 10^{-5}$
$NH_4^+ + H_2O \rightleftharpoons NH_3 + H_3O^+$	$K_2 = 5.8 \times 10^{-10}$
$H_2S + H_2O \rightleftharpoons HS^- + H_3O^+$	$K_1 = 1.32 \times 10^{-7}$
$HS^- + H_2O \rightleftharpoons S^{2-} + H_3O^+$	$K_2 = 7.1 \times 10^{-15}$
$H_2SiO_3 + H_2O \rightleftharpoons HSiO_3^- + H_3O^+$	$K_1 = 1.7 \times 10^{-10}$
$HSiO_3^- + H_2O \rightleftharpoons SiO_3^{2-} + H_3O^+$	$K_2 = 1.6 \times 10^{-12}$
$H_3PO_4 + H_2O \rightleftharpoons H_2PO_4^- + H_3O^+$	$K_1 = 7.1 \times 10^{-3}$
$H_2PO_4^- + H_2O \rightleftharpoons HPO_4^{2-} + H_3O^+$	$K_2 = 6.3 \times 10^{-8}$
$HPO_4^{2-} + H_2O \rightleftharpoons PO_4^{3-} + H_3O^+$	$K_3 = 4.2 \times 10^{-13}$
$H_2C_2O_4 + H_2O \rightleftharpoons HC_2O_4^- + H_3O^+$	$K_1 = 5.4 \times 10^{-2}$
$HC_2O_4^- + H_2O \rightleftharpoons C_2O_4^{2-} + H_3O^+$	$K_2 = 5.4 \times 10^{-5}$
$CH_3COOH + H_2O \rightleftharpoons CH_3COO^- + H_3O^+$	$K_1 = 1.75 \times 10^{-5}$

例题 3.18 某化工厂的乙酸（HAc）储罐发生泄漏，导致地下水污染，经检测，泄漏区域地下水中 HAc 的浓度为 210g/L，温度为 25℃。不考虑其他反应，试估算地下水的 pH、Ac^- 浓

度及 HAc 的电离度。

解：

地下水中的物质的量浓度为：

$$\frac{210}{60.05}=3.5(\mathrm{mol/L})$$

查得 25℃时 HAc 的 $K=1.75\times10^{-5}$，设地下水中 Ac^- 浓度为 x，H_3O^+ 也是 x，则：

$$\begin{array}{lll} HAc+H_2O \rightleftharpoons & Ac^- & +H_3O^+ \\ 3.5 & x & x \end{array}$$

$$K_a=\frac{[Ac^-][H_3O^+]}{[HAc]}$$

$$1.75\times10^{-5}=\frac{x^2}{3.5}$$

得：$x=7.83\times10^{-3}$ mol/L

因此：

$$pH=-\lg[H_3O^+]=-\lg(7.83\times10^{-3})=2.1$$

则 HAc 的电离度为：

$$a=\frac{[Ac^-]}{[HAc]}=\frac{7.83\times10^{-3}}{3.5}\times100\%=0.22\%$$

本例中，地下水中的 H_3O^+ 来源于 HAc 的解离和水的解离，计算时忽略了水的解离，因为由水解离的 H_3O^+ 浓度为：

$$[H_3O^+]=[OH^-]=\frac{1.0\times10^{-14}}{7.83\times10^{-3}}=1.28\times10^{-12}(\mathrm{mol/L})$$

由 H_2O 解离产生的 H_3O^+ 浓度极小，忽略是可行的。

3.6.2.2 水解反应

水的电离反应可表示为：

$$H_2O+H_2O \rightleftharpoons H_3O^+ +OH^- \tag{3.191}$$

一定温度下，反应达到平衡时热力学关系为：

$$K_w=[H_3O^+][OH^-] \tag{3.192}$$

H_3O^+ 和 OH^- 浓度乘积是一个定值 K_w，25℃时，$K_w=1.009\times10^{-14}$。

许多盐类在水中解离产生正负离子，其中的一种或两种能与水发生质子转移反应，称为盐的水解，也称离子酸或离子碱的酸碱反应。水解常常与沉淀伴随发生。场地中许多金属元素和有机物（卤代烷、带羧基的酸酯、带羧基的氨基酸等）都容易发生水解作用。

3.6.2.3 配位作用

配位反应（有时称络合反应）是金属离子与阴离子配位体共用电子形成溶解性离子（络合物或配合物）的一种反应。配合物是配位化合物的简称，是由形成体和配位体组成的复杂化合物，是形成体（正离子或原子）与一定数目的中性分子或负离子以配位键结合形成的物质。

配位作用反应式表示为：

$$M+nL \rightleftharpoons M(L)_n \tag{3.193}$$

式中　M——形成体；

L——配位体；

n——配位数。

该配位反应是可逆的，在一定条件下可达到平衡状态，这种平衡叫配位平衡。上式的热动力学关系为：

$$K_c=\frac{[M(L)_n]}{[M][L]^n} \tag{3.194}$$

式中，K_c为稳定常数。其逆反应的解离常数称为不稳定常数。

通常作为配位体的是非金属的负离子或分子，如Cl^-、F^-、I^-、OH^-、CN^-、SCN^-、NCS^-、H_2O、NH_3、CO、RNH_2等。自然环境下，地下水中的Cl^-、OH^-、NH_3、F^-（天然背景条件）等经常大量存在，污染场地中存在的离子就更多。这些离子可能会与进入地下水中的重金属形成配位体而存在于液相中，增加了其迁移性。在评估重金属在地下的存在形态时要充分重视水文地球化学条件及配位反应的作用。

例题 3.19 某化工厂历史上被填埋了大量含有$Hg(OH)_2$的固体废物，已知地下水的pH为7，氯离子浓度为580mg/L，铵根离子（以N计）为20mg/L，试估算地下水中溶解的汞的浓度最大可达多少。

解：本例中$Hg(OH)_2$是难溶性固体，但是地下水中的Cl^-、NH_3、OH^-能和汞发生配位反应，促进$Hg(OH)_2$的溶解。

① 先计算地下水中各离子的物质的量浓度：

因为pH=7，所以有$[H_3O^+]=10^{-7}$(mol/L)

根据 $Hg^{2+}+2OH^- \rightleftharpoons Hg(OH)_2(s)$，查表3.10得汞的$K_{sp}=3.0\times10^{-26}$

因此：

$$[Hg^{2+}]=\frac{3.0\times10^{-26}}{[OH^-]^2}=\frac{3.0\times10^{-26}}{10^{-7}\times10^{-7}}=3.0\times10^{-12}(mol/L)$$

$$[Cl^-]=\frac{580\times10^{-3}}{35.5}=1.63\times10^{-2}(mol/L)$$

$$[NH_4^+]=\frac{20\times10^{-3}}{14}=1.43\times10^{-3}(mol/L)$$

根据：$NH_4^+ + H_2O \rightleftharpoons NH_3 + H_3O^+$

$$K_a=\frac{[NH_3][H_3O^+]}{[NH_4^+]}=\frac{[NH_3]\times10^{-7}}{1.43\times10^{-3}}=5.8\times10^{-10}$$

得：

$$[NH_3]=8.29\times10^{-6}(mol/L)$$

② 列出地下水中与Hg可能发生的配位反应式(表3.9)。

表 3.9　与汞发生配位的可能反应

反应式	稳定常数 K
$Hg^{2+}+OH^- \rightleftharpoons HgOH^+$	$K=4.0\times10^{10}$
$Hg^{2+}+2OH^- \rightleftharpoons Hg(OH)_2$	$K=6.3\times10^{21}$
$Hg^{2+}+3OH^- \rightleftharpoons Hg(OH)_3^-$	$K=7.9\times10^{20}$
$Hg^{2+}+Cl^- \rightleftharpoons HgCl^+$	$K=1.6\times10^{7}$
$Hg^{2+}+2Cl^- \rightleftharpoons HgCl_2$	$K=1.0\times10^{14}$
$Hg^{2+}+3Cl^- \rightleftharpoons HgCl_3^-$	$K=1.3\times10^{15}$

续表

反应式	稳定常数 K
$Hg^{2+}+Cl^-+OH^- \rightleftharpoons HgOHCl$	$K=1.3\times10^{18}$
$Hg^{2+}+NH_3 \rightleftharpoons HgNH_3^{2+}$	$K=6.3\times10^{8}$
$Hg^{2+}+2NH_3 \rightleftharpoons Hg(NH_3)_2^{2+}$	$K=2.5\times10^{17}$
$Hg^{2+}+3NH_3 \rightleftharpoons Hg(NH_3)_3^{2+}$	$K=2.5\times10^{18}$

③ 计算溶解的汞的总浓度，为地下水中各种形态的溶解汞，其他形态的汞根据各配位反应式的稳定常数用 Hg^{2+} 表示，并把步骤①算出的离子浓度代入，得溶解态汞总浓度为：

$$
\begin{aligned}
[Hg^{2+}]_T =& [Hg^{2+}]+[HgOH^+]+[Hg(OH)_2]+[Hg(OH)_3^-]+[HgCl^+]+\\
& [HgCl_2]+[HgCl_3^-]+[HgOHCl]+[HgNH_3^{2+}]+[Hg(NH_3)_2^{2+}]+\\
& [Hg(NH_3)_3^{2+}]\\
=& [Hg^{2+}]\times(1+[OH^-]\times4.0\times10^{10}+[OH^-]^2\times6.3\times10^{21}+\\
& [OH^-]^3\times7.9\times10^{20}+[Cl^-]\times1.6\times10^{7}+[Cl^-]^2\times1.0\times10^{14}+\\
& [Cl^-]^3\times1.3\times10^{15}+[Cl^-][OH^-]\times1.3\times10^{18}+\\
& [NH_3]\times6.3\times10^{8}+[NH_3]^2\times2.5\times10^{17}+[NH_3]^3\times2.5\times10^{18})\\
=& 3.0\times10^{-12}\times(1+10^{-7}\times4.0\times10^{10}+10^{-14}\times6.3\times10^{21}+\\
& 10^{-21}\times7.9\times10^{20}+1.63\times10^{-2}\times1.6\times10^{7}+1.63^2\times10^{-4}\times1.0\times10^{14}+\\
& 1.63^3\times10^{-6}\times1.3\times10^{15}+1.63\times10^{-2}\times10^{-7}\times1.3\times10^{18}+\\
& 8.29\times10^{-6}\times6.3\times10^{8}+8.29^2\times10^{-12}\times2.5\times10^{17}+\\
& 8.29^3\times10^{-18}\times2.5\times10^{18})=0.10(mol/L)=20.1(g/L)
\end{aligned}
$$

根据计算结果可知，溶解态汞的总浓度显著高于游离 Hg^{2+} 浓度，增幅约 10^{10} 倍，表明配位作用对汞形态的影响极大。

3.6.3 溶解沉淀

难溶性的化合物在地下水中存在着化合物与其电离产生的离子之间的平衡，称为沉淀-溶解平衡。一方面难溶性物质不断解离出离子进入溶液中，另一方面进入溶液中的离子相互接触又形成了难溶性物质脱离溶液回到固相中。沉淀与溶解是可逆的，一定条件下，溶解与沉淀速率相等时，便达到了一种多相离子的平衡状态。

溶解沉淀反应式表示为：

$$A_nB_m(s) \rightleftharpoons nA^{m+}(aq)+mB^{n-}(aq) \tag{3.195}$$

式中　A——阳离子；
B——阴离子；
A_nB_m——沉淀物；
(s)——固相；
(aq)——液相。

该式的平衡常数为：

$$K_{sp}=[A^{m+}]^n[B^{n-}]^m \tag{3.196}$$

式中　K_{sp}——沉淀-溶解平衡常数，常称为溶度积。

溶度积可以查化学手册获得，也可以通过标准 Gibbs 函数变计算。

$$\Delta G_f^\circ = -2.303RT\lg K_{sp} \tag{3.197}$$

式中 ΔG_f°——标准 Gibbs 函数变，kJ・mol；

R——摩尔气体常数，8.314J/(mol・K)；

T——温度，K。

物质的溶解性取决于物质的本性，物质内部结构不同其溶度积不同，并随温度而变化，一般温度升高，多数难溶化合物的溶度积增大。严格地讲，并不存在不溶的物质，只是溶解度的大小不同而已。习惯上把溶解度小于 0.01g/100g（H_2O）的物质称为难溶物质。场地中常见的重金属的溶度积如表 3.10 所示。

表 3.10 场地中常见的重金属的溶度积（25℃）

化合物	K_{sp}	化合物	K_{sp}
CdS	8.0×10^{-27}	CuC_2O_4	2.3×10^{-8}
$Cd(OH)_2$	2.5×10^{-14}	$Cu(OH)_2$	1.0×10^{-14}
$CdCO_3$	5.2×10^{-12}	CuS	6.3×10^{-36}
$Cd_3(PO_4)_2$	2.53×10^{-33}	Cu_2S	2.5×10^{-48}
PbS	8.0×10^{-28}	$CuCO_3$	1.4×10^{-10}
$PbCO_3$	7.4×10^{-14}	$Cu_3(PO_4)_2$	1.3×10^{-37}
$PbCl_2$	1.6×10^{-5}	CuBr	5.3×10^{-9}
$PbCrO_4$	2.8×10^{-13}	CuCl	1.2×10^{-6}
PbC_2O_4	4.8×10^{-10}	CuI	1.1×10^{-12}
PbI_2	7.1×10^{-9}	$Cu_2P_2O_7$	8.3×10^{-16}
$Pb(N_3)_2$	2.5×10^{-9}	CuCN	3.2×10^{-20}
$Pb(OH)_2$	1.2×10^{-15}	CuSCN	4.8×10^{-15}
$Pb(OH)_4$	3.2×10^{-66}	$CuCrO_4$	3.6×10^{-6}
$Pb_3(PO_4)_2$	8.0×10^{-43}	$HgBr_2$	8.0×10^{-20}
$PbSO_4$	1.6×10^{-8}	$HgCl_2$	2.6×10^{-15}
$PbBr_2$	6.6×10^{-6}	$Hg(OH)_2$	3.0×10^{-26}
$Co(OH)_2$	1.6×10^{-15}	HgI_2	2.9×10^{-29}
$Co(OH)_3$	1.6×10^{-44}	HgC_2O_4	1.75×10^{-13}
α-CoS	4.0×10^{-21}	HgBr	1.3×10^{-21}
β-CoS	2.0×10^{-25}	Hg_2Cl_2	1.3×10^{-18}
$NiCO_3$	6.6×10^{-9}	Hg_2I_2	4.5×10^{-29}
$Ni(OH)_2$	2.0×10^{-15}	Hg_2SO_4	7.4×10^{-7}
α-NiS	3.2×10^{-19}	Hg_2CO_3	8.9×10^{-17}
β-NiS	1.0×10^{-24}	$Hg_2(CN)_2$	5.0×10^{-40}
γ-NiS	2.0×10^{-26}	Hg_2CrO_4	2.0×10^{-9}
$Cr(OH)_2$	2.0×10^{-16}	HgS 红	4.0×10^{-53}
$Cr(OH)_3$	6.3×10^{-31}	HgS 黑	1.6×10^{-52}
$Cu(OH)_2$	2.2×10^{-20}		

注：不同文献的数值可能有差别，请根据实际情况选取。

沉淀与溶解常常与酸碱反应伴随发生，如重金属容易与氢氧根离子、碳酸根离子、磷酸根离子、硫离子等结合生产沉淀，当 pH 值发生变化或配离子的生成都会引起沉淀物溶解-沉淀过程的重新变化。

对重金属污染场地采用原位稳定化修复时，加入的化学药剂与重金属反应形成沉淀，是稳定化修复的机理之一。对疏水性强的有机污染物，加入增溶剂促进溶解，促进后续氧化还原反应或抽出，也是强化修复的手段之一。

3.6.4 氧化还原

污染物分子与其他化学物质之间发生电子转移（或得失）的反应称为氧化还原反应。氧化还原反应是一大类广泛存在的化学反应。绝大部分生物反应都是氧化还原反应，存在于地下的氧化性物质（如氧气、硝酸根、硫酸根、三价铁离子、锰氧化物、铁氧化物等）和还原性物质（如有机物、硫化氢、甲烷、铵根离子、二价铁离子等）控制了不同污染物的氧化还原过程。

氧化还原反应式表示为：

$$\mathrm{O_{X1}} + \mathrm{R_{ed2}} \rightleftharpoons \mathrm{R_{ed1}} + \mathrm{O_{X2}} \tag{3.198}$$

式中 $\mathrm{O_{X1}}$、$\mathrm{O_{X2}}$——氧化剂 1 和氧化剂 2；

$\mathrm{R_{ed1}}$、$\mathrm{R_{ed2}}$——还原剂 1 和还原剂 2。

氧化剂 $\mathrm{O_{X1}}$ 被还原剂 $\mathrm{R_{ed2}}$ 还原为还原剂 $\mathrm{R_{ed1}}$，还原剂 $\mathrm{R_{ed2}}$ 被氧化剂 $\mathrm{O_{X1}}$ 氧化为氧化剂 $\mathrm{O_{X2}}$。氧化还原反应的 Nernst 方程为：

$$E = E^{\circ} - \frac{RT}{zF}\ln Q = E^{\circ} - \frac{2.303RT}{zF}\lg Q = E^{\circ} - \frac{2.303RT}{zF}\lg\frac{[\mathrm{R_{ed1}}][\mathrm{O_{X2}}]}{[\mathrm{O_{X1}}][\mathrm{R_{ed2}}]} \tag{3.199}$$

式中 E——电极电势；

E°——标准电极电势；

z——反应得失电子数；

F——法拉第常数，96487C/mol；

R——摩尔气体常数，8.314J/(mol·K)；

T——绝对温度；

Q——反应商。

组成电对的物质是固体或液体，不计入反应商中；如果是气体，以气体分压表示。

任何氧化还原反应都是由两个半反应组成的，一个是还原剂被氧化的半反应，一个是氧化剂被还原的半反应。对于如下的半反应：

$$\mathrm{O_X} + z\mathrm{e}^- \rightleftharpoons \mathrm{R_{ed}}$$

反应自由能变化和氧化还原电位分别为：

$$\Delta G = \Delta G^{\circ} + RT\ln\frac{[\mathrm{R_{ed}}]}{[\mathrm{O_X}][\mathrm{e}^-]^z}$$

$$E = E^{\circ} - \frac{2.303RT}{zF}\lg\frac{[\mathrm{R_{ed}}]}{[\mathrm{O_X}][\mathrm{e}^-]^z} = E^{\circ} - \frac{0.0591}{z}\lg\frac{[\mathrm{R_{ed}}]}{[\mathrm{O_X}][\mathrm{e}^-]^z} \tag{3.200}$$

$$K = \frac{[\mathrm{R_{ed}}]}{[\mathrm{O_X}][\mathrm{e}^-]^z} \tag{3.201}$$

$$E^{\circ}=-\frac{\Delta G^{\circ}}{zF}=\frac{RT}{zF}\ln K=\frac{2.303RT}{zF}\lg K \tag{3.202}$$

定义电子活性（pE）为：

$$[e^{-}]=\left(\frac{[R_{ed}]}{K[O_X]}\right)^{\frac{1}{z}}$$

$$pE=-\lg[e^{-}]=\frac{1}{z}\left(\lg K-\lg\frac{[R_{ed}]}{[O_X]}\right) \tag{3.203}$$

$$pE^{\circ}=\frac{1}{z}\lg K=-\frac{1}{z}\times\frac{\Delta G^{\circ}}{2.303RT}=\frac{F}{2.303RT}E^{\circ}=\frac{E^{\circ}}{0.0591} \tag{3.204}$$

$$pE=pE^{\circ}-\lg\frac{[R_{ed}]}{[O_X]} \tag{3.205}$$

氧化还原反应能够进行的条件是：$\Delta G<0$ 或 $E_1-E_2>0$ 或 $pE_1-pE_2>0$。

地下环境一般经过长期的地球化学作用形成了较为稳定的氧化还原环境，并具有一定的缓冲能力。一般来说，由于地下空气交换条件弱且存在有机物质，场地中以还原或兼性环境为主。场地氧化还原环境控制着进入其中的污染物的氧化还原作用，对于有机污染物和多价态重金属的影响较大。在氧化还原修复模式下，大量氧化剂或还原剂被注入地下，地下氧化还原环境发生剧烈变化，利用这种强烈的氧化还原反应清除土壤与地下水中的目标污染物。

例题 3.20 场地中有三氯乙烯污染物，呈非水相状态，地下温度为25℃，pH 值为7，氯离子浓度为0.001mol/L，试判断在好氧环境（氧气充足，O_2 分压为0.2个大气压，CO_2 分压为0.00032个大气压）以及在有机质（以 CH_2O 表示，浓度为 10^{-4}mol/L）充足的条件下，三氯乙烯发生还原反应的程度。

解：

三氯乙烯还原脱氯反应为：

$$\frac{1}{2}CHClCCl_2+\frac{1}{2}H^{+}+e^{-}\longrightarrow\frac{1}{2}CHClCHCl+\frac{1}{2}Cl^{-}$$

$$E^{\circ}_{CHClCCl_2/CHClCHCl}=0.62V$$

① 在好氧环境下，由

$$pE^{\circ}=\frac{E^{\circ}}{\frac{2.303RT}{F}}=\frac{E^{\circ}}{0.0591}$$

得：

$$pE^{\circ}_{CHClCCl_2/CHClCHCl}=\frac{E^{\circ}_{CHClCCl_2/CHClCHCl}}{0.0591}=\frac{0.62}{0.0591}=10.5$$

$$pE_{CHClCCl_2/CHClCHCl}=pE^{\circ}_{CHClCCl_2/CHClCHCl}+\lg\frac{[H^{+}]^{\frac{1}{2}}}{[Cl^{-}]^{\frac{1}{2}}}$$

$$=pE^{\circ}_{CHClCCl_2/CHClCHCl}+\lg\frac{[10^{-7}]^{1/2}}{[10^{-3}]^{1/2}}=10.5-2=8.5$$

由于 $CHClCCl_2$ 和 CHClCHCl 呈非水相，在水中浓度不作考虑，因此不列入上式中。

好氧环境下：

$$\frac{1}{4}O_2+H^{+}+e^{-}\longrightarrow\frac{1}{2}H_2O$$

$$E^{\circ}_{H_2O/O_2}=1.229V$$

则:

$$pE^{\circ}_{H_2O/O_2}=\frac{E^{\circ}}{0.0591}=\frac{1.229}{0.0591}=20.80$$

$$pE_{H_2O/O_2}=pE^{\circ}_{H_2O/O_2}-\lg\frac{1}{P_{O_2}^{\frac{1}{4}}[H^+]}=20.80-\lg\frac{1}{0.2^{\frac{1}{4}}\times10^{-7}}=13.62$$

因此,

$$pE=pE_{CHClCCl_2/CHClCHCl}-pE_{H_2O/O_2}=8.5-13.62=-5.12<0$$

反应不会进行。

② 在有机物充足的条件下，有:

$$\frac{1}{4}CO_2+H^++e^-\longrightarrow\frac{1}{4}CH_2O+\frac{1}{4}H_2O$$

$$E^{\circ}_{CO_2/CH_2O}=0.012V$$

同理可得:

$$pE^{\circ}_{CO_2/CH_2O}=-0.20$$

$$pE_{CO_2/CH_2O}=pE^{\circ}-\lg\frac{[CH_2O]^{\frac{1}{4}}}{P_{CO_2}^{\frac{1}{4}}[H^+]}=-8.07$$

氧气全部被消耗掉了。

则:

$$pE=pE_{CHClCCl_2/CHClCHCl}-pE_{CO_2/CH_2O}=8.5-(-8.07)=16.57>0$$

反应会进行。

当有机质充足时，脱氯反应不断进行，反应完全后氧化还原电位仍为−8.07。

氧化还原反应进行的程度指氧化还原反应在达到平衡时，生成物相对浓度与反应物浓度之比，可由氧化还原反应标准平衡常数 K_{eq} 的大小衡量。

由:

$$\lg K_{eq}=\frac{nE^{\circ}}{0.0591}=n\,pE^{\circ}=-2\times(-8.07-10.5)=37.14$$

得:

$$K_{eq}=10^{37.14}$$

因此几乎所有三氯乙烯都转变成二氯乙烯。从本例可以看出，地下氧化还原环境对污染物转化的重要性。

3.6.5　生物降解

3.6.5.1　定义与原理

生物降解是指在一般的环境条件下，通过自然界中微生物的作用，将污染物降解为环境可接受的物质（如水、二氧化碳和生物质）的过程（Karak，2016），在这一过程中，有机物质被活的微生物分解成更小的化合物。当环境中的有机物质被完全分解为无机物质时，可以称其为“矿化”（Zibilske，1994）。生物降解一词通常被用来描述基质中几乎任何生物介导的变化（Bennet et al.，2002）。因此，理解生物降解过程需要了解在该过程中发挥作用的微生物。生物降解的过程差别很大，但通常降解的最终产物是二氧化碳和水（Pramila et al.，2012)，降解过程可以在有氧条件下进行，也可以在无氧条件下进行（Mrozik et al.，2003）。

微生物通过新陈代谢或酶促反应来转化物质，它基于两个过程：生长和共代谢。在生长过程中，微生物将有机污染物用作碳或能量的唯一来源。在这一过程中，有机污染物完全被降解（矿化）。共代谢是指在有其他生长底物的情况下，有机污染物可参与到底物的代谢过程中，一般底物被用作主要的碳源和能源物质（Fritsche et al.，2008）。一些微生物，包括真菌、细菌和酵母都参与了生物降解过程，但藻类和原生动物参与生物降解的研究和报告较少（Das et al.，2011）。

可生物降解的物质一般是有机化合物，如植物和动物成分以及其他源于生物体的物质，或者与植物和动物成分足够相似的人工材料。一些微生物具有很强的可自然发生的微生物分解代谢多样性，可以降解、转化或积累大量的化合物，包括碳氢化合物（如石油）、多氯联苯（PCBs）、多环芳烃（PAHs）和金属（Leitão，2009）。

微生物的生物降解过程受多种因素的影响，包括遗传潜力和环境因素，如温度、pH值、氮源、磷等，均会对降解的速度与程度产生影响（Fritsche et al.，2008）。生物修复过程可分为三个阶段或层次。首先，通过自然衰减，在无持续外源输入的情况下，污染物被土著微生物降解。其次，采用生物刺激法，将营养物质和氧气施加到系统中，以提高其有效性并加速生物降解。最后，在生物刺激期间，将比土著微生物具有更高效降解目标污染物能力的特定微生物添加到系统中，进一步强化生物降解（Diez，2010）。

3.6.5.2 好氧生物降解

好氧生物降解是指在有氧条件下，微生物对有机污染物进行分解的过程。该过程仅发生在有氧环境中，因此系统、地形或生物体的化学特性以氧化条件为特征。许多有机污染物在有氧条件下能够被好氧细菌迅速降解。好氧菌通过细胞呼吸，利用氧气氧化底物（例如糖和脂肪）以获取能量或合成自身，这些细菌具有基于氧气的代谢机制（Letts et al.，2019）。好氧生物降解过程的生化反应如下：

（1）分解反应

$$\text{CHONS(有机物元素)} + O_2 \xrightarrow{\text{异养微生物}} CO_2 + H_2O + NH_3 + SO_4^{2-} + \cdots + \text{能量} \tag{3.206}$$

（2）合成反应

$$C、H、O、N\cdots + \text{能量} \xrightarrow{\text{异养微生物}} C_5H_7NO_2 \tag{3.207}$$

（3）内源呼吸

$$C_5H_7NO_2 + O_2 \xrightarrow{\text{微生物}} CO_2 + H_2O + NH_3 + \cdots + \text{能量} \tag{3.208}$$

在正常情况下，各类微生物细胞物质的成分是相对稳定的，一般可用下列实验式来表示：细菌：$C_5H_7NO_2$；真菌：$C_{16}H_{17}NO_6$；藻类：$C_5H_8NO_2$；原生动物：$C_7H_{14}NO_3$。

在有氧条件和适当营养物质的存在下，微生物能够将许多有机污染物转化为二氧化碳、水和微生物细胞质量。好氧生物修复最常用于处理中等重量的石油产品（例如柴油和喷气燃料），因为像汽油这样的轻质产品容易挥发，可以使用其他技术（例如土壤气相抽提技术）更快地移除。与轻质产品相比，如润滑油这样的重质石油产品通常需要更长时间才能被生物完全降解，因此往往会通过其他辅助手段以增强生物降解能力。好氧生物修复技术还可能改变金属的离子形式。如果一个污染场地存在金属和有机物复合污染，则需要考虑金属物种的氧化形式(如砷)是否可能会在好氧生物处理过程中超标。

3.6.5.3 厌氧生物降解

在厌氧条件下，微生物将有机污染物分解为甲烷、少量二氧化碳及微量氢气。细菌通过脱氢、还原等反应获取能量并生长，其过程较有氧降解更为复杂，涉及多步骤的生化反应路径及电子受体替代机制。厌氧生物降解与好氧生物降解在能量产生、代谢途径以及代谢产物方面均有较大差别。葡萄糖的好氧降解产能高达2900kJ/mol，而其厌氧降解的能量产出仅为400kJ/mol。这两种代谢途径的另一个区别在于，单一的好氧生物能够完全矿化复杂的有机物质以产生显著的能量收益，然而，几乎没有单一的厌氧生物能够完全矿化有机底物，一般需要多种生物通过阶段性合作来彻底矿化底物（Megonigal et al.，2004）。

微生物进行厌氧生物降解的两个主要条件是电子受体的可用性和特定的能量产出。一般的电子受体替代物为硝酸盐、锰、硫酸盐、铁的氧化物和碳酸盐等无机元素或二硝基苯酚、甲苯、苯氧乙醇、二甲基亚砜、氯苯甲酸和氯酚等自然有机物质及人造化学物质。在厌氧代谢过程中，硝酸盐、硫酸盐、二氧化碳、氧化态金属或者氯代烃等有机化合物可能会取代氧气，成为电子受体（EPA，2006）。通常情况下，反应中所需的氢气是通过有机底物发酵间接提供的（EPA，2000）。厌氧生物降解的类型包括：硝酸盐还原，硫酸盐还原，锰还原、铁还原和厌氧消化。“厌氧消化”一般指厌氧降解。

目前尚未有一个统一的厌氧消化模型框架用以描述这一微生物过程。一般情况下，可以参考Hill（1982）提出的著名模型，该模型旨在模拟动物废物的厌氧消化过程，共包含了五组细菌和四个阶段。

① 第一步水解，复杂的有机物进入消化器，并被胞外酶转化为可溶的、可生物降解的有机物。

$$\text{碳水化合物、脂质和蛋白质} \xrightarrow{\text{胞外酶}} \text{单糖、长链脂肪酸、甘油和氨基酸} \tag{3.209}$$

② 第二步酸化，可溶性有机物主要被生物降解为丁酸、丙酸和乙酸。此步骤的底物包括水解过程中产生的单糖、氨基酸、不饱和脂肪酸和甘油（Batstone et al.，2000）。单糖和氨基酸是这种发酵最丰富的底物，也是碳流的主要途径，但这两种底物的两种发酵过程完全不同，单糖酸化过程见（3.210），氨基酸酸化过程见（3.211）。

$$\text{葡萄糖} \xrightarrow{\text{乙酰辅酶 A}} \text{乳酸盐、丙酸盐、丁酸盐、乙醇} + CO_2 \tag{3.210}$$

$$\underset{\text{丙氨酸}}{CH_3CHNH_2COO^-} + 2H_2O \longrightarrow CH_3COO^- + CO_2 + NH_3 + 4H^+ + 4e^- \tag{3.211}$$

③ 第三步产酸，丙酸或丁酸产生乙酸，见下式：

$$\underset{\text{丙酸盐}}{CH_3CH_2COO^-} + 3H_2O \longrightarrow CH_3COO^- + HCO_3^- + 3H_2 + H^+ \tag{3.212}$$

$$\underset{\text{丁酸盐}}{CH_3CH_2CH_2COO^-} + 2H_2O \longrightarrow 2CH_3COO^- + 2H_2 + H^+ \tag{3.213}$$

④ 第四步产甲烷，乙酸或氢气产生甲烷。其反应表达式为：

$$CH_3COO^- + H^+ \longrightarrow CH_4 + CO_2 \tag{3.214}$$

$$4H_2 + CO_2 \longrightarrow CH_4 + 2H_2O \tag{3.215}$$

3.6.5.4 共代谢降解

共代谢降解是一种非生长依赖性的生物催化过程，由微生物通过非特异性酶（如氧化酶或还原酶）介导，转化无法作为微生物碳源或能源的污染物。这一机制在自然环境和工程化生物修复系统中对降解难分解污染物具有重要作用。

共代谢的定义是“在生长基质或其他可代谢物质存在的条件下，微生物对非生长支持性物质的转化”（Dalton et al.，1982）。微生物利用现有的非特异性酶介导底物的共氧化或共还原，但微生物无法从底物的转化中获得能量或营养物质以支持其生长。甲烷营养型细菌能共代谢转化多环芳烃（PAHs）、二噁烷、多氯联苯（PCBs）和甲基叔丁基醚（MTBE）。除了甲烷氧化细菌外，许多其他微生物，尤其是表达氧合酶的培养物，也能共代谢降解持久的人造化合物，如氯化农药、卤代脂肪族和芳香族化合物。表 3.11 中展示了共代谢降解的基质、酶和污染物信息。

表 3.11 常见共代谢生物修复的基质、酶和污染物（Hazen，2010）

共代谢基质	甲烷、甲醇、丙烷、丙烯(需氧)	氨、硝酸盐(需氧)	甲苯、丁烷、苯酚、柠檬醛、小茴香醛、异丙苯、柠檬烯(需氧)	甲醇(厌氧)	葡萄糖、乙酸盐、乳酸盐、硫酸盐、丙酮酸盐(厌氧)
酶(微生物)	甲烷单加氧酶，甲醇脱氢酶，烯烃单加氧酶，邻苯二酚双加氧酶	氨单加氧酶	甲苯单加氧酶，甲苯二氧酶	酒精脱氢酶	脱卤酶、二氯甲烷脱卤酶、阿特拉津氯水解酶(AtzA，帮助阿特拉津脱卤)等
污染物	三氯乙烯、二氯乙烯、氯乙烯、多环芳烃、多氯联苯、甲基叔丁基醚、焦油等超过 300 种化合物	三氯乙烯、二氯乙烯、氯乙烯、三硝基甲苯	三氯乙烯、二氯乙烯、氯乙烯、1,1-二氯乙烯、1,1,1-三氯乙烯、甲基叔丁基醚	四氯乙烯、三氯乙烯、二氯乙烯、氯乙烯、六氯环己烷	苯、甲苯、乙苯、二甲苯、四氯乙烯、多环芳烃、芘、阿特拉津、三硝基甲苯等

3.6.5.5 影响因素

由于微生物的新陈代谢机制和适应恶劣环境的能力，在复杂场地中的应用和研究越来越多。它们的效率取决于多种因素，包括污染物的化学性质和浓度，污染物对微生物的可用性以及环境的物理化学特性等。可以看出，影响微生物降解污染物速度的因素要么与微生物及其营养需求有关（生物因素），要么与环境有关（环境因素）。

（1）生物因素

生物因素是指微生物的新陈代谢能力。影响微生物降解有机化合物的生物因素包括直接抑制酶的活动和降解微生物的增殖过程两个方面。例如，如果微生物之间存在对有限碳源的竞争，微生物之间的拮抗作用或原生动物和噬菌体对微生物的捕食，就会发生抑制作用。污染物降解的速度通常取决于污染物的浓度和存在的“催化剂”的数量。“催化剂”的数量代表能够代谢污染物的生物体的数量，以及每个细胞产生的酶的数量。此外，污染物代谢的效率在很大程度上取决于所涉及的特定酶的数量、对污染物的“亲和力”和污染物的可用性。同时，必须以可用的形式和适当的比例提供足够数量的营养物质和氧气，以保障微生物的生长速率处于较高水平。

通过控制酶促反应的速率来影响生物降解速率的其他因素还包括温度、pH 值和水分。参与降解途径的生物酶有一个反应最佳温度，高于或低于该温度都会降低反应的效率。一般来说，温度每降低 10℃，生物降解的速度就会下降大约二分之一。生物降解可以在广泛的 pH 值范围内发生，然而在大多数水生和陆生系统中，6.5～8.5 的 pH 值通常是生物降解的最佳条件。水分也会影响污染物的新陈代谢速度，水分的多少会影响可利用的可溶性材料的种类和数量，以及陆生和水生系统的渗透压和 pH 值。

（2）环境因素

土壤类型和土壤有机物含量会影响有机化合物吸附到固体表面的程度。当土壤基质存在相对较大的孔隙时，污染物会被吸收。吸附和吸收都会减少大多数微生物对污染物的利用，化学品的代谢率也会相应降低。含水层基质的非饱和区和饱和区的孔隙率变化可能会影响流体的运动和污染物在地下水中的迁移。在细颗粒沉积物中，基质传输气体（如氧气、甲烷和二氧化碳）的能力会降低，当土壤中的水变得更加饱和时也是如此。这可能会影响生物降解的速度和类型。土壤的氧化还原电位也是很重要的环境因素，氧化还原电位的数值代表了系统的电子密度。生物能量来自化合物的氧化，其中电子被转移到其他氧化化合物，被称为电子受体。低电子密度（Eh＞50mV）表示氧化、好氧条件，而高电子密度（Eh＜50mV）表示还原、厌氧条件。

3.6.5.6　生物降解动力学

（1）Monod 模型

Monod 动力学模型为双曲线饱和函数，较为复杂，其表达式如下：

$$\Delta C = M_t \mu_{\max} \frac{C}{K_c + C} \Delta t$$

式中　ΔC——污染物浓度的减小量；

C——污染物浓度；

M_t——总微生物浓度；

$\mu_{\max}$——单位质量微生物的最大污染物利用速率；

K_c——半饱和常数；

Δt——时间。

该模型相对严谨，但在实际测量过程中，$\mu_{\max}$ 和 K_c 的获取较困难，所以在场地上的应用并不多见。

（2）瞬时反应模型

瞬时反应模型可以用来模拟好氧微生物的降解过程，被称为“电子受体限制”模型。该模型假设微生物降解污染物和利用氧气的速率非常快速，而污染物生物降解的时间相对于地下水渗流速度非常短。表达式如下：

$$\Delta C_R = -\frac{O}{F}$$

式中　ΔC_R——微生物介导的污染物浓度变化；

O——地下水氧气浓度；

F——利用因子，氧气与消耗污染物的比值。

由于该模型没有考虑到生物降解随时间的变化，所以一般应用于生物降解相比于地下水流速非常快的情况下。

（3）一级反应动力学模型

一般来说，生物降解符合一级反应动力学反应式：

$$C=C_0e^{-kt} \quad 或 \quad \ln\frac{C}{C_0}=-kt \tag{3.216}$$

式中 C——生物降解后污染物浓度；

C_0——初始污染物浓度；

k——污染物降解速率，d^{-1}；

t——降解时间。

如计算达到修复效果所需要的时间，上式也可以表示为：

$$t=\frac{\ln\left(\dfrac{C}{C_0}\right)}{-k} \tag{3.217}$$

式中 C——达到修复目标所允许的最大污染物浓度；

C_0——最近一次监测到的污染物浓度。

由此也可以得到污染物的半衰期（$t_{1/2}$）：

$$t_{\frac{1}{2}}=\frac{0.693}{k} \tag{3.218}$$

值得注意的是，从一级衰减模型公式来看，降解速率 k 值的确定可能与污染物的浓度有关，大部分有机物的 k 值均可以由实验测定，但该模型没有充分考虑到现场可能存在的各种不确定性因素，如电子受体的可利用性等。因此，由实验室测得的 k 值应该与场地监测资料综合起来才能确定其适用性。

例题 3.21 某场地土壤受到苯污染，经检测污染物浓度为 180mg/kg，该地块土壤的修复目标值为 2mg/kg。拟采用生物降解法进行修复，在污染土壤中投加营养液促进土著有效微生物的繁殖，强化微生物对苯系物的生物降解，生物降解过程为一级反应。经过 10 天之后，土壤中苯浓度降为 120mg/kg，计算土壤修复到目标值时需要多长时间。

解：

反应符合一级动力学方程，将土壤苯初始浓度和第 10 天时浓度代入式(3.216)，得：

$$\ln\frac{C}{C_0}=\ln\frac{120}{180}=-10k$$

得：$k=0.0405d^{-1}$

则修复到目标值时需要的时间为：

$$\ln\frac{2}{180}=-0.0405t$$

得：$t=111.1d$

3.7 污染物迁移转化的基本方程

3.7.1 对流-弥散方程

地下水溶质传输控制方程最早是由 Ogata（1970）和 Bear（1972）根据质量守恒定律推导出来的。假设地层多孔介质中流场适用达西定律。溶质在多孔介质中的流动主要为对流作用和水动力弥散作用，前者可用渗流速度加以描述，后者与流场变异性有关。

如图3.29，选流场中的一个立方单元体，建立质量守恒表达式。

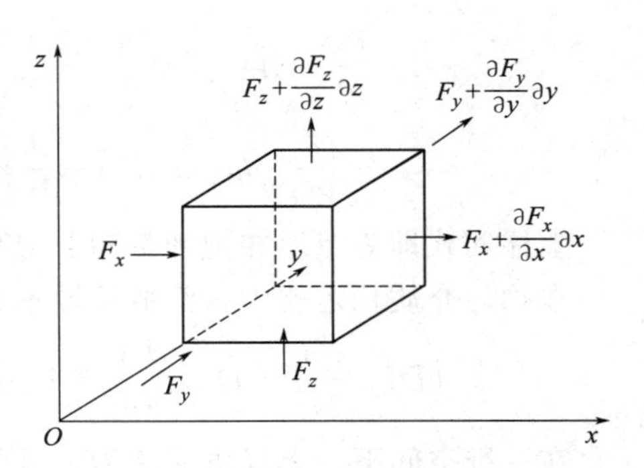

图3.29　流场中单元体质量平衡示意图

孔隙中渗透速度（平均孔隙速度、平均实际速度）$u=v/n$（v为渗流速度，n为孔隙度），假设流速方向与x轴相同，流速在x、y、z上的分量为v_x、v_y、v_z，溶质浓度为C。则单位体积中溶质的浓度为nC，在x轴方向上单位面积、单位时间对流作用及水动力弥散作用为：

$$\text{平流传输}=unC$$

$$\text{弥散传输}=nD_{wx}\frac{\partial C}{\partial x}$$

式中，D_{wx}为水动力弥散系数，可表示为：

$$D_{wx}=a_x u_x+D_d$$

则在x轴方向上单位面积、单位时间溶质传输质量F_x为：

$$F_x=u_x nC-nD_{wx}\frac{\partial C}{\partial x}$$

同理，在y、z方向上的分量为：

$$F_y=u_y nC-nD_{wy}\frac{\partial C}{\partial y}$$

$$F_z=u_z nC-nD_{wz}\frac{\partial C}{\partial z}$$

因此，流入单元体的溶质质量为：

$$F_x\mathrm{d}z\mathrm{d}y+F_y\mathrm{d}z\mathrm{d}x+F_z\mathrm{d}x\mathrm{d}y$$

流出立方单元体的溶质质量为：

$$\left(F_x+\frac{\partial F_x}{\partial x}\right)\mathrm{d}z\mathrm{d}y+\left(F_y+\frac{\partial F_y}{\partial y}\right)\mathrm{d}z\mathrm{d}x+\left(F_z+\frac{\partial F_z}{\partial z}\right)\mathrm{d}x\mathrm{d}y$$

则单元体流入与流出的溶质的质量变化为：

$$\left(\frac{\partial F_x}{\partial x}+\frac{\partial F_y}{\partial y}+\frac{\partial F_z}{\partial z}\right)\mathrm{d}x\mathrm{d}y\mathrm{d}z$$

假设溶质不与多孔介质作用，也不发生其他变化，则单元体中溶质对时间的变化为：

$$-n\frac{\partial C}{\partial t}\mathrm{d}x\mathrm{d}y\mathrm{d}z$$

上述两式应该相等，因此有：

$$\frac{\partial F_x}{\partial x}+\frac{\partial F_y}{\partial y}+\frac{\partial F_z}{\partial z}=-n\frac{\partial C}{\partial t}$$

将F_x、F_y、F_z代入上式，得：

$$\left[\frac{\partial}{\partial x}\left(nD_{wx}\frac{\partial C}{\partial x}\right)+\frac{\partial}{\partial y}\left(nD_{wy}\frac{\partial C}{\partial y}\right)+\frac{\partial}{\partial z}\left(nD_{wz}\frac{\partial C}{\partial z}\right)\right]-\left[\frac{\partial}{\partial x}(nu_xC)+\frac{\partial}{\partial y}(nu_yC)+\frac{\partial}{\partial z}(nu_zC)\right]=\frac{\partial(nC)}{\partial t}\qquad(3.219)$$

在非饱和带中，弥散系数D_w和孔隙渗透速度u是含水量θ的函数，因此上式可写为：

$$\left\{\frac{\partial}{\partial x}\left[\theta D_{wx}(\theta)\frac{\partial C}{\partial x}\right]+\frac{\partial}{\partial y}\left[\theta D_{wy}(\theta)\frac{\partial C}{\partial y}\right]+\frac{\partial}{\partial z}\left[\theta D_{wz}(\theta)\frac{\partial C}{\partial z}\right]\right\}$$
$$-\left\{\frac{\partial}{\partial x}[\theta u_x(\theta)C]+\frac{\partial}{\partial y}[\theta u_y(\theta)C]+\frac{\partial}{\partial z}[\theta u_z(\theta)C]\right\}=\frac{\partial(\theta C)}{\partial t} \tag{3.220}$$

上述两式即为溶质在饱和带和非饱和带中的对流-弥散方程。

在均匀介质稳定流中，弥散系数不会随空间位置而改变，故有：

$$\left(D_{wx}\frac{\partial^2 C}{\partial x^2}+D_{wy}\frac{\partial^2 C}{\partial y^2}+D_{wz}\frac{\partial^2 C}{\partial z^2}\right)-\left(u_x\frac{\partial C}{\partial x}+u_y\frac{\partial C}{\partial y}+u_z\frac{\partial C}{\partial z}\right)=\frac{\partial C}{\partial t}$$

在一维空间下，上式可简化为一维弥散方程：

$$D_{wx}\frac{\partial^2 C}{\partial x^2}-u_x\frac{\partial C}{\partial x}=\frac{\partial C}{\partial t} \tag{3.221}$$

这就是传统的对流-弥散方程，即在假设流场是稳定流、水动力弥散系数为常数的条件下推导出来的。

3.7.2 对流-弥散-反应方程

上述对流-弥散方程是在假设溶质在多孔介质中不发生任何反应的条件下推导出来的，实际上污染物进入土壤与地下水中会发生一系列物理、化学与生物反应，这需要在方程式中增加源项或减少汇项，公式可表述为（以下均以均质一维流场为例）：

$$D_{wx}\frac{\partial^2 C}{\partial x^2}-u_x\frac{\partial C}{\partial x}\pm\sum_{i=1}^{n}R_i=\frac{\partial C}{\partial t} \tag{3.222}$$

式中 $\sum_{i=1}^{n}R_i$ 为溶质产生源（加号）或者汇（减号），主要包括吸附（分配）、酸碱反应（包括水解反应、配位反应）、氧化还原反应、生物降解或转化、放射性衰变等，在修复行为中，还有注入（源）和抽提（汇）。以下对主要反应方程进行介绍。

3.7.2.1 对流-弥散-吸附（或分配）方程

污染物进入土壤与地下水环境中，导致其浓度发生变化的最主要机制就是吸附或分配作用。根据污染物在固相与液相中的关系：

$$S=K_dC$$

式中 S——污染物在固相中的吸附浓度；

K_d——污染物在土壤-水中的分配系数；

C——地下水中污染物浓度。

由于土壤吸附了这部分污染物，因此反映在方程式中，需要减掉这部分的量，得：

$$D_{wx}\frac{\partial^2 C}{\partial x^2}-u_x\frac{\partial C}{\partial x}-\frac{\rho_d}{n}\times\frac{\partial S}{\partial t}=\frac{\partial C}{\partial t} \tag{3.223}$$

式中 ρ_d——土壤干体密度；

n——孔隙度。

上式中：

$$-\frac{\rho_d}{n}\times\frac{\partial S}{\partial t}=\frac{\rho_d}{n}\times\frac{\partial S}{\partial C}\times\frac{\partial C}{\partial t}$$

线性吸附时，$\frac{\partial S}{\partial C}=K_{\mathrm{d}}$，故上式为：

$$D_{\mathrm{w}x}\frac{\partial^2 C}{\partial x^2}-u_x\frac{\partial C}{\partial x}=\frac{\partial C}{\partial t}\left(1+\frac{\rho_{\mathrm{d}}}{n}K_{\mathrm{d}}\right) \tag{3.224}$$

令：

$$R=1+\frac{\rho_{\mathrm{d}}}{n}K_{\mathrm{d}} \tag{3.225}$$

上式可简化为：

$$D_{\mathrm{w}x}\frac{\partial^2 C}{\partial x^2}-u_x\frac{\partial C}{\partial x}=R\frac{\partial C}{\partial t} \tag{3.226}$$

或

$$\frac{D_{\mathrm{w}x}}{R}\times\frac{\partial^2 C}{\partial x^2}-\frac{u_x}{R}\times\frac{\partial C}{\partial x}=\frac{\partial C}{\partial t} \tag{3.227}$$

R 为阻滞因子，无量纲，定义为地下水达西速率（v）与污染羽速度（v_{p}，为污染物变为初始浓度的一半时的污染物速度）之比，即 $R=\frac{v}{v_{\mathrm{p}}}$，它表示对地下水中污染物对流和弥散影响的大小，即由于吸附作用污染物的迁移比输送它们的地下水缓慢得多，就像是阻滞了污染物的迁移扩散，这一作用称为阻滞。阻滞因子越大，对污染物的阻滞作用也越大，阻滞因子为几，地下水的迁移速度就是污染物迁移速度的几倍。$R=1$ 时，地下水与污染物具有相同的流速，没有阻滞；$R=5$ 时，地下水的移动速度是污染物的 5 倍。

R 是 ρ_{d}、n 和 K_{d} 的函数，对于给定含水层，ρ_{d} 和 n 已定，分配系数越大，阻滞因子越大。在非饱和带中 $R(\theta)=1+f(\theta)\rho_{\mathrm{d}}K_{\mathrm{d}}/\theta$。表 3.12 为不同污染物在不同有机碳含量下的阻滞因子。

表 3.12 不同污染物在不同有机碳含量下的阻滞因子（Wiedemeier et al.，1999）

污染物	$f_{\mathrm{oc}}=0.0001$	$f_{\mathrm{oc}}=0.001$	$f_{\mathrm{oc}}=0.01$	$f_{\mathrm{oc}}=0.1$
MTBE	1.0	1.1	1.6	7
苯	1.0	1.2	2.9	20
乙苯	1.0	1.5	5.7	48
甲苯	1.1	1.7	7.6	69
二甲苯(混合)	1.1	2.2	13.0	120

公式中用 R 代替了反应项，本质是一样的。需要注意的是，其他反应如沉淀、生物降解、放射性衰变也可降低污染羽中的污染物浓度，但不一定减缓污染物的迁移速度。

对于等温非线性 Langmuir 吸附，有：

$$R=1+\frac{\rho_{\mathrm{d}}}{n}KS_{\mathrm{m}}\left[\frac{1}{1+KC}-\frac{KC}{(1+KC)^2}\right] \tag{3.228}$$

对于等温非线性 Freundlich 吸附，$S=KC^{1/n}$，有：

$$R=1+\frac{\rho_{\mathrm{d}}}{n}K\frac{1}{n}C^{\frac{1}{n}-1} \tag{3.229}$$

吸附（分配）作用在污染物地下传输过程中几乎必然发生，因此，其他的化学反应和生物反应是在这个基础上同时进行的，下述反应方程都包含了吸附作用。

例题 3.22 某场地中一口地下水监测井中地下水受到2-丁酮和乙苯的污染，场地外100m处有一口农用地下水井，两口井的水位差为1m。场地勘察结果显示，含水层的渗透系数为5m/d，有效孔隙度为25%，土壤干堆积密度为1.65g/cm^3，土壤有机质为1.5%，$K_{oc}=0.63K_{ow}$。①计算两种污染物的阻滞因子；②两种污染物到达场地外地下水监测井的时间。

解：

① 根据表4.2知，2-丁酮的$\lg K_{ow}=0.26$，乙苯的$\lg K_{ow}=3.15$，得：

2-丁酮的$K_{ow}=1.82$，乙苯的$K_{ow}=1412.5$

根据$K_{oc}=0.63K_{ow}$，可得：

2-丁酮：$K_{oc}=0.63\times1.82=1.15$

乙苯：$K_{oc}=0.63\times1412.5=889.9$

根据$K_d=f_{oc}K_{oc}$得：

2-丁酮：$K_d=0.015\times K_{oc}=0.015\times1.15=0.0173$

乙苯：$K_d=0.015\times K_{oc}=0.015\times889.9=13.35$

根据式(3.225)得：

2-丁酮：$R=1+\dfrac{\rho_d}{n}K_d=1+\dfrac{1.65}{0.25}\times0.0173=1.11$

乙苯：$R=1+\dfrac{\rho_d}{n}K_d=1+\dfrac{1.65}{0.25}\times13.35=89.11$

② 两口井之间的水力坡度：$J=(1\text{m})/(100\text{m})=0.01$

根据达西定律得地下水的渗透速度为：$v=KJ=(5\text{m/d})\times0.01=0.05\text{m/d}$

则地下水的实际流速为：$u=\dfrac{v}{n_e}=\dfrac{0.05}{0.25}=0.2(\text{m/d})$

根据阻滞因子的定义，可得：

2-丁酮的运动速度为：$v_p=v/R=(0.2\text{m/d})/1.11=0.18\text{m/d}$

乙苯的运动速度为：$v_p=v/R=(0.2\text{m/d})/89.11=0.002\text{m/d}$

因此，两种污染物迁移到场地外地下水井的时间为：

2-丁酮到达时所用时间为：$(100\text{m})/(0.18\text{m/d})=1.52\text{a}$

乙苯到达时所用时间为：$(100\text{m})/(0.002\text{m/d})=137.0\text{a}$

3.7.2.2 对流-弥散-吸附-酸碱反应方程

酸碱反应的动力学速率可表达为：

$$\frac{\mathrm{d}C}{\mathrm{d}t}=-\left(\frac{K_a}{[\mathrm{H}_m\mathrm{A}_n]+[\mathrm{A}^-]^n}\right)\left(\frac{\mathrm{d}([\mathrm{H}_m\mathrm{A}_n]+[\mathrm{A}^-]^n)}{\mathrm{d}t}\right) \tag{3.230}$$

式中 $\dfrac{\mathrm{d}C}{\mathrm{d}t}$——单位体积酸碱反应产生的$\mathrm{A}^-$离子速率；

K_a——酸碱解离常数。

得到非饱和带和饱和带中污染物对流-弥散-吸附-酸碱反应方程分别为：

$$\frac{\partial}{\partial x}\left[\theta D_{wx}(\theta)\frac{\partial C}{\partial x}\right]-\frac{\partial}{\partial x}[\theta u_x(\theta)C]-\left(\frac{K_a}{[\mathrm{H}_m\mathrm{A}_n]+[\mathrm{A}^-]^n}\right)\left[\frac{\mathrm{d}([\mathrm{H}_m\mathrm{A}_n]+[\mathrm{A}^-]^n)}{\mathrm{d}t}\right]=\frac{\partial}{\partial t}[\theta R(\theta)C] \tag{3.231}$$

和：

$$\frac{\partial}{\partial x}\left(nD_{wx}\frac{\partial C}{\partial x}\right)-\frac{\partial}{\partial x}(nu_xC)-\left(\frac{K_a}{[H_mA_n]+[A^-]^n}\right)\left[\frac{d([H_mA_n]+[A^-]^n)}{dt}\right]=\frac{\partial}{\partial t}(nRC) \tag{3.232}$$

稳定流场，孔隙度为常数时，上式变为：

$$D_{wx}\frac{\partial^2C}{\partial x^2}-u_x\frac{\partial C}{\partial x}-\left(\frac{K_a}{[H_mA_n]+[A^-]^n}\right)\left[\frac{d([H_mA_n]+[A^-]^n)}{dt}\right]=R\frac{\partial C}{\partial t} \tag{3.233}$$

3.7.2.3　对流-弥散-吸附-溶解沉淀反应方程

沉淀反应动力学可表述为：

$$\left(\frac{dC}{dt}\right)_p=-K_pA\left(1-\frac{Q}{K_{sp}}\right)[A^{m+}]^n \tag{3.234}$$

溶解反应动力学可表述为：

$$\left(\frac{dC}{dt}\right)_d=K_dA\left(1-\frac{Q}{K_{sp}}\right)[A^{m+}]^n \tag{3.235}$$

式中　$\left(\frac{dC}{dt}\right)_p$——沉淀形成 A^{m+} 的损失速率；

$\left(\frac{dC}{dt}\right)_d$——溶解形成 A^{m+} 的速率；

K_p——沉淀速率系数；

K_d——溶解速率系数；

A——固体比表面积；

Q——溶质吸附在固相上的吸附密度。

则可推导出非饱和带和饱和带中污染物对流-弥散-吸附-溶解沉淀反应方程分别为：

$$\frac{\partial}{\partial x}\left[\theta D_{wx}(\theta)\frac{\partial C}{\partial x}\right]-\frac{\partial}{\partial x}[\theta u_x(\theta)C]\pm KA\left(1-\frac{Q}{K_{sp}}\right)[A^{m+}]^n=\frac{\partial}{\partial t}[\theta R(\theta)C] \tag{3.236}$$

和：

$$\frac{\partial}{\partial x}\left(nD_{wx}\frac{\partial C}{\partial x}\right)-\frac{\partial}{\partial x}(nu_xC)\pm KA\left(1-\frac{Q}{K_{sp}}\right)[A^{m+}]^n=\frac{\partial}{\partial t}(nRC) \tag{3.237}$$

式中　K——K_p 时为沉淀速率系数，式中为减号；K_d 时为溶解速率系数，式中为加号。

稳定流场，孔隙度为常数时，上式变为：

$$D_{wx}\frac{\partial^2C}{\partial x^2}-u_x\frac{\partial C}{\partial x}\pm KA\left(1-\frac{Q}{K_{sp}}\right)[A^{m+}]^n=R\frac{\partial C}{\partial t} \tag{3.238}$$

3.7.2.4　对流-弥散-吸附-配位反应方程

配位反应的动力学速率可表述为：

$$\frac{dC}{dt}=-K_c[M][L]^n \tag{3.239}$$

式中　$\frac{dC}{dt}$——形成配合物的速率；

K_c——配位速率常数。

则可推导出非饱和带和饱和带中污染物对流-弥散-吸附-配位反应方程分别为：

$$\frac{\partial}{\partial x}\left[\theta D_{wx}(\theta)\frac{\partial C}{\partial x}\right]-\frac{\partial}{\partial x}[\theta u_x(\theta)C]-K_c[\mathrm{M}][\mathrm{L}]^n=\frac{\partial}{\partial t}[\theta R(\theta)C] \tag{3.240}$$

和：

$$\frac{\partial}{\partial x}\left(nD_{wx}\frac{\partial C}{\partial x}\right)-\frac{\partial}{\partial x}(nu_xC)-K_c[\mathrm{M}][\mathrm{L}]^n=\frac{\partial}{\partial t}(nRC) \tag{3.241}$$

稳定流场，孔隙度为常数时，上式变为：

$$D_{wx}\frac{\partial^2 C}{\partial x^2}-u_x\frac{\partial C}{\partial x}-K_c[\mathrm{M}][\mathrm{L}]^n=R\frac{\partial C}{\partial t} \tag{3.242}$$

3.7.2.5 对流-弥散-吸附-氧化还原反应方程

氧化还原反应的动力学速率可表述为：

$$\frac{\mathrm{d}C}{\mathrm{d}t}=-K_{red}[\mathrm{R_{ed1}}][\mathrm{O_{X2}}] \tag{3.243}$$

式中 $\frac{\mathrm{d}C}{\mathrm{d}t}$——氧化还原反应导致的污染物生产或损失的速率；

K_{red}——氧化还原反应速率常数。

则可推导出非饱和带和饱和带中污染物对流-弥散-吸附-氧化还原反应方程分别为：

$$\frac{\partial}{\partial x}\left[\theta D_{wx}(\theta)\frac{\partial C}{\partial x}\right]-\frac{\partial}{\partial x}[\theta u_x(\theta)C]-K_{red}[\mathrm{R_{ed1}}][\mathrm{O_{X2}}]=\frac{\partial}{\partial t}[\theta R(\theta)C] \tag{3.244}$$

和：

$$\frac{\partial}{\partial x}\left(nD_{wx}\frac{\partial C}{\partial x}\right)-\frac{\partial}{\partial x}(nu_xC)-K_{red}[\mathrm{R_{ed1}}][\mathrm{O_{X2}}]=\frac{\partial}{\partial t}(nRC) \tag{3.245}$$

稳定流场，孔隙度为常数时，上式变为：

$$D_{wx}\frac{\partial^2 C}{\partial x^2}-u_x\frac{\partial C}{\partial x}-K_{red}[\mathrm{R_{ed1}}][\mathrm{O_{X2}}]=R\frac{\partial C}{\partial t} \tag{3.246}$$

3.7.2.6 对流-弥散-生物降解方程

生物降解或转化一般遵循一阶衰减方程和 Monod 动力学方程。

一阶衰减动力学速率可表述为：

$$\frac{\mathrm{d}C}{\mathrm{d}t}=-K_bC \tag{3.247}$$

式中 $\frac{\mathrm{d}C}{\mathrm{d}t}$——污染物生物降解速率；

K_b——一阶生物降解速率常数。

则可推导出非饱和带和饱和带中污染物对流-弥散-吸附-生物降解反应方程分别为：

$$\frac{\partial}{\partial x}\left[\theta D_{wx}(\theta)\frac{\partial C}{\partial x}\right]-\frac{\partial}{\partial x}[\theta u_x(\theta)C]-K_bC=\frac{\partial}{\partial t}[\theta R(\theta)C] \tag{3.248}$$

和：

$$\frac{\partial}{\partial x}\left(nD_{wx}\frac{\partial C}{\partial x}\right)-\frac{\partial}{\partial x}(nu_xC)-K_bC=\frac{\partial}{\partial t}(nRC) \tag{3.249}$$

稳定流场，孔隙度为常数时，上式变为：

$$D_{wx}\frac{\partial^2 C}{\partial x^2}-u_x\frac{\partial C}{\partial x}-K_b C=R\frac{\partial C}{\partial t} \tag{3.250}$$

当生物降解满足 Monod 动力反应时，动力学速率可表述为：

$$\frac{dC}{dt}=-\frac{K_{max}X_a S_f}{K_s+S_f} \tag{3.251}$$

式中 $\frac{dC}{dt}$——污染物生物降解速率；

K_{max}——有机底物最大比降解速率；

S_f——有机底物浓度；

X_a——地下水中污染物浓度；

K_s——半饱和常数，即 $K_{max}/2$ 时有机底物浓度。

则可推导出非饱和带和饱和带中污染物对流-弥散-吸附-生物降解反应方程分别为：

$$\frac{\partial}{\partial x}\left[\theta D_{wx}(\theta)\frac{\partial C}{\partial x}\right]-\frac{\partial}{\partial x}[\theta u_x(\theta)C]-\frac{K_{max}X_a S_f}{K_s+S_f}=\frac{\partial}{\partial t}[\theta R(\theta)C] \tag{3.252}$$

和：

$$\frac{\partial}{\partial x}\left(nD_{wx}\frac{\partial C}{\partial x}\right)-\frac{\partial}{\partial x}(nu_x C)-\frac{K_{max}X_a S_f}{K_s+S_f}=\frac{\partial}{\partial t}(nRC) \tag{3.253}$$

稳定流场，孔隙度为常数时，上式变为：

$$D_{wx}\frac{\partial^2 C}{\partial x^2}-u_x\frac{\partial C}{\partial x}-\frac{K_{max}X_a S_f}{K_s+S_f}=R\frac{\partial C}{\partial t} \tag{3.254}$$

3.7.3　二相流方程

两种不相混溶的不可压缩流体的一维二相流方程可表达为：

$$\frac{\partial}{\partial x}\left(G\frac{\partial S_w}{\partial x}\right)-q_t\frac{df}{dS_w}\times\frac{\partial S_w}{\partial x}=n\frac{\partial S_w}{\partial t} \tag{3.255}$$

式中 q_t——总体积通量；

S_w——湿润相的相对饱和度；

n——孔隙度。

f 为 S_w 的函数，定义为：

$$f(S_w)=\left(1+\frac{k_{nw}\mu_w}{k_w\mu_{nw}}\right)^{-1}$$

G 也为 S_w 的函数，定义为：

$$G(S_w)=-\frac{k_{nw}f}{\mu_{nw}}\times\frac{dP_c}{dS_w}$$

式中 k_{nw}——非湿润相的相对渗透率；

k_w——湿润相的相对渗透率；

μ_w——湿润相的动力黏滞系数；

μ_{nw}——非湿润相的动力黏滞系数；

P_c——毛细压力。

湿润相体积通量 q_w 为：

$$q_w = fq_t - G\frac{\partial S_w}{\partial x} \tag{3.256}$$

非湿润相体积通量 q_{nw} 为：

$$q_{nw} = q_t(1-f) + G\frac{\partial S_w}{\partial x} \tag{3.257}$$

3.7.4 包气带中气体的迁移

气体在包气带中的迁移主要是分子扩散作用，迁移公式可用 Fick 定律表达：

$$\xi_a n_a D\frac{\partial^2 G}{\partial x^2} = \frac{\partial(n_a G)}{\partial t} \tag{3.258}$$

式中 D——自由空气扩散系数，m^2/s；

G——气相中污染物的浓度，kg/m^3；

n_a——孔隙空气体积比；

ξ_a——气相曲折因子。

扩散发生在土壤介质空隙中，而非自由开放空间，ξ_a 一般介于 0～8 之间，该参数可由 Millington-Quirk 公式求出：

$$\xi_a = \frac{n_a^{10/3}}{n^2}$$

式中 n——土壤孔隙度。

化合物在空气中的扩散系数也与在液相中一样，遵循式(3.154)。

污染物在气相中的扩散系数与分子量的平方根成反比，与温度成正比，关系式为：

$$\frac{D_{T_1}}{D_{T_2}} = \left(\frac{T_1}{T_2}\right)^m \tag{3.259}$$

式中 D_{T_1}、D_{T_2}——温度为 T_1、T_2 时的扩散系数；

T_1、T_2——绝对温度，K；

m——指数，理论值为 1.5，实验值范围为 1.72～2.0。

污染物在包气带气相中迁移，也有一个气相阻滞因子，如下式(EPA，1991)：

$$R_a = 1 + \frac{\rho_d}{n_a H}K_d + \frac{n_w}{n_a H} \tag{3.260}$$

式中 ρ_d——土壤干体密度；

K_d——土壤-水分配系数；

H——亨利常数；

n_w——包气带土壤孔隙中水的体积占比，即孔隙水体积比（体积含水率）；

n_a——包气带土壤孔隙中气体的体积占比，即孔隙空气体积比。

式中右侧第二项表示污染物在包气带固相-液相-气相之间的分配，第三项表示气相和固相之间的分配。污染物在多相中的分配使其迁移受到阻滞，比在单纯的空气中的迁移速度小。

习题与思考题

1. 试从过水断面、流动方向、流速、流量等角度分析地下水渗流与渗透的区别与关系。

2. 论述达西定律的适用条件，地下水计算采用达西定律时应注意什么。

3. 阐述渗透率和渗透系数的区别，如果某介质水的渗透率为 $1.2\times10^{-8}cm^2$，则渗透系数为多少。

4. 在分析污染场地中污染物的迁移快慢时，采用地勘测定的渗透系数进行判断是否合理？

5. 结合成层岩土的等效渗透系数，分析污染物在场地中水平及垂向上的迁移特点。

6. 证明由两层地层组成的层状岩层，其水平等效渗透系数大于垂直渗透系数。

7. 论述地下水井的类型、结构，在污染场地地下水抽出处理技术中，抽提井的设计应考虑哪些因素。

8. 潜水含水层井流公式中，($h_1^2-h_2^2$) 是否可以由 ($s_2^2-s_1^2$) 代替。

9. 当潜水含水层潜水面水头为 16m，采用直径为 0.1m 的完整井抽水，抽水量为 $12m^3/h$，稳态后抽水井的水位降深为 4.5m，距离抽水井 5m 处的监测井的水位降深为 2.0m，求潜水含水层的渗透系数为多少，距离抽水井 8m 处的监测井的水位降深为多少。

10. 某场地中潜水含水层的厚度为 12.0m，利用直径为 0.1m 的完整井抽水，抽水速率为 $0.25m^3/min$，含水层水力传导系数为 10.0m/d，距离抽水井 4.0m 的观测井稳定降深为 1.2m，计算抽水井降深和抽水井影响半径。

11. 某一场地承压含水层厚为 10m，采用井直径为 0.2m 的完整井抽水。含水层水力传导系数为 12m/d，距离抽水井 2.0m 处观测孔稳定降深 0.5m，距抽水井 8m 处观测孔稳定降深为 0.25m。计算承压含水层中抽水井的抽水速率。

12. 某抽水井从 30m 厚的承压含水层抽水，初始水头为 60m，稳定状态下在距离抽水井 80m 和 150m 处的水头分别为 48m 和 52m，计算抽水井的影响半径。

13. 解释为何土壤采样采用便携式光离子化气体检测器（PID）检测时，砂土样品中污染物浓度会高些，而实验室中检测值却很低。同样，试述黏土样品 PID 读数很低，但实验室检出值却很高的原因。

14. 某场地中 1,2-二氯乙烯储罐发生泄漏，二氯乙烯进入包气带，地下温度为 20℃，估算在泄漏点包气带气相中的二氯乙烯浓度。随着时间推移，二氯乙烯进入含水层，采样测得地下水中二氯乙烯的浓度为 350mg/L，计算土壤中的二氯乙烯浓度。

15. 如果例题 3.13 中包气带不存在三氯乙烯的自由相，检测得到土壤气中三氯乙烯的浓度为 4.8mg/L，其他条件相同，试求包气带中地下水及土壤中三氯乙烯的最大浓度。

16. 评价扩散与弥散对污染物运移影响的程度，如何解释在地下水流向上游靠近污染源的区域有时也受到污染现象以及地下水采用抽出处理停止抽水后地下水又不达标的现象？

17. 论述阻滞因子的物理意义及关系式，分析阻滞因子与式(3.222) 之间的关系。

18. 某场地中地下水受到三氯乙烯污染，含水层的渗透系数为 8m/d，有效孔隙度为 28%，土壤干堆积密度为 $1.6g/cm^3$，土壤有机质为 1.2%，$K_{oc}=0.63K_{ow}$。场地外 80m 处有一个村庄，该处与场地之间的水力坡度为 0.01。①分析三氯乙烯迁移的阻滞因子；②计算三氯乙烯到达村庄所需的时间。

19. 某场地包气带中土壤受到苯的污染，已知苯在20℃时自由空气的扩散系数为$0.089cm^2/s$，土壤孔隙度为0.35，孔隙水体积比为0.1，土壤干体积密度为$1.65g/cm^3$，土壤有机质含量为1.6%，$K_{oc}=0.63K_{ow}$。求甲苯的自由空气扩散系数和气相阻滞因子。

参考文献

陈崇希，等，2011. 地下水动力学[M]. 武汉：中国地质大学出版社.

付融冰，2022. 场地精准化环境调查方法学[M]. 北京：中国环境出版集团.

束龙仓，等，2012. 地下水水文学[M]. 北京：中国水利水电出版社.

薛禹群，等，2010. 地下水动力学[M]. 3版. 北京：地质出版社.

雅·贝尔，1985. 地下水水力学[M]. 许涓铭，等，译. 北京：地质出版社：41-62.

BATSTONE D J, et al, 2000. Modelling anaerobic degradation of complex wastewater. I: model development[J]. Bioresource technology, 75 (1): 67-74.

BENNET J W, et al, 2002. Manual of environmental microbiology: Use of fungi biodegradation[M]. 2nd ed. Washington, D C: ASM Press.

DALTON H, et al, 1982. Co-metabolism[J]. Philosophical Transactions of the Royal Society of London B-Biological Sciences, 297 (1088): 481-496.

DAS N, et al, 2011. Microbial degradation of petroleum hydrocarbon contaminants: An overview SAGE-Hindawi access to research biotechnology[J]. Research International, 941810: 13.

DIEZ M C, 2010. Biological aspects involved in the degradation of organic pollutants[J]. Journal of Soil Science and Plant Nutrition, 10 (3): 244-267.

ECB, 2003. Technical guidance document on risk assessment[R]. European Commision: European Chemical Burean.

FORCHHEIMER P, 1901. Wasserbewegung durch Boden[J]. Zeitz ver deutsching, 45: 1782-1788.

FRITSCHE W, et al, 2008. Aerobic degradation by microorganisms[M]. Weinheim: John Wiley & Sons.

HAZEN T C, 2010. Cometabolic bioremediation[J]. Environmental Science, 2505-2014.

HILL D T, 1982. A comprehensive dynamic model for animal waste methanogenesis[J]. Transactions of the ASAE, 25 (5): 1374-1380.

JEFF K, 1999. Practical design calculations for groundwater and soil remediation[M]. Boca Raton: Lewis Publishers.

KARAK N, 2016. Biopolymers for paints and surface coatings[J]. Biopolymers and biotech admixtures for eco-efficient construction materials, 333-368.

LEITÃO A L, 2009. Potential of penicillium species in the bioremediation field. International Journal of Environmental Resarch[J]. Public Health, 6: 1393-1417.

LETTS J A, et al, 2019. Structures of respiratory supercomplex Ⅰ+Ⅲ 2 reveal functional and conformational crosstalk [J]. Mol Cell, 75 (6): 1131-1146.

LIDE D R, 1992. Handbook of chemistry and physics[M]. 73st ed. Boca Raton, F L: CRC Press.

MEGONIGAL J P, et al., 2004. Anaerobic metabolism: linkages to trace gases and aerobic processes[J]. Biogeochemistry, 8: 317-424.

MROZIK A, et al, 2003. Bacterial degradation and bioremediation of polycyclic aromatic hydrocarbons[J]. Polish Journal of Environmental Studies, 12 (1): 15-25.

NEY R E, 1998. Fate and transport of organic chemicals in the environment: A practical guide[M]. Rockville, M D: Government Institutes.

PRAMILA R, et al, 2012. Brevibacillus parabrevis, Acinetobacter baumannii and pseudomonas citronellolis-Potential candidates for biodegradation of low density polyethylene (LDPE) [J]. African Journal of Bacteriology Research, 4 (1): 9-14.

SCHWARZENBACH R P, et al, 2003. Environmental organic chemistry[M]. New York: Wiley-Interscience Press.

SHERWOOD T K, et al, 1975. Mass transfer under reduced gravity[M]. New York: McGraw-Hill.

EPA，1991. Site characterization for subsurface remediation：EPA625/4-91/026[R]. Washington，D C：US Environmental Protection Agency.

EPA，2000. Engineered Approaches to In Situ Bioremediation of Chlorinated Solvents：Fundamentals and Field Applications：EPA 542-R-00-008[R]. Washington，D C：US Environmental Protection Agency.

EPA，2006. Engineering Forum Issue Paper：In Situ Treatment Technologies for Contaminated Soil：EPA 542/F-06/013[R]. Washington，D C：US Environmental Protection Agency.

WIEDEMEIER T H，et al，1999. Natural attenuation of fuels and chlorinated solvents in the subsurface[M]. New York：John Wiley & Sons.

ZIBILSKE L M，1994. Methods of soil analysis：Part 2 microbiological and biochemical properties[J]. Carbon Mineralization，5：835-863.

第4章

土壤与地下水中常见污染物及环境行为

土壤-地下水系统类型多样，不同类型的系统污染物种类也不同，其环境行为与污染物性质以及水文地质特征密切相关。了解污染物性质及环境行为对制定土壤与地下水污染状况调查及治理具有重要意义。本章主要介绍土壤与地下水中常见污染物的基本性质及环境行为，并对以密度和溶解性角度分类的轻非水相液体和重非水相液体的环境行为进行简要概述。

4.1 土壤与地下水污染来源

土壤与地下水中的污染物来源包括天然污染源和人为污染源。自然环境中土壤与地下水中的物质是自地质作用演化而来的，是土壤与地下水的组成部分，含有的重金属基本是痕量的，很少存在毒理效应，往往作为背景值。但是由于特殊的地质作用形成的高砷、高氟、高矿化度等，可能超出了人体健康风险，需要进行风险控制。某些自然因素也会造成土壤和地下水的污染，例如强烈火山喷发区、富含某些重金属或放射性元素的矿床、含矿物质的风化分解等，使某些元素进入土壤或地下水。

人为源是人类活动向土壤与地下水中排放污染物，是土壤与地下水中污染物的主要来源，大致可分为工业污染源、农业污染源和生活污染源。

（1）工业污染源

工业污染源主要指工矿企业排放的废水、废气、固废，进入土壤与地下水，其数量大，危害严重；其次是储存装置和输运管道的渗漏，可能是长期的、难被发现的、连续的污染源；还有生产事故导致的化学品泄漏造成土壤与地下水污染。工业生产类型多样，污染情况差异也较大，以矿石采选、金属冶炼、炼焦、金属表面处理、石油化工、精细化工、农药制造、铅酸蓄电池制造等行业最为严重，对于重污染企业需要重点监管。

（2）农业污染源

农业污染源主要是指农业生产本身需要的农药、化肥、有机肥、残留地膜、农业灌溉污水、畜禽养殖粪便等，这些都会造成土壤与地下水中重金属及有机物富集，往往以面源污染的形态呈现。

（3）生活污染源

生活污染源主要是指城乡居民排放的生活污水、生活垃圾以及科研、文教单位和医疗卫生部门排出的污水、固废，常含有多种有害物质、细菌和病毒。垃圾（固废）填埋场渗滤液泄漏等，都会造成土壤和地下水的污染。

4.2　土壤与地下水中的常见污染物

4.2.1　污染物分类

根据污染物性质，可分为无机污染物和有机污染物两大类。

（1）无机污染物

无机污染物主要有重金属（汞、镉、铅、铬、铜、锌、镍）以及类金属（砷、硒等）、放射性元素（^{137}铯、^{90}锶等）、氟、酸、碱、盐等。其中重金属和放射性物质污染的危害性最为严重，而且一旦污染了土壤，就难以彻底消除，并易被植物吸收，通过食物链进入人体，危及人类健康。

（2）有机污染物

有机污染物主要有人工合成的有机农药、酚类物质、氰化物、石油、多环芳烃、氯代烃以及高浓度耗氧有机物等。其中有机氯农药、有机汞制剂、多环芳烃等性质稳定不易分解的有机物，在土壤环境中易累积，造成污染的危害性最为严重。

土壤与地下水污染修复行业中，根据场地污染特点、污染物类别及特性，习惯上将污染物分为以下几类：金属和类金属、挥发性有机污染物（VOCs）、半挥发性有机污染物（SVOCs）、多氯联苯、多环芳烃、氯代烃、苯系物、酚类化合物、持久性有机污染物、石油烃、农药等。

4.2.2　典型行业土壤与地下水中污染物类型

土壤与地下水中的主要污染物与场地从事的行业密切相关，往往具有行业特征，表 4.1 为主要行业产生的污染物情况。

表 4.1　主要行业土壤与地下水中的污染物（付融冰，2022）

行业类型	主要工艺	主要污染物
铅锌冶炼	铅冶炼、锌冶炼	铅、锌、镉、砷、汞、铜、铬、锰
铜冶炼	冶炼	铜、镉、铅、砷、锌
钢铁冶炼	炼焦、炼铁、炼钢	铅、锌、镉、铬、镍、铜、多环芳烃、VOCs、总石油烃（TPH）
金属表面处理	电镀、化成、酸洗、涂装	镉、铬、锌、镍、铜、铅、VOCs
铅酸蓄电池制造	铅粉制造、板栅制造、涂板、化成、清洗	铅、硫酸
其他电池制造	汞电池制造	汞、镉、铬、铜、镍、铅、锌、VOCs
印刷电路板	电路板制造	镉、铜、镍、铅、VOCs
半导体制造	半导体制造	砷、镉、铬、铜、汞、镍、铅、锌、VOCs、SVOCs

续表

行业类型	主要工艺	主要污染物
炼焦行业	干馏、结焦	苯系物、多环芳烃、氰化物、酚类
石油化工制造	石化品制造	TPH、VOCs、SVOCs、砷、镉、铬、铜、汞、镍、铅、锌
农药制造	制药过程	砷、汞、铜、VOCs、SVOCs、农药
基本化学材料制造	基本化学材料制造	TPH、VOCs、SVOCs、砷、镉、铬、铜、汞、镍、铅、锌
皮革鞣制加工	鞣制、染色	铬、镉、铜、铅、锌、VOCs
合成橡胶制造	橡胶制造	VOCs、SVOCs、TPH
合成树脂及塑胶制造	合成树脂及塑胶制造	砷、铬、镉、铜、汞、镍、铅、锌、VOCs、SVOCs、TPH
人造纤维制造	人造纤维制造	VOCs、SVOCs、TPH
涂料、染料及颜料制造	制造过程	铬、铅、锌、镉、铜、VOCs、SVOCs
印染	染色、印花	六价铬、苯胺、三氯化苯、苯酚、硫化物、各种染料
造纸	制浆过程	有机氯化物、二噁英
硫酸制造	制酸	硫酸、砷
烧碱制造	电解、离子交换	氢氧化钠、钡、废石棉绒
肥料制造	化学合成	氟化物、磷、氨、砷、铬、镉、铜、汞、镍、铅、锌、钴、VOCs、SVOCs、TPH
火力发电	燃料燃烧	砷、汞、铅、多环芳烃、PCBs、二噁英
加油站	油品储存、销售	TPH、苯、乙苯、甲苯、二甲苯、铅、甲基叔丁基醚

4.3 污染物的基本性质

污染物的环境行为在很大程度上受污染物或其混合物的物理化学性质影响。这些性质决定了它们在土壤与地下水环境中的分配、迁移及转化程度。

4.3.1 密度

密度是化合物的质量和体积的比值。其性质不仅与分子量有关，还与分子间的相互作用和相关的化学结构有关。在环境修复中，密度对确定气体污染物比空气重还是轻很重要，并且决定污染物在地下水中是上浮还是下沉。密度对评估不同溶质浓度是否会导致密度驱动的地下水流动模式也很重要。当存在于水中的量大于溶解度时，污染物的行为特征表现为轻非水相液体或重非水相液体。

密度单位是质量与体积之比。对于液体，单位可以用 g/mL 或 mol/mL 表示；对于固体用 g/cm^3；气体密度单位通常以 g/L 或 mg/m^3 表示。

4.3.2 溶解度

溶解度（水溶性）是化学物质在水中溶解的最大量，在特定温度和压力下，溶质与溶液处于平衡状态。化学物质高于此浓度，在溶剂-溶质平衡体系中会出现多个相态，比如固相和纯的化学品相。

无机化合物的溶解度主要取决于其溶度积，改变溶度积的其他因素如 pH、竞争性离子、配位剂、温度、压力等是重要影响因素。如重金属离子进入地下水中容易和水中的 OH^-、S^{2-} 等发生沉淀反应沉积在土壤颗粒上，过高的 pH 值又会导致重金属（如铜、镍）与 OH^- 形成配合物而溶解。

有机化合物的溶解度主要取决于其结构和电化学特性，因此不同化合物的溶解度差异很大。具有极性基团的化合物可增大其溶解度，如羟基（—OH）、羧基（—COOH）、醛基（—CHO）、酮（—CO）、醚（R—O—R′）、氨基（$—NH_2$）等；而非极性基团则降低其溶解度，如烃基（如$—C_nH_{2n+1}$、$—CH=CH_2$、$—C_6H_5$ 等）、卤素（Cl、F、Br、I）、硝基（$—NO_2$）。含有相同官能团的物质可以互溶。在同一化合物系列中，溶解度随着化合物分子大小的增加而降低。

在同一化合物中如果同时存在极性基团和非极性基团，则其水溶性就会根据基团的数量、结构而有很大不同，可根据以下原则大致判断水溶性：当官能团的个数相同时，随着烃基（憎水基团）碳原子数目的增加，溶解度逐渐降低，一般碳原子个数大于 5 的醇难溶于水；当烃基中碳原子数相同时，亲水基团的个数越多，物质的溶解度越大；当亲水基团与憎水基团对溶解度的影响大致相同时，物质微溶于水。

有机化合物的溶解性通常用 K_{ow} 或其对数 $\lg K_{ow}$ 衡量（详见第 3.5.1 节）。K_{ow} 大，则化合物疏水性强、极性低，在水相中的浓度比在辛醇相中低，容易被土壤颗粒吸附，不容易溶于水，迁移性较低，如多环芳烃、多氯联苯等。疏水性化合物对非极性物质具有亲和力，如有机质、脂肪等，因此，有机质含量高的土壤更容易聚集有机污染物。

场地中常见污染物的溶解度及 $\lg K_{ow}$ 见表 4.2。

表 4.2 场地中常见污染物的物理特性

组分	MW	H /(atm·L/mol)	P_{vap} /mmHg	D /(cm²/s)	$\lg K_{ow}$	溶解度 /(mg/L)	T/℃
苯	78.1	5.55	95.2	0.092	2.13	1780	25
溴甲烷	94.9	106	—	0.108	1.10	900	20
2-丁酮	72	0.0274	—	—	0.26	268000	—
二硫化碳	76.1	12	260	—	2.0	2940	20
氯苯	112.6	3.72	11.7	0.076	2.84	488	25
氯乙烷	64.5	14.8	—	—	1.54	5740	25
三氯甲烷	119.4	3.39	160	0.094	1.97	8000	20
氯甲烷	50.5	44	—	—	0.95	6450	20
溴氯甲烷	208.3	2.08	—	—	2.09	0.2	—
二溴甲烷	173.8	0.998	—	—	—	11000	—
1,1-二氯乙烷	99.0	4.26	180	0.096	1.80	5500	20
1,2-二氯乙烷	99.0	0.98	61	—	1.53	8690	20
1,1-二氯乙烯	96.9	34	600	0.084	1.84	210	25
1,2-二氯乙烯	96.9	6.6	208	—	0.48	600	20
1,2-二氯丙烷	113.0	2.31	42	—	2.00	2700	20
1,3-二氯丙烯	111.0	3.55	38	—	1.98	2800	25

续表

组分	MW	H /(atm·L/mol)	P_{vap} /mmHg	D /(cm^2/s)	lgK_{ow}	溶解度 /(mg/L)	T/℃
乙苯	106.2	6.44	7	0.071	3.15	152	20
二氯甲烷	84.9	2.03	349	—	1.3	16700	25
芘	202.3	0.005	—	—	4.88	0.16	26
苯乙烯	104.1	9.7	5.12	0.075	2.95	300	20
1,1,1,2-四氯乙烷	167.8	0.381	5	0.077	3.04	200	20
1,1,2,2-四氯乙烷	167.8	0.38	—	—	2.39	2900	20
四氯乙烯	165.8	25.9	—	0.077	2.6	150	20
四氯甲烷	153.8	23	—	—	2.64	785	20
甲苯	92.1	6.7	22	0.083	2.73	515	20
三溴乙烷	252.8	0.552	5.6	—	2.4	3200	30
1,1,1-三氯乙烷	133.4	14.4	100	—	2.49	4400	20
1,1,2-三氯乙烷	133.4	1.17	32	—	2.47	4500	20
三氯乙烯	131.4	9.1	60	—	2.38	1100	25
三氟甲烷	137.4	58	667	0.083	2.53	1100	25
氯乙烯	62.5	81.9	2660	0.114	1.38	1.1	25
二甲苯	106.2	5.1	10	0.076	3.0	198	20

例题 4.1 根据甲基叔丁基醚的结构，分析其水溶性以及在乙醚中的溶解性。

解：甲基叔丁基醚（MTBE）化学式为 $C_5H_{12}O$，分子结构式如下：

H_3C—C(CH_3)(CH_3)—O—CH_3

结构中的醚键（—O—）具有很好的水溶性，但甲基（$—CH_3$）和叔丁基［$—C(CH_3)_3$］基团都是疏水性的，因此 MTBE 的水溶性并不好，微溶于水。

由于结构式中有醚基，乙醚中也有醚基，根据含有相同官能团的物质可以互溶原则，MTBE 易溶于乙醚。

溶解度是控制污染物分配以及在水中迁移转化的重要指标。高水溶性化学物质进入土壤与地下水后难以形成非水相液体（NAPL），也难以被土壤颗粒吸附；疏水性有机物不易溶解，大量进入地下水易形成 NAPL，成为地下长期污染源。疏水性有机物通常易被有机固体和胶体以及含水层中的矿物表面吸附。

对于混合物的污染物（如混合溶剂、石油），其中的每种污染物质的溶解度是其在混合物中各组分的摩尔分数的函数，平衡浓度关系为：

$$c_i = c_i^0 X_i c \alpha_i \tag{4.1}$$

式中 c_i——混合污染物中化合物 i 的平衡溶质浓度；

c_i^0——化合物 i 的平衡溶质浓度；

X_i——混合污染物中化合物 i 的摩尔分数；

α_i——混合污染物中化合物 i 的活度系数。

当水中存在多种共溶化合物时，它们可以作为共溶剂增加特定溶质在水中的总溶解度。如果共溶物在水中可混溶，且浓度较高（如大于10%体积分数），则这些成分可作为溶剂，并作为多溶剂系统的一部分优先溶解。在污染场地中，多种污染物共存现象较为普遍。

4.3.3 熔点

熔点是指在一定压力下，纯物质的固态和液态呈平衡时的温度。在结晶的固体中，晶体内部的原子或分子（分子团）按一定的规律排列。熔融就是晶体中的质点从高度有序的排列转变为较混乱排列的过程。当温度达到某一点，质点的热能大到足以克服约束它们在晶体中的作用力时，熔融就发生了。非离子性化合物与离子性化合物完全不同，非离子性化合物的原子之间完全由共价键结合，晶体的结构单位是分子，因此，必须克服把这些分子相互结合起来的力才能发生熔融，但这些分子间的力弱于离子间的结合力。

4.3.4 沸点

沸点是液体沸腾时的温度，即液体的饱和蒸气压等于外界压强时的温度。沸腾是单个分子或带相反电荷的离子从所组成的液体中脱离的过程。当温度达到某一点，质点的热能大于液体内束缚它们的内聚力时，沸腾就会发生。液体的沸点跟外部压强有关。当液体所受的压强增大时，沸点升高；压强减小时，沸点降低。当不指明外压时，液体的沸点是指在压力为101.325kPa时所对应的沸腾温度。

非离子性化合物与离子性化合物不同，液态时非离子性化合物的单位是分子，由于这种分子间的作用力弱，即偶极-偶极相互作用和范德瓦耳斯力比离子性化合物的强离子间力弱，因而在较低温度下即可沸腾。液体的分子通过氢键结合在一起时，称为缔合液体。由于打破氢键需要较大能量，一个缔合液体的沸点远高于具有和它相同分子量和偶极矩的化合物。一般来说，分子越大，范德瓦耳斯力越强，当其他条件相同时（化合物的极性、氢键），沸点随着分子增大而升高。有机化合物的沸点一般很低，当温度继续升高时，分子内部的共价键开始断裂，分解和沸腾同时发生。

4.3.5 蒸气压

蒸气压是在一定温度下，化合物的蒸气与其纯凝聚相（液体或固体）平衡时施加的压力。蒸气压通常以毫米汞柱或大气压表示。纯化合物在沸点温度下的蒸气压等于1atm。与溶解度相似，化合物之间的蒸气压也因结构和分子相互作用的不同而有很大的差异。蒸气压是影响地下环境中污染物行为的一个重要参数，代表化合物从水、固体或吸附和/或NAPL相挥发到包气带土壤的趋势和程度。部分污染物的蒸气压值和亨利常数见表4.2。

对蒸气压影响最大的物理参数是温度和化合物本身的性质（如临界温度、临界压力和汽化热），其关系式见式(3.123)、式(3.124)。对于混合物，混合物的组成对蒸气压也有影响，其关系见式(3.125)。

4.3.6 黏度

黏度是指流体对流动所表现的阻力。当流体流动时，一部分相对于另一部分移动受到阻力，这就是流体的内摩擦力。要使流体流动就需在流体流动方向上加一切线力以对抗阻力作用。黏度大小常用黏度系数表示，即在相距单位距离的两液层中，使单位面积液层维持单位速度差所需的切线力。其单位为泊 P［g/(cm·s)］或厘泊 cP、Pa·s 或 N·s/m^2，1 泊＝100 厘泊＝1g/(cm·s)＝0.1Pa·s＝0.1N·s/m^2。有机液体的黏度值通常在 0.3～20cP 之间；混合重非水相液体（DNAPL）的黏度通常在 10～100cP 范围内，显著高于三氯乙烯（20℃时为 0.444cP）、苯（20℃时为 0.647cP）、四氯乙烯（20℃时为 0.844cP）和水（20℃时为 1cP）。

液体的黏度对地下流体的运动有重要影响。液体是否能在土壤介质中迁移取决于 NAPL 对土壤颗粒的黏附力以及是否有足够的剪切力克服内聚力。流体黏度决定了流体在土壤孔隙中流动时在孔隙中心与土壤颗粒表面之间的速度曲线。低黏度流体，内聚力较低，即使在剪切力有限的条件下也易于迁移；但对于高黏度流体，自然力可能不足以克服土壤黏附力和内聚力，导致流体难以迁移。

4.3.7 毒理学性质

在一定条件下，一定剂量或浓度的化合物与生物体接触或进入生物体内的易感部位后，与生物体相互作用，会引起生物体功能或器质性损伤，或能够在生物体内积累，达到一定量后，干扰或破坏机体的正常生理功能。化合物的毒性用来评估化合物引起机体损害的性质和能力，毒性越强的化合物，导致机体损伤所需要的剂量就越小。衡量一个化合物的毒性，必须充分考虑其接触或进入机体的剂量或浓度、接触途径（胃肠道、呼吸道、皮肤或其他途径）和接触频度（一次或多次反复给予），其中剂量和浓度是最主要的因素。一定条件下，化合物对机体的毒性作用具有一定的选择性，只对某一种生物有损害，而对其他种类的生物不具有损害作用，或者只对生物体内某一组织器官产生毒性，而对其他组织器官无毒性作用。一般毒性根据接触化合物的时间长短可分为急性毒性、亚慢性毒性和慢性毒性。特殊毒性主要指致癌、致畸、致突变以及影响生殖、发育等毒性。一般吸入毒性的毒性单位以在空气中的浓度 mg/m^3、mg/L 或 ppm（1ppm＝10^{-6}）表示，其他途径的以 mg/kg 或 mL/kg 表示。毒性大小与半致死量成反比。

4.3.8 生物学性质

化学物质与生物体有密切的关系，某些生物体对环境污染物有选择吸收和积累能力，某些生物体对环境污染物有降解能力。生物通过食物链对某些污染物（如重金属和稳定的有毒有机物质）有放大积累作用。

环境污染物在土壤与地下水中的生物作用包括生物降解、生物摄取和生物积累，其中生物降解作用对污染物的迁移转化过程具有重要的意义。生物降解是指通过生物的酶系统分解有机质的过程，动物、植物和微生物都具有降解污染物的能力，其中微生物对污染物的降解能力最强。有机污染物在微生物作用下，母体化合物化学结构发生变化，并从有机物向无机物转化，被完全降解为二氧化碳、水和其他无机物。一般来说，低分子化合物比高分子有毒化合物容易降解，生物降解的重要影响因素是化合物本身的化学结构和微生物的菌种，此外，温度、pH 和反应体系中的氧气也会影响生物降解过程。

4.4 典型污染物性质及环境行为

4.4.1 污染物在土壤与地下水中的赋存状态

4.4.1.1 无机物的赋存状态

（1）金属的存在状态

重金属在土壤与地下水中的存在形态指重金属的价态、化合态、结合态和结构态。结合态有多种划分方法，主要有以 Tessier（1979）为代表的五步形态（可交换态、碳酸盐结合态、有机结合态、铁锰结合态、残渣态）、七步形态以及 BCR 法等。不同重金属价态各异，大多数带正电荷，少数带负电荷（如铬、砷）。大多数重金属以化合物（如氧化物、氢氧化物、硫化物、碳酸盐、磷酸盐等）的形式存在于土壤与地下水中，且大多以非溶解态的相态存在，少数为溶解态，个别存在单质态和挥发态。

（2）非金属无机物的存在状态

非金属无机污染物主要有氟、酸、碱、盐等。氟离子相对交换能力较强，易与土壤中带正电荷的胶体（如含水氧化铝等）相结合，甚至可以通过配位基交换生成稳定的配位化合物，或生成难溶性的氟铝硅酸盐、氟磷酸盐，以及氟化钙、氟化镁等，从而在土壤中累积起来。土壤中的酸性和碱性物质在土壤中发生解离，使土壤溶液含 H^+ 和 OH^-，决定土壤的酸碱度。

4.4.1.2 有机物的赋存状态

有机物在土壤与地下水中的相态有溶解态、吸附态、挥发态及自由态。大多数有机物为非亲水性和非溶解性的，多以自由态和吸附态存在。在场地严重污染时会存在非水相液体，在非水相液体的边缘部分发生溶解或挥发。此外，有机物也进行电离和水解，形成不同的带电基团和离子。可根据土壤与地下水中污染物浓度以及有机物水土平衡关系、地球化学条件、水文地质条件判断有机物的存在状态。

4.4.2 金属和类金属

金属的自然资源极其丰富。纯金属在常温下一般都是固体（汞除外），有金属光泽，不透明，密度较大，熔点较高，导热导电性好，具有优良的延展性和可塑性。金属容易失去电子，在土壤中易形成阳离子，与非金属离子形成金属盐；少数以阴离子形式存在，如六价铬、砷等；极少数很不活泼的金属如金、银等有单质形式。土壤污染中，重金属比较突出，特别是生物毒性显著的重金属，如铬、镉、铅、汞、镍、铜以及类金属砷等。

（1）砷

砷（As），元素周期表第 33 位元素，俗称砒，广泛分布于自然界中，地壳中的平均含量为 5mg/kg。砷是一种非金属元素，常见化合价为＋3、＋5。从污染效应来看，常常把它当作重金属。砷主要以硫化物矿形式存在，也以氧化物和少量的单质形态存在。常见的含砷矿物有雌黄（AsS）、雄黄（As_2S_2）、硫砷铁矿（FeAsS）、砒霜（As_2O_3）、砷锑铋矿（SbBiAs）等。

单质砷无毒性，砷化合物均有毒性。三价砷比五价砷毒性大，无机砷毒性强于有机砷。

急性砷中毒主要表现为呕吐、腹痛、头痛及神经痛，甚至昏迷，严重者可发生心肌衰竭而死亡。慢性中毒表现为食欲减退、肌无力、皮肤角化过度、出现皮疹或皮肤溃疡。长期摄入大量砷，可引起皮肤癌。

土壤含砷量与成土母质（岩）的种类有很大关系。土壤中砷分为无机砷化合物和有机砷化合物。常见的无机砷包括 As_2O_3、As_2O_5、H_3AsO_3 等，而有机砷往往指甲基砷和二甲基砷。根据砷与土壤胶体的结合形式，大致可分为水溶性砷、吸附性砷和不溶性砷三类。其中，水溶性砷和吸附性砷通常合称为可利用砷或有效态砷，易于迁移，且易被植物吸收，毒害作用较大。相对而言，不溶性砷，例如铁型砷、钙型砷、铝型砷和闭蓄型砷等，生物利用性较差，危害性相对较低。

砷在土壤中的迁移转化和土壤中的铁、铝、钙、镁有关，同时受土壤 pH、氧化还原电位（Eh）、微生物以及磷的影响。砷可被土壤中铁、铝、钙、镁等固定，和铁、铝、钙、镁等离子形成难溶性含砷化合物，也可与无定形的铁、铝氢氧化物产生共沉淀，不易发生迁移。pH 值是影响土壤中吸附态砷转化为溶解态砷的主要因素。碱性条件下，土壤胶体的正电荷减少，对砷的吸附能力降低，可溶性砷的含量增加，生物毒性增强。土壤氧化还原电位的变化，使土壤中三价砷和五价砷之间发生相互转化。微生物可促进土壤中砷的形态变化。磷能夺取土壤中砷被固定的位置，从而增加砷的可溶性。

（2）镉

镉（Cd），元素周期表第 48 位元素，在自然界中常以化合物状态存在，一般含量很低。镉是一种银白色有光泽的金属，常见化合价为＋2。天然镉矿大多与锌矿伴生，也常与铅、铜、锰矿相伴生。镉主要以硫化镉（CdS）和碳酸镉（$CdCO_3$）的形式并存于锌矿中，如菱锌矿（$ZnCO_3$）、闪锌矿（ZnS）、锌铁矿（$ZnMnFe_2O_4$）、异极矿（H_2ZnSiO_4）等。

镉的毒性较大，会对呼吸道产生刺激，长期暴露会造成嗅觉丧失症、牙龈黄斑或渐成黄圈，镉化合物不易被肠道吸收，但可经呼吸被体内吸收，积存于肝或肾脏造成危害，尤以对肾脏损害最为明显。还可导致骨质疏松和软化。

土壤中镉的含量与成土母质（岩）的种类有很大关系，镉在土壤中的赋存形态十分复杂，一般可分为可交换态、铁锰氧化物结合态、碳酸盐态、有机态、硫化物态、晶格态和可溶态。可交换态镉通过静电引力吸附于黏粒、有机颗粒和水合氧化物可交换负电荷点上。

镉与铁、锰以及铝的氧化物、氢氧化物和水合氧化物发生吸附作用或共沉淀，与土壤中碳酸钙、碳酸氢盐和碱反应生成碳酸盐沉淀，与土壤中有机成分发生配位反应，形成螯合物或被有机物束缚。在通气不良的土壤中，镉以稳定的硫化物（如 CdS）存在。晶格态镉又称残余态镉，固定于矿物颗粒晶格内。可溶态镉以离子态 Cd^{2+} 或配合物形式 $CdCl_4^{2-}$、$Cd(NH_3)_4^{2+}$、$Cd(HS)_4^{2-}$ 等存在于土壤溶液中。

进入土壤中的镉，很少发生向下的再迁移，主要积累于土壤表层。土壤中镉的迁移与土壤的种类、性质、pH、Eh、生物、有机物等有关。腐殖质含量高、质地细和碳酸盐含量高的土壤中含镉量高，沙土及排水良好的土壤含镉量低。酸性条件下，镉的溶解度增加，当 pH 低于 4 时，镉的溶解度最大；碱性条件下，土壤胶体负电荷增加，氢离子竞争能力减弱，多以难溶的 $Cd(OH)_2$ 沉淀形式存在，镉的有效性大大降低。同时，碱性条件下，pH 每增加一个数量级，水溶性镉大致要减少至 1/100。土壤中的有机质能减少镉在土壤中的迁移转化。

(3) 铬

铬(Cr),元素周期表第24位元素,在地壳中分布广泛,平均含量为200mg/kg。铬是一种银白色有光泽的金属,以多种价态形式存在,常见的价态是+2、+3、+6。自然界中,铬与铁共生成化合物,主要以铬铁矿($FeCr_2O_4$)形式存在。自然界中已发现的含铬矿物有50余种,分别属于氧化物类、铬酸盐类和硅酸盐类。此外还有少数氢氧化物、碘酸盐、氮化物和硫化物。

铬的毒性与其存在的价态有关,六价铬比三价铬毒性高100倍,并易被人体吸收且在体内蓄积,但不同化合物毒性不同。六价铬化合物在高浓度时具有明显的局部刺激作用和腐蚀作用,低浓度时为常见的致癌物质。

土壤中铬含量主要受母岩的影响。通常以四种化合形态存在,主要是三价铬和六价铬。三价铬主要以$Cr(H_2O)_6^{3+}$、$Cr(OH)_2^+$等形式存在,$Cr(OH)_3$的溶解度较小,是铬最稳定的存在形式。三价铬活性比较低,很容易被土壤胶体吸附而形成沉淀,生物毒害作用很小。土壤中六价铬主要以CrO_4^{2-}和$Cr_2O_7^{2-}$形式存在,六价铬在所有pH范围内都是水溶性的,且以阴离子形式存在,而土壤往往带负电荷,因此不易被土壤胶体吸附,活性高,迁移能力强。不同类型的土壤或黏土矿物对六价铬的吸附能力有明显差异。具体表现为:红壤>黄棕壤>黑土>黄壤,高岭石>伊利石>蛭石>蒙脱石。

土壤中铬的迁移转化受土壤pH、有机质和氧化还原电位(Eh)影响。三价铬的溶解度取决于pH值,pH值较低时,三价铬会形成有机配合物,迁移能力增强;当pH大于4时,三价铬溶解度降低;当pH为5.5时,三价铬全部沉淀。当土壤中铁和锰的含量比较高时,三价铬的固定量也相应较高。氧化还原作用对铬的形态转化非常重要。碱性、微酸性条件下,六价铬在土壤中的迁移性很强。在一般土壤常见的pH和Eh范围内,六价铬可被溶解性硫化物、二价铁离子以及某些带羟基的有机化合物还原为三价铬。有研究表明:六价铬进入土壤后,通常以水溶态和交换态的形式存在,其余部分被土壤有机质等还原为三价铬。因此,有机质含量较高的酸性土壤中一般六价铬含量较低,接近中性或弱碱性的土壤中六价铬含量较高。当土壤中存在氧化锰等氧化物时,三价铬可被氧化为六价铬,但在实际场地中这个过程较难发生。

(4) 铅

铅(Pb),元素周期表第82位元素,在自然界分布广泛,地壳中的平均含量是16mg/kg,是原子量最大的非放射性元素。铅是一种高密度、柔软的蓝灰色金属,常见的化合价是+2、+4。铅属于亲硫元素,也具有亲氧性。自然界中的铅主要以方铅矿(PbS)及白铅矿($PbCO_3$)的形式存在,也存在于铅矾($PbSO_4$)中。

铅是蓄积性毒物,严重危害人体健康,长期摄入铅后,会对机体的血液系统、神经系统产生严重的损害,尤其对儿童健康和智力产生难以逆转的影响。

土壤铅含量大都稍高于母质、母岩含量,不同母质上发育的铅含量差异显著。土壤中铅的形态主要有吸附态、矿物态、有机络合态和可溶态。土壤中铅大多以二价态的无机化合物形式存在,极少数为四价态。二价铅离子可以与黏土中的一些阴离子如S^{2-}、SO_4^{2-}、CO_3^{2-}、OH^-等结合生成PbS、$PbSO_4$、$PbCO_3$、$Pb(OH)_2$等难溶化合物。

铅进入土壤后,大部分停留在表层土壤,较易被包气带的介质吸附,逐渐发生长期性积累。铅在土壤中的迁移转化受土壤pH、有机质、黏土矿物等影响。酸性土壤中,化合物沉淀发生溶解或形成可溶铅配合物。当土壤中的pH值升高时,利于铅离子水解作用的进行,使水解产物羟基化铅增多，增加了土壤胶体对铅的吸附，从而降低铅的迁移性。土壤中的铅易被有机质和黏土矿物吸附。各类土壤对铅的吸附量存在一定的差异性，具体吸附量与有机质含量和黏土矿物组成有关。氧化条件下，土壤中的铅可与高价锰、铁的氢氧化物结合，降低其可溶性，导致土壤中可溶性铅含量降低。

（5）汞

汞（Hg），元素周期表第 80 位元素，俗称水银，在自然界含量很低，但分布很广，地壳中的平均含量约为 0.08mg/kg。汞是银白色闪亮的重质液体，是常温常压下唯一以液态存在的金属，常见的化合价为＋1 和＋2。汞是亲硫族元素，常伴生于锌、铅、铜等有色金属的硫化物矿床中。含汞矿物主要有辰砂（HgS）、硫汞锑矿（$HgS \cdot 2Sb_2S_3$）、黑黝铜矿［$3(CuHg)S \cdot 2Sb_2S_3$］等。

所有的无机汞（除硫化汞之外）都是有毒的，Hg^{2+} 与酶蛋白的巯基结合，抑制多种酶的活性，使细胞的代谢发生障碍。有机汞一般比无机汞毒性更大，剧毒的有烷基汞，其中甲基汞毒性最大，危害最普遍。

土壤中的汞有多种存在形态，包括金属汞、无机结合态汞以及有机结合态汞。无机结合态汞主要有氧化汞、碳酸汞、难溶性的硫化汞以及可溶性的氯化汞，有机结合态汞主要有甲基汞、乙基汞、二甲基汞等。土壤中的汞有三种存在价态：Hg^0、Hg^+、Hg^{2+}。单质汞常温常压下比较稳定。单质汞与硫、氯等非金属元素反应生成无机汞化合物。大部分 Hg^+ 化合物不稳定，容易转化为其他价态。土壤中最常见汞的无机配离子有 Cl^-、SO_4^{2-}、HCO_3^-、OH^-，它们均能与汞生成配离子。土壤中氧气充足条件下，汞主要以 $Hg(OH)_2^0$ 和 $HgCl_2^0$ 的形式存在，当土壤溶液 Cl^- 浓度较高时，主要以 $HgCl_3^-$ 和 $HgCl_4^{2-}$ 的形式存在。

土壤中的黏土矿物和有机质对汞有强烈的吸附作用，因此汞进入土壤后能迅速被土壤吸收或固定，土壤中的汞很难向深层迁移而污染地下水。土壤中汞的迁移转化受土壤 Eh、pH 以及配位体等因素影响。好氧条件下，Hg^0 可以转化为 Hg^{2+}；还原条件下，Hg^{2+} 可以在极毛杆菌、假单胞杆菌等微生物作用下转化为 Hg^0。Hg^{2+} 在含有 H_2S 的还原条件下，生成非常难溶的 HgS，当土壤中的氧气充足时，HgS 又可缓慢氧化为亚硫酸汞和硫酸汞，使 HgS 转化为 Hg^{2+}。土壤 pH 在 1～8 范围内时，土壤对汞的吸附量随 pH 的增大而上升，当 $pH>8$ 时，土壤对汞的吸附量基本不再发生变化。OH^-、Cl^- 对汞的配位作用大大提高了汞化合物的溶解度，进而提高了汞在土壤中的迁移能力。土壤中的有机配位体，如有机质中的羧基和羟基，对汞有很强的螯合能力。有机质中的正负离子对汞有很强的吸附固定作用，导致土壤中有机质的汞含量大大高于矿物质中的汞含量。

土壤中的无机汞可以在微生物作用下或非生物因素作用下转化为甲基汞，毒性增大，并会在生物体内积累，经食物链的富集而威胁人类健康。

（6）铜

铜（Cu），元素周期表第 29 位元素，在自然界中分布极广，地壳中含量居第 22 位。纯铜是柔软的金属，表面刚切开时为红橙色带金属光泽，单质呈紫红色。化合价通常为＋2，也有＋1 价，＋3 价铜仅在少数不稳定的化合物中出现（例如铜酸钾 $KCuO_2$）。铜是强烈的亲硫元素，主要以硫化物和含硫酸盐矿物存在。铜也能与铁镁硅酸盐矿物起同晶置换作用。常见的含铜矿物有：辉铜矿（Cu_2S）、靛铜矿（CuS）、黄铜矿（$CuFeS_2$）、硫砷铜

(Cu_3AsS_4)、胆矾 ($CuSO_4 \cdot 5H_2O$)、孔雀石 [$Cu_2(OH)_2CO_3$]、赤铜矿 (Cu_2O) 等。

铜广泛分布于生物组织，生物系统中许多涉及氧的电子传递和氧化还原反应由含铜酶催化，这些酶对生命过程都是至关重要的。铜作为重金属，摄入过量会使蛋白质变性，引起胃肠紊乱等不良反应。

土壤中铜的含量取决于成土母质及其所经历的地球化学与土壤化学的成土过程。根据铜与土壤的结合方式，土壤中铜的赋存状态可分为水溶态、交换态、专性吸附态、有机态、碳酸盐结合态、氧化物结合态和残留态七种形态。土壤溶液中铜的浓度极低，水溶态铜为全铜量的1%左右或更低。土壤中交换态铜含量很低，为全铜量的3%以下。土壤水合氧化物的羟基化表面和土壤腐殖质胶体中的羧基、酚羟基以及层状铝硅酸盐矿物边缘裸露的铝醇、硅烷醇等基团，通过配位作用对铜进行专性吸附。土壤中各类有机质与铜配位可形成可溶态和难溶态配合物，占土壤全铜量的20%～50%。碳酸盐结合态铜主要存在于pH较高，含有碳酸盐的土壤中，占土壤全铜量的5%～20%。铜结合于氧化物表面，形成配位化合物，氧化物结合态铜占土壤全铜量的20%～60%。残留态铜存在于原生和次生矿物晶格中，与土壤类型相关，最高可占土壤全铜量的80%。

铜在进入土壤环境时，首先会被黏土矿物截留在土壤表层并积累，进而在垂直方向进行迁移。土壤各组分对铜的吸附能力：锰氧化物>有机质>铁氧化物>黏土矿物，虽然锰氧化物对铜有很强的亲和力，但是土壤中铁的含量大大高于锰的含量，使铜更易与富铁次生矿物缔合。但是，当土壤环境受到外来活动干扰时，土壤中的铜形态会发生变化，例如磷肥的使用可促进铜向可交换态转化。土壤中铜的溶解度、移动性和可给性随pH值变化，在pH>7的碱性土壤中，铜的可给性较低，在酸性土壤特别是pH<5时，铜的可给性大大提高。土壤中水分含量通过生物或化学氧化还原反应影响铜的平衡，还原条件下铜的移动性和生物有效性大大低于氧化状态。

(7) 镍

镍 (Ni)，元素周期表第28位元素，普遍存在于自然环境中，地壳中含量约为80mg/kg，居第23位。镍是银白色金属，在正常条件下，镍一般以0价及+2价氧化态存在。镍属于亲铁元素，与硫的亲和性很强，主要以硫化镍矿和氧化镍矿的形式存在，也在砷酸盐和硅酸盐中存在，常见的含镍矿物有：镍黄铁矿 [$(Ni, Fe)_9S_8$]、针镍矿 (NiS)、辉硫镍矿 (Ni_3S_4)、绿镍矿 (NiO)、辉砷镍矿 (NiAsS) 等。

金属镍几乎没有急性毒性，一般的镍盐毒性也较低，但羰基镍能产生很强的毒性。羰基镍以蒸气形式迅速由呼吸道吸收，也能由皮肤少量吸收。镍中毒特有症状是皮肤炎、呼吸器官障碍及呼吸道癌。镍对植物的毒性症状包括萎黄病、根系发育不良等。

土壤中镍的含量取决于形成土壤的母质、母岩中镍的含量。土壤中固体状态的镍以多种化学形态存在，可存在于交换位、吸附位上，可吸附在铁铝氧化物上，也可以固定在黏土矿物的晶格里，有时还可固定在有机残留物和微生物体内。镍以镍铁酸盐 ($NiFe_2O_4$) 或镍铝酸盐 ($NiAl_2O_4$) 及硅酸镍 ($NiSiO_4$) 沉积在土壤中。土壤中水溶状态的镍（土壤溶液）以无机状态存在，也可与有机配位体形成配合物存在。在酸性土壤中镍主要以 Ni^{2+}、$NiSO_4$ 和 $NiHPO_4$ 等形式存在于土壤溶液中，当土壤pH>8时，镍的赋存状态主要是 $Ni(OH)^+$ 和 Ni^{2+}。

镍在土壤中的迁移受到镍的环境形态、包气带地下水流动、土壤pH、黏土含量、有机物含量及土壤能与镍形成可溶性配位体能力强弱等诸多因素影响。当土壤pH低于9和Eh

高于＋200mV，且又无大量碳酸盐或硫酸盐存在时，镍主要是可溶态，易发生淋溶迁移。而在碱性土壤中，易形成氢氧化镍，镍也可与土壤中的磷酸盐形成难溶的磷酸镍或与 S^{2-} 形成硫化镍，或与腐殖质配位生成有机配合物，从而在土壤中固定积累。

（8）锑

锑（Sb），元素周期表第 51 位元素，在地壳中的丰度为 0.2mg/kg。锑是银白色有光泽硬而脆的金属，化合物通常分为＋3 价和＋5 价两类，＋5 价氧化态更为稳定。锑在自然界中主要存在于辉锑矿（Sb_2S_3）中，并与砷的硫化物和氧化物共存。自然界含锑矿物有 100 多种，主要的矿物有辉锑矿（Sb_2S_3）、方锑矿（Sb_2O_3）、黄锑矿（$Sb_2O_4 \cdot H_2O$）、硫氧锑矿（$2Sb_2S_3 \cdot Sb_3O_3$）、硫汞锑矿（$HgS \cdot 2Sb_2S_3$）、脆硫锑铅矿（$Pb_2Sb_2S_5$）、黝铜矿（$Cu_8Sb_2S_7$）等。

锑和它的许多化合物有毒，作用机理为抑制酶的活性。三价锑的毒性要比五价锑大，有机锑的毒性一般较无机锑小。急性锑中毒的症状主要是引起心脏毒性（表现为心肌炎），还可能引起心源性脑缺血综合征（阿-斯综合征）。

土壤中锑的含量主要取决于成土母岩，由于土壤表层无机和有机胶体的吸附作用，受污染土壤中锑通常富集于表层。土壤中锑的存在形态分为水溶态、碳酸盐结合态、铁锰氧化物结合态、有机结合态、残渣态，以残渣态为主，其次大小顺序为铁锰氧化物结合态、有机结合态和碳酸盐结合态，水溶态所占比例最小。土壤中锑主要以三价和五价形式存在。在氧化环境中，主要以五价形式存在，存在形态随 pH 变化而改变，在强酸性条件下，SbO_2^+ 为主要形态，中性或碱性条件下，$[Sb(OH)_6]^-$ 为主要形态。三价锑在还原环境中存在，存在形态也随 pH 变化而改变，在强酸性条件下，SbO^+ 为主要形态，pH 值在 2～10 之间都以 $Sb(OH)_3$ 形态存在，强碱性条件下，$[Sb(OH)_4]^-$ 为主要形态。

锑在土壤中的迁移与转化受土壤和土壤溶液性质等多种因素影响。随着土壤 pH 升高，土壤矿物、金属氧化物以及有机质表面的负电荷增多，对锑含氧阴离子的吸附能力降低。土壤有机质是配位剂和电子传递者，对锑有较强的吸附能力，同时诱导锑的氧化还原反应，增大其迁移能力。土壤中铁氧化物也是极其重要的影响因素，由于铁体系是土壤中重要的氧化还原体系，故锑在土壤中的氧化还原反应和释放都有氧化铁的参与。

（9）铍

铍（Be），元素周期表第 4 位元素，在地壳中含量为 2.8mg/kg，大部分呈分散状态存在。铍是一种灰白色的碱土金属，既能溶于酸也能溶于碱，是两性金属。铍一般以＋2 价存在。自然界铍含量很低，一般不能形成铍的单独矿物，只能和其他矿物共生。含铍矿物有 30 多种，主要是绿柱石［$Be_3Al_2(SiO_3)_6$］、硅铍石（似晶石，Be_2SiO_4）、羟硅铍石（$Be_4Si_2O_9H_2$）、金绿宝石（$BeAl_2O_4$）以及日光榴石［(Be，Mn，Fe) $Si_2O_{12}S$］等。

铍及其化合物都有剧毒，对机体内多种酶的活性有影响。可溶性铍的毒性大，难溶性的毒性小。铍进入人体后，难溶的氧化铍主要储存在肺部，可引起肺炎。可溶性的铍化合物主要储存在骨骼、肝脏、肾脏和淋巴结等处，它们可与血浆蛋白作用，生成蛋白复合物，引起脏器或组织的病变而致癌。

土壤中铍的含量取决于母质发育的土壤。由于土壤表层腐殖质的生物吸附作用，铍一般累积在土壤表层。土壤中铍的存在形态可分为交换态、碳酸盐结合态、氧化锰结合态、有机结合态、氧化铁结合态和残渣态 6 种形态。土壤中的铍主要以残渣态存在，有机结合态与土壤有机质的含量成正比，碳酸盐结合态在石灰性土壤中含量较高。土壤中铍以 Be^{2+}、

BeO_2^{2-} 和硅酸盐形式存在。

铍在土壤中的迁移受土壤 pH 和有机质的影响，在酸性土壤中，铍通常以 Be^{2+} 状态存在，容易发生淋溶迁移。在碱性土壤中，铍通常以配离子（BeO_4^{6-}）和 $Be(OH)_2$ 形式存在，BeO_4^{6-} 易被硅酸盐吸附固定，$Be(OH)_2$ 不易溶解，铍的迁移能力弱。土壤有机质对 Be 有配位-螯合作用和吸附交换作用，前者的作用力大于后者，能形成有机结合态，不易交换。

（10）钴

钴（Co），元素周期表第 27 位元素，地壳中的平均含量为 20mg/kg，几乎存在于地壳所有岩石中，分布比较稀少。钴是一种银白色铁磁性金属，常见化合价为＋2、＋3。钴一般不单独成矿，大多伴生于镍、铜、铁、铅、锌、银、锰等硫化物矿床中，且含钴量较低。其中以硫化物、砷化物和硫砷化物最多，主要的钴矿物为：硫钴矿（Co_3S_4）、纤维柱石（$CuCo_2S_4$）、辉砷钴矿（CoAsS）、砷钴矿（$CoAs_2$）、钴华（$3CoO \cdot As_2O_5 \cdot 8H_2O$）等。

钴是人体必需的微量元素之一，是维生素 B_{12} 和一些酶的重要成分。然而摄入过量的钴会影响心脏和甲状腺，钴中毒的主要症状为充血性心力衰竭、红细胞增多、甲状腺增大等。

土壤中钴的含量主要取决于成土母质中钴的含量。钴在土壤中的存在形态主要有：水溶态、交换态、有机结合态、碳酸盐结合态、铁锰结合态和残余态。土壤中水溶态钴和交换态钴含量很低，但在受到严重污染的土壤中，交换态钴含量可达到相当高的程度。有机态钴的含量随有机质的变化而变化。碳酸盐结合态钴含量极少，一般在检测限以下。铁锰结合态钴含量与铁、锰含量呈正相关。残余态钴含量因土壤类型不同有很大差异，但对大多数土壤而言，残余态钴约占全钴量的 50%以上。

钴在土壤中的迁移转化受土壤 pH、有机质和黏土矿物的影响。钴在土壤中被吸附、固定或螯合。在黏土矿物中，高岭石的吸附能力较小，蒙脱石和伊利石较高，被吸附的钴由交换态和非交换态组成，交换态的钴只能与其他重金属离子如 Cu^{2+}、Zn^{2+} 等交换，与 Ca^{2+}、Mg^{2+}、NH_4^+ 则不能交换。非交换态钴在黏土矿物的晶层上。钴与土壤中的氧化锰有很强的结合能力，土壤中的腐殖质等有机物有螯合固定钴的作用。在酸性土壤中，钴化合物的溶解性增大，淋溶作用增强，导致土壤垂直侵蚀迁移。

（11）钒

钒（V），元素周期表第 23 位元素，在自然界分布相当广泛，但比较分散。地壳中钒的平均含量为 135mg/kg。钒是一种银灰色金属，常见化合价为＋5、＋4、＋3、＋2。其中以＋5 价最为稳定，其次是＋4 价，五价钒的化合物具有氧化性，低价钒则具有还原性。钒与氧的亲和力很强，主要以含氧盐或氧化物存在于自然界中，大多以五氧化二钒和偏钒酸形式存在。常见的矿物主要有绿硫钒石（VS_2 或 V_2S_5）、铅钒矿［$Pb_5(VO_4)_3Cl$］、钒云母［$KV_2(AlSi_3O_{10})(OH)_2$］、钒磁铁矿（FeV_2O_4）等。

金属钒的毒性很低。钒化合物（钒盐）对人和动物具有毒性，其毒性随化合物的原子价增加和溶解度的增大而增加，如五氧化二钒为高毒，可引起呼吸系统、神经系统、胃肠和皮肤的不良变化。

土壤中钒的含量取决于成土母质中钒的含量。钒在土壤中以多种化学结合态存在，分别为可溶态、有机质结合态、易还原锰结合态、无定形氧化铁结合态、残渣态等五种形态。其中主要以残渣态存在，含量达 90%以上。各种形态钒在土壤中的含量依次为残渣态＞无定形氧化铁结合态＞有机质结合态＞易还原锰结合态＞可溶态。钒在土壤中主要以 V(Ⅳ) 和 V(Ⅴ) 存在，在土壤矿物中主要以 VO^{2+} 存在于矿物晶格中，难以释放。在土壤溶液中主

要以 VO_3^- 形态存在，易被植物吸收。

钒在土壤中的迁移受土壤 pH、有机质和铁锰氧化物的影响。在酸性土壤中，H^+ 与钒离子发生强烈竞争，大大提高钒化合物的溶解度和活度，而随着 pH 的升高，钒离子发生沉降作用，提高了土壤对钒离子的吸附量，降低钒的迁移。土壤有机质中腐殖质对钒有强烈的吸附和配位作用，从而降低钒在土壤中的活性，迁移性减弱。铁锰氧化物与钒的结合能力很强，铁锰氧化物的含量与钒的含量呈显著的正相关。

4.4.3 多环芳烃

多环芳烃（PAHs）又称稠苯芳烃或稠环烃，是指含两个或两个以上苯环以两个邻位碳原子相连形成的化合物（图 4.1）。主要有两种组合方式：一种是非稠环型，其中包括联苯及联多苯和多苯代脂肪烃；另一种是稠环型，即两个碳原子为两个苯环所共有。PAHs 大多是无色或淡黄色结晶，个别颜色较深；熔点及沸点较高，蒸气压很小；一般具有荧光，在光和氧的作用下会分解变质。PAHs 既来源于自然界又可人工合成，其自然来源主要为陆地、水生植物和微生物的生物合成过程以及森林、草原天然火灾及火山喷发物、化石燃料等，人为源主要来自石化产品、药物、农药、电容电解液、食品以及各种矿物燃料（如煤、石油和天然气等）、木材、纸以及其他含碳氢化合物的不完全燃烧或在还原条件下热解形成。

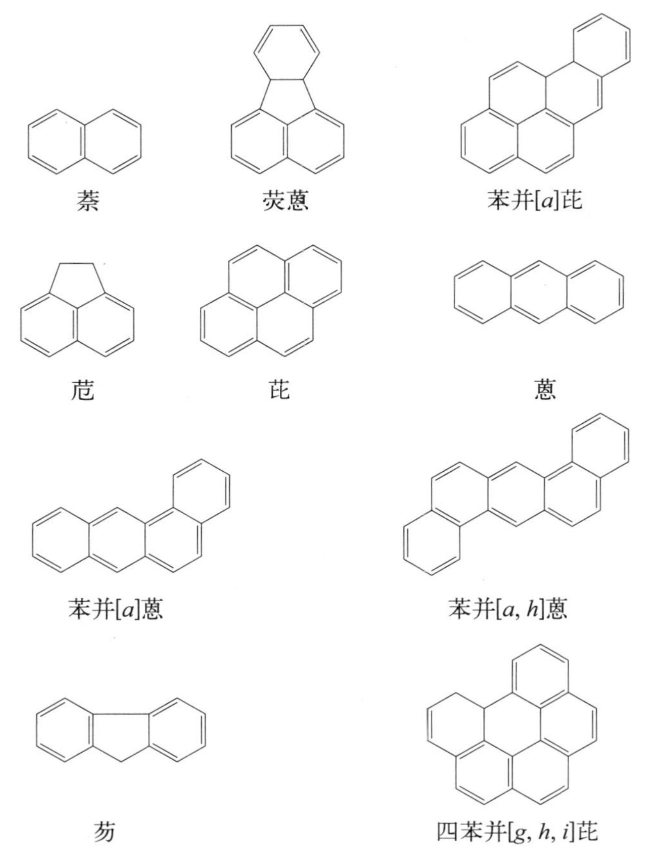

图 4.1 常见多环芳烃的结构式

PAHs 具有遗传毒性、致突变性和致癌性，对人体可造成多种危害，如对呼吸系统、循环系统、神经系统造成损伤，对肝脏、肾脏造成损害。已有 16 种 PAHs（萘、苊烯、苊、芴、菲、蒽、荧蒽、芘、䓛、苯并[*a*]芘、苯并[*a*]蒽、苯并[*b*]荧蒽、苯并[*k*]荧蒽、茚苯[1,2,3-*cd*]芘、二苯并[*a*,*h*]蒽、苯并[*g*,*h*,*i*]芘）被美国 EPA 列为优先控制污染物。

PAHs 是土壤中最常见的污染物之一。由于 PAHs 具有疏水性，进入土壤的 PAHs 通常强烈吸附在土壤有机物上，包裹在土壤矿物中。在污染场地中，PAHs 检出率很高，其中以苯并[*a*]芘的超标率最高，其次为二苯并[*a*,*h*]蒽、苯并[*a*]蒽和苯并[*b*]荧蒽，茚并[1,2,3-*cd*]芘、䓛、萘和苯并[*k*]荧蒽等超标率相对较低。PAHs 非常难溶于水，特别是分子量在 228 以上的只能在土壤中存在，水溶性较大的萘以及溶解度中等的蒽和菲能在土壤和地下水中同时存在。大部分 PAHs 很难进入地下水，因此，在污染场地地下水中很少检出 PAHs。

土壤中 PAHs 的迁移受土壤的性质、粒度和有机碳含量影响，PAHs 在土壤中的滞留与土壤有机碳强烈吸附和土壤微孔隙吸附作用有关，PAHs 的强疏水性导致其在土壤-地下水系统中迁移扩散较难，往往呈斑点污染分布。PAHs 在紫外线作用下能发生光解和氧化，只有裸露在地表的土壤会受此影响。PAHs 可以被生物降解，降解速率与 PAHs 的性质以及溶解度相关。随着苯环增多，PAHs 对生物降解的阻抗增加。最易降解的是菲，其次是芘，蒽和芴需要驯化后的微生物才能降解，荧蒽和䓛只有在浓度较低时才能生物降解。常见的苯并[*a*]芘被微生物氧化可生成 7,8-二羟基-7,8-二氢一苯并[*a*]芘和 9,10-二羟基-9,10-二氢一苯并[*a*]芘。

4.4.4 氯代烃

氯代烃是指烃分子中的氢原子被氯原子取代后的化合物（图 4.2），主要包括氯代烷烃、氯代烯烃以及氯代芳香烃三种，如二氯甲烷、氯仿、氯苯等。最主要的氯代烃污染物为三氯乙烯（TCE）、四氯乙烯（PCE），是最常用的溶剂；其他较为常见的氯代烃污染物为四氯化碳、1,1-二氯乙烷、1,1-二氯乙烯、1,2-二氯乙烷、顺 1,2-二氯乙烯等。氯代烃是很好的有机溶剂，广泛用于化工、农药、石油炼化、电子、机械、皮革、干洗等工业行业。

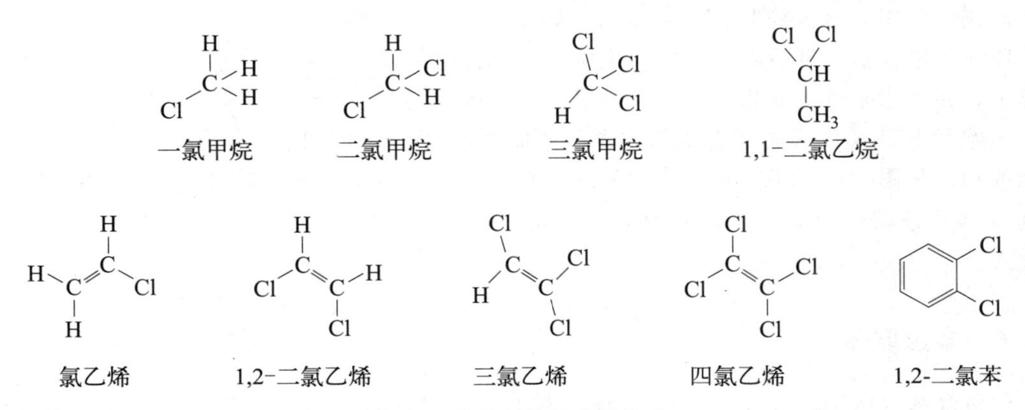

图 4.2 常见氯代烃的结构式

氯代烃溶剂具有神经毒性和致畸、致突变性，部分氯代烃溶剂为一类致癌物质。三氯乙烯会引起机体神经系统、肝脏、肾脏和肺等器官损害并具有致癌作用，四氯乙烯可造成哺乳动物患肝癌及胚胎的生长迟缓和畸形发育。

氯代烃比水重且黏度较小，是重非水相液体（DNAPL），进入表层土壤后，会在重力作用下渗透土壤，在土壤固体、水相、土壤空气间相互分配，或以非水相液体形式存在。氯代烃的辛醇-水分配系数较低，不易被吸附作用阻滞，往往能大范围迁移，进入土壤后会很快下渗到含水层中，并下潜到含水层底部向低洼处汇集。

氯代烃一部分顺着土壤孔隙向地层下移动，进入含水层，污染地下水；一部分氯代烃液体由于毛细管作用被截留在土壤孔隙中，造成土壤污染。氯代烃在土壤中的迁移受土壤的物理化学性质（如土壤空气填充孔隙度、饱和度、颗粒大小、土壤矿物及有机质含量等）影响。地下水中氯代烃的迁移受地下水的流场和流速、弥散作用等影响，氯代烃在地下水迁移过程中会发生自然衰减和转化，或是被地下水中的厌氧微生物降解，以脱氯反应为主，一般一级脱氯较易，二级脱氯较难，最难的是完全脱氯生成烯烃和烷烃。

4.4.5 苯系物

苯系物是指单环芳烃化合物，是苯及其衍生物的总称（图 4.3）。广义上的苯系物绝对数量可高达千万种以上，但一般意义上的苯系物主要包括苯、甲苯、乙苯、二甲苯、三甲苯、苯乙烯、苯酚、苯胺、氯苯、硝基苯等，其中，苯（benzene）、甲苯（toluene）、乙苯（ethyl benzene）、二甲苯（xylene）四类为代表性物质，简称苯系物（BTEX）。BTEX 具有较强的挥发性，密度比水小，有特殊的香气，不溶于水，易溶于石油醚、醇类等有机溶剂。

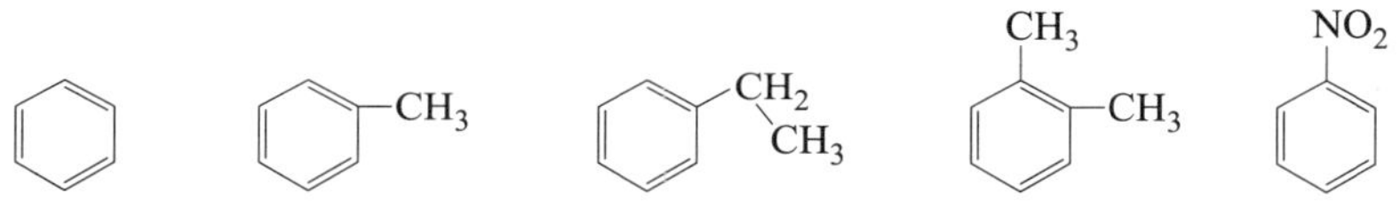

苯　甲苯（CH_3）　乙苯（CH_2 CH_3）　二甲苯（CH_3 CH_3）　硝基苯（NO_2）

图 4.3　常见苯系物的结构式

苯系物的来源广泛，主要来自工业生产、汽车尾气、装修装饰材料（如油漆、板材、人造板家具、装饰材料等）、胶黏剂、办公设备（如复印机、打印机、传真机、电脑等）、干洗、印刷、纺织、合成橡胶、人为活动（如吸烟、烹饪、燃香等）等。

BTEX 进入包气带后部分挥发为土壤气，部分继续迁移，到达含水层后易于浮在地下水水面上，并在水平方向扩散。BTEX 在土壤中的迁移转化主要包括挥发、吸附、淋溶和降解。土壤对 BTEX 的吸附随有机物的含量增加而增大。BTEX 的淋溶受土壤中有机质含量、孔隙度和矿物影响。BTEX 在土壤中的降解有生物降解和非生物降解两种类型，生物降解是土壤 BTEX 迁移转化的主要影响因素，研究表明，微生物降解是从土壤中去除 BTEX 的最佳方式。

4.4.6 多氯联苯

多氯联苯（PCBs）是一类人工合成的化合物，是联苯苯环上的氢原子被氯所取代而成的一系列具有不同取代数目和取代位置的氯代联苯类物质（图 4.4）。多氯联苯理论上具有 209 种同类物，目前在环境中已经检测出 150 多种。大多数多氯联苯在生产时就是各类同类物的复杂混合物，只是不同产品中同类物的质量分数不同。美国通常用 Aroclor＋数字的命名方式，前两位数字代表多氯联苯分子类型，后两位数字表示氯的质量分数。

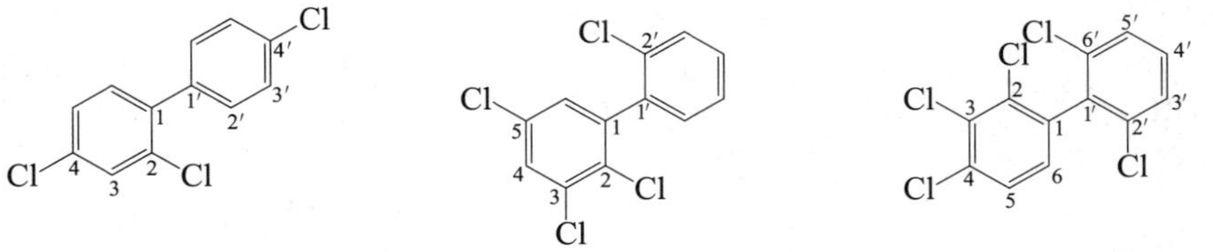

2,4,4′-三氯联苯　　2,3,5,2′-四氯联苯　　2,3,4,2′,6′-五氯联苯

图 4.4　常见多氯联苯的结构式

作为混合物的 PCBs 产品，具有许多优良的理化性质，化学性质非常稳定，相对密度比较大；具有很高的闪点（170～380℃）；难溶于水，溶解度随着氯含量的增加而降低，易溶于烃类、脂肪及其他有机化合物。209 种 PCBs 同类物的正辛醇-水分配系数（$\lg K_{ow}$）介于 4.46～8.18 之间。PCBs 导电性很低，耐热性很好，因此在工业界广泛用作冷却液和绝缘液，或作为热载体、增塑剂和溶剂等。

PCBs 是典型的持久性有机污染物，在自然界降解极其缓慢，在环境中滞留时间很长，容易累积在脂肪组织，造成脑部、皮肤及内脏的疾病，并影响神经、生殖及免疫系统，属于致癌物质。

进入场地中的 PCBs 易与土壤黏土中的有机物发生强吸附作用，且 PCBs 溶解度很低，虽然存在一定程度的生物及非生物的解吸作用，但整体上 PCBs 不容易进入地下水中发生迁移。根据 PCBs 溶解度及正辛醇-水分配系数，土壤对含氯量低的 PCBs 的吸附强度低于对含氯量高的同类物的吸附强度，因此含氯量高的 PCBs 更不容易发生迁移。

PCBs 在环境介质中，除了光解外几乎没有其他形式的化学降解作用发生，在场地中除了表层裸露土壤能受到光照外，下部没有光照条件，光解作用几乎不能发生。研究证明（王连生，2004），只有 PCB-1221（平均含氯量 21%，为单氯代联苯和二氯代联苯及其异构体）和 PCB-1232（平均含氯量 32%，主要为单、二、三、四氯代联苯的异构体）的生物降解性能良好，其他 PCBs 都不能被生物降解。相对来说，一氯联苯、二氯联苯、三氯联苯的生物降解比较快，四氯联苯的生物降解比较慢，而含氯高的 PCBs 很难进行生物降解。因此，PCBs 一旦进入土壤中就比较稳定，往往能长期存在。多氯联苯的生物降解性能主要取决于碳氢键的数量，数量越多越容易被生物氧化，因此氯原子数量越多，氯化的碳原子数量越少，越不容易被生物降解。氯原子的位置对 PCBs 的生物降解也有影响，对位上含有氯原子的 PCBs 更容易生物降解。氯含量较高的同类物要在厌氧条件下通过还原脱氯生成低氯代联苯，然后再通过好氧过程进一步降解。

4.4.7　酚类化合物

酚类化合物是指一个苯环上的氢原子被一个或多个羟基取代并可能带有其他类型取代基（如氯、甲基、硝基）的化合物（图 4.5）。酚类化合物根据能否与水蒸气一起挥发而分为挥发酚（沸点在 230℃以下）和不挥发酚（沸点在 230℃以上）。酚类化合物的性质主要取决于苯环上羟基的位置和数目，同时苯环和羟基在分子中相互影响也很重要。常温下酚类化合物大多以固态存在，为无色晶体，只有少数为液体，具有特殊的芳香气味，均呈弱酸性。酚类化合物一般具有较高的溶解度，易溶于苯、乙醚、醇类、酯等有机溶剂；具有相对较低的蒸气压和辛醇-水分配系数。但对氯代酚来说，随着氯代程度增加，化合物溶解度降低、辛醇-水分配系数增加。

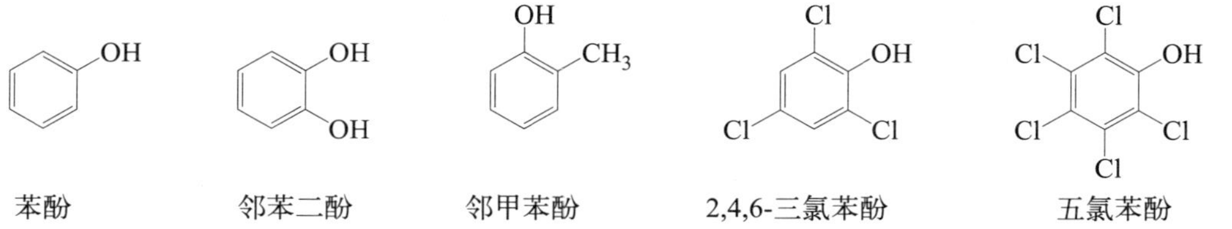

苯酚　邻苯二酚　邻甲苯酚　2,4,6-三氯苯酚　五氯苯酚

图 4.5　常见酚类化合物的结构式

自然界中存在的酚类化合物大部分是植物生命活动的结果，称为内源性酚，其余的称外源性酚。外源性酚主要来自树脂、尼龙、增塑剂、抗氧化剂、添加剂、聚酯、药品、杀虫剂、炸药、染料和汽油添加剂等。

酚是一种中等强度的化学毒物，与细胞原浆中的蛋白质发生化学反应。酚类化合物可经皮肤黏膜、呼吸道及消化道进入体内。低浓度时使细胞变性，可引起蓄积性慢性中毒；高浓度时使蛋白质凝固，可引起急性中毒以致昏迷死亡。

由于酚类易溶于水和有机溶剂，并具有较低的辛醇-水分配系数，对有机质和腐殖质等亲和性弱，因此酚类化合物在地下水中容易迁移。氯酚随着氯原子的增加，分配系数增加，在土壤中的亲和性也增强。五氯酚只有在酸性条件下才被土壤显著吸附，吸附容量与土壤有机质含量成正比；五氯酚在碱性条件下易于迁移，酸性条件下不易迁移。硝基酚的性质差异较大，其在环境中的行为也不同。

酚类化合物蒸气压低，在包气带中的挥发不是损失的重要途径。酚类化合物容易生物降解，如酚、苯基酚和壬基酚类化合物。氯酚由于氯原子对苯环上电子云的强烈吸附导致苯环上电子云密度降低，在地下厌氧环境中容易被还原发生还原脱氯反应而降解。

4.4.8　总石油烃

总石油烃（TPH）是多种烃类（按结构可分为烷烃、环烷烃、芳香烃、烯烃四类）和少量其他有机物（如硫化物、氮化物、环烷酸类等）的混合物（图 4.6）。石油烃是环境中广泛存在的有机污染物之一，包括汽油、煤油、柴油、润滑油、石蜡和沥青等。

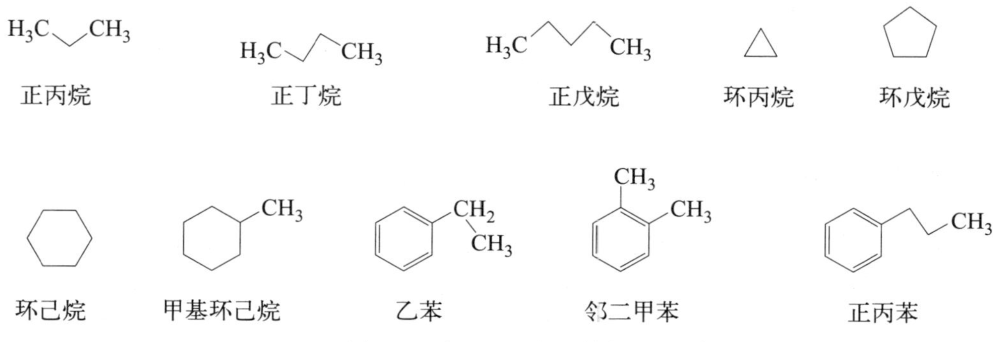

图 4.6　常见石油烃的结构式

石油类污染物通过吞食、呼吸、接触等方式进入生物体内，能够破坏生物体的细胞膜结构，也会损害机体的神经系统，导致过敏和炎症的发生，具有致癌、致畸、致突变的潜在

性，被列入中国环境监测总站根据我国国情提出的 58 种环境优先控制有机污染物中。

石油烃进入土壤后，由于水溶性极小，容易被土壤颗粒吸附，同时由于其相对密度比水轻，无法穿过饱和含水层和毛细水带，因此，大部分石油烃主要分布在表层土壤中。而低分子量的烃类化合物在土壤中几乎均以液相或气相为存在状态，在挥发作用下，以气相和液相为存在状态的烃类物质随着气体的流动挥发到大气中。

挥发作用是石油烃最重要的迁移途径。当石油进入环境中后，石油烃中分子量较低、易挥发的物质会逸散到空气中，这些易挥发化合物在许多原油中占 25%～50%，在精炼过的油中甚至占 75%或更高。分子量低于十二烷烃的化合物日损失量达 40%以上，低于十五烷烃的化合物只有 2～5 天的滞留期；蒸气压低于十八烷烃蒸气压的化合物一般条件下不挥发。因此泄漏到环境中的石油烃物理性质随着时间会发生变化，挥发性烃减少，密度和黏度增加。

石油烃进入土壤后，在包气带会挥发到土壤孔隙空气中，当石油烃接触到地下水时，会浮于水面上，少量的石油烃类物质也会溶解于地下水，能够在饱和水带中扩散，形成污染羽。石油烃是碳氢化合物，土壤环境中有很多微生物能够降解石油烃，如细菌、丝状菌和酵母菌等。石油烃类的组分不同，微生物降解的程度差异也很大。而难降解的烃类污染物一般累积在土壤中，被土壤中的有机质吸附，残留在土壤中。此外，土壤中存在的一些光敏/催化物质，如钛、铂等能够催化光降解作用的发生，使石油烃的光解过程得到加速。

4.4.9　农药

农药是指用来预防、消灭或控制危害农业、林业植物及其产品的病、虫、草和其他有害生物以及有目的地调节植物、昆虫生长发育的化学药剂。

农药品种很多，按用途主要可分为杀虫剂、杀螨剂、杀鼠剂、杀线虫剂、杀软体动物剂、杀菌剂、除草剂、植物生长调节剂等；按化学结构分，主要有有机氯（如 DDT、狄氏剂、林丹、氯丹、碳氯特灵、七氯、艾氏剂等）、有机磷（如敌敌畏、乐果、对硫磷、甲拌磷、乙拌磷、马拉松、二嗪农等）、有机氮、有机硫、氨基甲酸酯、拟除虫菊酯、酰胺类化合物、脲类化合物、醚类化合物、酚类化合物、苯氧羧酸类、脒类、三唑类、杂环类、苯甲酸类、有机金属化合物类等，它们都是有机合成农药。

农药会引起人体的急性中毒、亚急性中毒或慢性中毒。农药对生物体的毒害分为非特异性作用和特异性作用，某些农药在适当浓度下的腐蚀毒害作用，可作为非特异性作用，而大多数农药的有害作用是特异性作用，它们可以与某种酶、某一要害分子或某些生物膜发生化学反应，从而导致生物体的病变。此外，引起广泛关注的还有农药潜在影响各种细胞、器官和组织造成的致突变、致癌和致畸作用。

进入土壤的农药通过物理吸附、物理化学吸附、氢键结合和配位键结合等形式吸附在土壤颗粒表面。一般农药的分子越大，越易被土壤吸附。此外，农药在土壤中还通过气体挥发和随水淋溶而扩散移动。不同农药的挥发程度取决于农药本身的溶解度和蒸气压、土壤湿度和温度以及影响土壤孔隙状况的质地和结构条件。农药在土壤中的淋洗与土壤对农药的吸附作用密切相关。被土壤有机质和黏土矿物强烈吸附的农药，特别是难溶性农药在一般情况下不易在土体内随水向下淋移，相反在有机质和黏土矿物含量较少的砂质土壤中则最易发生淋洗，尤其是一些水溶性农药。

农药种类不同，性质各异，对土壤的污染程度差异也很大。有机氯杀虫剂有特有的环状结构、挥发性小及多氯（C—Cl）等特点，大多为难降解有机物，性质稳定，残留时间可达几年至十几年。相对于有机氯农药，有机磷农药和有机硫农药中 P═S 键和 C═S 比 C—Cl 键弱，容易降解，主要降解途径是水解和氧化，可降解为单或双取代的磷酸、膦酸或硫代类似物。有机磷农药在酸性环境中比中性条件更加稳定，在土壤中容易降解，既能直接水解和氧化，也能被微生物分解，降解速度与土壤温度、湿度和酸度有关。常见农药结构式如图 4.7 所示。

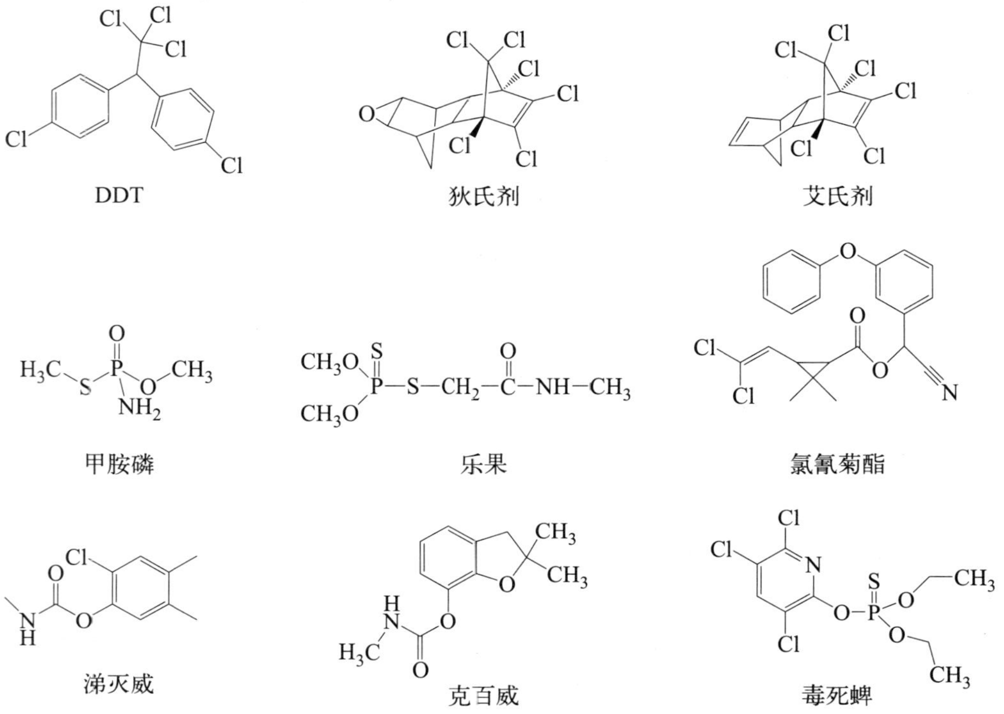

DDT　狄氏剂　艾氏剂

甲胺磷　乐果　氯氰菊酯

涕灭威　克百威　毒死蜱

图 4.7　常见农药的结构式

4.4.10　挥发性及半挥发性有机化合物

挥发性有机化合物（VOCs）是一类物质的统称，各个国家或组织对其都有不同的定义。通常从物理特性、健康和环境效应以及检测方法三个方面进行定义。工业中一般利用物理特性对 VOCs 进行定义，通常指沸点在 50～260℃之间，在标准温度和压力（20℃和 1 个标准大气压）下饱和蒸气压超过 133.32Pa 的有机化合物。场地中常见的挥发性有机物有苯、甲苯、乙苯、二甲苯、四氯化碳、氯仿、1,2-二氯乙烷、1,2-二氯丙烷、顺 1,2-二氯乙烯、反 1,2-二氯乙烯、三氯乙烯、四氯乙烯、氯乙烯、乙醇类、酮类等。

目前对半挥发性有机物（SVOCs）尚无统一定义，因其和挥发性有机物并无明确界限，在具体采样和实验室分析过程中对其区分也有所差异。一般认为半挥发性有机化合物是沸点在 260～400℃之间，在标准温度和压力（20℃和 1 个标准大气压）下饱和蒸气压介于 1.33×10^{-6}～1.33×10^{2} Pa 之间的有机化合物。由于温度分类界限模糊，与挥发性有机化合物会有交叉。常见的半挥发性有机化合物有 1,2-二氯苯、1,3-二氯苯、3-3′-二氯联苯胺、六氯苯、2,4,5-三氯苯酚、2,4,6-三氯苯酚、五氯酚、邻苯二甲酸二丁酯、邻苯二甲酸二(2-乙基)乙酯等。

4.4.11　新污染物

新污染物（emerging contaminants，ECs）是指未发布相关健康标准，但被认为对人体健康或环境具有潜在或实际威胁的化学物质或材料（图 4.8）。一种既有污染物也可能因为发现了其新的来源或人体暴露途径而成为新污染物。目前国际上广泛关注的新污染物主要分为四大类，即抗生素、内分泌干扰物、微塑料以及持久性有机污染物。

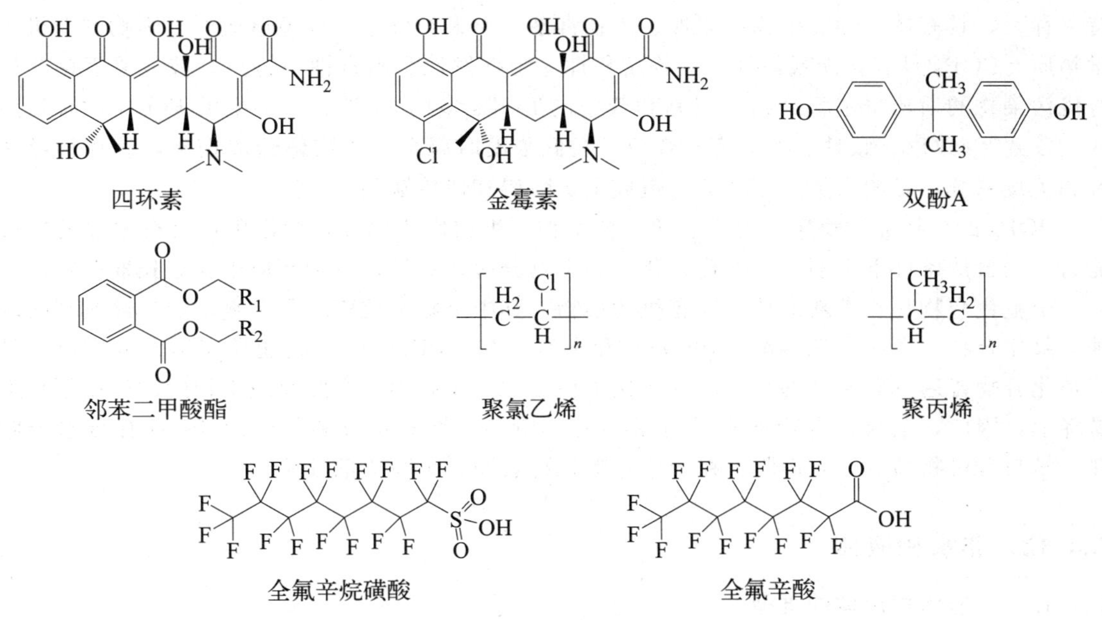

图 4.8　常见新污染物的结构式

（1）抗生素

抗生素是由微生物产生的天然产品或其半合成的衍生物，能够杀灭或抑制其他微生物并用于治疗由敏感微生物（常为细菌或真菌）所导致的感染。由于抗生素并不能被生物体完全利用和吸收，60%～90%的抗生素短暂停留于生物体后，以原抗生素形态或代谢中间体的形式随排泄物排出。由于抗生素半衰期较长，其在环境中的累积逐渐增多，产生的选择性压力使环境中抗生素抗性基因（antibiotic resistance genes，ARGs）含量迅速增加。土壤环境中，抗生素耐药菌及 ARGs 广泛存在，进入土壤的 ARGs 会发生转移，主要包括垂直基因转移（细菌宿主繁殖）和水平基因转移（移动遗传元件），这些迁移过程会促进 ARGs 在土壤环境内的传播扩散，加重土壤 ARGs 污染。

（2）内分泌干扰物（EDCs）

EDCs 是一类存在于环境中的天然或人工合成的外源性化学物质。通过干扰激素的合成、运输、转化、结合和代谢等过程来影响生物体的内分泌系统活动。典型的环境内分泌干扰物包括双酚类、多溴联苯醚类、烷基酚类、邻苯二甲酸酯类和有机磷酸酯类等。EDCs 不易挥发、不易发生光解反应。自然状态下，EDCs 进入土壤之后，最主要的迁移转化过程为吸附和生物降解。

（3）微塑料

微塑料是指直径<5mm的异质混合塑料，包括塑料纤维、颗粒和碎片。常见的微塑料类型有聚乙烯、聚氯乙烯、聚丙烯、聚苯乙烯、聚对苯二甲酸乙二醇酯、聚酰胺及聚酯等。进入土壤的微塑料会改变土壤的理化性质。当微塑料含量达到一定值时，会导致土壤水分入渗受阻，提高土壤侵蚀概率。微塑料及其添加剂不仅影响土壤pH，对土壤物质循环和酶活性也具有显著影响，从而导致土壤肥力降低。微塑料还会吸附土壤中的有机物和重金属，其迁移促进有机物和重金属的迁移。

（4）持久性有机污染物

持久性有机污染物（persistent organic pollutants，POPs）是指人类合成的能在环境中持久存在，具有持久性、生物积累性、生物毒性、对人类健康及环境造成严重影响的有机化学物质。POPs具有长期残留性、生物蓄积性、半挥发性和高毒性等特点。被《关于持久性有机污染物的斯德哥尔摩公约》限制和禁止的POPs多达34种。大多数的POPs具有强烈的“三致”（致癌、致畸、致突变）效应，在低浓度时就会对生物体造成伤害，破坏神经系统和免疫系统，影响人类生殖功能，造成生长障碍和遗传缺陷。

POPs的结构非常稳定，对光、热、微生物、生物代谢酶等各种作用均具有很强的抵抗能力，在自然条件下不易进行物理、化学和生物分解，一旦排放到环境中就会长期存在。

全氟化合物是一类新的持久性有机污染物，其中全氟辛烷磺酸和全氟辛酸是最典型的两种全氟化合物。全氟辛烷磺酸（PFOS）和全氟辛酸（PFOA）及其盐类应用十分广泛，且该类化合物普遍具有较高的热稳定性及化学稳定性，在高温、光照及微生物代谢作用下均不易降解，因此，全氟化合物通常具有很强的环境持久性和可迁移性。POPs具有疏水亲脂性，易与有机物结合，它们附着在土壤等颗粒物表面，不断扩散迁移。

4.4.12 非水相液体

4.4.12.1 非水相液体的类型

不与包气带及潜水层以下的水发生混合的液体通常被称为非水相液体（non-aqueous phase liquid，NAPL）。根据密度是否比水大，NAPL可分为轻非水相液体（LNAPL）和重非水相液体（DNAPL）。

4.4.12.2 非水相液体的赋存形态

NAPL在土壤与地下水系统中以自由相、残余相、溶解态、气态的形式存在。

当NAPL污染物源源不断地供给时，作用在NAPL上的静水压力驱动NAPL排出包气带土壤空隙中的空气或含水层中的地下水，占据了土壤部分空隙，此时NAPL占据土壤空隙的体积比称为饱和度，由下式表示：

$$S=\frac{V_{\text{NAPL}}}{V_{\text{孔隙}}}=\frac{\rho_{\text{b}}\times C}{\rho_{\text{n}}\times n} \tag{4.2}$$

式中　S——饱和度；

V_{NAPL}——NAPL的体积；

$V_{\text{孔隙}}$——土壤空隙体积；

ρ_{b}——土壤堆积密度；

ρ_{n}——NAPL密度；

C——NAPL 的浓度；

n——土壤孔隙度。

饱和度为 30%意味着 30%的空隙体积被 NAPL 占据，当 NAPL 持续增加就形成了连续相连的自由相（如图 4.9），连续相连 NAPL 可以完全占据土壤空隙，也可以部分占据土壤空隙。根据相关研究，自由相的 NAPL 饱和度可低至 15%～25%，甚至在 NAPL 饱和区，其值也小于 25%（Huntley et al.，1994）。

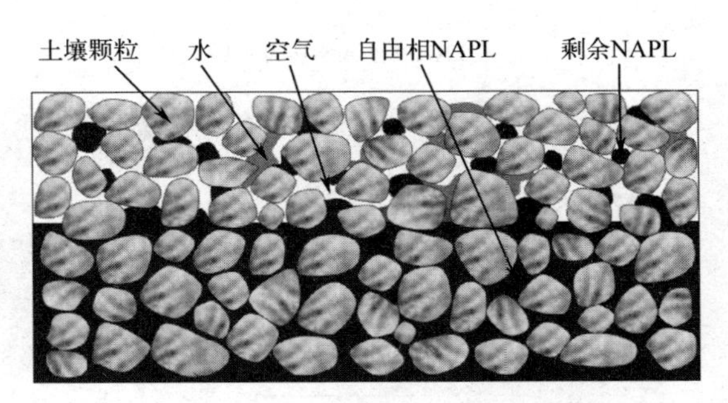

图 4.9　NAPL 在土壤-地下水中的存在形态

当 NAPL 供给不足时，作用在 NAPL 上的压力会消失，形成了不连续的呈现斑点或油滴状的非连续相（如图 4.9），该状态下 NAPL 由毛细作用控制而保持不变，此时 NAPL 占据多孔介质空隙的百分比，称为剩余饱和度（S_r）。剩余饱和度在饱和带中一般为 15%～50%（Mercer et al.，1990；Schwille，1988），在包气带中一般为 5%～20%。剩余饱和度与土壤性质有很大关系，与 NAPL 的化学组成关系不大。

例题 4.2　某场地中受 TPH 污染，土壤检测值为 15000mg/kg，TPH 密度为 0.7g/cm³，土壤密度为 1.8g/cm³，土壤孔隙度为 0.38。试估算 TPH 的饱和度。

解： 根据式(4.2) 有：

$$S=\frac{\rho_b \times C}{\rho_n \times n}=\frac{1.8\times 15000}{0.7\times 0.38\times 10^6}=10.2\%$$

即 10.2%的土壤孔隙充满了 NAPL，且处于剩余饱和状态。

4.4.12.3　轻非水相液体

轻非水相液体（light non-aqueous phase liquid，LNAPL）密度比水小。具有相对密度小、非混溶于水、挥发性等特点。常见的 LNAPL 主要有石油烃（汽油、柴油、煤油和短链烷烃等）、挥发性单环芳香烃类、挥发性醚类、苯系物、脂肪族酮类及其他有机污染物。LNAPL 类产品广泛用于交通运输和石化产品中，在场地中非常常见。

LNAPL 主要由重力、浮力和毛细管力控制其迁移。LNAPL 的迁移以吸附、扩散、挥发为主，主要影响因素为污染物密度、黏滞性、界面湿润性和饱和蒸气压。当 LNAPL 在地表开始泄漏时，在重力作用下进入包气带土壤孔隙中并向下迁移，同时受到包气带土壤毛细管力的作用进行横向迁移，形成以污染物质泄漏点为源头、向下向四周扩散的、饱和程度由内向外逐渐降低的污染区，下渗过程重力起主导作用，周边扩散毛细管力起次要作用。LNAPL 在重力作用和毛细管力作用下继续向下、向周边迁移扩散，如果污染源并不持续或渗漏量较小，后续的污染物没有继续跟进，则重力作用逐渐变小，转向以毛细管力作用为主，污染物饱和浓度逐渐下降，直至达到一个相对稳定的状态，形成以孤立岛状、小球团状或独立液滴为主的存在形式，即残余饱和条件，形成土-油-气的稳定平衡状态，如图 4.10 右上侧所示。穿过包气带时，部分 LNAPL 挥发逃逸至大气；部分在包气带孔隙中以气相存在；部分被包气带中的水溶解，并随土壤的含水量变化而变化。发生在包气带的污染物吸附是干态或亚饱和态的吸附。如果此时有降雨并产生径流，则一部分污染物随入渗水流加快下渗扩散速度，一部分可能进入地表径流。干态或亚饱和态吸附时土壤中的矿物质可能是吸附污染物（如石油类）的主体，当土壤中湿度变大，由于石油烃的疏水性，会更倾向于在土壤有机质上吸附，土壤有机质的含量成为影响吸附平衡的重要因素。

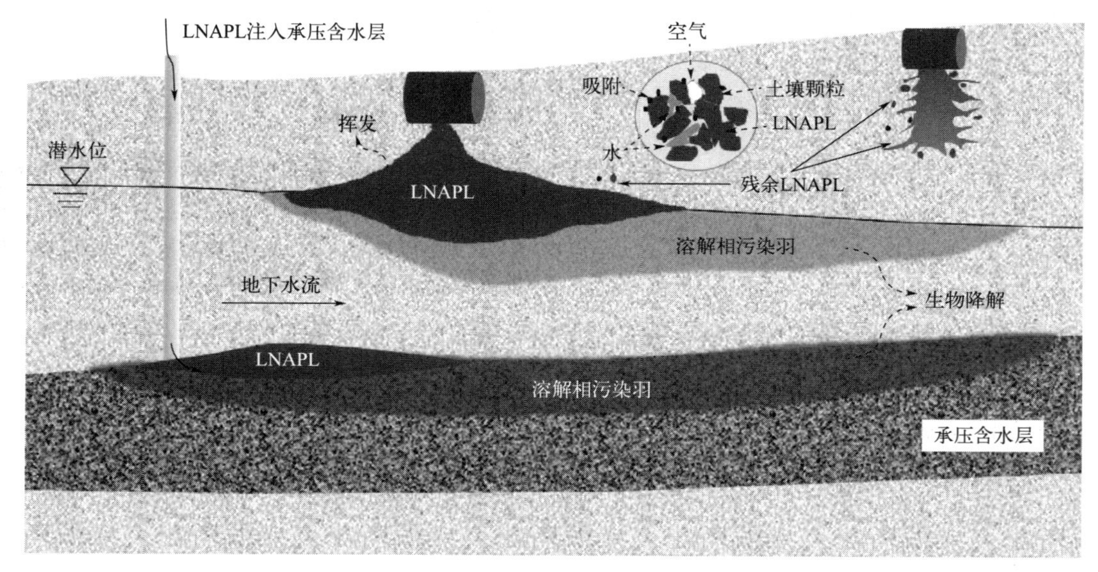

图 4.10　LNAPL 场地环境行为

如果地下水位埋深较浅且表层 LNAPL 泄漏量较大，重力作用驱动较大，LNAPL 入渗锋面将达到潜水水面，由于密度比水轻，LNAPL 将会在水面处聚集成一定厚度，对地下水有重力下压作用，同时受到地下水的顶托作用。LNAPL 在地下水水面处的毛细带内进行明显的横向扩散，并在地下水流的作用下沿水流方向迁移，在迁移的横截面的两侧边缘达到残余饱和状态，整体上形成一个透镜体状态。这个过程中，LNAPL 透镜体底部和四周中部分污染物会溶解在水中，但 LNAPL 的主体很难向地下水以下迁移。如图 4.10 中部所示。

如果 LNAPL 在加压条件下注入承压含水层，如图 4.10 下部所示，LNAPL 在浮力作用下汇集在含水层上部，并沿隔水顶板底部向最高处运动，有时是逆地下水流运动。LNAPL 聚集体的下边缘则溶解，沿地下水流方向形成污染羽。

LNAPL 迁移扩散过程中，其中的可生物降解部分也受到微生物的降解作用，但是这个作用与迁移扩散相比要小得多。

一般来说，场地中一旦有 LNAPL，污染物存在于 LNAPL 中的量远远大于溶解态的。在场地调查时，判断是否存在 LNAPL，可通过观察地下水监测井水面是否有聚集（一层区别于水的油膜或油花状物质）或者是否在土样中出现进行判断，也可以通过简单的计算来判断是否存在 LNAPL。但残余 LNAPL 很难被发现。

例题 4.3　某加油站场地调查，根据资料分析预计泄漏了 4.6t 石油烃（苯含量为 1.8%），造成了面积约 $1700m^2$、深约 3.6m 的地下水石油烃和苯污染带。现场采样测得土壤中苯浓度 C_b 为 86mg/kg，估计该处是否存在非水相。为进一步确定污染情况，在场地布设了 4 口地下水监测完整井，地下水中苯的检测浓度分别为 0.11mg/L、0.12mg/L、0.09mg/L、0.14mg/L，进一步估计场地中是否有苯的非水相存在。（苯的分配系数 K_{oc} 为 38L/kg，纯相溶解度为 1740mg/L，含水层的土壤孔隙度 n 为 0.32，土壤容重 ρ 为 1.8kg/L，土壤中天然有机碳含量为 0.2%。）

解：

采用土壤污染物检测结果估算如下：

苯的有效溶解度：

$$S_e = 0.018 \times 1740 = 31.32(\text{mg/L})$$

苯的分配系数：

$$K_d = K_{oc} f_{oc} = 0.002 \times 38 = 0.076(\text{L/kg})$$

则苯在毛细管水中的理论浓度为：

$$C_w = \frac{C_b \rho}{K_d \rho + n} = \frac{86 \times 1.8}{0.076 \times 1.8 + 0.32} = 338.9(\text{mg/L})$$

由此可见，C_w 大于 S_e，土壤中存在非水相。

采用地下水污染物检测结果估算如下：

释放到场地中的苯的总量为：

$$4.6\text{t} \times 1.8\% \times 1000\text{kg/t} = 82.8\text{kg}$$

被污染的地下水体积为：

$$1700\text{m}^2 \times 3.6\text{m} \times 0.32 = 1958.4\text{m}^3$$

地下水中溶解态的苯含量为：

$$1958.4\text{m}^3 \times 1000 \times 0.115\text{mg/L} = 0.225\text{kg}$$

可见，溶解态苯的量远小于泄漏的量，地块中苯存在非水相形态。当然，本估算没有考虑石油烃随地下水的流失以及挥发、生物降解等因素，如果油罐在地下泄漏，而且泄漏时间不长，则挥发和生物降解的作用不显著。

4.4.12.4　重非水相液体

重非水相液体（dense non-aqueous phase liquid，DNAPL）密度比水大，通常物理化学性质稳定且毒性较强。常见的 DNAPL 主要有卤代烃、有机氯农药、有机磷农药、多氯联苯、多环芳烃、氯酚、氯苯、煤焦油、杂酚油等挥发性和半挥发性污染物。DNAPL 的来源非常广泛，几乎遍布所有的工业类型，是场地中常见的污染物。

DNAPL 在场地中的运动主要取决于相对密度和地层结构。DNAPL 渗透至地表后，在重力、黏滞力和毛细压力的作用下向下迁移，重力是主要驱动力。在均质土壤结构中，DNAPL 沿着孔隙均匀下渗，若存在大孔隙、小裂隙及孔洞等，它会通过这些“捷径”快速下渗。穿过包气带时，形成了岩土-空气-水-DNAPL 四相体系。部分 DNAPL 挥发逃逸至大气；部分 DNAPL 被包气带中的水溶解，形成水溶相 DNAPL，这部分会随着土壤的含水量变化而变化；部分在包气带孔隙中以气相存在；部分 DNAPL 在下渗路径上重力不够或撤除时，将以不连续的球状液滴储存在介质孔隙中，称为残余相，残余相是无法迁移的固态。移动相的 DNAPL 在向下迁移时，若遇到颗粒较细的土壤层（例如黏土层）时，可能会阻止其下渗，堆积在土壤层上形成 DNAPL 池，DNAPL 池更容易在地层的低洼处汇集，在以黏性土为主的地层中，这个作用往往比地下水流驱动 DNAPL 的作用大很多。在包气带中，DNAPL 很容易从土层的优先通道下渗。

在实际场地中，经常遇到在较厚的含水黏土层下面仍然有 DNAPL 污染的现象。黏土层对水流有明显的限制作用，一度认为 DNAPL 难以渗透穿过，然而由于土层的微尺度异质性，黏土通常具有一些很小的裂缝（小于 20μm），从而成为 DNAPL（主要是氯代化合物）渗透的优先通道，黏土层对其没有明显的限制作用（EPA，1992；Pankow et al.，1996）。也有研究证明，氯代烃类与黏土作用使其微观结构发生了一定的变化，土层渗透性增大，

DNAPL 穿透黏土层的能力大大增加。传统意义上的黏土隔水层或低渗透地层能够减缓 DNAPL 的渗透，但并不是能够阻隔 DNAPL 的隔污层（隔离污染物穿透的地层）。

DNAPL 经过包气带土壤层到达地下水面后，继续向下迁移进入饱水带，饱水带土壤空隙被水充满，无空气存在，因此，饱水带中 DNAPL 主要为移动相和溶解相，有小部分残余相存在，无气相。DNAPL 在向下迁移过程中不断发生溶解进入地下水，溶解相 DNAPL 受水动力作用沿水流方向形成污染羽，部分溶解相污染物吸附在颗粒表面。由于重力作用，DNAPL 最终穿透含水层，一直迁移到隔水层后在其上部积聚，沿着底板向低洼处扩张形成污染池。自由相和残余 DNAPL 滞留在含水层中，缓慢溶解于地下水成为长期污染源。包气带中的残余 DNAPL 受到外力或在降雨入渗作用下，可能发生向下迁移，成为二次污染源。DNAPL 的迁移与转化如图 4.11 所示。

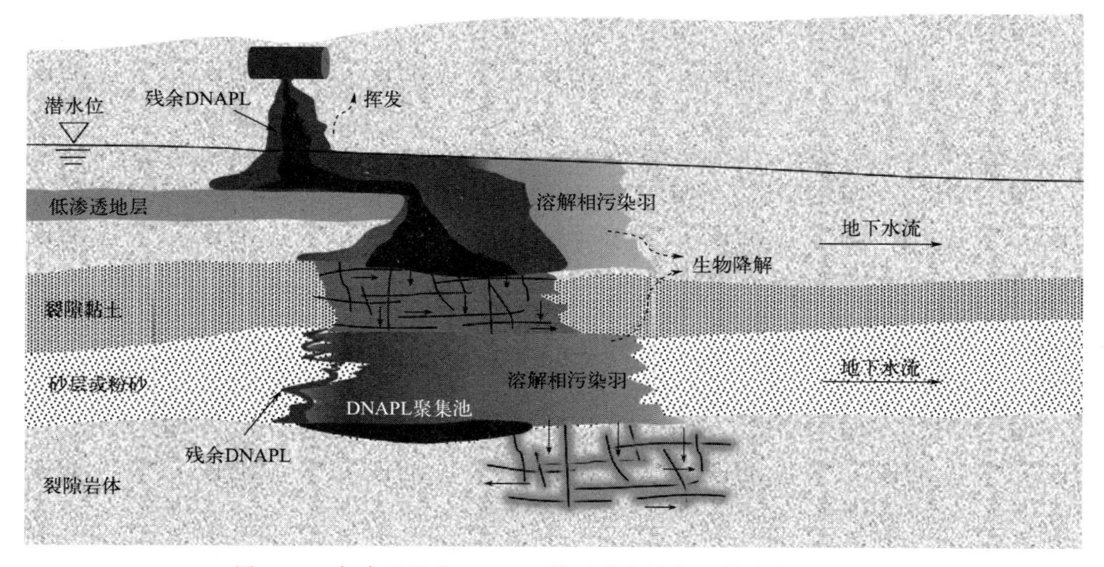

图 4.11　复合地层中 DNAPL 的迁移与转化（付融冰，2022）

在许多沿河流的下游区域，河床坡度变小，流速减慢，冲积层厚度较大，下部往往为砂砾层。由于上层细颗粒物具有相对的隔水性，DNAPL 一旦突破上层进入下层粉砂或砂砾层，往往会较快下潜并随地下水流沿含水层横向扩散，造成更大范围的污染，给环境调查及治理造成极大的困难。

受现有技术的限制，污染场地中 DNAPL 很难被发现。美国 EPA 研究指出，57%的研究场地中都存在有 DNAPL 的可能，但是只有 5%的场地能够被观测到。即在地下水监测井中很少发现，但是场地中的 DNAPL 存在的可能性却很大。实践中一般直接在监测井中进行测量，但测量的结果与真实情况差异会较大，或者实际存在但由于建井不合理或者只有剩余 DNAPL 而测量不出来。有时直接观察采集的土壤样品的性状，性状不明显时可与水一起放在瓶中摇动后再进行观察。另一个经验做法是“1%原则”，即检测到污染物浓度大于该污染物质纯相或有效溶解度的 1%时，则 DNAPL 可能存在（EPA，1992；Pankow et al.，1996）。还可以利用土壤污染物检测数据进行估算是否存在 DNAPL。此外，许多物探方法对探测场地中的 DNAPL 有一定效果，如可视化静力触探（VisCPT）、高密度电阻率法等，在场地中的应用也逐渐增多。

习题与思考题

1. 阐述常见的重污染行业场地中污染物的类型。

2. 阐述非水相液体的划分依据以及其在土壤-地下水系统中的迁移规律，如果 LNAPL 和 DNAPL 共存时，会出现什么污染规律。

3. 根据有机化合物的结构分析以下物质水溶性的大小：甲醛、间二氯苯、氯苯、苯甲酸、苯、萘、苯并[*a*]芘。

4. 比较下列物质的水溶性大小：$CH_3CH(OH)CH_2OH$、$CH_3CH_2CH_2OH$、$CH_2(OH)CH(OH)CH_2OH$。

5. 根据物质结构分析正戊醇（$CH_3CH_2CH_2CH_2CH_2—OH$）的溶解性。

6. 根据多环芳烃的特性分析其在污染场地中可能的分布状态。

7. 比较一氯联苯、三氯联苯、四氯联苯、六氯联苯、十氯联苯的生物降解性，为何多氯联苯已经停产很多年，但土壤环境中仍能存在多氯联苯？

8. 根据石油烃的物理性质，分析石油烃污染场地上层土壤中石油烃成分的特征。

9. 分析含氯及含磷农药在土壤与地下水环境中的归趋行为，评价现在农药的环境风险。

10. 什么是新污染物？我国重点管控的新污染物有哪些？

11. 某场地上层为高渗透地层，下层为低渗透地层，场地中存储氯代烃的储罐发生了泄漏，调查显示泄漏的污染羽状态和地下水流如图 4.12 中所示，试分析污染羽后续的迁移轨迹。

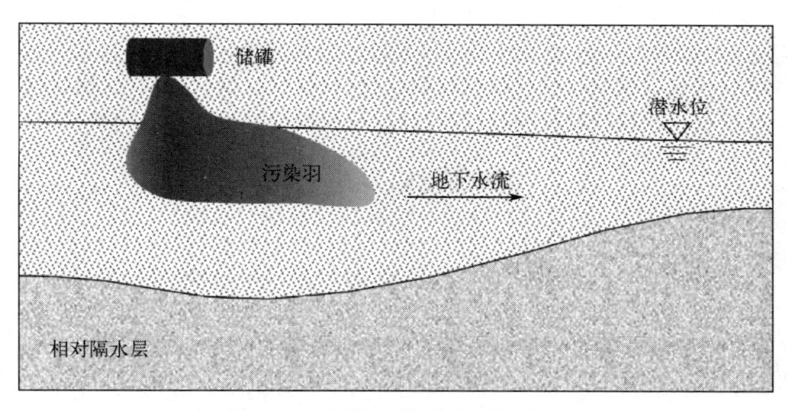

图 4.12 污染羽状态和地下水流

参考文献

付融冰，2022. 场地精准化环境调查[M]. 北京：中国环境出版集团.

王连生，2004. 有机污染化学[M]. 北京：高等教育出版社.

HUNTLEY D, et al, 1994. Nonaqueous phase hydrocarbon in a fine-grained Sandstone: 1. Comparison between measured and predicted saturations and mobility[J]. Groundwater, 32 (4): 626-634.

KUO J, 2014. Practical design calculations for groundwater and soil remediation[M]. 2th ed. New York: CRC Press.

MERCER J W, et al, 1990. A review of immiscible fluids in the subsurface: Properties, models, characterization and remediation[J]. Journal of Contaminant Hydrology, 6: 107-163.

PANKOW J F, et al, 1996. Dense chlorinated solvents and other DNAPLs in groundwater[M]. Portland, Oregon: Waterloo Press.

SCHWILLE F, et al, 1990. Dense Chlorinated Solvents in Porous and Fractured Media: Model Experiments[J]. Journal of Environmental Quality, 19 (1): 158.

TEAAIER A, et al, 1979. Sequential extraction procedure for the speciation of particulate trace metals[J]. Analytical Chemistry, 51 (7): 844-851.

EPA, 1992. Characterization and monitoring case studies[S]. Washington: Technology Innovation and Field Service Division.

第5章

土壤与地下水环境管理制度

5.1 土壤与地下水环境管理制度概述

土壤与地下水污染问题出现相对较晚。2004年，国家环保总局发布了《关于切实做好企业搬迁过程中环境污染防治工作的通知》，首次关注企业搬迁过程中的环境污染问题。2006—2008年间，由于城市工业区域或大型企业地块再利用，我国开始了地块环境调查、风险评估与治理工作，此后四至五年间，由于房地产行业的驱动，工业用地开发利用推动了污染地块治理的进程。在这期间，各地根据具体的土壤与地下水环境实际问题开展了先行先试的探索，北京、上海、沈阳、重庆等地发布了关于企业搬迁污染控制及污染场地环境调查、评估等方面的地方性文件，为国家出台相关管理办法提供了经验和借鉴。2014年，环境保护部首次发布了4项导则（HJ 25.1—2014至HJ 25.4—2014），标志着我国初步建立了污染场地环境管理的基本框架。此后，陆续发布的系列文件逐步完善了土壤与地下水环境管理制度。

本章首先介绍土壤与地下水污染与治理的复杂性，由此引出国际上土壤与地下水污染治理理念的演变，进一步介绍我国土壤与地下水环境管理制度，包括发展历程和基于风险的环境管理制度。

5.2 土壤与地下水污染与治理的复杂性

相较于水污染治理和大气污染治理，土壤与地下水污染治理更为复杂，其复杂性主要体现在以下几个方面：

(1) 土壤-地下水环境系统的复杂性

土壤-地下水环境系统的复杂性由地下介质系统的复杂性和污染过程的复杂性决定。

从构成上来说，土壤-地下水是多介质系统，是由土壤、地下水、土壤气以及场地中的构筑物/建筑物等多环境介质组成的具有地层、非饱和带、饱和带等的复杂空间组织，不同区域地层结构多样化，水文地质条件差异大。从污染物特征来看，不同场地由于用地性质及历史使用情况不同，进入土壤-地下水系统的污染物及污染源多样化特征明显，污染物的数量、种类、形态、浓度、毒性等差异很大，污染源的形式多样（点、线、面源）。从环境介质与污染物的相互作用来看，既存在对流、扩散、弥散、蒸发、挥发、气化、密度流等物理作用，又存在溶解与沉淀、吸附与解吸、氧化与还原、离子交换、水解、配位等化学作用，也存在微生物的降解转化、植物的吸收和蒸腾等生物作用，作用类型和过程非常复杂。

（2）土壤与地下水污染的异质性

土壤-地下水系统的地层构造、水文地质、土壤特性、地下水理化性质等都存在空间上的不同，介质异质性显著，通过有限的钻孔数据往往很难精准刻画土壤-地下水介质特征。当污染物进入土壤-地下水系统时，经历各种复杂的物理、化学和生物作用，污染空间特征高度离散化，进一步加剧了土壤-地下水环境系统的异质性和复杂性，在空间上形成了大尺度异质性、小尺度异质性和微尺度异质性。异质性是土壤-地下水环境系统最显著的特点，是复杂性的主要体现。

（3）土壤与地下水污染的不可逆性

土壤与地下水通常是污染物的最终汇集地。污染物进入土壤-地下水系统后会以液态、气态、自由相赋存于岩土颗粒、孔隙、裂隙中，导致系统的空间异质性极高，污染物迁移程度差异显著。特别是黏性土壤，有机质含量高，具有较强的吸附性，污染物一旦进入其中就很难解吸出来，往往成为地下的长期污染源。因此，土壤与地下水污染后修复难度大，甚至不可能恢复到未污染的状态，这就是土壤与地下水污染的不可逆性。

（4）土壤与地下水污染风险效应的多样性

不同类型的土壤即便含有相同类型、相同量的污染物，其风险效应也存在显著差异，为制定统一的环境质量与控制标准构成挑战。对污染场地而言，不同的用地类型和暴露途径，人体健康风险与生态风险水平也是不一样的。因此，不同的地块因用地类型、污染特征、场地特征等的不同，其风险水平、治理目标、治理方案等也相应不同，使得污染地块治理方案差异性大。

（5）土壤与地下水污染治理的艰巨性

由于土壤-地下水环境系统的复杂性、异质性、不可逆性、风险多样性等，污染土壤与地下水的治理极具挑战。特别是对于一些极为复杂的污染地块，现有的技术很难进行彻底修复，或者需要付出巨大的经济代价。美国部分污染场地的治理长达 10 年，甚至有些场地经长时间修复后被评估为不可能彻底修复。有时鉴于某些社会因素，即便容易修复的地块往往也需要采用更为复杂的技术进行治理，造成经济上的额外投入。整体上讲，相较于其他污染介质的治理，污染土壤与地下水的治理更为艰巨，成功的治理一定是技术、经济、社会等多因素综合考量的结果。

5.3 国际土壤与地下水污染治理理念的演变

5.3.1 治理理念演变过程

随着对土壤与地下水污染及治理复杂性的科学认知不断深化，国际上污染治理理念经历了系统性演变。从欧美等发达地区开展污染场地修复的经历来看，大体可分为三个阶段。

（1）彻底清除阶段

20 世纪 70 年代发生在美国的"拉夫运河事件"，使美国政府意识到现有环境法规无法应对日益严重的场地污染事件，于是在 1980 年通过了《综合环境反应、赔偿与责任法案》，该法案也被称为《超级基金法》。该法案的初衷和主要目标是应对严重的环境污染问题，特别是针对无人负责或责任主体缺失的被遗弃、未受管控的危险废物场所实施紧急清理，因此所有治理行动都是以尽可能将污染物浓度降低到场地背景值为目的。

彻底清除是将土壤或地下水中的污染物完全去除，直至恢复到被污染之前或背景值的水平或满足土壤与地下水质量标准。从手段上来分，主要包括土壤清挖、地下水抽提等技术。该阶段经历了 10 年左右的时间。由于对污染场地复杂性、非均质性、污染物迁移转化机理以及修复技术的适用性等认识不足，这样的清理目标导致了修复难度大、技术要求高、经济代价大。根据 1985 年 EPA 的统计数据，应列入国家优先名录的场地有 1500～10000 个，这些场地的治理成本高达 1000 亿～10000 亿美元。

（2）风险管理阶段

随着场地修复实践的深入，人们逐渐认识到，单纯强调"彻底清除"，无论在技术上还是经济上，都不是最有效的方法。因此，1990 年的《超级基金修正案》（SARA）和后续的政策引入了风险评估和风险管理的概念，强调了在确定最佳清理行动时应考虑风险、技术可行性和成本效益。

在这个阶段，基于风险的环境管理方法逐渐被国际上采纳和接受。基于风险的环境管理方法是在场地调查与修复之间增加了风险评估的内容，通过风险评估对场地污染物的潜在风险进行量化分析，并推导出场地土壤与地下水修复的目标值，从而制定基于风险的污染修复技术方案。此阶段污染场地管理框架以水环境与健康风险为目标，主要强调污染源、暴露途径、受体三个要素的关联性，三要素必须同时存在才有风险，否则不需要进行修复（陈梦舫等，2017）。

这种管理方法的核心思想是风险评估理论，在这一阶段，发达国家明确了健康风险评估的定义与框架，并建立起了各自的评估体系。美国国家科学院于 1983 年确定健康风险评估的基本流程包括危害识别、毒性评估、暴露评估和风险表征四个步骤。在此基础上，美国环保署颁布了《致畸风险评估指南》《暴露风险评估指南》《神经毒性风险评估指南》《暴露因子手册》《超级基金场地健康风险评估手册》《致癌风险评估指南》等一系列技术文件、导则和指南，系统介绍了环境与健康风险评估的方法、内容和技术要求等（US EPA，1997；US EPA，2005；US EPA，1986；US EPA，1992；US EPA，1998；US EPA，2004）。英国基于风险评估理论，通过研究污染场地暴露评估方法学，完善了暴露评估方法学、污染物理化参数及风险评估导则（UK EA，2008；UK EA，2009a；UK EA，2009b）。荷兰等欧盟国家也相继建立了风险评估体系（陈梦舫等，2017）。

（3）绿色可持续发展阶段

绿色可持续性修复在美国最早是由可持续修复论坛（Sustainable Remediation Forum）发起的，该论坛是由大型企业、咨询公司和学者组成的非营利组织，2009 年发布了《可持续修复白皮书》（Ellis et al.，2009），并于 2011 年陆续发布了《可持续修复框架》（Holland et al.，2011）、《修复行业足迹分析和生命周期评估导则》（Favara et al.，2011）以及《开展修复项目可持续评估的方法》（Butler et al.，2011）等系列文件（Holland et al.，2013）。在致力于保障人体健康和环境安全的同时，将绿色可持续性理念贯穿修复活动全过程，并获得公众和政府机构的认同。绿色可持续性的一个核心概念就是“三重底线”的方法，即只有环境、社会和经济影响得到平衡的修复，才是可持续修复（Ellis et al.，2009）。

荷兰、英国、加拿大等国也都建立了可持续性修复框架，英国颁布了《可持续性修复框架案例分析》。2016 年 4 月，在加拿大蒙特利尔主办的第四届国际可持续性修复学术会议上成立了国际可持续修复联盟（International Sustainable Remediation Alliance，ISRA），定期讨论可持续性修复框架的最新动态。

表 5.1 列举了国外不同机构和研究者提出的绿色可持续修复的原则，可以看出这些原则都不再像传统的修复理念只考虑修复工程自身的时间与经济成本，而是开始考虑修复行为对环境、社会和经济的综合影响。

表 5.1　绿色可持续修复的原则

绿色可持续修复的原则	机构或研究者
① 减少或不用能源及其他资源 ② 减少或禁止污染物的排放 ③ 修复过程尽量利用或模拟自然过程 ④ 循环利用土地和其他废物 ⑤ 提倡采用破坏或降解污染物的修复技术	SuRF(Ellis et al.,2009)
① 保护人体健康和环境安全 ② 安全规范的操作 ③ 一致、清晰的和可重复的基于证据的决策 ④ 详细的记录和透明的报告 ⑤ 良好的管理和利益相关者的参与 ⑥ 体现科学性	SuRf-UK(SuRf-UK,2010)
① 修复工程带来的长期利益远大于修复工程本身付出的代价 ② 修复工程对环境产生的不良影响小于不采取修复工程对环境的影响 ③ 修复工程的实施对环境影响减至最小，并且可以用具体的环境指标衡量 ④ 采用修复方法时，应考虑修复工程对环境的影响及其对后代可能造成的风险 ⑤ 决策过程注重各利益相关方的参与性	Bardos 等(2002)和 Harbottle 等(2006)

（4）适应性管理阶段

美国环境保护署（EPA）在长期场地修复实践中发现，超级基金复杂污染场地的修复过程存在显著不确定性，难以在规定的时间内实现修复目标。这一现实促使人们重新审视当初的修复目标及应对策略。

2017 年 EPA 发布《适应性管理技术指南》（EPA-540-R-17-003），要求对大型复杂场地实施适应性管理（adaptive management，AM）。该方法通过建立动态场地概念模型，开展修复潜力评估（remediation potential assessment，RPA），分阶段设定过渡性修复目标，采取早期行动（early action）和中期决策（interim records of decision，RODs），减少污染调查或修复的风险、不确定性和成本，加速污染土壤尤其是复杂地下水污染场地的修复。

适应性管理理论源自生态系统研究，由加拿大生态学家霍林（Holling）于 20 世纪 70 年代系统提出，其 1978 年的著作《适应性的环境评估和管理》确立了理论框架。适应性管理通过将科学研究同管理实践相结合，尝试采用实验手段对自然生态系统进行管理。适应性管理认为生态系统并不能达到最终的稳态，而是具有多个平衡状态并随着时间变化，因此必须经常性地调整管理策略以适应不断变化的系统。自 20 世纪 70 年代后期开始，适应性管理在自然资源和生态系统的管理中获得了广泛应用，并逐步延伸至污染场地修复工程领域。

美国EPA署长斯科特·普鲁特（Scott Pruitt）认为（2017），1330个超级基金的场地需要数十年甚至30年以上才能修复，这是不能接受的。新成立的“超级基金工作组（Superfund Task Force）”要求加速超级基金污染场地的清理和修复，并积极推动在大型复杂污染场地应用适应性管理。

适应性管理（AM）方法有利于对场地修复不确定性的认识；深化对场地污染、修复目标和修复技术的理解，提供了一种从修复中认识不确定性、在修复中学习修复的方法，即不断地获取信息调整污染物、修复、目标之间的关系；增加了决策的灵活性和准确性，有助于达成更流畅的、低风险的优化决策过程。

5.3.2 相关概念及演变

（1）背景值

土壤与地下水环境背景值是指在一定时间条件下仅受地质过程、气象与水文条件、生态水文过程、水文地质条件和地球化学等自然过程和非点源输入影响的土壤与地下水原来固有的化学成分含量，也称环境基准或环境本底值。

背景浓度受自然过程和人为活动影响。天然背景浓度是指未受人类活动影响的环境中的污染物浓度；人为背景浓度是指由于人类活动导致的环境中的天然或人造污染物浓度，比如人类生产活动大气排放导致的区域性背景浓度升高，或人为活动导致环境中原有污染物在空间上的变化等。因此，自然背景值并不是一个固定的值，随着时间的变迁及人为活动，背景值也在发生变化。

土壤与地下水污染一般是人为活动与天然土壤背景浓度叠加的结果。由自然背景导致的微量元素（通常是金属类）的高值一般不认为是场地污染的证据，但也不能认为是没有风险的。天然土壤中的重金属一般是痕量元素级别，基本不存在毒理效应。但是在一些冲积平原或盆地，由于地质营力的搬运作用，可能会使土壤中的痕量重金属元素富集，超过健康风险值。

自然条件下，大多数重金属浓度异常高的地方，重金属的溶解性和迁移性一般较低，通常可以忽略其生态风险。但有些重金属浓度的局部升高会影响与其接触的地下水、土壤、植被等其他介质，可能导致风险不可接受。

土壤元素环境背景含量是统计性的范围值，是需按照相关要求采集一定数量的未受污染样品，通过分析、剔除异常值、检验频数分布及确定分布类型后，通过数理统计方法得出，能够反映该区域环境中该元素的背景含量水平，并以一定置信范围表达的统计值。常用的方法有参比元素标准化方法、累计频率法等。

（2）筛选值

基于风险的土壤筛选值是土壤中污染物浓度的指示值或警告值，数值相对保守。我国《土壤环境质量　建设用地土壤污染风险管控标准（试行）》（GB 36600—2018）中对于风险筛选值的定义为：在特定土地利用方式下，建设用地土壤中污染物含量等于或低于该限值的，对人体健康的风险可以忽略；超过该限值的，对人体健康可能存在风险，应当开展进一步的详细调查和风险评估，确定具体污染范围和风险水平。筛选值在各国有多种叫法，如触发值、启动值、干预值等。

筛选值的内涵是，由于土壤类型及特性不同，在含有某种相同含量污染物时，其危害风险不同。在所有类型土壤中，产生危害的最低污染物含量限值，定义为该污染物的筛选值。因此，如果土壤污染物含量低于筛选值，说明该土壤是安全的，潜在风险处于“可接受风险水平”；如果土壤污染物含量超过筛选值，说明存在需要关注的潜在风险，应进一步采取行动，如开展详细调查和风险评估，判定风险水平是否可以接受，是否需要采取应对措施，如修复措施、工程措施、限制土地利用等方式。

世界一些主要发达国家或地区在制定基于风险的筛选值时，考虑的保护对象主要有以下三个方面：①保护暴露于场地污染物的人群，即基于健康风险制定的筛选值；②保护生态受体，即生态筛选值；③保护地下水，即限制土壤污染物进入地下水导致的不可接受风险。各国（地区）筛选值在名称、定值等方面也有很大的差异，造成这些差异的原因是各国筛选值的制定和使用没有一个统一的框架，为不同的管理目标服务，政治、经济和文化具有很大的差异等（陈梦舫等，2017）。

虽然各国（地区）对于土壤筛选值的定义不同，其用途却大致类似。美国、加拿大、英国、泰国等国家或地区规定超过土壤筛选值均要求采取进一步的调查；荷兰场地土壤干预值是用于确定场地是否遭受严重污染的指示值；在日本，不符合土壤溶出标准或土壤含有量标准，且产生人体健康损害或存在潜在人体健康污染危害的场地划为“需要修复的区域”，而不产生人体健康危害的或不存在潜在人体健康污染危害的场地划为“待开发时必须通知主管当局的区域”。

（3）管制值

我国《土壤环境质量　建设用地土壤污染风险管控标准（试行）》（GB 36600—2018）中对于建设用地土壤污染风险管制值的定义为：在特定土地利用方式下，建设用地土壤中污染物含量超过该值的，对人体健康通常存在不可接受风险，应当采取风险管控或修复措施。在《土壤环境质量　农用地土壤污染风险管控标准（试行）》（GB 15618—2018）中对于农用地土壤污染风险管制值的定义为：农用地土壤中污染物含量超过该值的，食用农产品不符合质量安全标准等农用地土壤污染风险高，原则上应当采取严格管控措施。

（4）修复目标值

修复目标是由土壤污染状况调查和风险评估确定的目标污染物对人体健康和生态受体不产生直接或潜在危害，或不具有环境风险的污染修复终点，达到修复目标时的目标污染物的取值为修复目标值。

（5）修复

在发达国家和地区，“修复”一词最早可以从美国《超级基金法》中找到并理解。

该法规定针对污染场地可采取的两类应对措施包括：①清除污染（removal actions），指的是从环境中清除已经泄漏或可能泄漏的危险物质的应急行动，根据时间紧迫程度，应急等级可分为紧急性（emergency）、紧迫性（time-critical）和非紧迫性（non-time-critical）；②场地修复（remedial actions），相对于污染清除，修复通常是一种长期的应对行为，修复将显著减少因危险物质的释放或潜在的释放威胁所构成的风险。

在加拿大《污染场地修复环境指南》中，对于“修复（remediation）”的定义为：改善受污染的场地，以防止、减少或减轻对人类健康或环境的损害。修复包括制定和实施有计划的方法，以消除、破坏、控制或其他方式减少污染物对关注受体的可用性。这里的修复包含的内容比较广泛，不是停留在单纯的“清理污染物”上，而是包括所有去除、破坏、控制污染物或以其他方式减少相关受体对污染物利用的方式，这实际上就是一种“基于风险管理”的思路，也是国际上目前对于“修复”一词较为主流的理解。

在我国，从现行环境管理政策层面来看，“修复”是一个与“管控”并行的词，但从内涵上并没有给出明确的定义与区分，由于有些技术难以区分是修复还是管控（如可渗透反应墙），造成了实际工作中的一些困惑。

（6）风险管控

风险管控是我国污染场地管理体系中的提法，但迄今为止，尚未对风险管控给出明确清晰的定义，只是在相关文件中涉及这个说法或给出相关要求，如《中华人民共和国土壤污染防治法》《土壤污染防治行动计划》《污染地块土壤环境管理办法（试行）》《铬污染地块风险管控技术指南（试行）（征求意见稿）》《土壤环境质量　农用地土壤污染风险管控标准（试行）》《土壤环境质量　建设用地土壤污染风险管控标准（试行）》《建设用地土壤污染风险管控和修复术语》《污染地块风险管控与土壤修复效果评估技术导则（试行）》《污染地块地下水修复和风险管控技术导则》等。在《污染地块土壤环境管理办法（试行）》中，阐明了对风险管控的一般要求及具体措施。一般要求为：污染地块土地使用权人应当根据风险评估结果，并结合污染地块相关开发利用计划，有针对性地实施风险管控。对暂不开发利用的污染地块，实施以防止污染扩散为目的的风险管控。对拟开发利用为居住用地和商业、学校、医疗、养老机构等公共设施用地的污染地块，实施以安全利用为目的的风险管控。具体措施包括：①及时移除或者清理污染源；②采取污染隔离、阻断等措施，防止污染扩散；③开展土壤、地表水、地下水、空气环境监测；④发现污染扩散的，及时采取有效补救措施。

通过上述要求和措施可以看出，我国的“风险管控”并行于“修复”，均属于污染土壤的环境管理方式。风险管控更偏向于切断污染和阻止人体暴露在风险中，修复则更侧重于清除污染物。也有些学者认为“风险管控”与“控制”一词同义。国内往往把阻隔、固化/稳定化、地下水抽出、可渗透反应墙、受控自然衰减法等看作是风险管控技术，但是学术界对此认识并不统一。

而在国际上，并无“风险管控”这一具体的措施或者手段，只有“基于风险的污染场地管理”这种理念和思路。这种理念和思路与国内的管理模式基本相同，都是要求场地存在风险时，根据土地用途采取下一步的处理措施，因此是“基于风险”的管理，没有风险则不用处理。以美国为例，下一步的处理措施包括修复工程、工程控制、制度控制和自然衰减等，这里的工程控制、制度控制和自然衰减可以基本等同于我国的“管控”，它们的处理目的也是偏向于切断污染或阻止人体暴露在风险中。

（7）制度控制

美国于 2000 年颁布第一个制度控制场地管理者指南，并将“制度控制”定义为“采用非工程的措施，例如行政管理或法律法规的发布来削减人类暴露于污染物的风险及确保污染场地治理的完整性，包括所有权控制、政策控制、强制与许可控制和信息工具四个组成部分”（US EPA，2000）。2005 年以后超级基金修复计划中，制度控制被越来越广泛地用到修复计划的制定中（US EPA office of solid waste and emergency response，2010）。其后美国又制定了一系列关于制度控制识别、筛选、实施和评估方面的指南或政策，形成了比较完善的制度控制指导体系（表 5.2）。

表 5.2　EPA 关于制度控制的文件

年份	EPA 污染场地制度控制相关指南和政策
2000	《超级基金和 RCRA 场地上识别、评估和筛选制度控制的场地管理者指南》 *Institutional Controls: A Site Manager's Guide to Identifying, Evaluating and Selecting Institutional Controls at Superfund and RCRA Corrective Action Cleanups*

续表

年份	EPA 污染场地制度控制相关指南和政策
2005	《理解超级基金、棕地、联邦设施、地下储罐、资源保护和修复法案中制度控制的公民指南》 *Institutional Controls: A Citizen's Guide to Understanding Institutional Controls at Superfund, Brownfields, Federal Facilities, Underground Storage Tanks, and Resource Conservation and Recovery Act Cleanups*
2006	《超级基金制度控制"执行第一"政策》 *"Enforcement First" Policy for Superfund Institutional Controls*
2011	《制度控制推荐评估："综合五年回顾指南"的补充》 *Recommended Evaluation of Institutional Controls: Supplement to the "Comprehensive Five-Year Review Guidance"*
2012	《污染场地制度控制实现和保证规划准备指南》 *Institutional Controls: A Guide to Preparing Institutional Control Implementation and Assurance Plans at Contaminated Sites*
2012	《污染场地规划、实施、维护和执行制度控制指南》 *Institutional Controls: A Guide to Planning, Implementing, Maintaining, and Enforcing Institutional Controls at Contaminated Sites*

制度控制是不对污染地块进行修复的情况下，通过制度和法律的手段降低对人体和环境的影响。美国超级基金场地的管理经验表明，制度控制在场地修复中起着非常重要的作用，在污染场地全生命周期中整合制度控制能有效提高污染场地的管理水平，以达到更好的治理效果。

（8）工程控制

工程控制是指通过各种工程技术方法，限制污染物的迁移，切断污染源与受体之间的暴露途径，以达到降低污染风险和保护受体安全的手段。行业内通常按照场地污染物迁移扩散的途径，将工程控制措施分为水平阻隔和垂直阻隔两种方式（US EPA，2004）。

（9）治理

污染土壤与地下水的修复与风险管控统称为治理，并按风险作用机制分为去除或消减污染源、阻断污染源与受体（人或物）之间的传递途径、减少暴露风险和移除受体四类治理措施。

5.4 我国土壤与地下水环境管理制度

5.4.1 环境管理的发展历程

我国土壤与地下水环境管理发展历程可以大致分为四个阶段："六五"至"八五"时期的土壤环境基础调查、"九五"至"十五"时期的农用地土壤污染治理、"十一五"至"十二五"时期的基于标准的环境管理阶段、"十三五"之后的基于风险管控的环境管理阶段（图 5.1）。

（1）土壤环境基础调查阶段

在"六五"到"八五"期间，主要开展了农业土壤背景值、全国土壤环境背景值和土壤

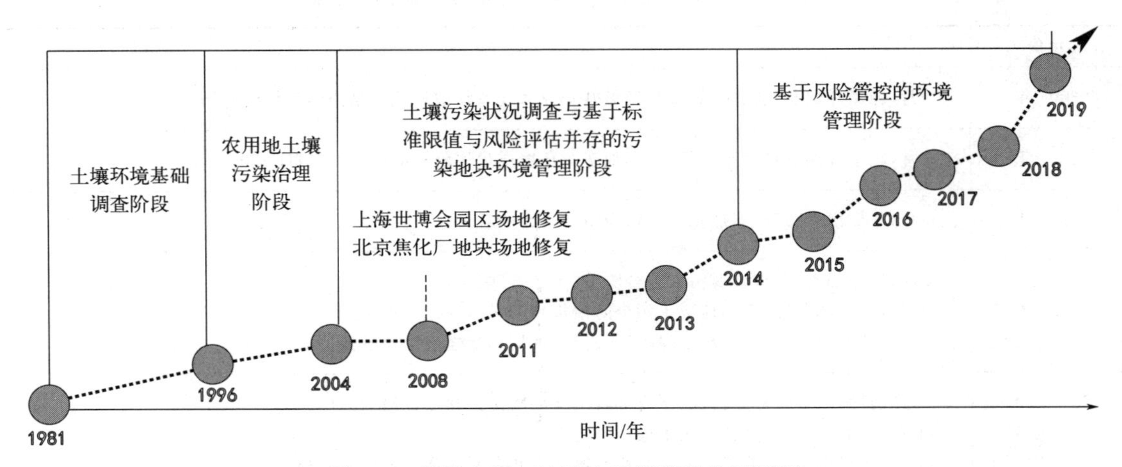

图5.1 我国土壤与地下水环境管理发展历程

环境容量等基础研究，制定了《中国土壤元素背景值》、《土壤环境背景值图集》以及《土壤环境质量标准》（GB 15618—1995）（已废止）。该阶段的土壤环境管理均聚焦于农用地土壤，未涉及工业用地土壤。

（2）农用地土壤污染治理阶段

自2001年起，中国环境监测总站组织开展“菜篮子”基地、污水灌溉区和有机食品生产基地土壤环境质量专项调查工作，为农用地土壤污染治理提供了基础支撑。这个阶段末期，我国也发布了一些非农用地的标准和土壤环境监测分析方法，例如《工业企业土壤环境质量风险评价基准》（HJ/T 25—1999）（已废止）。

（3）土壤污染状况调查与基于标准限值和风险评估并存的污染地块环境管理阶段

2004年，国家环保总局首次提出关于做好企业搬迁过程中环境污染防治工作的问题，我国正式进入污染地块的环境管理阶段。此后，我国对污染地块的环境管理相关政策、办法、标准等相继发布（见表5.3）。2005年4月至2013年12月，我国开展了首次全国土壤污染状况调查，调查范围为中华人民共和国境内（未含香港特别行政区、澳门特别行政区和台湾地区）的陆地国土，调查点位覆盖全部耕地，部分林地、草地、未利用地和建设用地，实际调查面积约630万平方公里。在此阶段，2008年左右实施的2010年上海世博会园区污染场地修复和北京焦化厂污染地块修复工作，可视为我国真正意义上的土地再开发利用场地修复的典范，也标志着我国正式进入建设用地污染土壤与地下水治理的阶段。这一阶段，关于修复标准，农用地沿用《土壤环境质量标准》（GB 15618—1995）（已废止），建设用地大多采用《展览会用地土壤环境质量评价标准（暂行）》（HJ/T 350—2007）（已废止），尽管这个标准仅适用于展览会用地，但是由于缺乏可参考的土壤环境质量评价标准，行业中曾在很长一段时间内使用该标准。该标准中把土壤环境质量评价标准分为A、B两级，A级标准代表了土壤未受污染的环境水平，B级标准为土壤修复行动值，当污染物检测值超过B级标准限值时必须实施土壤修复工程，使之符合A级标准。同时期，北京市环保局于2008年发布了《场地环境评价导则》（DB11/T 656—2009）（已废止），是以健康风险评估为核心的评价方法。因此，该阶段的污染地块环境管理同时基于标准限值和风险评估两种方法。

表 5.3　国家层面相关重要文件的发布时间与名称

年份	文件名称
2004 年	6 月，国家环保总局发布《关于切实做好企业搬迁过程中环境污染防治工作的通知》
2007 年	6 月，国家环保总局发布《展览会用地土壤环境质量评价标准(暂行)》(HJ 350—2007)
2008 年	6 月，环保部发布《关于加强土壤污染防治工作的意见》
2011 年	2 月，环保部发布《重金属污染综合防治"十二五"规划》 10 月，环保部印发《全国地下水污染防治规划(2011—2020 年)》 12 月，环保部印发《国家环境保护"十二五"规划》，加强土壤环境保护
2012 年	10 月，召开国务院常务会议，研究部署土壤环境保护和综合治理工作 11 月，党的十八大提出"强化土壤污染防治" 11 月，环保部印发《关于保障工业企业场地再开发利用环境安全的通知》
2013 年	1 月，国务院印发了《近期土壤环境保护和综合治理工作安排》
2014 年	2 月，环保部发布《场地环境调查技术导则》(HJ 25.1—2014)、《场地环境监测技术导则》(HJ 25.2—2014)、《污染场地风险评估技术导则》(HJ 25.3—2014)、《污染场地土壤修复技术导则》(HJ 25.4—2014) 4 月，《中华人民共和国环境保护法》修订第三十二条：加强对大气、水、土壤等的保护，建立和完善相应的调查、监测、评估和修复制度 5 月，环保部发布《关于加强工业企业关停、搬迁及原址场地再开发利用过程中污染防治工作的通知》 11 月，环保部发布《污染场地修复技术目录(第一批)》
2015 年	4 月，环保部发布《尾矿库环境风险评估技术导则(试行)》(HJ 740—2015)
2016 年	5 月，国务院印发《土壤污染防治行动计划》("土十条") 8 月，农业部发布《耕地质量调查监测与评价办法》 12 月，环保部发布《污染地块土壤环境管理办法(试行)》
2017 年	12 月，环保部发布《建设用地土壤环境调查评估技术指南》
2018 年	4 月，生态环境部发布《土壤环境质量　农用地土壤污染风险管控标准(试行)》(GB 15618—2018)、《土壤环境质量　建设用地土壤污染风险管控标准(试行)》(GB 36600—2018)、《工矿用地土壤环境管理办法(试行)》 8 月，十三届全国人大常委会第五次会议全票通过了《中华人民共和国土壤污染防治法》(2019 年 1 月 1 日施行) 12 月，生态环境部发布《污染地块风险管控与土壤修复效果评估技术导则》(HJ 25.5—2018)
2019 年	5 月，生态环境部等五部门印发《地下水污染防治实施方案》 6 月，生态环境部发布《污染地块地下水修复和风险管控技术导则》(HJ 25.6—2019) 9 月，生态环境部发布《地块土壤和地下水中挥发性有机物采样技术导则》(HJ 1019—2019) 12 月，生态环境部发布《建设用地土壤污染状况调查技术导则》(HJ 25.1—2019 代替 HJ 25.1—2014)、《建设用地土壤污染风险管控和修复监测技术导则》(HJ 25.2—2019 代替 HJ 25.2—2014)、《建设用地土壤污染风险评估技术导则》(HJ 25.3—2019 代替 HJ 25.3—2014)、《建设用地土壤修复技术导则》(HJ 25.4—2019 代替 HJ 25.4—2014)
2024 年	3 月，生态环境部发布《生态环境损害鉴定评估技术指南　生态系统　第 1 部分：农田生态系统》(GB/T 43871.1—2024)

（4）基于风险管控的环境管理阶段

2014 年，环保部出台了《场地环境调查技术导则》（HJ 25.1—2014）、《场地环境监测技术导则》（HJ 25.2—2014）、《污染场地风险评估技术导则》（HJ 25.3—2014）、《污染场地土壤修复技术导则》（HJ 25.4—2014）四项导则，特别是导则 HJ 25.3—2014 确立了以风险评估为核心的评价方法。四项导则的颁布标志着我国初步构建成了以风险管控为核心的土壤与地下水环境管理框架。2018 年，我国颁布了《中华人民共和国土壤污染防治法》（2019 年 1 月 1 日开始实施），填补了长期以来我国在土壤污染防治领域的法律空白，为土壤和地下水环境管理工作提供了法治保障，各省市也相继发布了地方土壤污染防治条例；印发了土壤环境管理领域的行动纲领——《土壤污染防治行动计划》；出台了《土壤环境质量 农用地土壤污染风险管控标准（试行）》（GB 15618—2018）、《土壤环境质量 建设用地土壤污染风险管控标准（试行）》（GB 36600—2018）；更新了场地环境调查评估与修复工作系列技术导则；新增了《污染地块风险管控与土壤修复效果评估技术导则（试行）》（HJ 25.5—2018）和《污染地块地下水修复和风险管控技术导则》（HJ 25.6—2019）。总体来看，我国土壤与地下水环境管理工作得到了从国家到地方各级主管部门的重视，基本形成了基于风险管理理念的环境管理体系。

5.4.2 基于风险的环境管理制度

5.4.2.1 土壤与地下水环境管理体系基本框架

我国土壤与地下水环境管理框架如图 5.2 所示，按照层级自上而下分别为土壤与地下水污染防治法规、政策/制度、部门规章/管理办法以及技术体系。

（1）法规层面

2018 年颁布的《土壤污染防治法》是土壤污染防治的法律基础，是上位法。该法制定了土壤污染状况普查、监测、土壤污染防护、风险管控和修复等方面的基本制度，明确了土壤污染责任承担机制，确立了对违法单位及有关责任人的“双罚”制。该法规定了有土壤污染风险的建设用地地块和用途变更为住宅、公共管理与公共服务用地的要进行土壤污染状况调查，并提交调查报告给当地政府生态环境主管部门会同自然资源主管部门组织评审。对土壤污染物含量超过土壤污染风险管控标准的建设用地地块，需进行土壤污染风险评估；并由省级政府生态环境主管部门会同自然资源等主管部门组织评审，及时将需要实施风险管控或修复的地块纳入建设用地土壤污染风险管控和修复名录；且不得作为住宅、公共管理与公共服务用地。

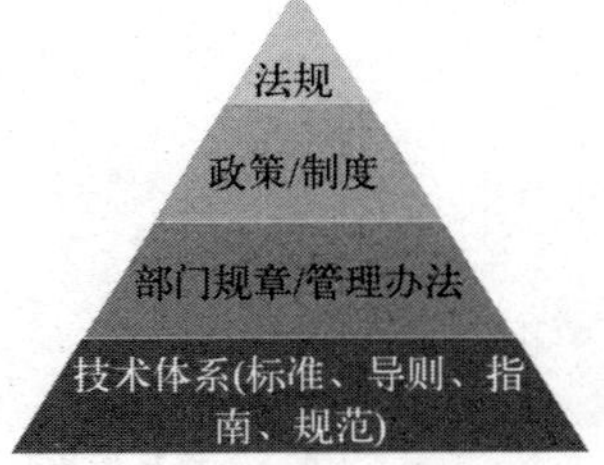

图 5.2 我国土壤与地下水环境管理框架

（2）政策/制度层面

为推进土壤与地下水污染防治，国家颁布了一系列相关政策。比较重要的有《重金属污染综合防治“十二五”规划》《全国地下水污染防治规划（2011—2020 年）》《地下水污染防治实施方案》《国家环境保护“十二五”规划》《土壤污染防治行动计划》（“土十条”）等。其中《土壤污染防治行动计划》在污染防治基础上明确了以预防为主、保护优先、风险管控的基本思路，并适时提出了风险管控三个目标和主要指标，以国家条例的形式确立了土壤污染防治的十项任务，是土壤污染防治的核心性行动纲领。

在管理机构设置上，采取以生态环境部门为主导、多部门协作的联合工作机制。其他相关制度还有土壤与地下水污染责任制度、地块土壤环境调查与风险评估制度、污染地块风险管控制度、污染地块治理与修复制度、重点行业地块自行监测制度、土壤与地下水修复基金制度、信息公开与公众参与制度等。

（3）部门规章/管理办法层面

土壤与地下水污染治理最早大多由部门规章/管理办法进行推动，相关管理办法参见表5.3。其中《污染地块土壤环境管理办法（试行）》主要规定了地块土壤环境调查与风险评估、污染地块风险管控以及污染地块治理与修复等制度，是我国以风险管控思想对污染地块实行全过程管理的重要规章制度，指导意义重大。

为了加强工矿用地土壤和地下水环境保护监督管理，防治工矿用地土壤和地下水污染，生态环境部制定了《工矿用地土壤环境管理办法（试行）》，适用于从事工业、矿业生产经营活动的土壤环境污染重点监管单位用地土壤和地下水的环境现状调查、环境影响评价、污染防治设施的建设和运行管理、污染隐患排查、环境监测和风险评估、污染应急、风险管控和治理与修复等活动，以及相关环境保护监督管理。

（4）技术体系层面

技术体系是更为详细、具体的技术性文件，主要分为质量标准与技术标准（导则、指南、规范）等，如表5.4所示。

表5.4　我国土壤和地下水环境管理标准体系

标准类型	国家层面	地方层面
质量标准	《土壤环境质量　农用地土壤污染风险管控标准(试行)》(GB 15618—2018) 《土壤环境质量　建设用地土壤污染风险管控标准(试行)》(GB 36600—2018) 《地下水质量标准》(GB/T 14848—2017) 《荷兰土壤和地下水干预值》(*Soil Remediation Circular 2013*)* 《美国环境规划署土壤与地下水筛选值》(*Soil Screening Levels*)*	上海市《上海市场地土壤环境健康风险评估筛选值(试行)》 广东省《土壤重金属风险评价筛选值　珠江三角洲》(DB44/T 1415—2014) 湖南省《重金属污染场地土壤修复标准》(DB43/T 1165—2016) 江西省《建设用地土壤污染风险管控标准(试行)》(DB36/ 1282—2020) 江苏省《建设用地土壤污染风险筛选值》(DB32/T 4712—2024) 河北省《建设用地土壤污染风险筛选值》(DB13/T 5216—2022) 河南省《建设用地土壤污染风险筛选值》(DB41/T 2527—2023) 四川省《四川省建设用地土壤污染风险管控标准》(DB51 2978—2023) 深圳市《建设用地土壤污染风险筛选值和管制值》(DB4403/T 67—2020) 辽宁省《辽宁省污染场地风险评估筛选值(征求意见稿)》 天津市《土壤环境质量　建设用地土壤污染风险管控标准(征求意见稿)》 深圳市《土壤环境背景值》(DB4403/T 68—2020) 韶关市《土壤环境背景值》(DB4402/T 08—2021)

续表

标准类型	国家层面	地方层面
技术导则、指南、规范	《建设用地土壤污染状况调查技术导则》(HJ 25.1—2019) 《建设用地土壤污染风险管控和修复监测技术导则》(HJ 25.2—2019) 《建设用地土壤污染风险评估技术导则》(HJ 25.3—2019) 《建设用地土壤修复技术导则》(HJ 25.4—2019) 《污染地块风险管控与土壤修复效果评估技术导则》(HJ 25.5—2018) 《污染地块地下水修复和风险管控技术导则》(HJ 25.6—2019) 《地块土壤和地下水中挥发性有机物采样技术导则》(HJ 1019—2019) 《土壤环境监测技术规范》(HJ/T 166—2004) 《地下水环境监测技术规范》(HJ 164—2020) 《工业企业地块环境调查评估与修复工作指南(试行)》(环保部公告 2014 年第 78 号) 《建设用地土壤环境调查评估技术指南》(环保部 2017 年第 72 号令) 《地下水污染健康风险评估工作指南》 《地下水环境状况调查评价工作指南》 《建设用地土壤污染状况初步调查监督检查工作指南(试行)》(2022 年 第 17 号) 《建设用地土壤污染状况调查质量控制技术规定(试行)》(2022 年 第 17 号)	上海市《上海市建设用地土壤污染状况调查、风险评估、风险管控和修复、效果评估工作的若干规定》 河南省《矿山土地复垦土壤环境调查技术规范》(DB41/T 1981—2020) 天津市《天津市暂不开发利用污染地块风险管控工作方案》 湖南省《农用地土壤重金属污染修复治理效果评价技术规范》(DB43/T 2191—2021) 北京市《暂不开发利用受污染建设用地风险管控指南》(DB11/T 1967—2022) 山东省《污染地块风险管控技术导则》(DB37/T 4637—2023) 河南省《河南省暂不开发利用污染地块风险管控技术指南(试行)》 重庆市《历史锰渣场环境风险管控技术指南(试行)》(渝环〔2022〕40 号) 浙江省《浙江省建设用地土壤污染风险管控和修复监督管理办法》和《建设用地土壤污染风险评估技术导则》(DB33/T 892—2022) 江苏省《建设用地土壤污染风险管控技术规范》(DB32/T 4441—2023)、《建设用地地下水污染修复和风险管控技术导则》(DB32/T 4611—2023)、《污染地块风险管控和修复后期管理技术导则》(DB32/T 4604—2023)、《受污染耕地安全利用与治理修复技术指南》(DB32/T 4231—2022) 江苏省《电镀行业地块土壤污染状况调查技术规范》(DB32/T 4425—2022) 广东省《建设用地土壤污染修复效果评估监测质量控制技术规范》(DB44/T 2417—2023) 北京市《尾矿库土壤污染状况监测与评估技术指南(试行)》(京环办〔2023〕59 号) 河南省《农用地土壤污染状况调查技术规范》(DB41/T 1948—2020) 江苏省《拟开垦为耕地的复垦土地及未利用地土壤污染状况调查技术指南(试行)》(苏农建〔2023〕1 号)和《农用地重点地块监测技术指南(试行)》(苏农建〔2023〕1 号) 陕西省《土壤污染重点监管单位周边土壤监测技术规范》(DB61/T 1697—2023) 福建省《土壤重点监管企业周边土壤环境质量监测技术指南(试行)》 山东省《东营市建设用地土壤污染状况调查工作指引》 湖北省《典型行业企业及周边土壤污染状况调查工作实施方案》 天津市《建设用地土壤污染风险管控和修复工程环境风险管理工作指引(试行)》 天津市《土壤污染重点监管单位周边土壤及地下水环境监测技术指南(试行)》 天津市《土壤污染重点监管企业自行监测及信息公开技术指南》

续表

标准类型	国家层面	地方层面
		海南省《重点建设用地土壤环境管理若干规定》 重庆市《建设用地土壤污染程度分级评价技术指南（试行）》 广州市《建设用地土壤污染防治》(DB 4401/T 102)[第1部分：污染状况调查技术规范(DB 4401/T 102.1—2020)；第2部分：污染修复方案编制技术规范(DB 4401/T 102.2—2021)；第3部分：土壤重金属监测质量保证与质量控制技术规范(DB 4401/T 102.3—2020)；第4部分：土壤挥发性有机物监测质量保证与质量控制技术规范(DB 4401/T 102.4—2020)；第5部分：半挥发性有机物土壤监测质量保证与质量控制技术规范(DB 4401/T 102.5—2021)；第6部分：土壤污染修复工程环境监理技术规范(DB 4401/T 102.6—2021)；第7部分：土壤污染风险评估技术规范(DB 4401/T 102.7—2023)] 《深圳市建设用地土壤污染状况调查与风险评估工作指引(2021年版)》

注：* 为国外标准，在国内标准缺失时，可参考。

但由于起步晚，我国现阶段的框架性体系仍无法完全满足项目执行的需要，主要体现在上位法仍需要配套更加细化的法规规范去指导实际工作；有些重要概念如风险管控缺乏明确定义，一定程度上导致了理解与执行上的混乱；导则、指南等过于宏观，操作性不强；部门规制、管理办法等强制性不够，地方上执行差异大；污染事件仍难以杜绝等。因此，我国污染地块的风险管控体系仍待进一步优化和完善。

5.4.2.2 土壤与地下水环境管理的基本思路

土壤与地下水环境管理的思路可总结为图 5.3，针对农用地的农产品安全和建设用地的人居环境安全两大环境问题，采用风险管控手段进行分类管理。根据“土十条”的规定，农用地分为优先保护、安全利用和严格管控三类，对无风险的进行优先保护，中、低风险的进行安全利用，高风险的进行严格管控。对建设用地，分为第一类用地和第二类用地，对其开展风险评估，确定风险管控与修复方案，开展污染治理。

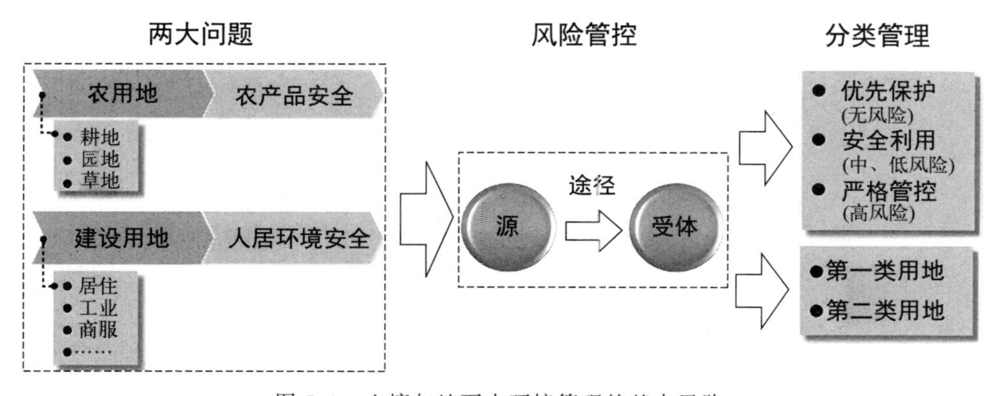

图 5.3 土壤与地下水环境管理的基本思路

5.4.2.3 土壤与地下水污染治理的一般程序

土壤与地下水污染治理的一般程序是：土壤污染状况调查、风险评估、管控或修复方案制定、管控或修复工程实施（同时开展工程监理与环境监理）、效果评估，治理达到要求的地块移出污染地块名录。

（1）土壤污染状况调查

根据《土壤污染防治法》第五十九条规定：对土壤污染状况普查、详查和监测、现场检查表明有土壤污染风险的建设用地地块，地方人民政府生态环境主管部门应当要求土地使用权人按照规定进行土壤污染状况调查。用途变更为住宅、公共管理与公共服务用地的，变更前应当按照规定进行土壤污染状况调查。前两款规定的土壤污染状况调查报告应当报地方人民政府生态环境主管部门，由地方人民政府生态环境主管部门会同自然资源主管部门组织评审。

第六十七条规定：土壤污染重点监管单位生产经营用地的用途变更或者在其土地使用权收回、转让前，应当由土地使用权人按照规定进行土壤污染状况调查。土壤污染状况调查报告应当作为不动产登记资料送交地方人民政府不动产登记机构，并报地方人民政府生态环境主管部门备案。

需注意，名称虽然叫土壤污染状况调查，但是须包括地下水的调查。

（2）土壤污染风险评估

根据《土壤污染防治法》第六十条规定：对土壤污染状况调查报告评审表明污染物含量超过土壤污染风险管控标准的建设用地地块，土壤污染责任人、土地使用权人应当按照国务院生态环境主管部门的规定进行土壤污染风险评估，并将土壤污染风险评估报告报省级人民政府生态环境主管部门。

第六十一条规定：省级人民政府生态环境主管部门应当会同自然资源等主管部门按照国务院生态环境主管部门的规定，对土壤污染风险评估报告组织评审，及时将需要实施风险管控、修复的地块纳入建设用地土壤污染风险管控和修复名录，并定期向国务院生态环境主管部门报告。

（3）污染土壤风险管控与修复

根据《土壤污染防治法》第六十二条规定：对建设用地土壤污染风险管控和修复名录中的地块，土壤污染责任人应当按照国家有关规定以及土壤污染风险评估报告的要求，采取相应的风险管控措施，并定期向地方人民政府生态环境主管部门报告。风险管控措施应当包括地下水污染防治的内容。

第六十四条规定：对建设用地土壤污染风险管控和修复名录中需要实施修复的地块，土壤污染责任人应当结合土地利用总体规划和城乡规划编制修复方案，报地方人民政府生态环境主管部门备案并实施。修复方案应当包括地下水污染防治的内容。

在风险管控与修复过程中，一般需委托第三方开展工程监理与环境监理工作。

（4）风险管控与修复效果评估

根据《土壤污染防治法》第六十五条规定：风险管控、修复活动完成后，土壤污染责任人应当另行委托有关单位对风险管控效果、修复效果进行评估，并将效果评估报告报地方人民政府生态环境主管部门备案。

第六十六条规定：对达到土壤污染风险评估报告确定的风险管控、修复目标的建设用地地块，土壤污染责任人、土地使用权人可以申请省级人民政府生态环境主管部门移出建设用地土壤污染风险管控和修复名录。

省级人民政府生态环境主管部门应当会同自然资源等主管部门对风险管控效果评估报告、修复效果评估报告组织评审，及时将达到土壤污染风险评估报告确定的风险管控、修复目标且可以安全利用的地块移出建设用地土壤污染风险管控和修复名录，按照规定向社会公开，并定期向国务院生态环境主管部门报告。

未达到土壤污染风险评估报告确定的风险管控、修复目标的建设用地地块，禁止开工建设任何与风险管控、修复无关的项目。

5.4.2.4 环境管理标准体系

我国土壤和地下水环境管理标准体系主要包括质量标准体系与技术标准体系（如图 5.4 所示），质量标准层面包含土壤与地下水环境基准（背景值）、土壤与地下水环境质量标准、土壤与地下水环境风险管控标准（筛选值、管制值）、土壤与地下水修复标准（修复目标值）。技术标准层面，这里的标准是广义上的标准，具体包括相对细化、具体的各类技术导则、指南、规范等。以下对几项重要质量标准作简要介绍。

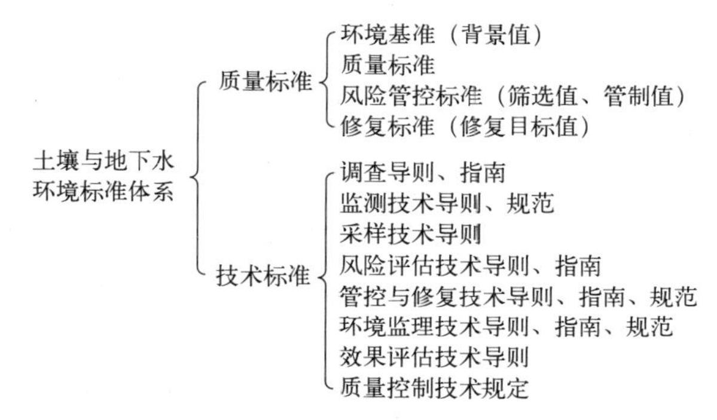

图 5.4　土壤与地下水环境质量标准体系

（1）《土壤环境质量　农用地土壤污染风险管控标准（试行）》（GB 15618—2018）

该标准原为《土壤环境质量标准》（GB 15618—1995），后经多次反复修改和征求意见，于 2018 年 6 月 22 日发布，2018 年 8 月 1 日正式实施，原标准废止。该标准规定了农用地土壤污染风险筛选值和管制值以及监测、实施与监督要求。标准规定了农用地土壤中镉、汞、砷、铅、铬、铜、镍、锌等基本项目以及六六六、滴滴涕、苯并[*a*]芘等其他项目的风险筛选值，以及镉、汞、砷、铅、铬的风险管制值。基本项目分水田、果园和其他类型田地，给出了不同 pH 值下的筛选值。对这些指标标准还规定了对应的分析方法。

（2）《土壤环境质量　建设用地土壤污染风险管控标准（试行）》（GB 36600—2018）

《土壤环境质量　建设用地土壤污染风险管控标准（试行）》（GB 36600—2018）与 GB 15618—2018 同时编制和发布。该标准规定了保护人体健康的建设用地土壤污染风险筛选值和管制值以及监测、实施与监督要求。该标准对建设用地进行了分类，分为第一类用地和第二类用地。规定了 45 项重金属和有机物指标为基本项目，分别给出了两类用地情况下的筛选值和管制值；规定了 40 项重金属和有机物指标为其他项目，分别给出了两类用地情况下的筛选值和管制值。GB 36600—2018 弥补了建设用地土壤环境质量标准一直缺失的局面。

（3）《地下水质量标准》（GB/T 14848—2017）

本标准代替了 1993 年发布的《地下水质量标准》（GB/T 14848—1993），与原标准相比，水质指标由原来的39项增加至93项，原标准中没有挥发性和半挥发性有机污染物。参照《生活饮用水卫生标准》（GB 5749—2006）将地下水质量指标划分为常规指标和非常规指标。感官性状及一般化学指标由17项增至20项，增加了铝、硫化物和钠3项指标；用耗氧量替换了高锰酸盐指数。修订了总硬度、铁、锰、氨氮4项指标；毒理学指标中无机化合物指标由16项增加至20项，增加了硼、锑、银和铊4项指标；修订了亚硝酸盐、碘化物、汞、砷、镉、铅、铍、钡、镍、钴和钼11项指标；毒理学指标中有机化合物指标由2项增至49项。

本标准对地下水质量进行了分类，依据我国地下水质量状况和人体健康风险，参照生活饮用水、工业、农业等用水质量要求，依据各组分含量高低，将地下水分为Ⅰ、Ⅱ、Ⅲ、Ⅳ、Ⅴ五类，每类给出相应的标准限值。一般地下水污染物筛选值定为Ⅳ类水质标准限值（特殊区域除外）。本标准的颁布，有力支撑了污染土壤与地下水的治理工作。

其他相关技术标准文件如表5.4所示。

习题与思考题

1. 了解土壤与地下水治理的复杂性。
2. 论述背景值、筛选值、管制值、修复目标值的概念，并比较其异同。
3. 阐述土壤与地下水污染治理理念及演变过程，对比与废水处理及大气处理理念的不同。
4. 某污染地块拟用作第一类用地，初步调查时土壤中氯仿的含量为6mg/kg，请问该地块下一步应该开展什么工作？
5. 对污染地块开展土壤污染状况调查时，如何确定地下水中污染物的筛选值？
6. 某地块规划为第一类用地，地块原来为农田，土壤类型为水稻土，土壤污染状况调查显示砷的最大检测值为40mg/kg，则该地块是否为污染地块？
7. 分析我国土壤与地下水环境管理的发展特点。
8. 分析我国土壤与地下水环境管理的思路。
9. 任选3个省市的建设用地土壤污染风险筛选值和管制值标准，比对标准内容的不同并分析原因。
10. 阐述污染地块治理的一般程序与要点。
11. 掌握我国土壤与地下水环境标准体系与内容。

参考文献

陈梦舫，等，2017．污染场地土壤与地下水风险评估方法学[M]．北京：科学出版社．

付融冰，2022．场地精准化环境调查方法学[M]．北京：中国环境出版社．

BARDOS P，et al，2002．General principles for remedial approach selection[J]．Land Contamination & Reclamation，10(3)：137-160．

BUTLER P B，et al，2011．Metrics for integrating sustainability evaluations into remediation projects[J]．Remediation Journal，21：81-87．

ELLIS D E，et al，2009．Sustainable remediation white paper：Integrating sustainable principles，practices，and metrics into remediation projects[J]. Remediation Journal, 19 (3): 5-114.

FAVARA P J, et al, 2011. Guidance for performing footprint analyses and life-cycle assessments for the remediation industry[J]. Remediation Journal, 21: 39-79.

HARBOTTLE M, et al, 2006. Assessing the true technical/environmental impacts of contaminated land remediation: A case study of containment, disposal and no action[J]. Land Contamination and Reclamation, 14 (1): 85-100.

HOLLAND K S, et al, 2011. Framework for integrating sustainability into remediation projects[J]. Remediation Journal, 21: 7-38.

HOLLAND K, et al, 2013. Integrating remediation and reuse to achieve whole-system sustainability benefits[J]. Remediation Journal, 23: 5-17.

National Academy of Sciences, 1983. Risk assessment in the federal government: Managing the process[M]. Washington: National Academies Press.

SURF-UK, 2010. A framework for assessing the sustainability of soil and groundwater remediation [M]. London: CLAIRE.

UK EA, 2008. Compilation of data for priority organic pollutants for derivation of soil guideline values[R]. Bristol: The Environment Agency in England and Wales, 2008.

UK EA, 2009a. Human health toxicological assessment of contaminants in soil[R]. Bristol: The Environment Agency in England and Wales.

UK EA, 2009b. Updated technical background to the CLEA model[R]. Bristol: The Environment Agency in England and Wales.

US EPA, 1986. Guidelines for mutagenicity risk assessment[R]. Washington: Risk Assessment Forum, the United States Environmental Protection Agency.

US EPA, 1992. Guidelines for exposure assessment[R]. Washington: Office of Research and Development, National Center for Environmental Assessment, the United States Environmental Protection Agency.

US EPA, 1997. Exposure factors handbook[R]. Washington: Risk Assessment Forum, the United States Environmental Protection Agency.

US EPA, 1998. Guidelines for neurotoxicity risk assessment [R]. Washington: Risk Assessment Forum, the United States Environmental Protection Agency.

US EPA, 2000. Institutional controls: A site manager's guide to identifying, evaluating and selecting institutional controls at Superfund and RCRA Corrective Action Cleanups[R]. Washington: Office of Land and Emergency Management, the United States Environmental Protection Agency.

US EPA, 2004. Risk assessment guidance for superfund: Volume I: Human health evaluation manual (Part E, Supplemental guidance for dermal risk assessment) [R]. Washington: Office of Superfund Remediation and Technology Innovation, the United States Environmental Protection Agency.

US EPA, 2005. Guidelines for carcinogen risk assessment[R]. Washington: Risk Assessment Forum, the United States Environmental Protection Agency.

第6章

土壤与地下水环境调查

6.1 土壤与地下水环境调查概述

20 世纪 80 年代，人们发现场地中存在土壤与地下水污染问题，于是发展出了场地环境调查，重点是针对土壤与地下水中污染物的分布、迁移与治理，在采用地质调查手段的基础上，建立起了样品的采集、分析检测、模拟、风险评估等技术（付融冰，2022）。国外一般将土壤与地下水环境调查称为“场地调查”，通常含有 sites 和 investigation 的字眼。例如英国的 *Investigation of potentially contaminated sites-Code of practice*（British Standards Institution，2011），可翻译为《潜在污染场地的调查-实施规范》（BS 10175：2011）；美国亚利桑那州的 *Site Investigation Guidance Manual*（Arizona Department of Environmental Quality，2014），可翻译为《场地调查指南手册》。

近十年来，我国逐步开展了污染场地的调查与修复，在积累了一定实践经验并借鉴国外发达国家做法的基础上，形成了我国现行的污染场地调查导则和指南。我国《场地环境调查技术导则》（HJ 25.1—2014）（已废止）和《污染场地术语》（HJ 682—2014）（已废止）对“场地环境调查（environmental site investigation）”的定义是：采用系统的调查方法，确定地块是否被污染以及污染程度和范围的过程。修改后的《建设用地土壤污染状况调查技术导则》（HJ 25.1—2019）与《建设用地土壤污染风险管控和修复术语》（HJ 682—2019）将“场地环境调查”改为“土壤污染状况调查”，但其定义保持不变。本书基于学术探讨，仍使用场地环境调查的说法。

土壤与地下水环境调查具有极其重要的作用，既是场地环境管理的起点，也是污染场地治理的核心。因为没有准确的调查，就没有准确的风险评估与精准的治理。由于土壤-地下水系统中各种介质共存、各种过程并行、各种机理交织，环境调查成为一项学科融合度很高、专业化程度很强的工作。要做好土壤与地下水环境调查，需要多学科知识交叉运用，以及理论与实践的交互验证。精准化环境调查是污染场地治理的重要发展方向。

本章简要介绍了调查的主要类型、调查的阶段和工作流程，重点介绍了布点方法、采样原则与要求、勘察与采样方法。本章参考了文献（付融冰，2022）的内容。

6.2 环境调查的类型

土壤与地下水环境调查的类型主要分为建设用地土壤污染状况调查、农用地土壤污染状况调查以及地下水污染状况调查。调查的对象和目的不同，调查的方法也不一样。

6.2.1 建设用地土壤污染状况调查

我国于2014年2月19日发布了《场地环境调查技术导则》（HJ 25.1—2014）和《场地环境监测技术导则》（HJ 25.2—2014），同年7月1日正式实施。其后为适应《土壤污染防治法》《土壤污染防治行动计划》《污染地块土壤环境管理办法（试行）》等文件的要求，生态环境部将“场地环境调查”的名称更改为“土壤污染状况调查”，并于2019年更新了系列导则，包括《建设用地土壤污染状况调查技术导则》（HJ 25.1—2019）、《建设用地土壤污染风险管控和修复监测技术导则》（HJ 25.2—2019）等。虽然名称上有变化，但在内容上依然包含了土壤、地下水及其他环境介质的污染状况调查。

《建设用地土壤污染风险管控和修复术语》（HJ 682—2019）中给出了建设用地（land for construction）的定义：用于建造建筑物、构筑物的土地，包括城乡住宅和公共设施用地、工矿用地、交通水利设施用地、旅游用地、军事设施用地等。《建设用地土壤污染状况调查技术导则》（HJ 25.1—2019）则规定了土壤污染状况调查（investigation on soil contamination）的定义：采用系统的调查方法，确定地块是否被污染及污染程度和范围的过程。

一般来说，需要开展建设用地土壤污染状况调查的情形主要包括：

① 经土壤污染状况普查、详查和监测、现场检查表明有土壤污染风险的建设用地。

② 拟用途变更为住宅、公共管理与公共服务用地的地块。住宅用地、公共管理与公共服务用地之间相互变更的，原则上不需要进行调查，但公共管理与公共服务用地中环卫设施、污水处理设施用地变更为住宅用地的除外。

③ 拟终止生产经营活动、变更土地用途或拟收回、转让土地使用权的土壤污染重点监管单位生产经营用地。

④ 拟收回、已收回土地使用权的，以及用途拟变更为商业、新型产业用地（M0）的重点行业企业生产经营用地。

⑤ 城市更新后用地功能规划变更为商业服务业用地和新型产业用地的地块。

⑥ 拟转为建设用地的C类农用地（土壤中污染物含量超过农用地土壤污染风险管制值）。

⑦ 法律、法规和规章等规定需要开展土壤污染状况调查的其他用地。

根据目前的行业信息，我国建设用地开展土壤污染状况调查的类型主要集中在工业企业原址地块、尾矿库及周边地块、垃圾填埋场及周边地块等，在这些类型中，又以工业企业原址地块的类型最多。

6.2.2 农用地土壤污染状况调查

我国对于农用地的土壤污染状况调查，并未专门出具管理办法或要求，与农用地土壤调查相关的工作主要是全国土壤普查工作。

我国第一次土壤普查于1958～1960年开展，重点围绕摸清耕地数量和农民改土用土的经验而开展；第二次普查于1979～1984年开展，重点普查了我国土壤资源的类型、数量、分布、肥力等基本状况，普查成果成为我国各种资源调查、评价和规划的基础数据。2005年4月至2013年12月，我国开展了首次全国土壤污染状况调查，调查范围为中华人民共和国境内（未含香港特别行政区、澳门特别行政区和台湾地区）的陆地国土，调查点位覆盖全部耕地，部分林地、草地、未利用地和建设用地，实际调查面积约630万平方公里。2022年2月16日，国务院印发了《关于开展第三次全国土壤普查的通知》，决定自2022年起开展第三次全国土壤普查，利用四年时间全面查清农用地土壤质量家底，普查对象为全国耕地、园地、林地、草地等农用地和部分未利用地的土壤，普查内容为土壤性状、类型、立地条件、利用状况等。

6.2.3　地下水污染状况调查

地下水污染状况调查是仅针对地下水介质的环境质量调查，一般可分为区域地下水污染状况调查、饮用水源地地下水污染状况调查以及典型污染源地下水污染状况调查。

区域地下水污染状况调查是地下水资源评价的重要内容。饮用水源地地下水污染状况调查主要是针对集中式地下水型饮用水源地的地下水环境调查。典型污染源地下水污染状况调查主要包括工业污染源、矿山开采区、危险废物处置场、垃圾填埋场、石油储存销售企业、农业污染源、高尔夫球场等的地下水环境调查。

6.3　调查阶段及流程

上述各类调查，基于经济上的考虑，一般是分阶段进行的。以建设用地土壤污染状况调查为例，各个国家划分的阶段和名称有所不同，但调查的内容及程序大体上是一致的。根据我国《建设用地土壤污染状况调查技术导则》（HJ 25.1—2019），土壤污染状况调查主要分为三个阶段。根据我国多年的实践情况，总体上可以分为两个阶段，第二个阶段又分为若干阶段（图6.1）。

6.3.1　第一阶段调查

第一阶段调查以资料研究、现场踏勘和人员访谈为主，一般不采样。在我国调查导则中，这一阶段被称为第一阶段调查，也有称为初步调查。若第一阶段调查确认地块内及周围区域当前和历史上均无可能的污染源，则认为地块的环境状况可以接受，调查活动可以结束。第一阶段调查是场地调查最基本、最重要的阶段。这个阶段获取的调查结论（假设）直接决定是否开展下一阶段工作以及采样方案的合理性。结论不准确可能会导致遗漏高污染区域，或高估场地污染程度。

（1）资料收集与分析

资料的收集主要包括：地块利用变迁资料、地块环境资料、地块相关记录、有关政府文件以及地块所在区域的自然和社会信息。当调查地块与相邻地块存在相互污染的可能时，须调查相邻地块的相关记录和资料。

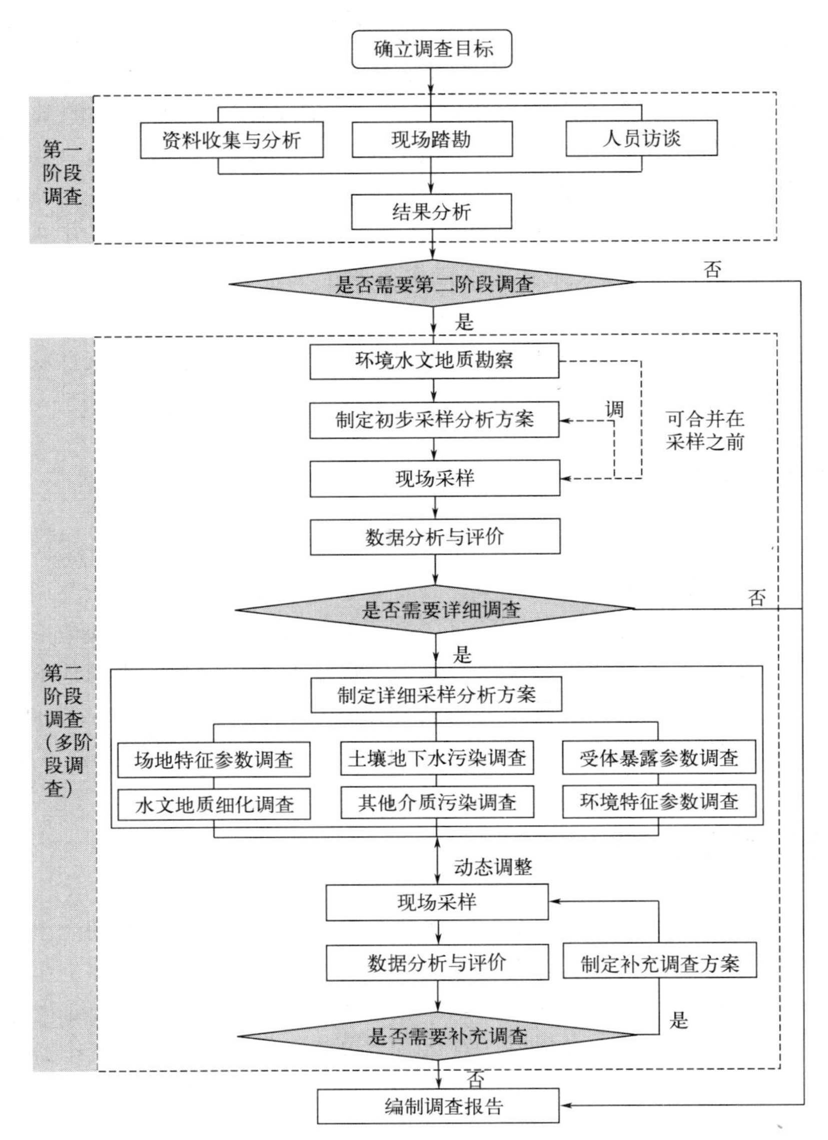

图 6.1　土壤污染状况调查的工作内容与程序

地块利用变迁资料包括：用来辨识地块及其相邻地块的开发及活动状况的航片或卫星图片；地块的土地使用和规划资料；其他有助于评价地块污染的历史资料，如土地登记信息资料等；地块利用变迁过程中的地块内建筑、设施、工艺流程和生产污染等的变化情况。

地块环境资料包括：地块土壤及地下水污染记录、地块危险废物堆放记录以及地块与自然保护区和水源地保护区等的位置关系等。

地块相关记录包括：产品、原辅材料、中间体清单及平面布置图、工艺流程图、地下管线图、化学品储存及使用清单、泄漏记录、废物管理记录、地上及地下储罐清单、环境监测数据、环境影响报告书或表、环境审计报告和地勘报告等。

有关政府文件包括：由政府机关和权威机构所保存和发布的环境资料，如区域环境保护规划、环境质量公告、企业在政府部门相关环境备案和批复以及生态和水源保护区规划等。

地块所在区域的自然和社会信息包括：自然信息包括地理位置图、地形、地貌、土壤、水文、地质和气象资料等；社会信息包括人口密度和分布，敏感目标分布及土地利用方式，区域所在地的经济现状和发展规划，相关的国家和地方的政策、法规与标准，以及当地地方性疾病统计信息等。

资料的分析要求调查人员基于专业知识和经验，识别资料中的错误或不合理信息。若资料缺失影响对地块污染状况的判断，应在调查报告中明确说明。

（2）现场踏勘

在现场踏勘前，根据地块的具体情况掌握相应的安全卫生防护知识，并装备必要的防护用品。现场踏勘的范围，以地块内为主，并应包括地块的周围区域，周围区域的范围应由现场调查人员根据污染可能迁移的距离来判断。

现场踏勘的主要内容包括：地块的现状与历史情况，相邻地块的现状与历史情况，周围区域的现状与历史情况，区域的地质、水文地质和地形的描述等。

地块的现状与历史情况：可能造成土壤和地下水污染的物质的使用、生产、贮存，“三废”处理、排放以及泄漏状况，地块过去使用中留下的可能造成土壤和地下水污染的异常迹象，如罐、槽泄漏以及废物临时堆放污染痕迹。

相邻地块的现状与历史情况：相邻地块的使用现状与污染源，以及过去使用中留下的可能造成土壤和地下水污染的异常迹象，如罐、槽泄漏以及废物临时堆放污染痕迹。

周围区域的现状与历史情况：周围区域目前或过去土地利用的类型，如住宅、商店和工厂等；周围区域废弃和正在使用的各类井，如水井等；污水处理和排放系统；化学品和废弃物的储存和处置设施；地面上的沟、河、池；地表水体、雨水排放和径流以及道路和公用设施。

地质、水文地质和地形的描述：地块及其周围区域的地质、水文地质与地形应观察、记录，并加以分析，以协助判断周围污染物是否会迁移到调查地块以及地块内污染物是否会迁移到地下水和地块之外。

现场踏勘的重点一般应包括：有毒有害物质的使用、处理、储存、处置；生产过程和设备，储槽与管线；恶臭、化学品味道和刺激性气味，污染和腐蚀的痕迹；排水管或渠、污水池或其他地表水体、废物堆放地、井等。同时应该观察和记录地块及周围是否有可能受污染物影响的居民区、学校、医院、饮用水源保护区以及其他公共场所等，并在报告中明确其与地块的位置关系。

现场踏勘的方法，可通过对异常气味的辨识、摄影、现场笔记等方式初步判断地块污染的状况。踏勘期间，可以使用现场快速测定仪器。

（3）人员访谈

访谈内容应包括资料收集和现场踏勘所涉及的疑问以及信息补充和已有资料的考证。访谈对象为地块现状或历史的知情人，应包括：地块管理机构和地方政府的官员，环境保护行政主管部门的官员，地块过去和现在各阶段的使用者，以及地块所在地或熟悉地块的第三方（如相邻地块的工作人员和附近的居民）。访谈方法可采取当面交流、电话交流、电子或书面调查表等方式进行。访谈结束后应对访谈内容进行整理，并对照已有资料，对其中可疑处和不完善处进行核实和补充，作为调查报告的附件。

资料收集与分析、现场踏勘、人员访谈结束后，应给出第一阶段调查结论，确定地块内及周围区域有无可能的污染源，并进行不确定性分析。若有可能的污染源，应说明可能的污染类型、污染状况和来源，并应提出第二阶段土壤污染状况调查的建议。

6.3.2 第二阶段调查

第二阶段土壤污染状况调查是以采样与分析为主的污染证实阶段，包括环境水文地质勘察、初步采样分析和详细采样分析。初步采样分析也被称为“探索性调查”或“现场具体调查”，主要目的是证明第一阶段调查的假设是否正确，调查的重点往往集中在疑似污染区域。初步采样的方法、数量、深度等，不同的国家以及技术人员的做法差异可能很大，难以形成统一的标准，一般是基于第一阶段的调查结论和费用情况而定。对于疑似但污染并不明显的场地，初步采样调查的重要性就比较突出；对于污染特别严重的场地，这一阶段工作也可以与详细采样合并进行或直接进行详细采样分析。

环境水文地质勘察的目的是揭示场地地层结构、水文地质条件，为确定初步采样深度提供信息。如果场地有充足的水文地质勘察信息，可以通过收集资料的方式代替现场勘察，如果缺乏勘察资料，需在初步采样之前开展勘察工作，或者与初步采样合并开展。

根据第一阶段土壤污染状况调查和环境水文地质勘察结果制定初步采样分析工作计划，内容包括核查已有信息、判断污染物的可能分布、制定采样方案、制定健康和安全防护计划、制定样品分析方案和确定质量保证和质量控制程序等任务。

在初步采样分析的基础上制定详细采样分析工作计划。详细采样分析工作计划主要包括：评估初步采样分析工作计划和结果，制定采样方案，以及制定样品分析方案等。详细调查过程中监测的技术要求按照 HJ 25.2 中的规定执行。

详细采栏分析目的是在初步采样调查确定的污染情况基础上获取更为准确的污染空间分布范围，同时也应为后续的风险评估、风险管控与修复提供必需的信息，既包括污染信息，也包括污染物迁移转化、暴露途径、受体暴露以及场地地质、水文地质、土壤理化性质等信息。我国的调查导则把环境特征参数与受体暴露参数作为第三阶段调查，在实际工作中，无论是从工作的便捷性、时间、费用还是相关方的协调方面，都不方便作为一个独立的阶段进行，宜在详细调查阶段同时开展。

详细调查通常不是一次性完成的，它是一个互相交联、不断反复的动态过程，由多个小阶段组成，行业中常称为补充调查，每一个小阶段都是对之前阶段的验证、补充与扩展。因此，每一个阶段调查完成后即时或及时对调查结果进行研究分析是非常必要的。

6.4 调查布点方法

《建设用地土壤污染状况调查技术导则》（HJ 25.1—2019）中给出了系统随机布点法、专业判断布点法、分区布点法和系统布点法 4 种方法；《建设用地土壤污染风险管控和修复监测技术导则》（HJ 25.2—2019）中给出了系统随机布点法、系统布点法及分区布点法 3 种方法。这 4 种方法是常用的基本方法，还有一些其他布点方法。在实际应用中，往往很少单独采用一种方法，常常是多种方法组合使用，下文对各种方法及原理进行介绍。

6.4.1 系统随机布点法

系统随机布点法（random sampling）是将调查范围分成等面积的若干工作单元，随机抽取一定数量的单元，在每个单元格内布设一个监测点位。随机选取时不作任何人为判断，完全随机地选择采样点位及采样时间，但应估算出最少采样数量以满足统计学的要求。

系统随机布点法分为一维、二维和三维布点，地块中多用二维布点法，如图 6.2 所示。一般每个点位的垂向上布点不是均匀的也不是随机的，大多根据地层特征确定。在地块中有填埋物时，垂向上更多采用系统布点法，有时会用到系统随机布点的三维空间采样，如图 6.3 所示。

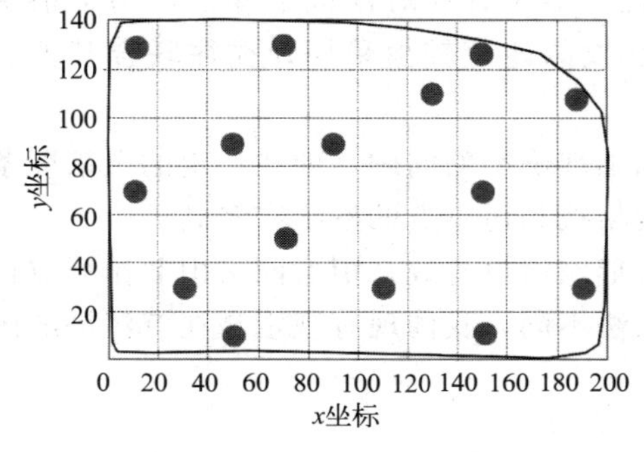

图 6.2　二维空间采样布点示意图

图 6.3　场地三维空间采样布点示意图

该法一般用于污染在空间上没有大的差异且采样数较少的情况，比如停车场、历史上是农用地等。污染场地由于异质性明显，实际调查中较少使用。

6.4.2　系统布点法

系统布点法（systematic sampling）也称网格布点法（grid sampling）或规则布点法（regular sampling）。系统布点法可分为基于空间单元和时间单元的划分方式，其中污染地块主要采用空间单元划分。空间单元系统布点法是将调查区域分成面积相等的诸多规则网格单元，每个工作单元内布设一个监测点位，点位可以设在每个单元的中心［如图 6.4(a) 所示］，也可以在每个单元中随机选取［如图 6.4(b) 所示］，体现了一定随机采样的特点。网格单元可以是正方形也可以是长方形、圆形、等边三角形或正六边形。系统布点法有一维、二维和三维布点法，地块中平面布点采用二维布点法，在垂向上一般不均匀布点，但如果场地有填埋物，多用三维系统布点法，如图 6.5 所示。

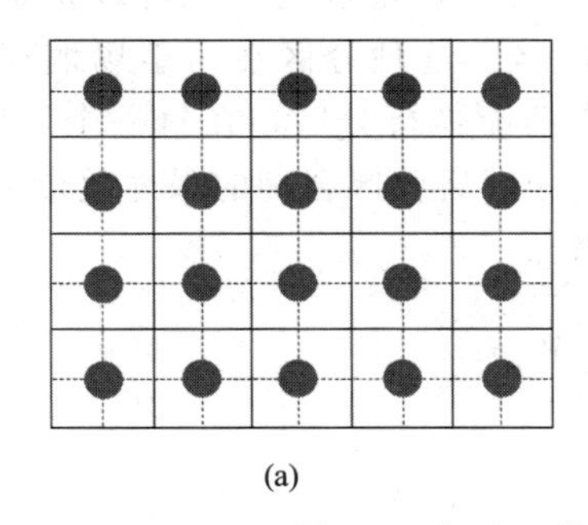

(a)

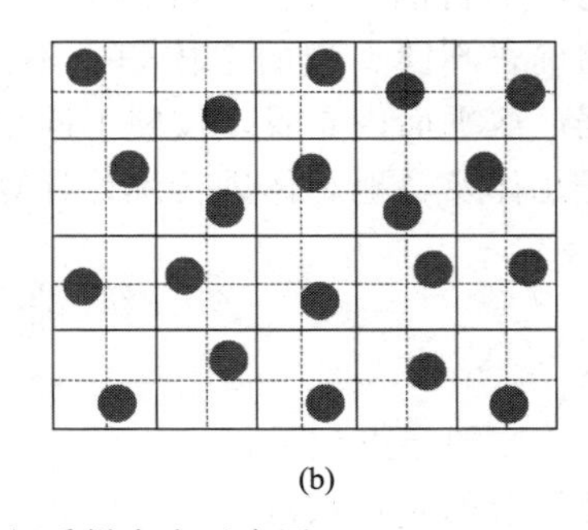

(b)

图 6.4　场地二维空间采样布点示意图

该法的适用条件一般为：

① 评估场地整体污染水平，需要对样品总体进行平均估算；

② 判定场地污染的空间关系；

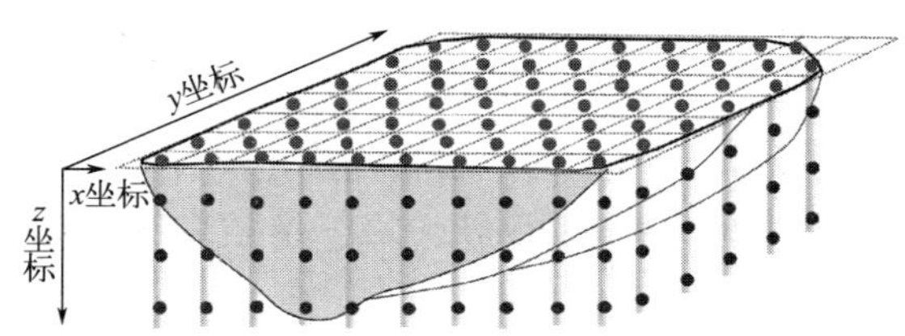

图 6.5　场地三维空间采样布点示意图

③ 寻找地块中的污染区域；

④ 用于污染程度差别不大或信息缺失难以掌握地块污染特征的场地。

系统布点法比系统随机布点法精度更高，标准偏差及置信区间更小，但没有指向性，不能有针对性地采样，对污染情况差异大的地块较少采用，往往联合其他方法使用，如分区采样法和随机采样法。

采用系统布点法寻找污染区域（热点区域）时面临准确率的问题，即在一定的可信度条件下，网格多大才能找到污染区域，以一定大小的网格找到污染点的概率有多高。

一般认为，在寻找污染点时，三角形的网格比矩形网格更有效，矩形网格中非排列成行网格又比排列成行的有效。关于网格的大小，各国做法不同，我国现有规定是在有污染的区域布点网格不大于 20m×20m 一个点。

6.4.3　分区布点法

分区布点法（stratified sampling）也称分层布点法，是将调查区域分成不同区域，在每个区域中再采用不同的布点方法采样，如系统随机布点法、系统布点法等。分区布点法比随机布点法精度更高，在土壤污染状况调查中应用较多，大部分地块调查都会用到该法。

该法适用于以下情况：

① 调查区域空间布局以及污染特征有明显差异。同一区域性质相对均匀，不同区域之间的变异可以通过检测数据差异来区分，如工厂的生产区、办公区、生活区、辅助区等，每个区域根据功能不同或污染程度还可以细分为不同的单元，在每个单元中布设采样点位。

② 不同区域土壤类型、地貌或其他场地特征有明显差异，需考察不同区域平均污染水平及相互关系。

③ 在同一场地中受时间、经费、管理要求或其他因素影响，被分成了不同的区域，需要单独进行评价。

区域划分时，尽可能使区内单元性质相同，标志值相近，区间单元差异尽可能大，从而达到提高调查精度的目的。分区采样的分区标志可以是定性的，也可以是定量的。定性分区，分区界限明确，不同类型的个体归入不同的区。这种分区在污染场地环境调查中最常用。一般是根据厂区平面内布置，按照不同生产功能进行分区，在每一个区域中布点采样，可对每个区的子总体及场地总体进行统计计算。分区后各区合理的采样数量可由下式计算：

$$n_i = n\frac{W_i\sigma_i}{\sum_{i=1}^{l} W_i\sigma_i}$$

式中　n_i——第 i 区的布点数量；

n——地块总的布点数量；

W_i——第 i 区的层权；

σ_i——第 i 区的检测指标值的标准偏差。

如果分区标志是定量的，分区界限的确定就比较复杂。一般来说，如果目标变量的分布已知，则适合以目标变量作为分区界限。但实际上，目标变量的分布往往是未知的，需要知道一个与目标变量高度相关的辅助变量，并且知道其分布特征，则可以将辅助变量作为分区的标志，利用辅助变量的信息界定分区的界限。

例题 6.1　某场地根据生产功能可分为 4 个区域，现对其表层土壤中特征污染物 A 进行环境调查，受经费所限，估计只能布设 80 个点位，如何进行布点能使调查结果精度最高？

解：

将场地分成 4 个区域，初步调查根据专业判断布点法和系统布点法在各区布设少量点位（如图 6.6 所示），采样送检，根据检测结果，污染物 A 的各区域母体标准偏差（以样本偏差代替）及权重（由先验概率确定）如表 6.1 所示。各分区的布点数量可根据上述公式计算。如果进一步减少布点数量，不同采样数量下的标准偏差和置信区间如表 6.2 所示。

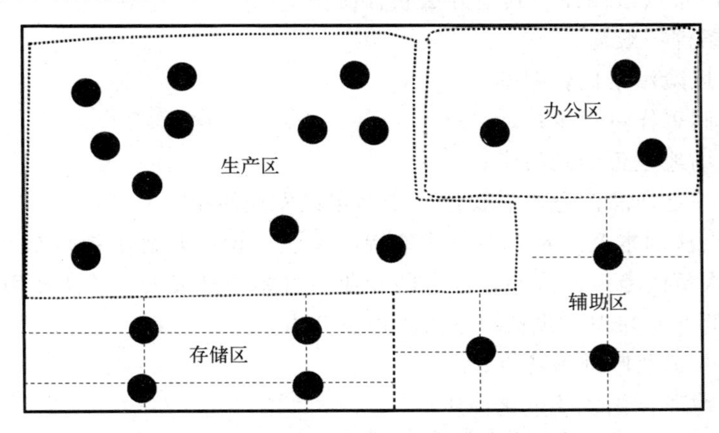

图 6.6　场地生产功能分区及初步布点示意图

表 6.1　污染物 A 的各区域母体标准偏差及权重

分区	标准偏差 σ	权重 W	分配数
生产区	34	0.72	68
存储区	18	0.13	7
办公区	9	0.06	2
辅助区	15	0.09	4

表 6.2　污染物 A 的各区域母体标准偏差及置信区间

方法	简单随机采样法	分区随机采样法				
样品数	80	80	70	60	40	30
标准偏差	3.92	3.45	3.83	4.21	5.34	7.98
95%置信区间	±7.46	±6.55	±7.87	±9.02	±11.89	±14.32

由表 6.2 可知，分区随机采样法比简单随机法精度高，实际采集 70 个样品即可达到简单随机采样法的精度。

场地调查时往往是对多种污染物同时进行调查，可对重要的污染物分别进行上述计算，得出一系列各区的采样分配数，取同一区中分配数最大的作为最终布点数量。

6.4.4　专业判断布点法

专业判断布点法（authoritative sampling）有时也被称为主观判断布点法（judgmental

sampling）、目标采样法（purposive or subjective sampling）和非统计采样法（non-statistical sampling）。专业判断布点法是运用专业的知识或经验确定采样位置、采样时间及采样数量的方法。该法有一定的主观性，其准确性往往取决于调查者的专业知识和经验，统计学上的基础相对不足。专业判断布点法由于人为在敏感区域布点，调查结果会整体高估场地的污染程度，从统计学上来说，用这样的调查结果预测场地整体环境质量会产生显著偏差。但是，这样的结果又很有价值，因为它揭示了人们更为关心的污染存不存在、在哪儿的问题。

该法在场地环境调查工作中使用最多，特别是在经费受限的情况下往往是首选。在实际工作中，专业判断布点法往往与其他方法联合使用。

该法的适用条件一般为：

① 潜在或高风险污染比较明确；

② 受经费限制采样量很少；

③ 快速判断场地是否受到污染；

④ 场地已有一定样品信息，需要进一步确定或发现污染。

专业判断布点法的本意是希望在对场地特性专业认识的基础上抓取最可能的污染区域，但是由于受调查人员的专业性限制，布点的专业性可能差异很大，该法使用时一般要求使用人具备一些基本的专业知识，包括但不限于以下几点：

① 生产工艺知识及产排污特点；

② 污染物的物理、化学及生化性质；

③ 土壤性质及与污染物的关系；

④ 场地的地层构造、水文地质特征；

⑤ 污染物在场地中的环境行为及暴露途径等；

⑥ 场地的具体相关信息。

6.4.5 追踪布点法

追踪布点法（tracing sampling），也称自适应聚类采样法或应变丛集采样法（adaptive cluster sampling），是对场地中关注点位（常常是超标点位）附近继续布点检测，进一步追踪确认高污染区域的方法，是一种多层次采样法。该法常常需要多次追踪或应变才能找出高污染区域。该法在场地详细调查阶段被大量使用。

该法的适用条件一般为：

① 查找场地高污染区域，也可评估场地平均污染程度；

② 场地污染程度较高且分散性较大时，该法得到的结果更为准确；

③ 样品数量不足、样品分布松散的不明场地。

该法的缺点是需要经过多次追踪，耗时较长，花费也较大。在使用时可结合现场快速测定减少追踪区域，或者在第一次追踪时一次性将布点密度达到单个点能代表的最小布点单元。

在实际应用中，首先选择初步调查中的超标点位，二维平面和三维空间上的追踪布点如图 6.7 所示。图中深颜色的为超标点位，浅颜色的为追踪布点点位。

场地第一次布点如图 6.8(a) 左所示，有两个点位检出超标，其他未超标。这两个点位

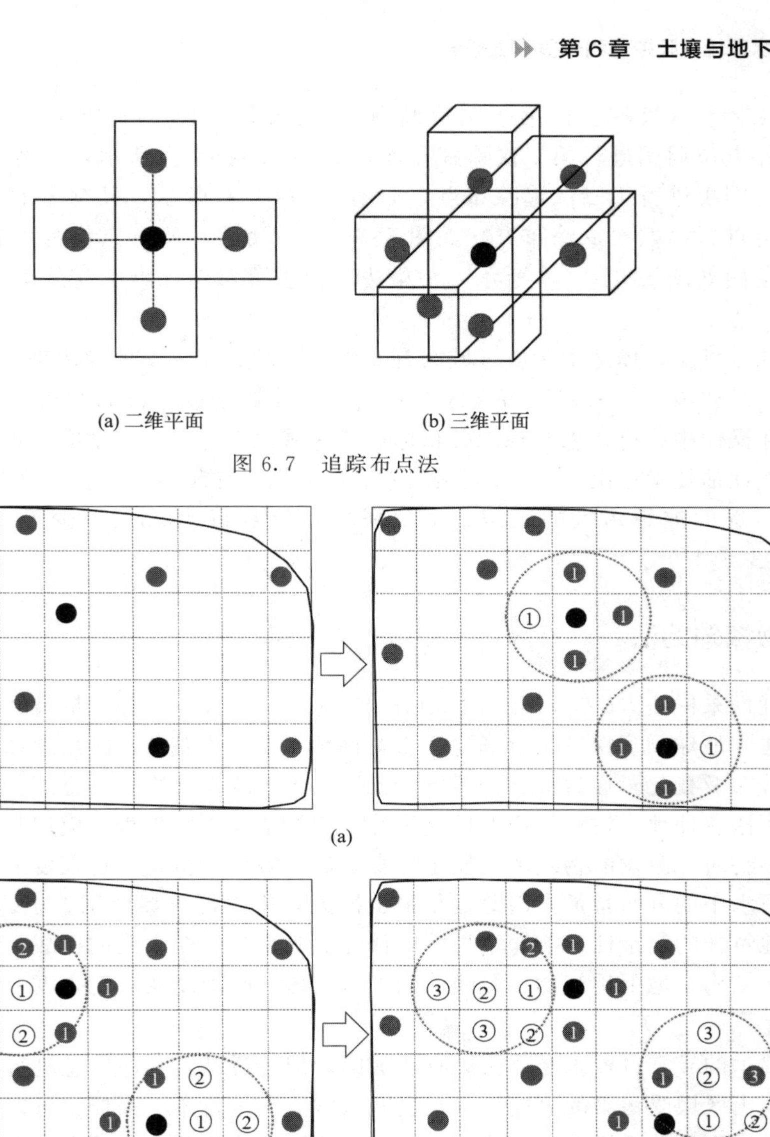

(a) 二维平面　　(b) 三维平面

图 6.7　追踪布点法

(a)

(b)

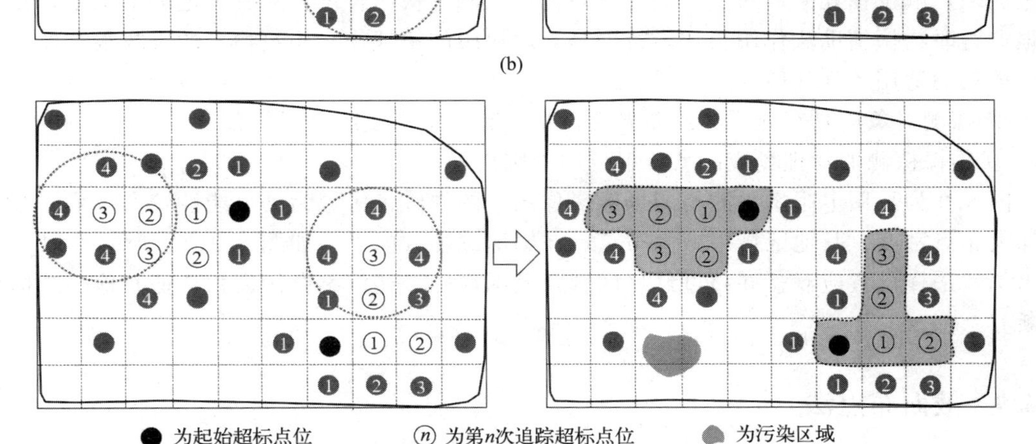

(c)

图 6.8　追踪布点法

成为起始点，在其周围进行第一次追踪布点，如图 6.8(a) 右所示，其中有 2 个点位超标。在超标点位周围进行第二次追踪布点，如图 6.8(b) 左所示，又有 4 个点位超标。在超标点位周围再进行第三次追踪布点，如图 6.8(b) 右所示，又有 3 个点位超标。在超标点位周围再进行第四次追踪布点，如图 6.8(c) 左所示，所有点位都不超标。最后绘出的污染区域范围如图 6.8(c) 右所示，污染边界位置可对超标点位与外侧不超标点位进行插值确定。

由图 6.8 可见，场地中污染区域共有 3 块，通过追踪法发现的污染区域是 2 块，还有 1 块未发现，是初步采样未在该污染区域布点、后续缺乏追踪目标所致。为减少这种情况发生，在实际操作中，可在未发现污染超标点位区域也进行一定密度的布点。如《建设用地土壤环境调查评估技术指南》(2017 年第 72 号) 中规定详细调查阶段，对于根据污染识别和初步调查筛选的涉嫌污染的区域，土壤采样点位数每 $400m^2$ 不少于 1 个，其他区域每 $1600m^2$ 不少于 1 个。

6.4.6 物探辅助法

物探辅助采样法 (geophysical exploration assisted sampling) 是借助物理探测技术进行布点的方法。地球物理探测法以场地岩土物理性质差异为基础，运用地球物理方法探测场地物理场的分布及变化，通过综合分析解译推测岩土体或其他物体的空间分布。常用的物探方法有电阻率法、探地雷达法、激发极化法等，物探法在岩土工程上应用甚广。土壤及地下水中含有污染物时，激发的物理场会发生异常，通过解译分析，一定程度上也能反映污染物在土壤及地下水中的分布特征，因此近年来也被大量用于污染场地调查中。由于污染物种类、特性及场地特征的复杂性，物探结果的解译与准确性是一个很大的挑战。目前，物探方法可以揭示地层结构、地下构筑物、管线、沟渠、池体、暗浜以及一定程度上的污染平面及剖面分布。

物探揭示的异常区域未必是污染物造成的，但通过结合其他信息进行多方验证分析，可以初步判断出区域受污染的可能性，在这些区域重点进行布点采样，可以更加准确地捕捉到污染区域，减少钻孔采样布点。物探法是无损检测，快速经济，具有一定的准确率，在污染场地调查时物探辅助法作用很大，特别是对地块中的填埋物、构筑物等的查找很有效。

该法的适用条件一般为：

① 探测对象应具有介质物理差异性，且具有一定规模和空间分布；

② 物探探测的物理场应能从背景场中识别出来。

图 6.9 为采用电阻率法测得的场地影像图，图中红色区域污染可能性较大，采样布点时应加大布点密度，其他区域可减少布点。在场地深度方向上，如图 6.9(b) 所示，以一个点位为例，采样位置应涵盖并超过红色区域，最深取样点还应结合污染物特征及地层结构综合判断。

6.4.7 截面布点法

关于地下水的调查评估与管理，美国州际技术与监管委员会 (ITRC) 在 2010 年发布了一个污染物通量和释放总量 (mass flux，mass discharge) 测定与使用的技术文件。这是区别于污染物浓度的一个新的概念，用于评估污染源对场地环境的相对影响，是比污染物浓度

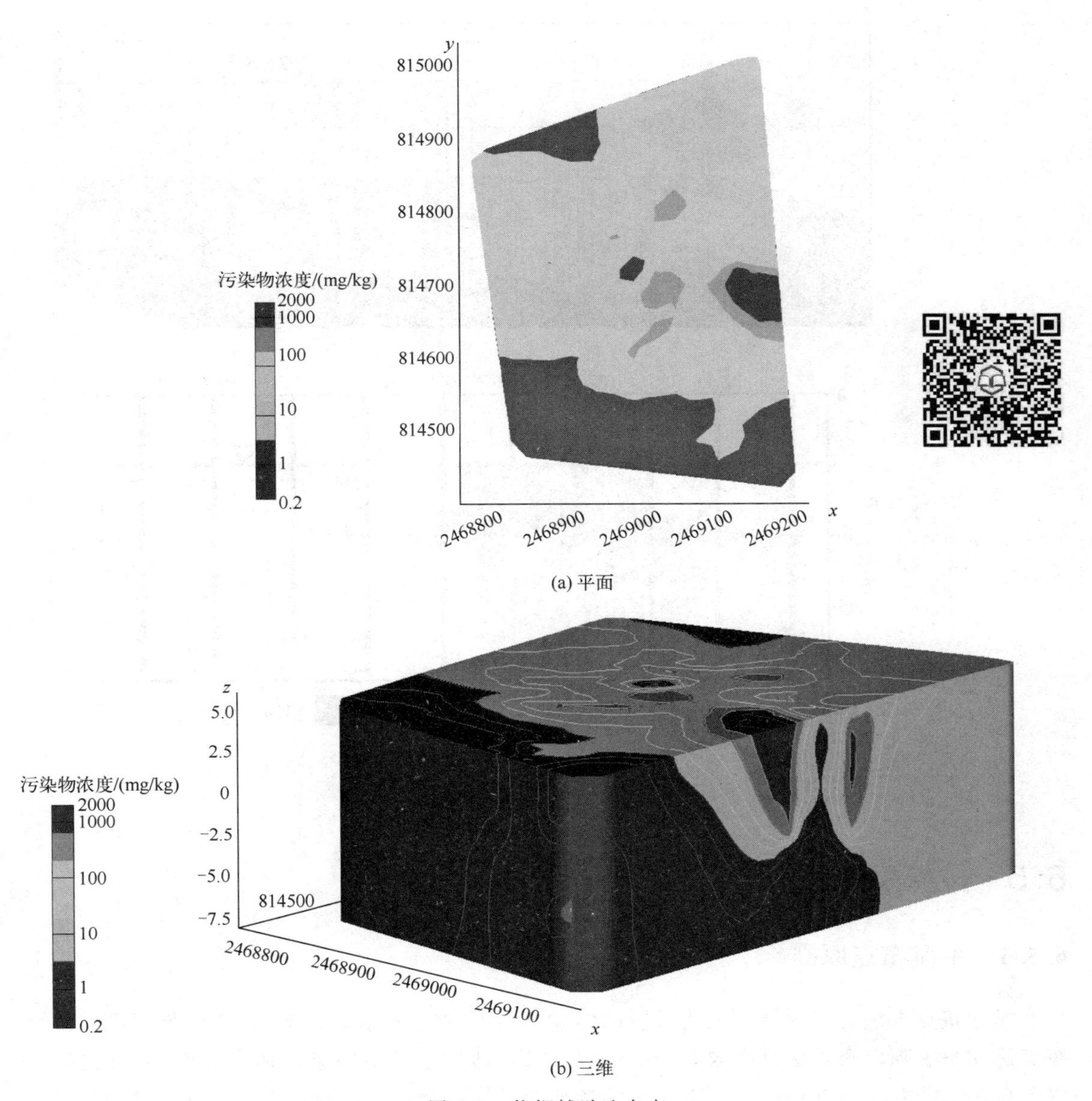

(a) 平面

(b) 三维

图 6.9　物探辅助法布点

更科学合理的指标。近年来逐渐受到从业者和环保监管部门的认可。

污染物通量和释放总量的测定采用了截面采样方法（transect appoach），这是相对于随机布点采样的一种方法，即在场地的多个横截面进行多层多深度的采样分析，是逐渐被国际上认可的一种高精度调查方法。

截面采样法主要原理是在污染羽流动方向上垂直设立多个横截面（如图 6.10 所示），并在截面上不同位置以及不同深度处设立一系列监测点，通过估算监测点位的污染物浓度和地下水流速来计算单位时间单位面积上通过的污染物的量［通量，mass flux，用质量/(时间・面积）表示］，进而对截面上不同子集进行加和估算污染源的释放量（mass discharge，用质量/时间表示）。除了确定污染源强度和污染衰减率外，污染物通量估算还可以确定大部分污染物流通的平面区域。

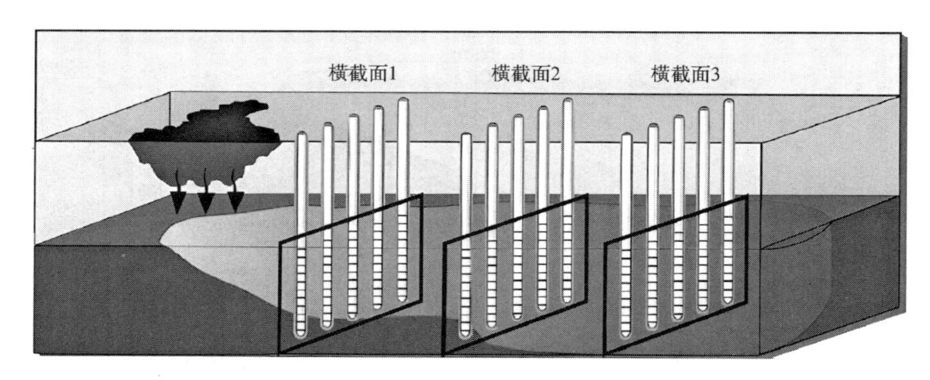

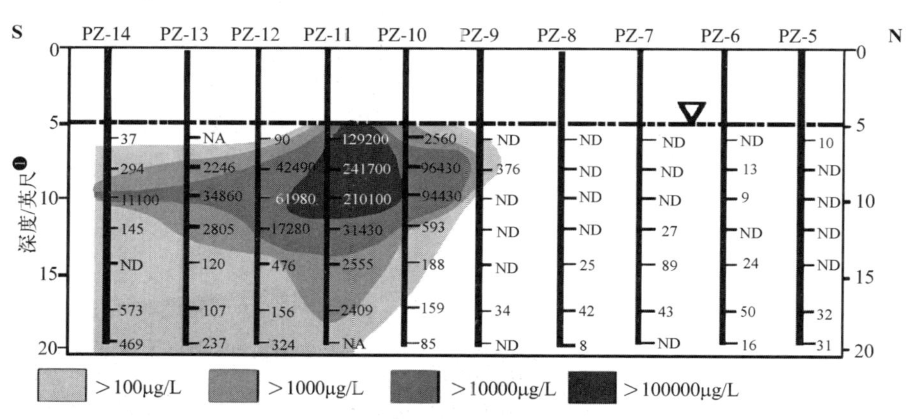

图 6.10 污染羽横截面示意图（ITRC，2010）

（NA 为不适用，ND 为未检出）

6.5 布点采样原则与要求

6.5.1 平面布点原则

场地布点方法是场地调查最为关键的内容，布点方法不当直接导致调查结果不准。系统布点法和系统随机布点法具有较好的统计学意义，适用于场地污染总体变异性不大的情况。由于在场地调查实践中往往并不怎么关注场地的平均污染水平，而是更关注场地是否有污染以及污染的位置和范围，如对一些生产车间、储罐、管线等热点区域的捕捉，上述方法往往有较大的遗漏风险，需要采用专业布点法或者物探辅助法进行消除。一般认为专业布点法会高估场地的污染水平，但是从捕捉污染区域的角度它具有优势。为了既能捕捉到热点区域，又能客观评估场地污染的整体水平，对场地采用分区布点法结合专业判断法是更有效的。在对污染范围的确定上，追踪布点法是很有效的手段。

在实际场地调查工作中，应根据调查的目的和场地状况，采用多种方法的组合，比如系统布点法与专业判断法组合，专业判断法与跟踪法组合，物探辅助法与其他方法组合等。

场地平面布点的原则可参考以下几点：

❶ 1 英尺＝0.3048 米。

① 根据场地特征、使用功能、空间布局及变迁、污染特征、调查目的等确定合适的布点方法及组合。

② 针对场地点状、线状及面状污染特征，在生产车间、储槽/罐、设备设施区、化学品存储区、固废存储及处理区、管线、废水处理区等宜加密布点，并宜对布点进行组合协同布置，既能揭示污染空间状态，又能在一定程度上揭示污染迁移规律。

③ 场地有人工地层时，需要根据人工地层的空间特征合理布设点位。

④ 判断场地界内外相互影响关系，必要时应在边界及界外布点。

⑤ 场地未来使用时受场地界外土壤与地下水影响的，如靠近场地边界的地下建筑物（车库等），需要在场地边界外设点。

⑥ 地下水监测井的布设除了遵循地下水埋藏条件、流向关系外，还应充分认识到场地污染的复杂性，大多数场地内上下游污染的规律性不强，布点及数量应更侧重于揭示空间分布的要求。

⑦ 满足国家及地方导则、指南及规范对布点密度的要求。

⑧ 详细调查与初步调查布点要有呼应性、深入性、验证性和调整性。

⑨ 满足风险评估确定修复范围精度的数量要求。

我国国家导则、指南以及地方性规范对平面布点也有一些相应规定，需要作为基本条件加以满足，具体要求见表 6.3 和表 6.4。

表 6.3　国家导则、指南及地方标准规范中对土壤布点及数量的规定

标准名称	初步调查	详细调查
《建设用地土壤污染状况调查技术导则》（HJ 25.1—2019）	未规定	采样单元面积不大于 $1600m^2$（40m×40m 网格）
《建设用地土壤污染风险管控和修复监测技术导则》（HJ 25.2—2019）	可根据原地块使用功能和污染特征，选择可能污染较重的若干工作单元作为土壤污染物识别的工作单元；监测点位的数量应根据地块面积、污染类型及不同使用功能区域等调查阶段性结论确定	单个工作单元的面积可根据实际情况确定，原则上不应超过 $1600m^2$。对于面积较小的地块，应不少于 5 个工作单元
《建设用地土壤环境调查评估技术指南》（2017 年第 72 号）	地块面积≤$5000m^2$，土壤采样点位数不少于 3 个；地块面积＞$5000m^2$，土壤采样点位数不少于 6 个，并可根据实际情况酌情增加	根据污染识别和初步调查筛选的涉嫌污染的区域，土壤采样点位数每 $400m^2$ 不少于 1 个，其他区域每 $1600m^2$ 不少于 1 个。有以下情形的，可根据实际情况加密布点，如污染历史复杂或信息缺失严重的，水文地质条件复杂的等
北京市《污染场地勘察规范》（DB11/T 1311—2015）	① 污染源明确的场地宜采用专业判断布点法，每个潜在污染区内布置不应少于 3 个采样勘探点，污染区中央或有明显污染的部位应布置采样勘探点； ② 污染源不明确的场地宜采用网格布点法，采样勘探点间距宜为 40～100m，场地面积较小或环境水文地质条件复杂时，宜取较小值；当场地面积小于 $10000m^2$ 时，采样勘探点间距不宜超过 40m	详细勘察勘探点布置，应根据污染源分布情况，结合污染物在土壤和地下水中的迁移特征确定，并应符合下列要求：在初步划定的污染区内，采样勘探点间距宜为 20m，其他区域点间距可为 40m，污染边界附近应适当加密；未被污染的区域应至少布置 3 个对照采样勘探点

续表

标准名称	初步调查	详细调查
上海市《建设场地污染土勘察规范》（DG/TJ 08—2233—2017）	勘探采样点的布置应根据污染源及污染特征、场地面积确定，并符合以下条件： ① 污染源尚不明确的场地，宜采用网格布点法，勘探采样点间距宜小于等于40m。 ② 污染源明确的场地，勘探采样点宜布置在污染区中央、明显污染的部位及可能影响的范围，非污染区域至少应布置1个勘探采样点。 ③ 每个场地勘探采样点不应少于5个；当场地面积小于5000m^{2}时，勘探采样点数量不应小于3个	勘察采样点的平面布置应根据初步勘察判定的污染土分布与污染物迁移特征，结合拟建工程性质及可能采样的污染土和地下水修复治理方法等综合确定，并符合下列要求： ① 在初步勘察确定的污染区域内，当污染物分布较均匀时，可采用网格布点法，勘探点间距宜小于等于20m；当污染物分布存在差异时，勘探点间距宜适当加密。 ② 工程需要时，确定污染土边界的勘探点间距不宜大于10m。 ③ 当场地面积较小时，勘探点数量可适当减少，但不应少于5个。 ④ 未污染区域应布置对照点，每个场地不宜少于1个。 ⑤ 当场地分布暗浜、厚层填土或浅部土层性质变化大时，宜适当增加勘探采样点
江苏省《污染场地岩土工程勘察标准》（DB32/T 3749—2020）	① 勘探点位，总数不应少于3个，且当场地面积大于等于5000m^{2}时，数量不应少于5个。 ② 对潜在污染区明确的场地宜采用专业判断布点法，场地内每个潜在或确定的污染区中勘探点位数量不应少于3个，潜在污染区中央或有明显污染痕迹区域应布置勘探点位。 ③ 对潜在污染区不明确的场地宜采用网格布点法，勘探点位间距宜为40～100m，场地面积较小或地质条件复杂时，宜取较小值；当场地面积小于10000m^{2}时，勘探点位间距不宜超过40m	① 在初步划定的污染区内，采样勘探点间距宜为20m，其他区域点间距可为40m，污染边界附近应适当加密。 ② 场地内未被污染的区域应至少布置3个对照勘探点位。 ③ 当场地形地貌单元复杂、地层变化大时，宜适当增加勘探点位

表6.4　导则、指南及规范对地下水布点及数量的规定

标准名称	初步调查	详细调查
《建设用地土壤污染状况调查技术导则》（HJ 25.1—2019）	对于地下水，一般情况下应在调查地块附近选择清洁对照点。地下水采样点的布设应考虑地下水的流向、水力坡降、含水层渗透性、埋深和厚度等水文地质条件及污染源和污染物迁移转化等因素；对于地块内或邻近区域内的现有地下水监测井，如果符合《地下水环境监测技术规范》，则可以作为地下水的取样点或对照点	未规定

续表

标准名称	初步调查	详细调查
《建设用地土壤污染风险管控和修复监测技术导则》(HJ 25.2—2019)	未规定布点数量。原则性规定:应在疑似污染严重的区域布点,同时考虑在地块内地下水径流的下游布点。如需要通过地下水的监测了解地块的污染特征,则在一定距离内的地下水径流下游汇水区内布点	① 至少布置3～4个点位监测判断地下水流向及水位。 ② 地下水监测点位应沿地下水流向布设,可在地下水流向上游、地下水可能污染较严重区域和地下水流向下游分别布设监测点位。确定地下水污染程度和污染范围时,应参照详细监测阶段土壤的监测点位,根据实际情况确定,并在污染较重区域加密布点。 ③ 应在地下水流向上游的一定距离设置对照监测井。如地块面积较大、地下水污染较重且地下水较丰富,可在地块内地下水径流的上游和下游各增加1～2个监测井。 ④ 若前期监测的浅层地下水污染非常严重,且存在深层地下水时,可在做好分层止水条件下增加一口深井至深层地下水,以评价深层地下水的污染情况
《建设用地土壤环境调查评估技术指南》(2017年第72号)	未规定	地下水采样点位数每6400m^2不少于1个。有以下情形的,可根据实际情况加密布点,如污染历史复杂或信息缺失严重的,水文地质条件复杂的等
北京市《污染场地勘察规范》(DB11/T 1311—2015)	地下水监测井点数量不应少于3个,宜布置在潜在污染区或附近;当不能判明地下水流向时,应增加井点数量	当确认地下水污染时,地下水监测井点布置应满足查明地下水污染范围的要求,数量不应少于9个,其中污染区内地下水流向上游、两侧至少应各有1个地下水监测井点,地下水流向下游应有2个地下水监测井点,地下水污染区外的上游、下游、两侧应各有1个地下水监测井点;受污染含水层之下的含水层应至少设置1个地下水监测井点
上海市《建设场地污染土勘察规范》(DG/TJ 08—2233—2017)	① 污染源尚不明确的场地,监测井宜布设在场地周边及中央,或在地下水流方向的上下游及场地中央各布置1个监测井。 ② 污染源明确的场地,监测井宜布置在污染区及附近,非污染区至少宜布置1个监测井。 ③ 每个场地监测井不应少于3个;当涉及多层地下水污染时,应分层采样	地下水监测井的平面布置应根据初步勘察判定的含水层分布、地下水流向、污染物分布与迁移特征等综合确定,并符合下列要求: ① 监测井数量应满足查明场地地下水污染分布范围的需要,且不应少于5个;当场地面积小于10000m^2时,可适当减少监测井数量。 ② 当地下水具有明显流向时,监测井宜沿地下水流向布设。应在场地污染区地下水流向上游、两侧至少各布置1个监测井;地下水可能污染较严重区域和地下水流向下游,应分别至少布设2个监测井。 ③ 当地下水流向不明显时,监测井宜根据污染源形态特征布设;污染源附近的监测井可适当加密。 ④ 未污染区应布置对照监测井,每个场地不宜少于1个。 ⑤ 需要长期监测时,监测井每个场地不宜少于3个。 ⑥ 需要了解地下水与地表水体的水力关系时,可根据地下水流向结合已设置的地表水监测点,布置垂直于岸边线的地下水监测井
江苏省《污染场地岩土工程勘察标准》(DB32/T 3749—2020)	数量不应少于3个,宜在潜在污染区或附近	当场地地下水污染时,应布设环境水文地质勘探点和地下水监测井点。环境水文地质勘探点宜按网格布点,点间距不宜超过40m;地下水监测井点布置应满足查明地下水污染范围的要求,数量不应少于9个,其中污染区内地下水流向上游、两侧至少应各有1个地下水监测井点,地下水流向下游应有2个地下水监测井点,地下水污染区外的上游、下游、两侧应各有1个地下水监测井点;受污染含水层之下的含水层应至少设置1个环境水文地质勘探点和地下水监测井点

6.5.2 土壤采样深度设定原则

采样点垂直方向的土壤采样深度应综合考虑潜在污染源的空间位置、污染物性质及迁移、地层结构、土壤性质、水文地质条件、地下水设施（构筑物/管线等）分布以及快速检测等因素进行判断设置。垂向上采样深度的确定可参考以下因素。

（1）地层构造

地层构造对污染物的迁移有重要影响。HJ 25.2 补充了根据地层构造采样的规定："采样深度应扣除地表非土壤硬化层厚度，原则上应采集 0～0.5m 表层土壤样品，0.5m 以下下层土壤样品根据判断布点法采集，建议 0.5～6m 土壤采样间隔不超过 2m；不同性质土层至少采集一个土壤样品。同一性质土层厚度较大或出现明显污染痕迹时，根据实际情况在该层位增加采样点。"

需要注意，从水文地质角度，黏土层由于供水能力极弱，被视为隔水层，但是许多化合物可以改变黏土的微观结构增大渗透性从而可以穿透黏土层，黏土层并不是完全意义上的隔污层。在场地识别出此类污染物（如 DNAPL）时，取样深度需要根据地层构造情况适当增加。

对于历史上是农用地的场地，表层土取样深度不宜超过 20cm。

在有人工地层时，需要根据回填情况在回填层、原河床、湖底沉积层处增加采样，了解回填土及底泥污染状况。

场地中的特殊发生带往往对污染物有富集作用，在有特殊发生带时，需要根据特殊发生带的分布情况，在发生带中采集样品。

（2）地下构筑物及管线分布

场地中地下构筑物、管线等较多，应在构筑物、管线的最低位置之下不同深度处设点，最近点位不宜太远，以揭示污染物泄漏对土壤的污染影响。

若场地未来使用规划涉及地下空间，采样深度应设于构筑物/建筑物最低位置之下。

（3）污染物特性及环境行为

识别场地潜在污染物特性，溶解态、轻非水相与重非水相污染物在地层中的环境行为有很大不同，垂向上取样深度应考虑其迁移下渗范围，对于重非水相液体，需在深层取样，直至未污染地层。

（4）水文地质条件

场地包气带、地下水水位线波动带、含水层及边界等处需统筹考虑布点。

当前对于下层土壤即表层土壤到地下水水位之间的深度位置的确定还存在不同的理解，该处地下水水位是指潜水水位，有的采用初见水位，有的采用稳定水位。

（5）地形地貌特征

有些场地地形起伏较大，有些是人为堆填所致。对原始地貌差异大的情况，深度上尽量保持在相同地层中都有对比点；对于人为堆填情况，需要考虑堆高部分在深度上的影响。

（6）现场快速筛查结果

在现场对土柱进行快速筛查，在检出值较高的位置进行取样送检，但对于有机物而言，快速测定仪检出值较高不意味着土壤中含量高，跟土壤有机质含量以及污染物土壤-水分配系数有关。

（7）初步调查结果

详细调查应根据初步调查的结果对取样深度进行调整，根据不同情况深度可能增加也可能减少，原则上至未污染深度为止。未污染深度的判断需要根据采样深度、地层构造、污染物特征及环境行为等综合判定。

（8）送检样与备用样

合理安排送检样与备用样的取样深度，必要时根据送检样结果启用备用样的检测。

6.5.3 地下水监测井设置

6.5.3.1 监测井类型设置

完整井是指贯穿整个含水层，在全部含水层厚度上都是过滤管并能全断面进水的井，如果井贯穿多个含水层一般称混合井。非完整井（分层井）是指过滤管只设置在某个特定层的地下水监测井。完整井中是混合水样，检出超标也不容易判定超标的地下水的具体深度；而分层井可明确是哪一个含水层地下水受污染。

设置混合井、完整井或分层井需根据调查目的、污染识别以及水文地质条件等综合确定。一般初步调查以判定是否有污染为主要目的，在投入有限的条件下以设置混合井或完整井为主。但是如果潜水含水层较厚，或者是地层相对复杂，监测井贯穿多个渗透性不同的地层时，宜设置分层井。单一地层厚度较大时，完整井设置得太深会导致水样稀释低估污染程度，因此也应适当设置分层井。详细调查阶段以确定污染范围为主要目的，宜采用构建分层井为主、混合井为辅的方法。

6.5.3.2 建井深度确定方法

地下水建井深度应根据场地污染特征及水文地质特征确定。建井深度需综合考虑以下因素：

（1）含水层特征

一般来说潜水最容易被污染，初步调查应以潜水为主要调查对象，监测井类型以完整井为主，完整井要尽量避免贯穿不同的含水层［如图6.11(a)］；如果根据地勘信息获知潜水与承压水有水力联系时，也需要设置深层地下水分层井［如图6.11(b)］。如果潜水层的厚度较大，可以适当设置少量分层井，以判断具体污染深度，如图6.12所示。

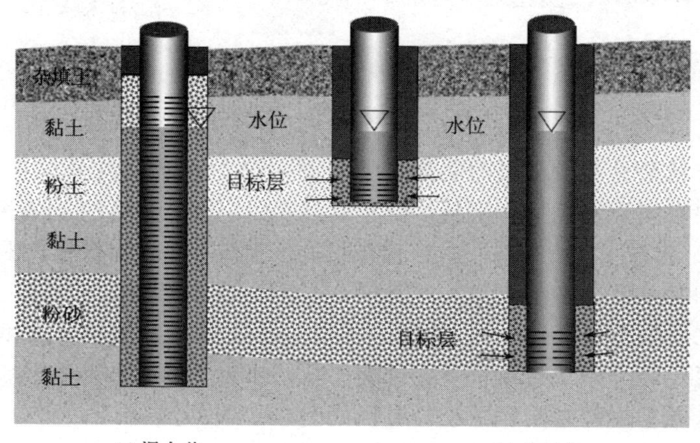

(a) 混合井　　(b) 分层井

图6.11 不同含水层地下水监测井类型设置

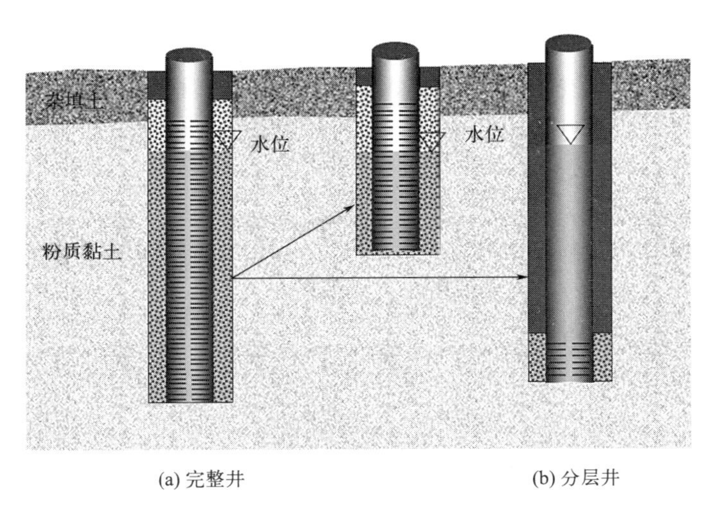

图 6.12 潜水层厚度较大时分层井的设置

对于 DNAPL 污染物，过滤管宜设置在微承压水层隔水底板以上位置，监测井底端应与底板顶部齐平，不宜高于底板呈悬挂状（如图 6.13 中 B），这样设置无法触及底层的 DNAPL；也不宜深入隔水板中（如图 6.13 中 C），防止井管周边的 DNAPL 沉入井管加深 DNAPL 的厚度，导致测量值增大。但在实际建井时，较难做到这样的控制精度。另外，在有 DNAPL 的场地，完整井不宜贯通不同含水层，防止上层隔水板上的 DNAPL 沉入下层导致误判（如图 6.13 中 D）。

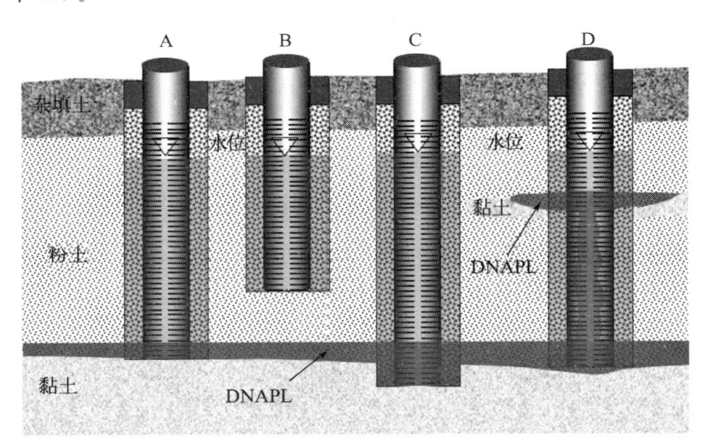

图 6.13 DNAPL 污染场地地下水监测井设置

如果初步调查结果显示潜水层的底部已经受到污染，其下部的承压水层宜设置分层井，该层与其他含水层之间要保证止水密封，防止串层污染。《建设用地土壤污染风险管控和修复监测技术导则》（HJ 25.2—2019）中在详细调查时规定：“应根据监测目的、所处含水层类型及其埋深和相对厚度来确定监测井的深度，且不穿透浅层地下水底板。地下水监测目的层与其他含水层之间要有良好止水性。”详细调查阶段不穿透浅层地下水底板需要针对具体情况而定，由于氯代烃类 DNAPL 较易穿透黏土层，不做下层含水层的检测会导致遗漏深层重非水相污染，这在场地调查实践中已经被证明是较普遍的情况。

如果详细调查发现第一个承压水层底部有 DNAPL 污染，那么补充调查应针对之下的相，对隔水层甚至下一个含水层分别设置分层监测井，判断污染达到的深度，也可在详细调查时同时设置不同含水层的监测井。

（2）污染源空间位置

在地下有构筑物、储罐等污染源区域设置地下水监测井时，应考虑污染源的埋深位置，同时结合地层结构、水文地质条件确定设置监测井的类型和深度。

（3）污染物的性质

分析潜在污染物的物化性质，根据溶解态、LNAPL、DNAPL类污染物在地层中的行为规律，结合含水层特性确定合理的监测井类型及深度。

（4）地下水运移

对于有明显地下水运移特征的场地，还应结合地下水运移规律设置监测井类型及深度。

6.5.3.3 监测井结构要求

用于场地调查的地下水监测井在结构上的要求如下：

（1）过滤管的设置

混合井的过滤管贯穿全部含水层，分层井只在目标层设置过滤管。对于潜水含水层的完整井，过滤管顶端应高于地下水水位线（如图6.14中A），LNAPL可以进入井管中，如果滤管顶部低于水位线，水位之上的白管会形成滞留区阻碍LNAPL进入井管影响取样代表性（如图6.14中B）。对于场地有DNAPL存在时，监测井过滤管底部应设置在潜水底板的上端交界处，使得DNAPL可以进入井管（如图6.14中C）。

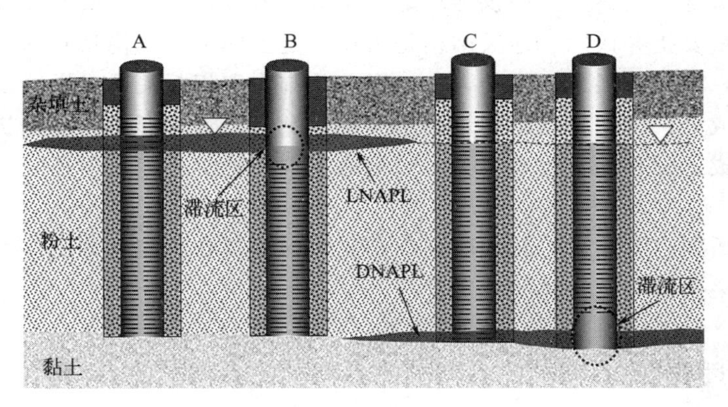

图6.14 污染场地地下水监测井设置

（2）沉淀管的设置

现有的地下水采样相关规范中，大多规定了沉淀管的长度。沉淀管的作用是容纳进入井内的沙粒和从水中析出的沉淀物。但是沉淀管会造成水流的滞留区（如图6.14中D），在场地有DNAPL时，阻碍其进入井管，因此，用于场地地下水环境调查的监测井不宜设沉淀管。

（3）管径设置

地下水监测井的井管设置有很多类型，原则上以方便进行洗井和取到有代表性的水样为准，不宜强制规定井管直径。

（4）过滤层设置

监测井过滤层一般用的是石英砂，目的主要是过滤悬浮物。不同的规范中对滤层厚度做了一定要求。从供水意义上，水文地质调查对洗井浊度稳定性有要求，目前场地调查大多借鉴了这种做法。但是，在以黏土、粉土为主的地层中，土壤颗粒小于滤砂间的孔隙，浊度很难达到要求，滤砂增厚往往也起不了太大作用。因此，场地调查对滤砂层厚度不必做硬性规定。此外，由于石英砂过滤层具有吸附污染物的作用，尽管吸附能力很小，但是如果洗井体积达不到石英砂的吸附饱和平衡，所取的地下水样的检测结果会偏低，影响样品的代表性。

（5）井台及井盖设置

由于场地调查的监测井数量比较多，特别是复杂场地，使用时间又很短，调查完后基本弃用。因此，水井的井台及井盖可不做特别设计，能保证雨水及其他物质不进入井管即可。但作为长期监测功能使用的监测井，可做规范设计。

（6）监测井材料

构成监测井的所有材料不应改变地下水的化学成分，应有一定强度、耐腐蚀、不释放污染物及过度吸附污染物，否则都不利于采集到代表性水样。对轻非水相液体宜采用不锈钢、硬质聚氯乙烯、聚四氟乙烯、丙乙烯-苯乙烯-丁二烯共聚物等，对重非水相液体宜采用不锈钢、高密度聚氯乙烯、聚四氟乙烯等。井管各接头连接时不能用任何黏合剂或涂料，以螺纹式连接井管为宜。

6.6 环境水文地质勘察与环境样品采样方法

场地环境水文地质勘察主要提供地块地层构造、岩性及水文地质条件等信息，对合理制定采样方案具有重要指导作用。地层结构是指在一定土体中，结构相对均匀的土层单元体的形态和组合特征，包括土层单元体的大小、形状、排列和相互关系。岩性是指松散沉积物或岩石的属性，如成分、结构、胶结物及胶结类型、颜色、颗粒形态和堆积状态等。水文地质条件是地下水形成、分布和变化规律等，包括地下水的补给、埋藏、径流、排泄、水质和水量等。

环境水文地质勘察方法主要有地球物理探测、钻探及其他探测方法。土壤、地下水、土壤气等采样主要采用钻探及建井的方法进行。

6.6.1 地球物理探测

地球物理探测方法简称物探法。通过观测地球物理场的变化，对地层岩性、地质构造等条件进行探测。不同岩性介质的弹性、密度、磁性、导电性、放射性以及导热性等性质均不同，使地球物理场的局部产生差异性。对这些物理场的分布及变化特征进行观测，结合已知地质资料进一步分析，进而推断地质性状。

地球物理探测方法与钻探相比，具有成本低、设备轻便、效率高、工作范围大等优点。但由于不能取样，不能直接观察地层样品，多与钻探配合使用。

地球物理探测主要有电法探测、交变电磁法探测、地震探测等，近年来使用较多的为交变电磁法探测中的探地雷达和电法探测中的高密度电阻法。

探地雷达（ground penetrating radar，GPR）是利用不同介质产生反射波的差异探测地下水环境的电磁探测技术。其工作原理是由一台发射机发射频率为数十兆至数千兆、脉冲宽度为0.1ns的脉冲电磁波信号射入地下，信号在岩层中遇到探测目标时会产生一个反射信号，直达信号和反射信号通过接收天线接收，放大后由示波器显示。根据示波器有无反射信号以及反射信号到达滞后时间及目标物体平均反射波速、波形，可以判断有无被测目标以及计算出探测目标的距离、形貌等。

高密度电阻法（multi-electrode method）是基于介质电阻率差异，采用高密度布点，通过供电电流强度和测量电极之间电位差计算视电阻率，进行二维地电断面测量，从而推断地下水介质及污染物状态的集电剖面和电测深方法于一体的一种电阻率法勘察技术。

常用物探方法的适用性如表6.5所示，表中适用性只是一般性的界定，实际工作中情况比较复杂，需要根据场地条件、仪器原理等选用合适的物探方法或几种方法联合使用，对结果进行综合解译，相互印证，获取逼近真相的物探结果。

表6.5 常用地球物理探测方法的适用性

<table>
<tr><th colspan="2">物探方法</th><th>水文地质探测</th><th>输入性填埋物探测</th><th>污染探测</th></tr>
<tr><td rowspan="5">电(磁)法勘探</td><td>电阻率法</td><td>适于覆盖层厚度、岩溶、地下水、含水层探测，也配合用于断层破碎带、地层孔隙度探测</td><td>适于填埋物探测</td><td>适用于重金属、石油烃类、有机物等探测</td></tr>
<tr><td>自然电场法</td><td>适于渗漏探测，配合用于断层破碎带、地下水补给与流速流向探测</td><td>适于填埋物探测</td><td></td></tr>
<tr><td>激发极化法</td><td>适于地下水、含水层探测，配合用于渗漏断层破碎带探测</td><td>适于填埋物探测</td><td>适用于重金属、有机物等探测，填埋场渗滤液探测</td></tr>
<tr><td>电磁感应法</td><td>使用较少，探测区域构造、松散盆地沉积物或埋藏河谷型的含水层</td><td>适于填埋物探测、地下管线探测</td><td>适于填埋场渗滤液探测</td></tr>
<tr><td>地质雷达法</td><td>适于覆盖层厚度、断层破碎带、岩溶探测，配合用于地下水和含水层、渗漏探测</td><td>适于填埋物探测、地下管线探测</td><td>适用于石油烃类、填埋场渗滤液、污染羽探测</td></tr>
<tr><td rowspan="3">地震探测</td><td>地震折射波法</td><td>适于覆盖层厚度、断层破碎带探测，配合用于地下水和含水层探测</td><td>适于填埋物探测</td><td>适于填埋场渗滤液探测</td></tr>
<tr><td>地震反射法</td><td>适于覆盖层厚度、断层破碎带探测，配合用于地下水和含水层探测</td><td>适于填埋物探测</td><td>使用较少</td></tr>
<tr><td>瑞雷波法</td><td>适于覆盖层厚度探测，配合用于岩溶探测</td><td>适于地下管线探测</td><td>使用较少</td></tr>
</table>

6.6.2 钻探及其他探测

钻探是了解地层结构和采样最直接的方法，在工程中运用广泛。污染场地中采用的钻探方法主要包括直推式钻探、回转式钻探、冲击式钻探、振动钻探以及槽探等。

6.6.2.1 直推式钻探技术

场地调查直推式钻探技术始于20世纪90年代，可用于无扰动采集土壤、土壤气和地下水以及获取地层参数、污染物现场测试等。在美国，大多数进行环境调查的公司在20多年前就开始使用直推式钻机。当前，基于直推式钻探已经发展形成了不同的技术体系。

直推式钻探技术可用于土壤采样和地下水采样。土壤采样常用的圆锥贯入法是将内钻杆连接采样衬管，并置于中空钻杆内，借钻机向下的压力将采样管压入采样深度的地层中，所采土壤样品可视为未受扰动状态［图6.15(a)］。直推式地下水采样不需要构建传统的地下水监测井，直推工具使用液压锤、液压滑道和机械重量为动力，挤压土壤颗粒，将钻具推进至松散土壤及沉积物中。地下水采样更为常用的是采用中空螺旋钻钻入地层［图 6.15(b)］，中空螺旋钻的中空用来放置井管。

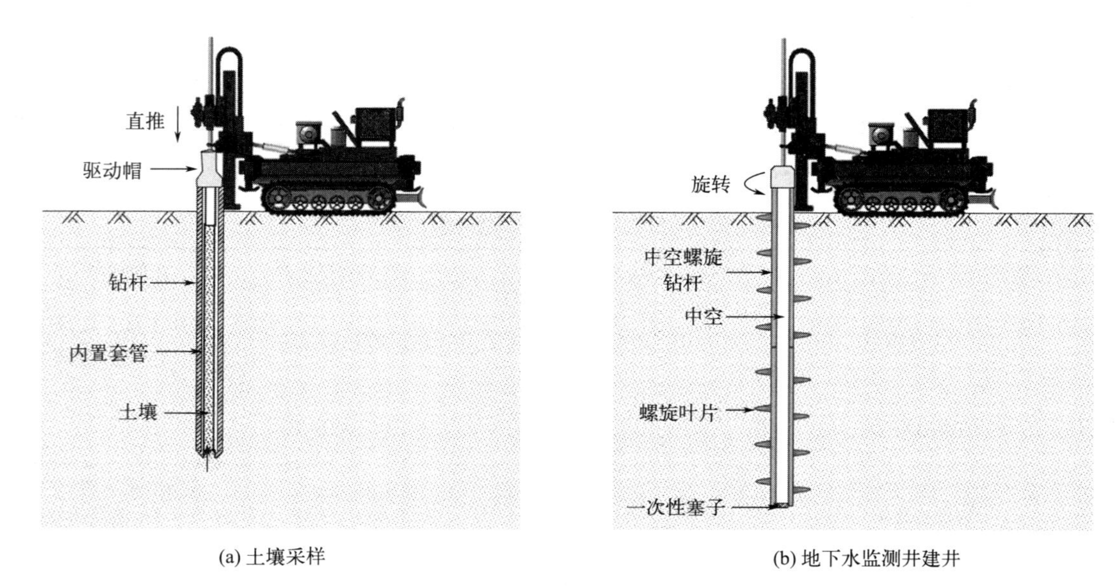

(a) 土壤采样　　(b) 地下水监测井建井

图 6.15　直推式采样原理示意图

6.6.2.2　回转式钻探技术

回转式钻探技术是当前使用较普遍的一种钻进方法。1871 年，德国人郝尼格曼开始对回转式钻机进行试验研究；美国于 1910 年从西欧引进钻井技术，1960 年后，使用比例大为增加；自 20 世纪 80 年代起，回转钻进法在我国得到了广泛应用并取得了显著发展。

回转式钻探是借助钻具驱动回转的钻头，在轴心的压力作用下破碎土壤及岩石向下钻进的技术，分为干转和湿钻。湿钻是使用钻井液（泥浆）的钻进方法，钻井液被泵入钻头处，岩屑沿钻孔向上循环至地面，适用于坚硬地层、流动砂层和岩石的钻探。

6.6.2.3　冲击式钻探技术

冲击式钻探是一种源于中国的古老钻进技术，它是指利用冲击锥运动的动能，对岩层产生冲击作用从而使其破碎而实现钻进的方法。

6.6.2.4　槽探和井探技术

槽探技术是一种在地表进行沟槽挖掘从而进行地质勘察的方法。探槽的走向一般与岩层或矿层走向呈近似垂直，其长度可根据用途和实际地质情况决定。探槽断面的形状一般为倒梯形，槽底宽约 0.6m，最大深度一般不超过 3m。在浮土层中，探槽大多采用手工挖掘的方法。在山坡和较硬的岩层中，一般采用松动爆破、抛掷爆破的方法掘进，后续再用手工清理。槽探技术施工简便、成本较低、应用普遍，槽探在垃圾填埋场的环境调查中应用较多。

井探是通过钻探设备钻取垂直或倾斜的井孔进行地质勘察的方法。

各种钻探方法在水文地质探测、输入性填埋物探测以及污染探测中的适用性见表 6.6。

表 6.6 钻探及其他探测方法的适用性

<table>
<tr><th colspan="2">方法</th><th>水文地质探测</th><th>输入性填埋物探测</th><th>污染探测</th></tr>
<tr><td colspan="2">直推式</td><td>适于覆盖层厚度、岩溶、地下水、含水层探测，也配合用于断层破碎带、地层孔隙度探测</td><td>适于填埋物探测，但是大块生活垃圾适用性差</td><td>适用于重金属、石油烃类、有机物等探测。有 DNAPL 时还可采用可视化静力触探</td></tr>
<tr><td rowspan="3">回转式</td><td>螺旋钻探</td><td>适于采集黏土扰动试样，粉土、砂土稍差，不适于碎石土、岩土</td><td>适于填埋物探测</td><td>不适于非扰动样品的采集，可用于重金属样品的采集，不适于挥发性污染样品采集</td></tr>
<tr><td>岩心钻探</td><td>适于黏土、粉土、砂土、碎石土及岩土的钻探</td><td>适于填埋物探测</td><td>使用循环泥浆的不适于污染场地的钻探</td></tr>
<tr><td>无岩心钻探</td><td>适于黏土、粉土、砂土、碎石土及岩土的钻探</td><td>无法采集填埋物</td><td>无法采集样品</td></tr>
<tr><td rowspan="2">冲击式</td><td>冲击钻探</td><td>适于砂土、碎石土及粉土地层，不适于黏土及岩石层</td><td>无法采集填埋物样品</td><td>无法采集样品</td></tr>
<tr><td>锤击钻探</td><td>适于黏土、粉土、砂土、碎石地层，不适于岩石层</td><td>适于填埋物探测</td><td>适于污染场地探测</td></tr>
<tr><td colspan="2">振动钻探</td><td>适于黏土、粉土、砂土，部分适于碎石地层，不适于岩石层</td><td>适于填埋物探测</td><td>适于污染场地探测</td></tr>
<tr><td colspan="2">冲洗钻探</td><td>适于粉土、砂土地层，部分适于黏土层，不适于碎石、岩石层</td><td>不适于填埋物探测</td><td>不适于污染场地的钻探</td></tr>
<tr><td colspan="2">井探、槽探和洞探</td><td>当钻探方法难以查明地下情况时采用</td><td>槽探更适于填埋物探测</td><td>场地环境调查中很少采用</td></tr>
</table>

6.6.3 土壤与地下水采样原则

土壤与地下水采样最重要的原则是样品要具有代表性，但由于地下环境的异质性，采集到具有代表性的样品并不容易。需要从空间和时间两个维度进行理解，根据多年的场地调查实践经验，作者提出“实时空间”和“实时状态”两个概念，以期有助于从业者对样品代表性进行把握。

（1）实时空间

实时空间是指在某个时间场地中的空间位置，采集的样品代表该时间该位置上的信息。需要把握三个空间尺度概念。一是大尺度，即区域尺度，如一座城市；二是小尺度，即地块尺度；三是微尺度，即采样尺度。由于土壤的异质性，采样尺度过大和过小都不合适，目前并没有统一的要求。根据当前的调查实践以及采样设备状况，一个点上采集的土壤样品量应满足检测、复测以及备样的要求，土柱长度不宜超过 40cm；这个点位在纵向上代表不超过 40cm 的土壤长度；在平面方向上代表不超过直径为 5m 的圆的范围。

对于地下水，主要采用构建地下水监测井的方法进行取样。采集的地下水的代表性与筛管的长度以及地下水在井管中的混合程度有关。由于成井以及采样前进行洗井，洗井时水位快速下降，井管中水位与周围地下水形成很大的水位差，不同深度的地下水在压力差作用下经过石英砂快速进入井管中形成混合水体；由于不同土层的渗透性不同，各层进入井管中的水量也不同，采集的混合水样难以判断是代表哪个深度上的地下水信息。比如建一口 6 米的完整井与建一个 10 米的完整井，检测结果都超标，实际上是无法判定地下水污染的具体深度的。只有把筛管做得很短而且对其他含水层进行密封，获取的检测结果才会有较好的深度对应性。因此，地下水的采样方式改变了地下水的实时空间位置，导致检测结果不能准确反映空间位置，在调查时要配合使用分层井或其他技术解决这个问题。

（2）实时状态

实时状态是指场地在某个时刻的既定状态。场地污染状态在短期内是相对稳定的，长期是不断变化的，这主要是因为场地中污染物在不同水文地质条件下的迁移与转化。一般来说，在水文气候相似的时间段内场地污染状况变化较小，反之则变化较大，如丰水期和枯水期。这也可以解释初步调查与详细调查在相同点位处调查结果往往不同。图 6.16 所示为某石油烃污染场地分别在平水期、丰水期和枯水期的地下水污染范围，由图 6.16 可知丰水期污染范围比平水期增大了，相应的检测数值降低了；枯水期污染范围又进一步缩小了，检测值进一步降低。

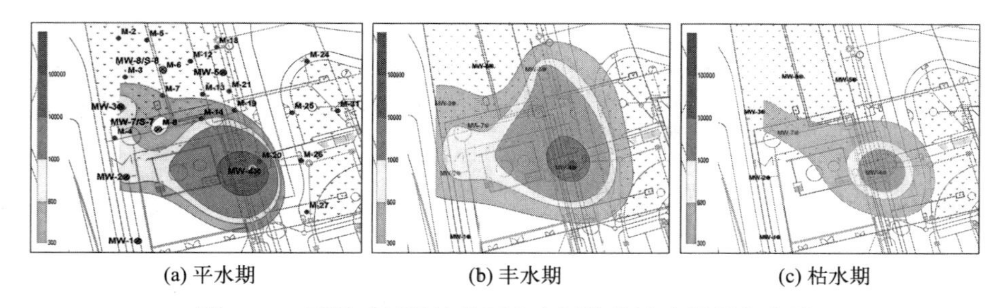

(a) 平水期　　(b) 丰水期　　(c) 枯水期

图 6.16　不同时间场地地下水中污染物浓度模拟分布图

丰水期一般降雨较多，地下水水位升高，对上层油膜有顶托作用，油膜向周边扩散，同时受地下水流向影响，油膜面积扩大，向地下水下游方向扩散；同时由于地下水水量增多，具有稀释作用，溶于水中的石油烃浓度相应变小。枯水期极少降雨，地下水水位下降，水面上的油膜面积回缩。

6.6.4　土壤采样方法

前述钻探与其他探测方法都可以进行土壤样品采样，但是环境样品的采样有更高的要求，应根据“实时状态”原则，尽可能保持土壤原来的状态，减少扰动，避免污染物散失或引入二次污染。对于挥发性污染物要采用原位封存采样法，如直推式双套管采样，对截取的采样管进行密封，如果开管后用小型采样器迅速转移到采样瓶中，需要规范与快速，避免过程中的污染物损失。GP 钻机的采样管直径很小，开管后土壤的裸露面较大，挥发性污染物的散失也更严重。

对于一个待调查的污染场地，事先往往并不知道是否存在挥发性污染物，因此，场地采样主要还是采用双套管采样技术。只有场地中确定不存在挥发性污染物时，才会采用螺旋钻、手钻、锹、铲及竹片等工具。

土壤采样应尽量避免泥浆护壁的钻进采样方法，避免循环泥浆造成交叉污染。

6.6.5 地下水建井、洗井及采样

6.6.5.1 监测井建井

用于场地环境调查的地下水监测井的建设，主流是采用中空螺旋钻［图6.15(b)］或直推式钻杆成孔后中间置管下砂的方法。建井方法包括以下几个步骤。①采用中空螺旋钻在目标位置钻进成孔。②钻至预定深度后，将带有过滤管的井管置于中空螺旋钻中，并冲击中空螺旋钻前端的木塞，使木塞与螺旋钻杆脱离，并反向旋转螺旋钻微微提升一小段距离。③将起过滤作用的石英砂适量倒入井管与螺旋钻之间的空隙中，石英砂下落填充井管与井壁之间的空隙，固定井管；继续反向旋转螺旋钻提出钻杆，然后倒入石英砂填充井管与井壁之间的空隙。此过程中，可根据实际地层情况和密封深度边拔出钻杆边倒入石英砂。④根据封井要求，在预定深度导入膨润土进行封井。

这种方法基本可以满足大多数场地地下水的调查要求，但是深井较大时（大于30m）存在钻进能力不足的问题。有些地质特殊的场地，螺旋钻拔管时容易夹带井管，使建井深度不准。有些砂质粉土承压地层存在塌孔和钻杆内返流问题，直推式钻机也无法建井。可采用钻进能力较大的钻机或更换钻进方式，但前提是不能造成交叉污染（如使用循环水）。

对于深度较大的分层井，由于孔径小、井管不居中、塌孔等原因，用膨润土封层时搭桥问题严重，实际未起到止水效果，潜水与承压水或承压水层之间被人为串通，造成层间交叉污染，此现象可通过改进封层方法进行避免。

从污染调查的角度，地下水建井施工迫切需要技术创新。直推式采样、Waterloo分析仪采样等具有快速简便、目标位置准确等优点，能更好地适应场地调查的“实时空间”“实时状态”的要求，值得推广使用。

6.6.5.2 监测井洗井

监测井建设完成后一般需要进行洗井，洗井可分为成井洗井和采样洗井。成井洗井的主要目的是去除钻井过程扰动岩层产生的颗粒物、钻井挤压井壁形成的泥皮以及钻井扰动土层释放的污染物。采样洗井的目的主要是清除积存在井中的地下水和颗粒物，使井周边更有代表性的水流进井内进行采集。

常见的洗井方法包括超量抽水、反冲、汲取及气洗等，其中反冲法扰动比较大，在采样洗井时不建议采用。

目前，相关技术规范对洗井做出了一些要求，如《地块土壤和地下水中挥发性有机物采样技术导则》（HJ 1019—2019）、《污染场地勘察规范》（DB11/T 1311—2015）、《地下水污染地质调查评价规范》（DD2008—01）、上海市《建设场地污染土勘察规范》（DG/TJ 08—2233—2017）、《地下水环境监测技术规范》（HJ 164—2020）等，后者主要是应用于区域地下水环境的长期监测，不完全适用于场地环境调查。各规范的要求如表6.7所示。

6.6.5.3 地下水采样

地下水采样方法主要分3类：井水体积置换法、微洗井采样法、不洗井采样法。

（1）井水体积置换法（well volume approach）

井水体积置换法是指以洗井水体积为井柱中水体积的倍数计量的洗井方法。井水体积的

表 6.7　相关规范对洗井的要求规定

参数要求		《地块土壤和地下水中挥发性有机物采样技术导则》（HJ 1019—2019）	北京市《污染场地勘察规范》（DB11/T 1311—2015）	上海市《建设场地污染土勘察规范》（DG/TJ 08—2233—2017）	《地下水污染地质调查评价规范》（DD 2008—01）	《地下水环境监测技术规范》（HJ 164—2020）
成井洗井	时间要求	未规定	未规定	未规定	未规定	未规定
	浊度	小于 10NTU 时结束洗井；大于 10NTU 时，每间隔约 1 倍井体积的洗井水量后对出水进行测定，同时满足以下条件：浊度连续三次测定的变化在 10%以内	总悬浮固体含量小于 5mg/L 或出水浊度小于 5NTU	抽汲地下水量不宜小于 3 倍井容积。工程需要时，清洗过程宜对抽取的地下水进行 pH 值、温度、电导率、溶解氧等参数测定（未规定数值要求）	未规定	未规定
	电导率	连续三次测定的变化在 10%以内				
	pH	连续三次测定的变化在±0.1 以内				
	电导率					
	溶解氧					
	氧化还原电位					
采样洗井	时间要求	成井后至少 24h 之后，应在 2h 内完成	采样洗井结束后应于 2h 内采集	采样宜在洗井后 2h 内进行	未规定	未规定
	洗井方式	低流量洗井 贝勒管洗井	① 宜采用低流量泵洗井，对于高渗透性的含水层，洗井流速降可提高至 500～1000mL/min；对于低渗透性含水层，宜将洗井流速降低至 100mL/min。洗井过程中水位降深不宜大于 10cm。 ② 当采用贝勒管洗井时，应尽量降低对水体的扰动。 ③ 每隔 5min 记录相应指标读数。当满足以下检测指标要求时可结束洗井；如洗井体积已达到 3～5 倍的采样点至地下水水面深度范围内井管的体积时，可结束洗井	宜采用人工泵或低流量泵抽汲，抽汲的水量不应小于 3 倍井柱体积。采集设备宜与洗井设备一致，流速控制在 200mL/min 以下。测含挥发性污染物水样时不应用蠕动泵，采样速率不宜超过 100mL/min。 采用贝勒管采样时，应降低对水体的扰动	采用全孔清洗或微扰清洗，全孔清洗排出水量应大于井孔储水量的 3 倍，且现场检测水温、电导率、pH 值、氧化还原电位、溶解氧等趋于稳定（参数值不再持续升高或降低，而是在某一示值附近波动，波动幅度与所用仪器精密指标一致等）	应满足 HJ 25.2、HJ 1019 的相关要求

续表

<table>
<tr><th colspan="2">参数要求</th><th colspan="2">《地块土壤和地下水中挥发性有机物采样技术导则》(HJ 1019—2019)</th><th>北京市《污染场地勘察规范》(DB11/T 1311—2015)</th><th>上海市《建设场地污染土勘察规范》(DG/TJ 08—2233—2017)</th><th>《地下水污染地质调查评价规范》(DD 2008—01)</th><th>《地下水环境监测技术规范》(HJ 164—2020)</th></tr>
<tr><td rowspan="6">采样洗井</td><td>浊度</td><td>＜10NTU,或在±10%以内</td><td rowspan="6">① 每隔5～15min测定水质,直至至少3项检测指标连续三次测定的变化达到左侧所列稳定标准;
② 如洗井水量在3～5倍井体积之间,水质指标不能达到稳定标准,应继续洗井;
③ 如洗井水量达到5倍井体积后水质指标仍不能达到稳定标准,可结束洗井</td><td>当＞10NTU时,变化范围应在±10%以内;
当＜10NTU时,变化范围为±1.0NTU;
或者浊度连续三次测量结果均小于5NTU</td><td></td><td></td><td>① 浊度小于或等于10NTU时或者当浊度连续三次测定的变化在±10%以内,并且pH和电导率满足以下条件;
② 或者洗井抽出水量达井内水体积的3～5倍时,可结束洗井</td></tr>
<tr><td>pH</td><td>±0.1以内</td><td>±0.1以内</td><td>连续三次的测量值误差小于10%</td><td></td><td>连续三次测定的变化在±0.1以内</td></tr>
<tr><td>电导率</td><td>±10%以内</td><td>±3%以内</td><td>连续三次的测量值误差小于10%</td><td></td><td>连续三次测定的变化在±10%以内</td></tr>
<tr><td>氧化还原电位</td><td>±10mV以内;或在±10%以内</td><td>±10mV以内</td><td></td><td></td><td></td></tr>
<tr><td>溶解氧(DO)</td><td>±0.3mg/L以内;或在±10%以内</td><td>±10%(或当DO＜2.0mg/L时,变化范围为±0.2mg/L)</td><td>连续三次的测量值误差小于10%(与温度选一)</td><td></td><td></td></tr>
<tr><td>温度</td><td>±0.5℃以内</td><td>±3%以内</td><td>连续三次的测量值误差小于10%(与溶解氧选一)</td><td></td><td></td></tr>
</table>

计算方法如下：

$$V=\left(\frac{\pi}{4}\times d_{g}^{2}\right)h+\left(\frac{\pi}{4}\times d_{b}^{2}-\frac{\pi}{4}\times d_{g}^{2}\right)hr$$

式中　V——井水体积，mL；

d_g——井管直径，cm；

d_b——井壁直径，cm；

h——监测井为完整井时，h 为管中水深，监测井为分层井时，h 为过滤管的长度，cm；

r——填料的给水度，cm。

井水体积置换法主要采用贝勒管及高流量采样泵等进行采样。井水的置换速度一般小于2.5L/min为宜。

（2）微洗井采样法（micro purge and sampling）

微洗井采样即以0.1～0.5L/min的流量汲水，抽水泵附近的地下水会呈水平层流状态，该法具有最小的压降，扰动小，提供的样品更接近于相邻地层中的水，该法不适于NAPL采样。该法不需要3～5倍井水体积洗井，废水量较少。EPA《资源保护和修复法案》（RCRA）（EPA，1992）建议，低流量取样最好使用专用的气动气囊泵。蠕动泵可以在足够低的流速下运行，成本更低，适用于浅水位。此外，美国环保署援引挥发性损失的可能性，不建议使用蠕动泵对地下水进行采样，特别是对挥发性有机物的采样(EPA，1992)，如使用蠕动泵，应获得相关监管机构的批准。

（3）不洗井采样法（no purge sampling）。

不洗井采样是指在取样前未在井内清除任何水的情况下从井内抽取地下水样本的方法。常用地下水被动式扩散袋（passive diffusion bag，PDB）进行采样，适用于VOCs采样，不适用于NAPL采样，不适用于渗透系数很小的含水层取样（如小于10^{-4}cm/s）。

6.6.6　土壤气采样方法

土壤气的采样方法一般有主动式土壤气采样法（active soil vapor sampling）和被动式土壤气采样法（passive soil vapor sampling）。主动法又分为主动式抽取法和主动式富集法。

主动式抽取法是使用气泵等抽提装置将土层中特定位置处的气体抽入取样器中进行检测的方法。主动式富集法是将一定体积的气体通过捕集器，从而选择吸收目标气体成分的方法。

被动式土壤气采样法是将装有吸附材料的取样器置于土层中特定位置，依靠气体自然流动被吸附到采样器中的方法。被动式土壤气采样检测的是污染物总量而不是浓度。被动式土壤气体采样需要几天或几周时间，一般用于半挥发性有机物或者低挥发性有机物的采样。

采集到的气体可以进行现场检测，或送往实验室进行检测分析，也可以采用在线式检测。

土壤气采样器按运行方式可分为连续型采样和非连续型采样。土壤气保存方法主要有密封注射器、Tedlar采样袋、Summa罐以及吸附管等，各种样品保存方法各有优缺点，需要根据样品类型、检测目标、保存方法、检出限、保存时间等综合确定。同时，应注意避免二次转移和交叉污染。

更多土壤气调查内容可参阅美国EPA、美国材料实验协会（ASTM）等调查技术规范。

6.6.7 其他环境介质采样

除了土壤、地下水和土壤气之外，场地其他环境介质还有地表水、底泥、残余废弃物、环境空气等。必要时需对场地内的地表水和底泥，遗留的生产原料、工业废渣，废弃化学品及其污染物，残留在废弃设施、容器及管道内的固态、半固体及液态物质以及与场地土壤有明显区别的固态物质等进行取样调查。必要时也需要对场地中空气及下风向环境敏感点的空气进行采样调查。具体方法本书不作详述。

6.6.8 现场快速测定工具

钻探取样常常配合现场快速测定工具使用，以提高取样的代表性。对土壤重金属污染物，可采用便携式X射线荧光光谱仪（XRF）对污染物进行测定；对挥发性有机物污染物，可采用便携式光离子化气体检测器（PID）测定。每次使用现场快速测定仪都需要进行校正。现场快速测定工具有助于现场作业人员实时实地了解污染情况，保证样品的时效性，减少样品送往实验室进行测定的时间，优化送检样品的选择，降低场地调查的不确定性。

6.6.9 原位高精度调查工具

除了常规的钻探采样技术外，国际上，基于直推式技术平台已经发展出了一系列场地特征高分辨表征技术与装备，主要包括地层水力参数测量技术（CPT、HPT和Waterloo分析仪）、原位污染物定性测量技术（MIP、MiHpt、XSD、LIF）和地下水多层采样技术（CMT、FLUTe、Westbay）。这些技术本书只作简要介绍，更详细的信息可参阅专业书籍（付融冰，2022）。

6.6.9.1 地层水力参数测量技术

地层水力参数测量技术主要包括静力触探技术、水力剖面工具和Waterloo分析仪。

（1）静力触探技术

静力触探技术（cone penetrometer technology，CPT）是指利用压力装置将有触探头的触探杆压入试验土层，通过测量贯入阻力，可确定土的某些基本物理力学特性，如土的变形模量、土的容许承载力等。

该技术的原理是使用准静力将一个内部装有传感器的触探头匀速压入土中，由于地层中各种土的软硬不同，探头所受的阻力不一样，传感器将这种大小不同的贯入阻力以电信号的形式输入记录仪表中并记录下来，再通过分析贯入阻力与土的工程地质特征之间的定性关系和统计相关关系，从而取得土层剖面、提供浅基承载力、选择桩端持力层和预估单桩承载力等。

静力触探主要适用于黏性土、粉性土、砂性土，但不适于卵石、砾石地层。特别适用于地层情况变化较大的复杂场地和不易取得原状土的饱和砂土、高灵敏度的软黏土地层的勘察。作为一种原位测试手段，静力触探与常规的钻探程序相比，具有快速、精确、经济和节省人力等优点。

（2）水力剖面工具

水力剖面工具（hydraulic profiling tool，HPT）是由 Geoprobe Systems® 开发的一种直推式工具，用于测量在土壤中注入一定深度的恒定水流所需的压力，由于注入压力与地层渗透率有很好的相关性，可以通过井下压力传感器测量注入压力，从而计算出相应地层的渗透性。HPT 还可用于测量零流量条件下的静水压力，可用于绘制静水压力图。此外，HPT 还能够记录土层的电导率（EC），用于推断土壤质地。根据这些信息，可以现场判断渗透区、潜在污染物或渗流路径，可为场地调查及修复提供信息支持。HPT 可在从黏土/淤泥到砂/砾石的饱和与非饱和土壤中使用，在美国、欧洲和加拿大已被广泛用于绘制地下地层渗透率图。

该技术适用于测量地下不同地层的渗透性，估算地层水力传导率，生成实时地层渗透性信息，探测土壤质地，确定污染物在地下的优先迁移途径，选择监测井过滤管的深度以及进行现场水文地质试验的区域，确定修复是材料注入的区域。

（3）Waterloo 分析仪

Waterloo 分析仪属于暴露筛网采样器的一种，一般与直推式采样设备一起使用。分析仪为一个 6 英寸长、粗细均匀的不锈钢取样工具，工具表面有几个取样口和细筛网。在推进过程中，蒸馏水或去离子水会被缓慢地推送至充满整个采样器，以防地下水在推进过程中进入采样器。当到达指定地层或者采样点时，采样器顶部的泵启动抽水，同时该目标地层的地下水穿过筛网进入采样器中。收集完样品后，泵再次注入蒸馏水直到行进到下一个目标地层，以此往复采样。

Waterloo 分析仪具有以下优势：基于水力传导率变化实时确定采样深度，结果相对更准确；操作简单，不受现场环境干扰，可生成水力传导率和污染物浓度分布的 3D 模型；单次推送就可以对多个地层进行采样，无须在采集样本之间撤回工具，节省时间和成本，也减少地层间的交叉污染；实时水文地层分析与离散深度采样可同时进行。

6.6.9.2 原位污染物定性测量技术

原位污染物定性测量技术包括 MIP、MiHpt、XSD、LIF 等。

（1）薄膜界面传感器

薄膜界面传感器（membrane interface probe，MIP）可原位在土壤和地下水中抽取挥发性有机物，也具有土壤电导率探测的功能，可协助现场土壤质地分析。MIP 的核心部件由偶极导电率传感器和薄膜组成。土壤中的挥发性有机物通过扩散穿过薄膜后在氮载气的携带下传至地面，采用光离子化气体检测器（photo ionization detector，PID）、火焰离子化检测器（flame ionization detector，FID）和电子捕获检测器（electron capture detector，ECD）等进行检测分析，可现场出具测试结果。

MIP 传感器依赖于直推式钻探技术，钻深可至 20m，因此只适用于砂土、粉土以及黏土等地层，一般无法用于含有较大颗粒的卵砾石层中。钻进过程中，观测并记录偶极电导率传感器上产生的电压反应，计算得出土壤电导率。通常电导率越高，表示土壤粒径越小，粉质越细，其探测范围为 5～400mS/m。

MIP 适用于挥发性有机污染场地，可在初步调查阶段快速检测污染热点区域，并准确判断有机污染的深度及垂向分布，特别是 DNAPL 污染的存在及分布。此外，详细调查结果可用于绘制场地污染物的三维分布图，并准确确定污染范围及边界。该方法尤其适用于时间较紧、经费不足的调查场景。

(2) 卤化物色谱传感器(XSD)

XSD常常被安装在MIP传感器内。XSD是专门测定卤化物的传感器,土壤中的卤化物通过气相色谱管进入传感器反应室内,在高温下(800~1000℃)裂解释放出原子态或氧化态物质,与阴极活化碱金属作用产生电子和卤素离子转化成电压信号。XSD可实现即时测定,无须把卤化物传至地面进行测定。

(3) 激光诱导荧光技术(laser induce fluorescence,LIF)

LIF是利用紫外光照射土壤,引起土壤中污染物质产生荧光,再根据荧光强度与污染物浓度关系确定土壤中污染物浓度的一种高灵敏度的光学检测方法。可有效描绘地下的非水相液体(NAPL或游离产物)(碳氢燃料、油和焦油)的位置和范围。

含有单环芳烃、多环芳烃和链状脂肪烃的烃类化合物在特定波长的紫外光照射下可以产生荧光,采用LIF检测器可以大致判定其组分和相对定量浓度。对于三氯乙烯、四氯乙烯等不具有荧光特性的氯代有机物,可以采用染色激光诱导荧光检测(dye-LIF)法。

LIF探测器可以装在直推式钻机的钻杆上,可对场地垂向上钻杆周边几毫米范围内的土壤进行连续定速探测。通过蓝宝石窗口聚焦光源,然后在向下推动工具时用相机每秒30次捕获产生的荧光图像,通过软件过滤器来测量每个图像中的荧光量,并实时生成记录。除了NAPL荧光测量外,该分析器还包括集成电导率列阵和液压分析工具。

探头由蓝宝石探测窗口、电导率测试头、紫外线发光二极管、照相机和可见光发光二极管组成。探头上的导电偶极子用于供电和传输数据。蓝宝石探测窗口后面一般配备275mm紫外线发光二极管和可见光发光二极管,探测器内部的窗口后面安装一个微型半导体相机。探头每前进15mm就会保存一张图像。

6.6.9.3 地下水多层采样技术

地下水多层采样是在同一个监测井中设置多个不同含水层采样井,实现在同一口监测井中多层采样的目的。地下水多层采样技术可分为连续多通道检测技术(continuous multi-channel monitoring technique,CMT)、柔性衬管多层采样技术(FLUTe)和Westbay多层采样技术三种。

(1) 连续多通道检测技术

CMT在同一钻孔内设置多达七个采样井,对七个不同深度的区域进行采样和水位测量。其管材为有一定强度和柔润性的高密度聚乙烯(HDPE)管,中间具有多达七个连续的孔用于取水。各采样井只在不同深度的取水段取水,其余深度封闭,CMT可用于长期监测土壤和地下水,适于深度小于60米的浅层井建设。

(2) 柔性衬管多层采样技术

FLUTe无需管材、过滤砂、膨润土等常用建监测井材料,而是用聚氨酯涂层尼龙织物加压柔性衬垫密封整个钻孔,其密封压力由内胆中多余的水头提供。在特定深度设置采样点,采样点外围包裹一层可渗透材料,通过使用氮气罐压力,收集不同深度、不同采样管中的水样。

(3) Westbay多层采样技术

Westbay多层采样技术通过使用封隔器使得不同深度的监测区被隔绝开,避免垂直方向的交叉污染,可以用来监测同一钻孔内多个不同深度监测区内的水力传导系数、水压、污染物浓度，适用于深度较深的多层采样工作。Westbay 多层采样技术成本相对于其他多层采样技术较高，且如果封隔器安装不当，容易造成污染物在垂直方向的泄漏和迁移。

6.6.10 环境水文地质勘察及试验

场地环境水文地质条件影响着污染物在土壤与地下水中的赋存、迁移与转化。环境调查方案的科学性需以准确掌握场地水文地质条件为基础，布点采样之前需对场地进行勘察，主要目的是揭示场地环境水文地质条件，为场地布点采样、风险评估、管控与修复提供环境水文地质信息。

目前国家尚未制定专门的技术规范用以指导污染场地的环境水文地质调查，不过已有相关地方或行业规范出台。基于污染场地环境调查、风险评估与治理要求的环境水文地质勘察的主要内容为：①收集与分析场地相关水文地质资料，初步制定勘察方案；②查明场地地下构筑物、污染源及填埋物分布；③开展现场勘察工作，查明场地地层结构与水文地质条件；④测定土壤理化参数及水文地球化学参数；⑤绘制相关图件，构建水文地质概念模型。

由于场地的高度异质性，场地水文地质参数的实验室测试结果与现场实测结果往往差异很大，对污染场地开展现场的环境水文地质试验非常必要，以下介绍几种常用的水文地质试验。

6.6.10.1 抽水试验

抽水试验是指通过从水井或钻孔中抽取地下水，从而对含水层富水性进行定量评价，测定含水层的水文地质参数，并判断场地水文地质条件的野外试验工作。

通过抽水试验，可以达到以下目的：①确定含水层水文地质参数，包括渗透系数 K、导水系数 T、压力传导系数 a、给水度 μ、弹性释水系数 μ^*、影响半径 R 等；②通过测定单井涌水量与降深之间的关系，确定含水层的富水程度及出水能力参数（如单井涌水量、单位出水量、井间干扰系数、影响半径等)，根据参数选择适宜的水泵型号；③确定水位降落漏斗的形状、大小、随时间增长的速度，评价地下水水量；④确定各含水层间的水力联系、边界的位置及性质、强径流带位置等。

按抽水井与地下水流态关系可分为稳定流抽水试验和非稳定流抽水试验，一般情况下非稳定流抽水试验用得较多。稳定流抽水试验要求在一定持续的时间内流量和水位同时相对稳定（即不超过一定允许的波动范围)，一般进行 1～3 个落程的抽水，抽水后需要对水位恢复情况进行观测和记录，主要用于计算含水层的渗透系数；非稳定流抽水试验是仅保持水量稳定，或仅保持水位稳定的抽水试验，可以测量含水层的渗透系数 K、压力传导系数 a、导水系数 T、释水系数 S 或给水度 μ。

抽水试验中用到的仪器与设备主要有：过滤器、离心泵、空压机、深井泵或潜水泵、抽筒、测量器具等。过滤器安装在管井中相应的含水层部位，带有滤水孔，起滤水和挡砂的作用。过滤器应根据含水层的性质及孔壁稳定情况进行选择。当地下水位高于地面或水位埋深较浅、动水位在吸程范围之内时，可使用离心泵进行抽水；当水位埋深较大或试验要求抽水降深较大、出水量较大时，宜采用深井泵或潜水泵进行抽水。当抽水孔直径较小、但水位埋深较大时，若含水层富水性较好且试验要求降深较大时，宜采用空压机抽水；当水位埋深较大、但水量不大时，若对试验要求不高，宜选用抽筒提水。

对于定流量非稳定流单孔（或孔组）抽水试验，需要绘制水位降深（s）和抽水时间

(t)的各类关系曲线，一般包括 s-lg$t$ 或 lg$s$-lg$t$ 曲线。当水位观察孔较多时，还需要绘制 s-lg$r$ 或 s-lg(t/r^2) 曲线（r 为观测孔至抽水主孔距离）。对于恢复水位观测，需绘制 s'-lg($1+t_p/t$)r 和 s^*-lg(t/t')曲线（s' 为剩余水位降深，s^* 为水位回升高度，t_p 为抽水主井停抽时间，t' 为从主井停抽后算起的水位恢复时间，t 为从抽水试验开始至水位恢复到某一高度的时间）。

对于稳定流单孔（或孔组）抽水试验，需绘制 Q-t、s-t、Q-s 和 q-s 关系曲线（Q 为抽水流量、q 为单位降深涌水量，其他同上）。Q-t、s-t 曲线可以帮助判断抽水试验是否正常进行，Q-s 和 q-s 曲线可以判断含水层的类型和边界性质以及是否有人为错误。

对于群孔干扰抽水试验，需绘制 s-t（稳定流抽水试验）、s-lg$t$（非稳定流抽水试验）、抽水孔流量、群孔总流量关系曲线，以及初始等水位线图、不同抽水时刻等水位线图、不同方向水位下降漏斗剖面图、水位恢复阶段或某时刻等水位线图等。

6.6.10.2 注水试验

注水试验是往钻孔中连续定量注水，使孔内保持一定水位，通过水位与水量的函数关系测定透水层渗透系数的水文地质试验方法。注水试验的原理与抽水试验相同，其主要差别在于抽水试验是在含水层内形成降落漏斗，而注水试验是在含水层上形成反漏斗。注水试验的观测要求和计算方法与抽水试验类似，可用于测定非饱水透水层的渗透系数。注水试验由于缺乏洗井条件，测得的渗透系数往往比抽水试验小。

6.6.10.3 压水试验

对于场地土层较浅、有基岩的情况，常常采用压水试验测定裂隙岩体的渗透系数，判定污染物在基岩中的扩散情况，并为后续抽提及阻隔技术提供设计依据。

压水试验利用栓塞把钻孔隔离出一定长度的孔段，以一定的压力向该孔段进行高压注水，水通过孔壁上的裂隙向四周渗透，最终渗透水量将会趋于一个稳定值。根据试段长度、压水水头和稳定渗入水量，测定相应压力下压入的流量，可以判定岩体透水性的强弱。以单位试段长度的压入流量值来表征该孔段岩石的透水性，是用于评价岩体渗透性的常用方法。压水试验可分为简易压水实验、单点压水试验和五点压水试验等。

6.6.10.4 微水试验

微水试验最早由 Hvorslev 于 1951 年提出，是以达西定律为基础，向钻孔瞬时抽水或注水，或使用气压泵、金属管等方法引起水位的突然变化，通过观测水位随时间的恢复过程，并通过曲线拟合确定钻孔附近的渗透系数的试验方法。地下水流动时水分子之间的黏滞力远大于其惯性力，而惯性力在数学分析中可忽略不计。当水位变化快速达到最大值后，水位恢复速度开始时较快，随后逐渐变慢，最后趋于停止，未发生原始静止水位附近的振荡，水流初始的动能已在水位达到静止时被水分子之间的摩擦、水柱与井壁的摩擦和水柱增大的势能消耗完毕，称为“过阻尼衰减”。这种情况大多发生于弱-中等渗透性地层中。对于强渗透性地层，水位恢复速度较快，在达到原始静止水位时，可能有剩余动能克服黏滞力，从而在静止水位上下发生振荡，逐渐趋于稳定，此为“欠阻尼衰减”。微水实验中较为成熟的模型主要有 Hvorslev 模型、Springer-Gelhar 模型、Bouwer-Rice 模型和 Butler 模型，实现了对过阻尼衰减、欠阻尼衰减的数学处理。

微水试验法与常规的抽水试验或注水试验相比，实验时间短，所需人力、时间、经费较少，影响半径小，可快速获取水文地质资料。这种方法仅适用于井周围小范围内水文地质参数的测定，并不能用于大范围参数的获取，在工程中常常需要同时做抽水和微水试验，结合分析得出结果。

微水试验可分为一般微水试验和分层微水试验（multilevel slug test，MLST）。一般微水试验测得的 K 值是井垂向上的平均值，MLST 法可测出不同深度处的 K 值。它是将测试段井筛两侧用封塞封住，封塞之间的筛管可以进水，这样就可以测定目标深度的 K 值，在不同的深度重复以上操作即可测得不同深度处的 K 值。

微水试验的井孔设置方法为：①套管，在微水试验中，套管半径决定了试验的时间和放入井孔中设备（如电缆、提筒）的尺寸；②过滤管，应根据含水层岩性构成和井壁稳定情况选用，常用骨架过滤管、缠丝过滤管、包网过滤管和填砾过滤管等；③过滤层，指位于过滤管和井壁之间的材料，为防止细颗粒流入井中，且给上方环状止水层提供支撑；④止水层，指位于套管和井壁之间的低渗透材料，阻止非试验含水层地下水向过滤管段垂直运动。成孔后需要进行洗井，其目的是清除过滤段地层中的碎屑。

微水试验现场操作可分为五步：①将水压传感器放入井孔中一定深度；②在井孔中置入水位扰动设备，等待水位稳定；③使用水位扰动设备瞬间改变井孔内水位；④记录水位恢复过程数据；⑤使用图表分析方法计算渗透系数。

瞬时改变水位是微水试验的重要前提条件，使用水位扰动设备瞬间改变井孔内水位可分为“升水头试验”和“降水头试验”。“升水头试验”指使井孔内水位瞬时下降，并等待水位上升恢复。反之，“降水头试验”则是指使井孔内水位瞬时上升，等待水位下降恢复，并记录恢复过程的数据。其操作方法为：在井孔内放入探头，等水位稳定后，快速插入一个圆柱体（内部充填砂或卵石，两端封闭）使瞬时水位上升，并记录水位下降恢复的数据。此方法对于弱渗透性、中强渗透性地层都适用；但对于极弱渗透性地层，出水速率较慢，试验耗时较长，因此出现了栓塞-微水试验和闭合-微水试验两种衍生试验方法。通过改变套管半径，有效缩短了试验周期，但水文钻孔结构也相对复杂。目前水位变化数据基本使用水压传感器进行记录，同时配合数据采集装置，自动、高效地记录水位变化数据。

6.6.10.5 示踪试验

污染场地中的示踪试验，即对研究对象（水中溶质组分或污染物）进行标记，引入标记物作为探针，观察探针的运动轨迹，追踪示踪剂的位置、数量和动态变化，从而了解研究对象的分布、运动以及转化情况。在示踪试验中，可使用放射性（同位素）示踪剂、化学示踪剂或荧光示踪剂，在地下水中使用同位素示踪尤为普遍。示踪剂应具有一定防护条件，示踪后需要有完善的废物处理措施。示踪试验按示踪剂投入方法不同可分为：一次投入法或连续注入法。

示踪试验在水文地质调查中应用普遍，常用于研究包气带水分的运移、检测水库的渗漏、获取地下流场的相关数据、研究污染物的扩散形式等。

习题与思考题

1. 阐述场地环境调查的阶段性及每阶段的工作内容，场地调查是否必须按照阶段逐步开展。

2. 比较场地调查布点方法的适用性。

3. 一口地下水监测井应包括哪些组成部分，每部分的作用是什么？分析地下水监测井中不同取样位置对污染物浓度检测结果的影响。

4. 地块土壤污染状况调查时，如何设置地下水监测井的类型和深度？

5. 某场地地下水6.5m之上为黏土，6.5～9m为粉砂土，9m之下为黏土。对该地块进行地下水调查，如何设置地下水监测井？

6. 某场地中设置的一口混合井地下水中某指标未超标，但已经临近标准值，试分析该位置处地下水是否一定不超标。

7. 某场地上部为黏土，底部为不同程度的风化岩，采样深度要达到风化层岩，根据现有的采样钻机，在该场地用哪种钻机采样较好？

8. 试述地下水监测井成井洗井和采样洗井的作用。

9. 论述洗井时洗井水累计体积对调查点位地下水实际污染状态的影响。

10. 论述在土壤污染状况调查中，采用直推式地下水采样与建设监测井取样方法各有什么优缺点。

11. 结合地下水采样原则，现行的地下水采样方法会导致什么问题？

12. 结合污染物的多相分配规律，分析土壤PID快速测定结果与实验室测定结果存在什么关系。PID快速测定结果高，实验室测定结果一定高吗？在采样快速筛查中如何运用这种规律？

参考文献

付融冰，2022. 场地精准化环境调查方法学[M]. 北京：中国环境出版社.

Interstate Technology & Regulatory Council，2010. Use and measurement of mass flux and mass discharge：MASSFLUX-1[R]. Washington：Interstate Technology & Regulatory Council，Integrated DNAPL Site Strategy Team.

EPA，1992. RCRA Groundwater Monitoring：Draft technical guidance[R]. Washington：Risk Assessment Forum，the United States Environmental Protection Agency.

第7章

土壤与地下水污染风险评估

7.1 土壤与地下水污染风险评估概述

根据我国土壤与地下水环境管理体制，土壤污染物检测值超出筛选值后需要开展风险评估，确定污染风险是否可接受，风险不可接受时需要制定风险管控和修复方案，开展治理工作。土壤与地下水的风险评估采用的是人体健康风险评估方法。

国际上较早研究风险评估的国家包括美国、英国等发达国家。美国环境保护署早在20世纪70年代就对污染场地进行了相关研究，并在过去50年间发布了一系列有关风险评估的指导性文件，包括《超级基金风险评估指南》(*Risk Assessment Guidance for Superfund*)和《基于风险的校正行动标准导则》(*Standard Guide for Risk-based Corrective Action*)等。这些导则指南对其他国家风险评估体系的建立产生了重大影响。在具体的评估模型上，美国基于风险评估体系建立了基于风险的矫正行动（Risk-based Corrective Action，RBCA）评估模型，在国际上取得了广泛应用，并沿用至今。英国于20世纪90年代颁布了《环境保护法》(*Environmental Protection Act*)，并以此为主要框架开发了污染土地暴露评估（Contaminated Land Exposure Assessment，CLEA）模型。目前，国际上场地风险评估的理念已经从单纯的技术层面发展到结合环境、经济和社会于一体的可持续发展阶段。

我国风险评估导则主要参照美国EPA出台的相关指导性文件。2009年，北京市环保局首先发布了《场地环境评价导则》(DB11/T 656—2009)，2014年国家发布了《污染场地风险评估技术导则》，2019年对该导则进行修订形成了《建设用地土壤污染风险评估技术导则》(HJ 25.3—2019)。

需要特别说明的是，土壤与地下水污染风险评估采用的是人体健康风险评估方法，在没有人体暴露途径时，即便土壤与地下水中目标污染物浓度非常高，也不存在不可接受的人体健康风险。例如，在不饮用地下水的污染场地中，地下水中非挥发性污染物不存在暴露途径，风险可接受；但是对生态受体而言，这种风险可能是不可接受的，污染物的存在可能导致生态系统受损、物种减少甚至灭绝等。因此，在这种情况下，除了开展人体健康风险评估外，还要开展地块以及污染物迁移影响区域的生态风险评估。本章重点介绍人体健康风险评估，简要介绍生态风险评估。

7.2 土壤与地下水污染风险评估基本概念

（1）风险（risk）

美国EPA早期将风险定义为“因暴露于环境污染物而对人类健康或生态系统造成有害影响的因素（EPA，2000）”。其中可能对特定的自然资源或整个生态系统（包括植物和动物）以及它们相互作用的环境产生不利影响的物质均被定义为污染物，因此它可能是任何物理、化学或生物实体。

风险的大小主要取决于以下三个因素：

① 在环境介质（例如土壤、水、空气）中污染物的数量；

② 生物受体与污染物迁移介质的接触程度；

③ 污染物影响生物受体的方式。

（2）暴露途径（exposure pathway）

土壤与地下水中污染物迁移到达和暴露于人体的方式。

（3）致癌风险（carcinogenic risk）

人体暴露于致癌效应污染物，诱发致癌性疾病或损伤的概率。

（4）危害商（hazard quotient）

污染物每日摄入剂量与参考剂量的比值，用于表征人体经单一途径暴露于非致癌污染物而受到危害的水平。

（5）危害指数（hazard index）

人群经多种途径暴露于单一污染物的危害商之和，用于表征人体暴露于非致癌污染物受到危害的水平。

（6）可接受风险水平（acceptable risk level）

对暴露人群不会产生不良或有害健康效应的风险水平，包括致癌物的可接受致癌风险水平和非致癌物的可接受危害商。各个国家根据自身情况，设置的可接受风险水平不同。

（7）健康风险评估（health risk assessment）

在土壤污染状况调查的基础上，分析地块土壤和地下水中污染物对人群的主要暴露途径，评估污染物对人体健康的致癌风险或危害水平。

（8）生态风险评估（ecological risk assessment）

评估由于暴露于一种或多种物理、化学、生物等外界因素而可能发生或正在发生的不利于生态发展的概率。

7.3 人体健康风险评估

7.3.1 风险评估的阶段性

场地风险评估是一个多阶段定性与定量相结合的评估过程，是一个与场地环境调查密切相关的体系。各国的风险评估程序大致可以分为2～4个阶段。首先根据场地调查结果，分析场地所在区域的水文地质资料、场地历史使用情况，同时结合未来用地规划和周边敏感目标建立初步场地概念模型，并明确场地周边环境受体是否存在健康风险，进入定量风险评估。

（1）第一阶段风险评估

第一阶段风险评估也叫通用定量风险评估，此阶段主要目的是根据导则规定的保守参数值计算场地污染物的筛选值（soil screening levels/risk-based screening level，SSL 或 RBSL），筛掉无风险或低风险的污染物，超过筛选值的污染物进入第二阶段风险评估。该阶段相关程序包括：

① 基于水文地质参数、地下水流向、水力坡度、污染物浓度和空间分布构建水文地质概念模型；

② 根据国家导则规定的推荐参数值计算场地污染物的筛选值；

③ 通过比较污染物的实际检出浓度和计算出的筛选值，确定值得关注的土壤和地下水污染物。

（2）第二阶段风险评估

第二阶段风险评估也叫详细定量风险评估，此阶段主要目的是结合现场测量的水文地质参数计算保守的修复目标值（site-specific target level，SSTL），相关程序包括：

① 根据现场土工实验，确定场地特征参数值；

② 基于地勘实测值，更新相关水文地质概念模型；

③ 计算修复目标值。

（3）第三阶段风险评估

第三阶段风险评估属于详细定量风险评估的组成部分，聚焦于地下水系统。需通过分析模型不确定性（通常基于各暴露途径的风险贡献率对最终风险值的影响），校正水文地质模型；同时需研究污染物的成因、迁移转化过程及作用机制，进而制定科学合理的地下水修复目标值。

7.3.2 风险评估的基本流程

风险评估主要包括危害识别、毒性评估、暴露评估和风险表征四个阶段。根据我国《建设用地土壤污染风险评估技术导则》（HJ 25.3—2019），地块风险评估程序还包括控制值计算，详细工作流程见图 7.1。

7.3.3 危害识别

危害识别的主要目的是确定暴露于污染物中的人群是否会面临特定不良健康影响的风险。危害识别首先需要获取以下信息。

① 地块相关资料及历史信息。

② 地块土壤和地下水等样品中污染物的浓度数据。

③ 地块（所在地）气候、水文、地质特征、土壤理化性质等信息。

④ 地块场地及周边地块土地利用方式。

⑤ 地块及周边敏感人群、生态系统或生态物种（如濒危物种）。保守起见，在风险评估中只需要估算最敏感人群的对应风险，只要最敏感受体得到保护，其他受体人群就可以得到充分的保护（EPA，2000）。

此外，基于土壤污染状况调查及监测结果，筛选出对人群等敏感受体存在潜在风险且需开

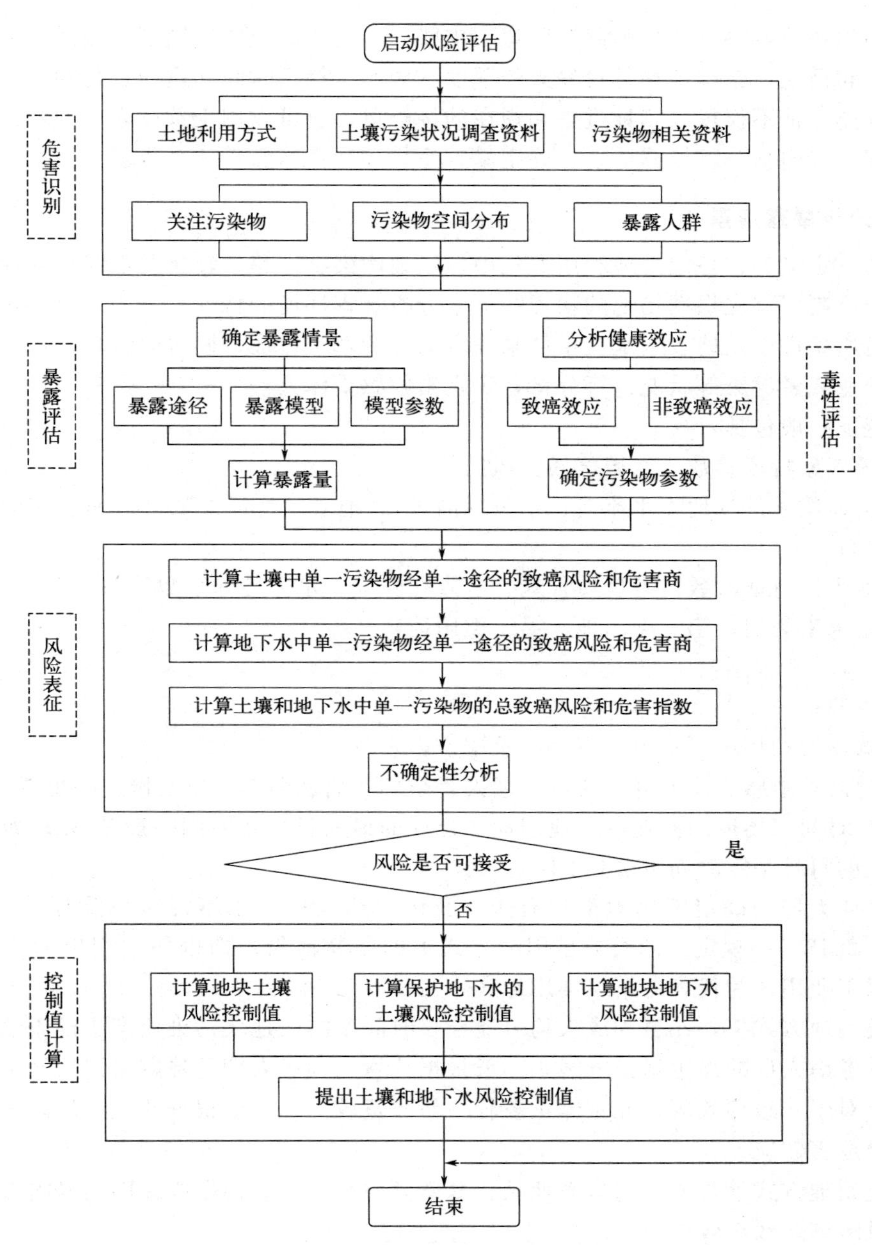

图 7.1　风险评估的基本流程

展风险评估的污染物，并将其纳入关注污染物清单。一般结合以下两种概念识别潜在污染物：

① 毒代动力学（toxicokinetics）：受体如何吸收、分配、代谢和分解特定化学物质。

② 毒物动力学（toxicodynamics）：关注化学品对人体健康机制的影响。

尽管数据库中很少记载污染物毒性的直接证据，但是可以通过临床试验或动物数据等间接推断污染物的毒性效应。

7.3.4　暴露评估

暴露是指生物体与化学品或物理制剂的接触过程（EPA，2005a）。通过测量或估算在特定时间段内生物体器官（比如肺部、肠道、皮肤）与化学品或物理制剂的接触量来量化暴露的程度。换句话说，暴露评估是对暴露的程度、频率、持续时间和途径进行的一种定性或定量描述。暴露评估不仅可以测量过去和现在的接触量，也可以用于预测未来的暴露量。暴露评估的过程一般包括分析暴露情景、确定暴露途径和计算暴露量三个步骤。

7.3.4.1 分析暴露情景

暴露情景定义为在特定土地利用方式中，场地污染物迁移、转化及最终接触受体人群的潜在过程与机制。首先根据场地的物理特征来分析暴露环境的特征，一般需要分析气候、植被、水文地质条件以及地表水水文条件来确定场地的基本特征；同时对地块及周边受体人群的类型、职业或者健康等状况进行分析，识别出敏感受体人群。

场地特征一般包括：

① 气候气象特征参数（区域气候、风向等）；

② 水文地质条件（地下水流向、水位标高等）、地表水特征参数（流速、流向、与场地补给关系等）；

③ 场地土壤特征参数（有机质含量、有效孔隙度、水力传导系数等）；

④ 土地未来规划（第一类用地、第二类用地）。

受体特征一般包括：

① 暴露源；

② 暴露场所和环境（室内、室外以及季节影响）；

③ 场地内外敏感受体人群（儿童、老人、孕妇、哺乳期妇女以及慢性病患者）；

④ 接触时间（场地为商业或工业用地，合理的最大日暴露时间一般是 8h；如果是住宅用地，最大的每日暴露时间可能是 24h）。

敏感受体人群的确定跟用地类型有关。我国《建设用地土壤污染风险评估技术导则》（HJ 25.3—2019）中规定了两类典型用地方式下的暴露情景，即以住宅用地为代表的第一类用地和以工业用地为代表的第二类用地。

第一类用地方式下，儿童和成人均可能会长时间暴露于地块污染而产生健康危害。对于致癌效应，考虑人群的终生暴露危害，一般根据儿童期和成人期的暴露来评估污染物的终生致癌风险；对于非致癌效应，儿童体重较轻、暴露量较高，一般根据儿童期暴露来评估污染物的非致癌危害效应。

第二类用地方式下，成人的暴露期长、暴露频率高，一般根据成人期的暴露来评估污染物的致癌风险和非致癌效应。

除此以外的建设用地，应分析特定地块人群暴露的可能性、暴露频率和暴露周期等情况，参照第一类用地或第二类用地情景进行评估或构建适合于特定地块的暴露情景进行风险评估。

7.3.4.2 确定暴露途径

暴露途径一般用于描述化学或物理制剂从源头扩散到受体吸收的全过程。一般将污染物排放的来源、位置和类型与人群聚集地点和活动模式联系起来，以确定受体的暴露途径。

潜在受体可能通过多种途径与污染物接触，并且在不同的暴露途径下，由于污染物与暴露受体的相互作用机制不同，所产生的暴露风险也不相同。一个完整的暴露途径通常由四个要素组成：①化学品释放的来源；②传播介质；③人类与受污染介质的潜在暴露点；④与暴露点的接触方式。

表 7.1 总结了不同污染介质中可能的暴露来源和释放机制。

表 7.1 不同污染介质的暴露来源和释放机制

污染介质	暴露来源	释放机制
空气	污染的地表水和湿地、管道泄漏、 被污染的表层土、垃圾堆	挥发 扬尘
地表水	被污染的表层土	地表径流
	潟湖漫流、管道泄漏	偶发性坡面流
	污染的地下水	地下水渗漏
地下水	污染的地表水、土壤	淋溶
土壤	地表或填埋废物	淋溶
	被污染的表层土	地表径流
	潟湖漫流、管道泄漏	偶发性坡面流
	被污染的表层土、垃圾堆	扬尘
沉积物	被污染的表层土和地表废物	偶发性坡面流,地表径流
	污染的地下水	地下水渗漏
	地表或填埋废物	淋溶
生物体	污染的地表水、土壤、沉积物、地下水和空气	通过直接接触、消化、呼吸等摄入

化学品的迁移和转化行为可用于预测场地污染物未来的暴露量。化学品被释放到环境中后，主要迁移机制一般包括：迁移（如在水中或悬浮沉积物上或通过大气向下游对流）、物理转化（如挥发、降水等）、化学转化（如光解、水解、氧化、还原等）、生物转化（如生物降解）和积累。

结合污染介质和地块人口分布、活动模式以及接触方式来确定暴露点。若暴露范围较大，尽可能选取场地最大浓度作为该介质的暴露点。一般来说，空气接触浓度一般选取场地下风口处的浓度，在一些极个别情况下，最高浓度可能会出现在离现场较远的地方。

在确定暴露点后，根据被污染的介质和暴露点周边活动，确定可能的接触途径，即摄入（经口摄入污染土壤、饮用地下水）、吸入（经口鼻呼吸吸入土壤颗粒、土壤和地下水中挥发性气体）、皮肤接触（皮肤接触吸收污染物）。《建设用地土壤污染风险评估技术导则》（HJ 25.3—2019）中规定了 9 种主要暴露途径和暴露评估模型，包括经口摄入土壤、皮肤接触土壤、吸入土壤颗粒物、吸入室外空气中来自表层土壤的气态污染物、吸入室外空气中来自下层土壤的气态污染物、吸入室内空气中来自下层土壤的气态污染物共 6 种土壤污染物暴露途径和吸入室外空气中来自地下水的气态污染物、吸入室内空气中来自地下水的气态污染物、饮用地下水共 3 种地下水污染物暴露途径。

特定用地方式下的主要暴露途径应根据实际情况分析确定，暴露评估模型参数应尽可能根据现场调查获得。

7.3.4.3 计算暴露量

针对上述每条暴露途径，确定暴露浓度、暴露频率和持续时间，采用公式计算暴露量。将暴露途径分为经口摄入、皮肤接触、吸入、饮用水摄入等四大类接触方式。相关计算公式如下：

（1）经口摄入土壤途径暴露量

第一类用地方式下，人群可因经口摄入土壤而暴露于污染土壤。对于单一污染物的致癌效应，考虑人群在儿童期和成人期暴露的终生危害，经口摄入土壤途径的土壤暴露量公式为：

$$OISER_{ca}=\frac{\left(\frac{OSIR_c\times ED_c\times EF_c}{BW_c}+\frac{OSIR_a\times ED_a\times EF_a}{BW_a}\right)\times ABS_o}{AT_{ca}}\times10^{-6} \tag{7.1}$$

式中 $OISER_{ca}$——经口摄入土壤暴露量（致癌效应），kg/(kg·d)；

$OSIR_c$——儿童每日摄入土壤量，mg/d；

$OSIR_a$——成人每日摄入土壤量，mg/d；

ED_c——儿童暴露期，a；

ED_a——成人暴露期，a；

EF_c——儿童暴露频率，d/a；

EF_a——成人暴露频率，d/a；

BW_c——儿童体重，kg；

BW_a——成人体重，kg；

ABS_o——经口摄入吸收效率因子，无量纲；

AT_{ca}——致癌效应平均时间，d。

对单一污染物的非致癌途径，考虑人群在儿童期暴露受到的危害，经口摄入土壤途径的土壤暴露量公式为：

$$OISER_{nc}=\frac{OSIR_c\times ED_c\times EF_c\times ABS_o}{BW_c\times AT_{nc}}\times10^{-6} \tag{7.2}$$

式中 $OISER_{nc}$——经口摄入土壤暴露量（非致癌效应），kg/(kg·d)；

AT_{nc}——非致癌效应平均时间，d。

其他参数含义同式(7.1)。

第二类用地方式下，对于单一污染的致癌效应，考虑人群在成人期暴露的终生危害，经口摄入土壤途径的土壤暴露量公式为：

$$OISER_{ca}=\frac{OSIR_a\times ED_a\times EF_a\times ABS_o}{BW_a\times AT_{ca}}\times10^{-6} \tag{7.3}$$

式中参数含义同式(7.1)。

对单一污染物的非致癌效应，考虑人群在成人期的暴露危害，经口摄入土壤途径的土壤暴露量公式为：

$$OISER_{nc}=\frac{OSIR_a\times ED_a\times EF_a\times ABS_o}{BW_a\times AT_{nc}}\times10^{-6} \tag{7.4}$$

式中参数含义同式(7.1) 及式(7.2)。

例题 7.1 假设某场地成人暴露期为 24a，暴露频率为 250d/a，吸收效率因子为 1，平均体重为 55kg，致癌平均时间为 7d，每日摄入土壤量为 50mg/d，求成人受体经口摄入暴露量。

解：

根据式(7.1)，可得：

$$OISER_{ca}=\frac{OSIR_a\times ED_a\times EF_a\times ABS_o}{BW_a\times AT_{ca}}\times10^{-6}=\frac{\frac{50mg}{d}\times24a\times\frac{250d}{a}\times1}{55kg\times7d}\times10^{-6}$$

$$=7.79\times10^{-4}kg/(kg\cdot d)$$

（2）皮肤接触土壤途径暴露量

第一类用地方式下，对于单一污染物的致癌效应，考虑人群在儿童期和成人期暴露的终生危害，皮肤接触土壤途径土壤暴露量公式为：

$$DCSER_{ca}=\frac{SAE_c\times SSAR_c\times ED_c\times E_v\times ABS_d}{BW_c\times AT_{ca}}\times10^{-6}+\frac{SAE_a\times SSAR_a\times EF_a\times ED_a\times E_v\times ABS_d}{BW_a\times AT_{ca}}\times10^{-6} \tag{7.5}$$

式中　$DCSER_{ca}$——皮肤接触途径的土壤暴露量（致癌效应），kg /(kg・d)；

SAE_c——儿童暴露皮肤表面积，cm^2；

SAE_a——成人暴露皮肤表面积，cm^2；

$SSAR_c$——儿童皮肤表面土壤黏附系数，mg/cm^2；

$SSAR_a$——成人皮肤表面土壤黏附系数，mg/cm^2；

ABS_d——皮肤接触吸收效率因子，无量纲；

E_v——每日皮肤接触事件频率，次/d。

其他参数含义同式(7.1)。

式中 SAE_c 和 SAE_a 分别为：

$$SAE_c=239\times H_c^{0.417}\times BW_c^{0.517}\times SER_c \tag{7.6}$$

$$SAE_a=239\times H_a^{0.417}\times BW_a^{0.517}\times SER_a \tag{7.7}$$

式中　H_c——儿童平均身高，cm；

H_a——成人平均身高，cm；

SER_c——儿童暴露皮肤所占面积比，无量纲；

SER_a——成人暴露皮肤所占面积比，无量纲。

对于单一污染物的非致癌效应，考虑人群在儿童期暴露受到的危害，皮肤接触土壤途径对应的土壤暴露量公式为：

$$DCSER_{nc}=\frac{SAE_c\times SSAR_c\times EF_c\times ED_c\times E_v\times ABS_d}{BW_c\times AT_{nc}}\times10^{-6} \tag{7.8}$$

式中　$DCSER_{nc}$——皮肤接触途径的土壤暴露量（非致癌效应），kg/(kg・d)。

第二类用地方式下，对于单一污染物的致癌效应，考虑人群在成人期暴露的终生危害。皮肤接触土壤途径的土壤暴露量公式为：

$$DCSER_{ca}=\frac{SAE_a\times SSAR_a\times EF_a\times ED_a\times E_v\times ABS_d}{BW_a\times AT_{ca}}\times10^{-6} \tag{7.9}$$

对于单一污染物的非致癌效应，考虑人群在成人期的暴露危害，皮肤接触土壤途径对应的土壤暴露量公式为：

$$DCSER_{nc}=\frac{SAE_a\times SSAR_a\times EF_a\times ED_a\times E_v\times ABS_d}{BW_a\times AT_{nc}}\times10^{-6} \tag{7.10}$$

例题 7.2　某第二类用地地块，成人暴露期为 24a，暴露频率为 250d/a，皮肤表面积为

100cm²，皮肤表面土壤黏附系数为 0.1mg/cm²，吸收效率因子为 1，平均体重为 55kg，致癌平均时间为 7d，每日皮肤接触事件频率为 2 次/d，求成人受体通过皮肤接触途径的暴露量。

解：

根据式(7.9) 代入相关数值，可得：

$$DCSER_{ca}=\frac{100\text{cm}^2\times 0.1\frac{\text{mg}}{\text{cm}^2}\times 24\text{a}\times\frac{250\text{d}}{\text{a}}\times\frac{2}{\text{d}}\times 1}{55\text{kg}\times 7\text{d}}\times 10^{-6}=0.00031\text{kg/(kg}\cdot\text{d)}$$

（3）吸入土壤颗粒物途径暴露量

在第一类用地方式下，对于单一污染物的致癌效应，考虑人群在儿童期和成人期暴露的终生危害，吸入土壤颗粒物途径对应的土壤暴露量公式为：

$$PISER_{ca}=\frac{PM_{10}\times DAIR_c\times ED_c\times PIAF\times(f_{spo}\times EFO_c+f_{spi}\times EFI_c)}{BW_c\times AT_{ca}}\times 10^{-6}+\frac{PM_{10}\times DAIR_a\times ED_a\times PIAF\times(f_{spo}\times EFO_a+f_{spi}\times EFI_a)}{BW_a\times AT_{ca}}\times 10^{-6} \tag{7.11}$$

式中 $PISER_{ca}$——吸入土壤颗粒物的土壤暴露量（致癌效应），kg/(kg·d)；

PM_{10}——空气中可吸入颗粒物含量，mg/m³；

$DAIR_a$——成人每日空气呼吸量，m³/d；

$DAIR_c$——儿童每日空气呼吸量，m³/d；

PIAF——吸入土壤颗粒物在体内滞留比例，无量纲；

f_{spi}——室内空气中来自土壤的颗粒物所占比例，无量纲；

f_{spo}——室外空气中来自土壤的颗粒物所占比例，无量纲；

EFI_a——成人的室内暴露频率，d/a；

EFI_c——儿童的室内暴露频率，d/a；

EFO_a——成人的室外暴露频率，d/a；

EFO_c——儿童的室外暴露频率，d/a。

式中其他参数含义同前。

对于单一污染物的非致癌效应，考虑人群在儿童期暴露受到的危害，吸入土壤颗粒物途径对应的土壤暴露量公式为：

$$PISER_{nc}=\frac{PM_{10}\times DAIR_c\times ED_c\times PIAF\times(f_{spo}\times EFO_c+f_{spi}\times EFI_c)}{BW_c\times AT_{nc}}\times 10^{-6} \tag{7.12}$$

式中 $PISER_{nc}$——吸入土壤颗粒物的土壤暴露量（非致癌效应），kg/(kg·d)。

式中其他参数含义同前。

在第二类用地方式下，对于单一污染物的致癌效应，考虑人群在成人期暴露的终生危害，吸入土壤颗粒物途径对应的土壤暴露量公式为：

$$PISER_{ca}=\frac{PM_{10}\times DAIR_a\times ED_a\times PIAF\times(f_{spo}\times EFO_a+f_{spi}\times EFI_a)}{BW_a\times AT_{ca}}\times 10^{-6} \tag{7.13}$$

式中其他参数含义同前。

对于单一污染物的非致癌效应，考虑人群在成人期的暴露危害，吸入土壤颗粒物途径对应的土壤暴露量公式为：

$$PISER_{nc}=\frac{PM_{10}\times DAIR_a\times ED_a\times PIAF\times(f_{spo}\times EFO_a+f_{spi}\times EFI_a)}{BW_a\times AT_{nc}}\times 10^{-6} \quad (7.14)$$

式中其他参数含义同前。

(4) 吸入室外空气中来自土壤的气态污染物途径暴露量

在第一类用地方式下，对于单一污染物的致癌效应，考虑人群在儿童期和成人期暴露的终生危害，吸入室外空气中来自土壤的气态污染物途径对应的土壤暴露量公式为：

$$IOVER_{ca}=VF\times\left(\frac{DAIR_c\times EFO_c\times ED_c}{BW_c\times AT_{ca}}+\frac{DAIR_a\times EFO_a\times ED_a}{BW_a\times AT_{ca}}\right) \quad (7.15)$$

式中 $IOVER_{ca}$——吸入室外空气中来自土壤的气态污染物对应的土壤暴露量（致癌效应），分为表层 $IOVER_{ca1}$ 和下层 $IOVER_{ca2}$，kg/(kg・d)；

VF——土壤中污染物扩散进入室外空气的挥发因子，kg/m^3，表层土壤为 VF_{suroa}，下层土壤为 VF_{suboa}。

对于单一污染物的非致癌效应，考虑人群在儿童期暴露受到的危害，吸入室外空气中来自土壤的气态污染物途径对应的土壤暴露量公式为：

$$IOVER_{nc}=VF\times\frac{DAIR_c\times EFO_c\times ED_c}{BW_c\times AT_{nc}} \quad (7.16)$$

式中 $IOVER_{nc}$——吸入室外来自土壤的气态污染物对应的土壤暴露量（非致癌效应），分为表层 $IOVER_{nc1}$ 和下层 $IOVER_{nc2}$，kg/(kg・d)。

在第二类用地方式下，对于单一污染物的致癌效应，考虑人群在成人期暴露的终生危害，吸入室外空气中来自土壤的气态污染物对应的土壤暴露量公式为：

$$IOVER_{ca}=VF\times\frac{DAIR_a\times EFO_a\times ED_a}{BW_a\times AT_{ca}} \quad (7.17)$$

对于单一污染物的非致癌效应，考虑人群在成人期的暴露危害，吸入室外空气中来自土壤的气态污染物对应的土壤暴露量公式为：

$$IOVER_{nc}=VF\times\frac{DAIR_a\times EFO_a\times ED_a}{BW_a\times AT_{nc}} \quad (7.18)$$

例题 7.3 某第二类用地地块，成人暴露期为24a，暴露频率为250d/a，土壤中污染物扩散进入空气的挥发因子为 $1kg/m^3$，每日空气呼吸量为 $100m^3/d$，平均体重为55kg，致癌平均时间为7d，求成人受体经呼吸摄入的暴露量。

解：

根据式(7.17) 代入相关数值，可得：

$$IOVER=\frac{1kg}{m^3}\times\left(\frac{\frac{100m^3}{d}\times 24a\times\frac{250d}{a}}{55kg\times 7d}\right)=1558.44kg/(kg\cdot d)$$

(5) 吸入室外空气中来自地下水的气态污染物途径暴露量

在第一类用地方式下，对于单一污染物的致癌效应，考虑人群在儿童期和成人期暴露的终生危害，吸入室外空气中来自地下水的气态污染物对应的地下水暴露量公式为：

$$IOVER_{ca3}=VF_{gwoa}\times\left(\frac{DAIR_c\times EFO_c\times ED_c}{BW_c\times AT_{ca}}+\frac{DAIR_a\times EFO_a\times ED_a}{BW_a\times AT_{ca}}\right) \quad (7.19)$$

式中 $IOVER_{ca3}$——吸入室外空气中来自地下水的气态污染物对应的地下水暴露量（致癌效应），L/(kg・d)；

VF_{gwoa}——地下水中污染物扩散进入室外空气的挥发因子，L/m^3。

对于单一污染物的非致癌效应，考虑人群在儿童期暴露受到的危害，吸入室外空气中来自地下水的气态污染物途径对应的地下水暴露量公式为：

$$IOVER_{nc3}=VF_{gwoa}\times\frac{DAIR_c\times EFO_c\times ED_c}{BW_c\times AT_{nc}} \tag{7.20}$$

式中 $IOVER_{nc3}$——吸入室外空气中来自地下水的气态污染物对应的地下水暴露量（非致癌效应），L/(kg·d)。

在第二类用地方式下，考虑人群在成人期暴露的终生危害，吸入室外空气中来自地下水的气态污染物对应的地下水暴露量公式为：

$$IOVER_{ca3}=VF_{gwoa}\times\frac{DAIR_a\times EFO_a\times ED_a}{BW_a\times AT_{ca}} \tag{7.21}$$

对于单一污染物的非致癌效应，考虑人群在成人期的暴露危害，吸入室外空气中来自地下水的气态污染物对应的地下水暴露量公式为：

$$IOVER_{nc3}=VF_{gwoa}\times\frac{DAIR_a\times EFO_a\times ED_a}{BW_a\times AT_{nc}} \tag{7.22}$$

（6）吸入室内空气中来自下层土壤的气态污染物途径暴露量

在第一类用地方式下，对于单一污染物的致癌效应，考虑人群在儿童期和成人期暴露的终生危害，吸入室内空气中来自下层土壤的气态污染物途径对应的土壤暴露量公式为：

$$IIVER_{ca1}=VF_{suboa}\times\left(\frac{DAIR_c\times EFI_c\times ED_c}{BW_c\times AT_{ca}}+\frac{DAIR_a\times EFI_a\times ED_a}{BW_a\times AT_{ca}}\right) \tag{7.23}$$

式中 $IIVER_{ca1}$——吸入室内空气中来自下层土壤的气态污染物对应的土壤暴露量（致癌效应），kg/(kg·d)。

对于单一污染物的非致癌效应，考虑人群在儿童期暴露受到的危害，吸入室内空气中来自下层土壤的气态污染物途径对应的土壤暴露量公式为：

$$IIVER_{nc1}=VF_{suboa}\times\frac{DAIR_c\times EFI_c\times ED_c}{BW_c\times AT_{nc}} \tag{7.24}$$

式中 $IIVER_{nc1}$——吸入室内空气中来自下层土壤的气态污染物对应的土壤暴露量（非致癌效应），kg/(kg·d)。

在第二类用地方式下，对于单一污染物的致癌效应，考虑人群在成人期暴露的终生危害，吸入室内空气中来自下层土壤的气态污染物途径对应的土壤暴露量公式为：

$$IIVER_{ca1}=VF_{suboa}\times\frac{DAIR_a\times EFI_a\times ED_a}{BW_a\times AT_{ca}} \tag{7.25}$$

对于单一污染物的非致癌效应，考虑人群在成人期暴露受到的危害，吸入室内空气中来自下层土壤的气态污染物途径对应的土壤暴露量公式为：

$$IIVER_{nc1}=VF_{suboa}\times\frac{DAIR_a\times EFI_a\times ED_a}{BW_a\times AT_{nc}} \tag{7.26}$$

（7）吸入室内空气中来自地下水的气态污染物途径暴露量

在第一类用地方式下，对于单一污染物的致癌效应，考虑人群在儿童期和成人期暴露的终生危害，吸入室内空气中来自地下水的气态污染物途径对应的土壤暴露量公式为：

$$IIVER_{ca2}=VF_{gwia}\times\left(\frac{DAIR_c\times EFI_c\times ED_c}{BW_c\times AT_{ca}}+\frac{DAIR_a\times EFI_a\times ED_a}{BW_a\times AT_{ca}}\right) \tag{7.27}$$

式中 $IIVER_{ca2}$——吸入室内空气中来自地下水的气态污染物对应的地下水暴露量（致癌效应），L/(kg·d)；

VF_{gwia}——地下水中污染物扩散进入室内空气的挥发因子，L/m^3。

对于单一污染物的非致癌效应，考虑人群在儿童期暴露受到的危害，吸入室内空气中来自地下水的气态污染物途径对应的地下水暴露量公式为：

$$IIVER_{nc2}=VF_{gwia}\times\frac{DAIR_c\times EFI_c\times ED_c}{BW_c\times AT_{nc}} \tag{7.28}$$

式中 $IIVER_{nc2}$——吸入室内空气中来自地下水的气态污染物对应的地下水暴露量（非致癌效应），L/(kg·d)。

在第二类用地方式下，对于单一污染物的致癌效应，考虑人群在成人期暴露的终生危害，吸入室内空气中来自地下水的气态污染物途径对应的土壤暴露量公式为：

$$IIVER_{ca2}=VF_{gwia}\times\frac{DAIR_a\times EFI_a\times ED_a}{BW_a\times AT_{ca}} \tag{7.29}$$

对于单一污染物的非致癌效应，考虑人群在成人期的暴露危害，吸入室内空气中来自地下水的气态污染物对应的地下水暴露量公式为：

$$IIVER_{nc2}=VF_{suboa}\times\frac{DAIR_a\times EFI_a\times ED_a}{BW_a\times AT_{nc}} \tag{7.30}$$

（8）饮用地下水途径暴露量

在第一类用地方式下，对于单一污染物的致癌效应，考虑人群在儿童期和成人期暴露的终生危害，饮用地下水途径对应的地下水暴露量公式为：

$$CGWER_{ca}=\frac{GWCR_c\times EF_c\times ED_c}{BW_c\times AT_{ca}}+\frac{GWCR_a\times EF_a\times ED_a}{BW_a\times AT_{ca}} \tag{7.31}$$

式中 $CGWER_{ca}$——饮用受影响地下水对应的地下水的暴露量（致癌效应），L/(kg·d)；

$GWCR_c$——儿童每日饮水量，L/d；

$GWCR_a$——成人每日饮水量，L/d。

对于单一污染物的非致癌效应，考虑人群在儿童期的暴露危害，饮用地下水途径对应的地下水暴露量公式为：

$$CGWER_{nc}=\frac{GWCR_c\times EF_c\times ED_c}{BW_c\times AT_{ca}} \tag{7.32}$$

式中 $CGWER_{nc}$——饮用受影响地下水对应的地下水的暴露量（非致癌效应），L/(kg·d)。

在第二类用地方式下，对于单一污染物的致癌效应，考虑人群在成人期暴露的终生危害，饮用地下水途径对应的地下水暴露量公式为：

$$CGWER_{ca}=\frac{GWCR_a\times EF_a\times ED_a}{BW_a\times AT_{ca}} \tag{7.33}$$

对于单一污染物的非致癌效应，考虑人群在成人期的暴露危害，饮用地下水途径对应的地下水暴露量公式为：

$$CGWER_{nc}=\frac{GWCR_a\times EF_a\times ED_a}{BW_a\times AT_{ca}} \tag{7.34}$$

例题 7.4 假设某场地成人暴露期为24a，暴露频率为250d/a，每日饮水量为2L/d，平均体重为55kg，致癌平均时间为7d，求成人受体通过饮用水摄入的暴露量。

解：

根据式(7.33) 代入相关数值，可得：

$$CGWER=\frac{2\frac{L}{d}\times 24a\times \frac{250d}{a}}{55kg\times 7d}=31.17L/(kg\cdot d)$$

7.3.4.4 暴露参数的计算

暴露评估中所涉及的主要参数为各暴露途径下单位受体日均暴露量/日均摄入量。美国EPA在《2011年暴露参数计算手册》中将单位受体日均暴露量分为以下几个类别进行计算：消化率（包括消化液体、固体或粉尘）、吸入率、皮肤暴露。

(1) 消化率

首先随机选取一定数量的样本人群，使其摄入含有一定比例示踪剂的食物。通过收集样本人群粪便、尿液、摄取食物重量等数据，评估目标人群的消化量。每天摄入的土壤量通过以下公式计算：

$$T_{i,e}=\frac{f_{i,e}F_i}{S_{i,e}} \tag{7.35}$$

式中 $T_{i,e}$——每日土壤摄入量，g/d；

$f_{i,e}$——粪便中e元素的浓度，mg/g；

F_i——每日粪便干重，g/d；

$S_{i,e}$——食品中e元素的浓度，mg/g。

(2) 吸入率

从解剖学和生理学上来说，通过上呼吸道（特别是鼻咽和气管区域）和肺部进入人体的污染物浓度远小于空气中污染物浓度。该参数仅在推导人类等效浓度时使用。

$$V_E=H\times VQ\times EE \tag{7.36}$$

式中 V_E——每日摄入空气量，m^3/d；

H——产生单位能量所消耗的氧气量，$m^3/kcal$[1]；

VQ——单位时间内吸入的空气与氧气体积之比；

EE——每日消耗能量，kcal。

(3) 皮肤黏附系数

化学品可通过以下几种途径与人体皮肤接触：扬尘、蒸气、液体或衣物上的化学品残留。结合单位表面积附着在皮肤上的化学品质量或浓度和人体皮肤暴露表面积信息估算黏附系数。该参数非常容易被外在因素所影响，比如污染物黏附于皮肤的状态（颗粒、液体）、污染物表面特征（硬、软、多孔）、皮肤特征（含水量、年龄、皮肤光滑度）、接触力学（压力）和环境条件（温度、相对湿度、空气交换）等。此外，皮肤接触污染物的频率和时间以及皮肤厚度也会影响到黏附系数的计算。

$$SA=0.0239H^{0.417}W^{0.517} \tag{7.37}$$

式中 SA——人体表面积，m^2；

H——身高，cm；

[1] 1kcal=4.1868kJ。

W——体重，kg。

EPA 在 1992 年对液体化学品的黏附系数进行了研究，将部分无毒液体稀释至一定浓度后与实验者进行手部接触，通过测量接触前后的液体容重计算出残留于皮肤表面的液体质量，残留量除以皮肤表面积即可得到单位表面积内液体化学品的黏附系数。

Choate 等人在 2006 年调查了粉尘颗粒对人体皮肤的黏附力。Ferguson 等人在 2008 至 2009 年间通过分别抛撒相同质量的草坪土壤和沙子于地毯和铝制品表面上，测量人体皮肤与不同表面接触后的土壤黏附实验。这些实验结果表明，含水量高的土壤颗粒比低或中等含水量的土壤中的颗粒更容易黏附，覆有土壤颗粒的铝制品表面对皮肤的附着力高于地毯。

7.3.5 毒性评估

毒性评估旨在量化污染物对人体健康的潜在危害，其核心是通过分析特定污染物的暴露水平、健康风险发生概率及风险持续周期之间的关联性，确定剂量-反应关系。受体人群在年龄、性别、遗传体质、饮食、职业、家庭环境、活动模式以及其他因素方面存在差异，因而同种污染物在同等暴露量下对不同受体人群产生的毒性效应是不完全一样的。

毒理学上一般将污染物分为致癌污染物和非致癌污染物，对受体分别产生致癌效应和非致癌效应。对于致癌污染物来说，任何暴露剂量都会产生危害；对非致癌污染物来说，低于临界浓度的暴露剂量不会引起健康危害。我国采用致癌斜率因子（slope factor，SF）和非致癌参考剂量（refenrence dose，RfD）两个毒性参数表征污染物的致癌风险和非致癌风险。

在实际场地风险评估时，根据《建设用地土壤污染风险评估技术导则》（HJ 25.3—2019），毒性评估阶段主要包括以下步骤：

① 分析污染物毒性效应。分析污染物经不同途径对人体健康的危害效应，包括致癌效应、非致癌效应、污染物对人体健康的危害机理和剂量-效应关系等。

② 确定与关注污染物相关的参数，包括致癌效应毒性参数［呼吸吸入单位致癌因子（IUR）、呼吸吸入致癌斜率因子（SF_i）、经口摄入致癌斜率因子（SF_o）、皮肤接触致癌斜率因子（SF_d）］、非致癌效应毒性参数［呼吸吸入参考浓度（RfC）、呼吸吸入参考剂量（RfD_i）、经口摄入参考剂量（RfD_o）、皮肤接触参考剂量（RfD_d）］、污染物的理化性质参数［亨利常数（H'）、空气中扩散系数（D_a）、水中扩散系数（D_w）、土壤-有机碳分配系数（K_{oc}）、水中溶解度（S）］以及污染物其他相关参数［消化道吸收因子（ABS_{gi}）、皮肤吸收因子（ABS_d）和经口摄入吸收因子（ABS_o）］。

7.3.5.1 致癌效应

致癌效应被认为是任意量的污染物接触都会使单个人体细胞发生变化，从而导致不受控制的细胞增殖，最终演变成癌症的效应。在剂量-反应曲线图中（图 7.2），一般默认为低剂量与对应的致癌概率呈线性关系。当使用线性剂量反应来评估致癌风险时，美国 EPA 通过考虑个体暴露量来计算因暴露于污染物而导致的额外终生致癌风险（即个体在一生中患癌症的概率）（EPA，

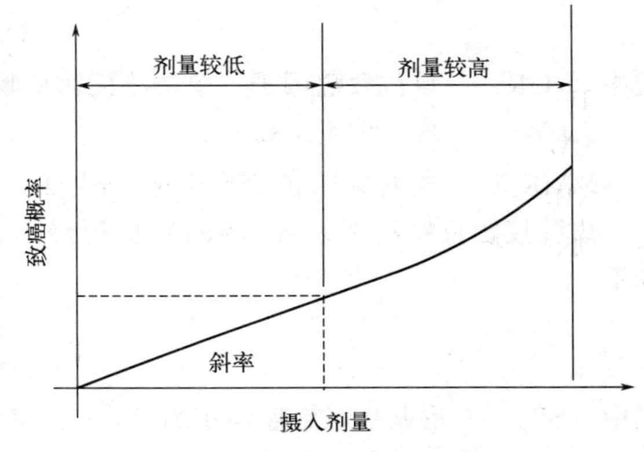

图 7.2 致癌剂量-反应曲线

1991）。

评估的第一步，确定污染物是人类致癌物的可能性。EPA（1989）将现有人类和动物研究的证据分别定性为充分、有限、不充分、无数据或无影响（见表7.2），我国也参考这一分类。

表7.2 污染物致癌性分类

分类	依据
A	致癌物
B1或B2	可能的人类致癌物 B1表示有少量的人类数据 B2表示在动物身上有足够的证据，在人类身上没有足够的证据或没有证据
C	潜在致癌物
D	无法确定其致癌性
E	有证据表明对人类无致癌性

结合国际癌症研究署（International Agency for Research on Cancer，IARC）提供的化学物质致癌效应分类清单（对人类流行病学调查、病理报告和对实验动物致癌实验资料）进行最终评价。

IARC将化学物质大致分为以下四类：

第一类（Group 1）：对人类的致癌性证据充足。

第二类（Group 2）：对人类的致癌性证据有限。第二类物质又细分为Group 2A和Group 2B两个组：Group 2A为流行病学数据有限，但是实验动物数据充分，为人类可能致癌物；Group 2B为流行病学数据不足但动物数据充分，或流行病学数据有限动物数据不足，或许是人类致癌物。

第三类（Group 3）：致癌性的证据不足。

第四类（Group 4）：证据显示没有致癌性。

第二步将污染物致癌性赋予证据权重分类（weight of evidence classification），在确定该化学品是潜在人类致癌物的基础上，计算摄入剂量与致癌概率之比即斜率系数（slope factor，SF）。一般来说，斜率系数是受体人群每单位化学品摄入量发生95%毒性反应概率的上限，可用下式推导：

$$SF=\frac{IUR\times BW_a}{DAIR_a} \tag{7.38}$$

式中 IUR——单位致癌因子（单位浓度污染物产生的风险），m^3/mg；

BW_a——成人体重，kg；

$DAIR_a$——成人每日空气呼吸量，m^3/d。

皮肤接触致癌斜率系数（SF_d）根据经口摄入致癌斜率系数（SF_o）外推获得，公式如下：

$$SF_d=\frac{SF_o}{ABS_{gi}} \tag{7.39}$$

式中 SF_d——皮肤接触致癌斜率因子，kg·d/mg；

SF_o——经口摄入致癌斜率因子，kg·d/mg；

ABS_{gi}——消化道吸收效率因子，无量纲。

斜率系数通常将动物实验中的相对高剂量暴露值外推到人类在环境中接触的较低暴露水平。动物高剂量外推至人类低剂量模型的选择取决于两者致癌机理是否一致，而不仅仅是将两者产生肿瘤的起效剂量数据等比例缩减。

在推算相关剂量标准时，若缺乏人体实验数据，应选取生理构造和消化系统与人类相似的哺乳动物进行毒性实验，并基于以下假设和实验数据外推出等效人体毒性剂量值：假设不同物种在每单位体表面积上吸收污染物的质量是相同的（以 mg 为标准单位），即假设不同物种对吸收相同质量的同种化学品所产生的毒性是一样的。等效的人体剂量（mg/d）是动物实验中的毒性起效剂量乘以两者体重比值的 2/3 次方。

7.3.5.2　非致癌效应

根据国家食品安全风险评估中心出台的《食品中化学物健康指导值制定指南（试行）》，非致癌效应可基于剂量反应模型中的剂量-反应关系来确定。剂量-反应关系是指生物、系统或人群摄入或吸收某种物质的量与其发生的毒性效应之间的关系，非致癌剂量-反应曲线如图7.3所示，其中 NOAEL 为无可见损害作用剂量，LOAEL 为最小观察到有害作用剂量。

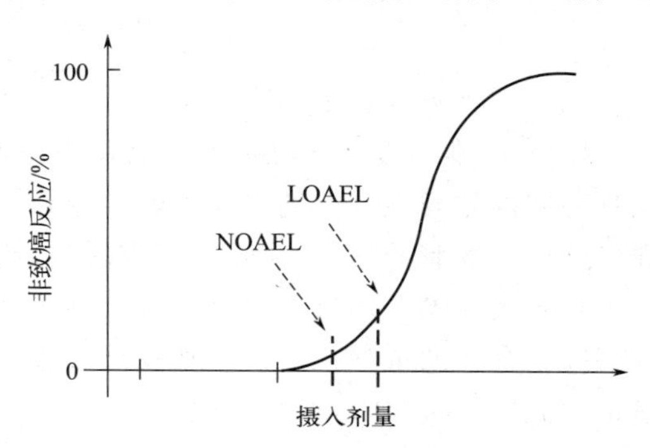

图 7.3　非致癌剂量-反应曲线

对于非致癌污染物，一般采用非线性剂量评估方法推算污染物的临界浓度阈值，EPA 认为受体暴露于污染物浓度限值以下时，基本上不会对人体产生毒性效应（EPA，1993）。该阈值被定义为非致癌参考剂量（reference dose，RfD），其单位通常为 mg/(kg · d) 或 mg/kg；以及非致癌参考浓度（reference concentration，RfC），其单位通常为 mg/L 或 ppm。此外，EPA 还制定了一天或十天的健康建议参考值（health advisories，HA），是指不会对人体健康产生不利影响的饮用水中的污染物浓度，用于评估短期内的经口摄入的非致癌毒性效应。

慢性 RfD（chronic RfD）被定义为对受体人群一生中不会产生明显有害影响的日均暴露剂量值。它是为了保护需要长期接触某些化合物的人群制定的，一般评估时长为七年至一生。亚慢性 RfD（subchronic RfD）被定义为与受体人群短期暴露有关的日均暴露剂量值，也可用于估算该化学品对人体未来的长期潜在影响的暴露剂量值，一般的评估时长为两周至七年。

根据不同的暴露途径，非致癌参考剂量又可细分为经口摄入参考剂量（RfD_o）、皮肤接触参考剂量（RfD_d）和呼吸吸入参考剂量（RfD_i）。

（1）经口摄入参考剂量

RfD_o 是最基本的非致癌参考剂量参数，多数污染物的其他暴露途径的参考剂量都来源于 RfD_o 的外推。RfD_o 数据主要来源于动物实验结果，少数来源于人体临床数据。确定 RfD_o 时，首先需要确定无可见损害作用剂量（no observed adverse effect level，NOAEL），即通过现有实验资料和技术手段、检测指标未观察到该污染物对人体产生有害作用的最大剂量（上限值）。若无法确定 NOAEL，也可以使用最小观察到有害作用剂量（lowest observed adverse effect level，LOAEL），即在规定的条件下，污染物对人体产生毒性作用（比如组织形态、功能、生长发育）的最小剂量。

参考剂量（reference dose，RfD）的推导需基于NOAEL（未观察到有害效应水平）或LOAEL（最低观察到有害效应水平），并通过引入不确定系数（uncertainty factor，UF）和修正系数（modifying factor，MF）以校正风险评估中的不确定性。其中，UF主要用于量化种间敏感性差异（如动物数据外推至人类）及数据局限性（如使用LOAEL替代NOAEL、亚慢性数据外推至慢性暴露等），其默认值为10。MF则用于额外修正特定场景下的不确定性（如毒性机制或暴露途径的复杂性）。修正系数（MF）是为了衡量除了以上这些不确定性外，是否存在其他对于数据推算的不确定因素。一般默认MF值为1。

RfD_o 等于NOAEL（如果没有NOAEL，则选取LOAEL）除以所有不确定性因素和修正因素的乘积。即：

$$RfD_o=\frac{\text{NOAEL 或 LOAEL}}{UF_1\times UF_2\times\cdots\times MF} \tag{7.40}$$

（2）呼吸吸入参考剂量

RfD_i 的推导方法在思路上与经口摄入参考剂量的方法相似。但是，由于呼吸系统在不同物种间的差异性（解剖学和生理学差异）以及污染物物理化学特性的差异（比如颗粒大小和形状，气溶胶或气体），呼吸暴露的分析要比经口摄入暴露更加复杂。

呼吸吸入参考剂量一般有两种表达方式：一是呼吸吸入参考浓度（RfC），即空气中允许污染物存在的浓度；二是呼吸吸入参考剂量（RfD_i），即日均单位体重允许呼入污染物的质量。RfD_i 根据RfC外推得到：

$$RfD_i=\frac{RfC\times DAIR_a}{BW_a} \tag{7.41}$$

（3）皮肤接触参考剂量

皮肤接触化学物质可能导致过敏性接触性皮炎、荨麻疹和皮肤癌等健康问题。然而，由于无法直接测量皮肤接触污染物对人体产生的毒性，美国EPA通过经口摄入污染物并在人体内被吸收推断皮肤所产生的毒性效应，即皮肤接触参考剂量与经口摄入参考剂量（RfD_o）以及污染物被胃肠道吸收的比例成正比。RfD_d 根据经口摄入参考剂量外推获得：

$$RfD_d=RfD_o\times ABS_{gi} \tag{7.42}$$

7.3.5.3 毒性参数数据库

全世界范围内已经对大部分化学品的毒性进行归类并形成了比较权威的毒性数据库，包括美国环保署综合风险信息系统（Integrated Risk Information System，IRIS）、美国环保署健康影响评估汇总表（Health Effects Assessment Summary Tables，HEAST）、美国毒性物质和疾病毒理登录署（Agency for Toxic Substances and Disease Registry，ATSDR）、世界卫生组织简明国际化学评估文件（WHO Concise International Chemical Assessment Documents，WHO CICAD）、美国环保署暂行毒性因子（Provisional Peer Reviewed Toxicity Values，PPRTVs）以及美国加州环保署毒性因子等。

一般来说，毒性数据优先参考美国EPA设立的IRIS。IRIS包含以下参数信息：

① 慢性非致癌性化学品的经口摄入参考剂量和吸入参考浓度（RfD和RfC）；

② 经口摄入斜率系数；

③ 致癌性化学品经口摄入和吸入的单位风险。

HEAST以表格的形式介绍了健康影响评估、健康和环境影响文件、健康和环境影响概况、健康评估文件或环境空气质量标准文件中所涉及的化学品的毒性信息和数值。同时总结了 RfD_s、斜率系数以及其他特定化学品的毒性信息。HEAST每季度更新一次，为识别I-RIS中未涉及的化学品的毒性信息提供了一些宝贵的资料。

ATSDR总结了美国超级基金发现的275种危险物质的毒理学信息，包括了致命性、致癌性、基因毒性、神经毒性、发育和生殖毒性、免疫毒性和系统毒性（即肝脏、肾脏、呼吸系统、心血管、胃肠道、血液、肌肉骨骼和皮肤/眼睛影响）等。对人类和动物的健康影响按接触途径（即经口摄入、吸入和皮肤接触）和持续时间（即急性、中级和慢性）进行了分类和汇总（EPA，2005b）。

7.3.6 风险表征

风险表征的含义是量化关注污染物对暴露受体产生毒性影响的可能性，主要通过计算土壤和地下水中单一污染物经单一途径的致癌风险和危害商得出土壤和地下水总致癌风险和危害商数值，同时进行不确定性分析，最终决定地块风险是否可以接受。

计算潜在的非致癌效应时，需对化学品的预测摄入量和毒性值进行比较；当计算潜在的致癌效应时，则基于预测摄入量和特定化学品的剂量反应曲线，估计受体人群在一生中罹患癌症的概率。

在计算致癌或非致癌风险值时，需要严格按照暴露途径查询对应的化学品毒性值。比如某化学品对消化系统和皮肤接触都可能产生一定的致癌风险，那么基于仅因吸入接触该物质而产生的消化器官肿瘤的毒性值，不适用于计算与皮肤接触该物质的风险值。一般来说，若无化学品的皮肤接触的毒性数据，可以通过转换经口摄入化学品的剂量计算皮肤接触的毒性数据。经口摄入化学品剂量通常为环境空气浓度，而不是基于人体单位体重的摄入剂量。

美国EPA规定风险表征阶段需要遵循以下4个原则（TCCR原则）进行评估：

① 透明度（transparency）：明确风险评估方法、假设、逻辑、基本原理、分析过程和不确定性。

② 清晰性（clarity）：风险评估报告应该简洁明了，需使用易于理解的图表和方程式。

③ 一致性（consistency）：风险评估的实施和呈现方式以及风险特征应与导则规范一致。

④ 合理性（reasonableness）：风险评估应基于合理的判断，方法和假设与当前的科学水平一致，并完整传达。

7.3.6.1 致癌风险

致癌风险（cancer risk）主要通过致癌斜率因子将暴露于致癌物质的受体终生暴露的日均暴露量转化为受体潜在致癌的风险概率。

受体在不同污染物剂量中暴露，致癌风险不同。一般采用多阶段模型进行描述，在剂量较低时暴露量与对应的致癌风险呈线性关系，即低剂量对应的致癌风险为斜率因子SF与对应剂量的乘积，如式(7.43)所示；当剂量较高时，对应的致癌风险推算公式如式(7.44)所示：

低剂量时（风险<0.01）：

$$CR = LADD \times SF \tag{7.43}$$

高剂量时（风险≥0.01）：

$$CR=1-\exp(-LADD\times SF) \tag{7.44}$$

式中　CR——个体癌症风险，无量纲；

LADD——日均暴露量（lifetime average daily dose），mg/(kg·d)；

SF——致癌斜率因子（cancer slope factor），kg·d/mg，通常根据动物实验数据95%置信区间上限确定。

7.3.6.2　非致癌风险

非致癌风险用于表征非致癌污染物对受体的潜在健康危害，用非致癌危害商（noncarcinogenic hazard quotion，HQ）表示，为特定周期内受体日均暴露量与参考剂量的比值。非致癌效应仅在阈值以内进行评估，也就是说，在阈值以下的暴露量中，对人体造成的不良健康影响可以忽略不计。EPA 将非致癌阈值分为两种，一种是经口摄入的污染物参考剂量（RfD），一种是呼吸吸入的空气中化学物质的污染物参考浓度阈值（RfC）。

HQ 计算公式如下：

$$HQ=\frac{ADD}{RfD}=\frac{C_a}{RfC} \tag{7.45}$$

式中　HQ——危害商，无量纲；

ADD——日均暴露量，mg/(kg·d)；

C_a——关注污染物在空气中的平均浓度，mg/m^3；

RfD——污染物参考剂量，mg/(kg·d)；

RfC——污染物参考浓度阈值（reference concentration），mg/m^3。

HQ 小于或等于 1 被视为无非致癌风险，当 HQ 大于 1 时表明具有潜在健康危害效应。然而，由于 RfD 和 RfC 的准确度或精密度不同，且影响的严重程度也不同，当 HQ 接近并超过 1 时，非致癌危害商不会立刻呈线性增加。

7.3.6.3　累计风险或危害指数

对于致癌风险，在实际场地中，受体可能通过多种暴露途径暴露。对于暴露于不同接触途径的特定受体，多种暴露途径的风险值为单一暴露途径风险值之和，计算公式如下：

$$TCR=\sum CR_T \tag{7.46}$$

式中　TCR——多种暴露途径下总致癌风险，无量纲；

CR_T——单一暴露途径下个体癌症风险，无量纲。

在单一接触途径中，受体可能接触不止一种污染物。假设所有化学品都是独立的，互相之间没有协同或拮抗作用，那么通过单一接触途径的所有污染物的总致癌风险即所有污染物的个体癌症风险之和。

对于非致癌危害商，与致癌污染物一样，受体可能接触多种与非致癌健康影响相关的化学品。根据美国 EPA 在 1986 和 1989 年发布的规范中的程序，首先计算每种化学品单一接触途径的非致癌危险，再将所有化学品的单一接触途径的非致癌危害商相加，得出危害指数（HI）。此外，在计算每个受体的 HI 时，还应考虑到来自无组织排放源的非致癌危害。HI 的计算公式如下（EPA，2005b）：

$$HI=\sum HQ_i \tag{7.47}$$

式中　HI——危害指数；

HQ_i——污染物 i 的危害商。

单一污染物通过多种途径暴露于受体时，多暴露途径下污染物产生的危害商为每条暴露途径产生的危害商之和。如果一种或多种关注污染物的 HQ 均超过 1，表明存在潜在的非致癌健康影响。如果几种关注污染物特定 HQ 的总和均小于 1，但是暴露途径的总 HI 超过 1，这种情况就需要进行详细分析，因为接触多种化学品（通常通过不同的接触途径）的毒理学效应可能不是累加性的，也就是说总 HI 可能高估了非致癌健康影响。

7.3.6.4 不同暴露途径的风险表征

不同暴露途径下土壤和地下水中单一污染物致癌风险和非致癌风险计算公式如下：

（1）经口摄入土壤途径的致癌风险

$$CR_{ois}=OISER_{ca}\times C_{sur}\times SF_o \tag{7.48}$$

式中 CR_{ois}——经口摄入土壤途径的致癌风险，无量纲；

$OISER_{ca}$——经口摄入土壤暴露量，kg/(kg·d)；

C_{sur}——表层土壤中污染物浓度，mg/kg；

SF_o——经口摄入致癌斜率因子，kg·d/mg。

（2）皮肤接触土壤途径的致癌风险

$$CR_{dcs}=DCSER_{ca}\times C_{sur}\times SF_d \tag{7.49}$$

式中 CR_{dcs}——皮肤接触土壤途径的致癌风险，无量纲；

$DCSER_{ca}$——皮肤接触途径的土壤暴露量，kg/(kg·d)；

SF_d——皮肤接触致癌斜率因子。

（3）吸入土壤颗粒物途径的致癌风险

$$CR_{pis}=PISER_{ca}\times C_{sur}\times SF_i \tag{7.50}$$

式中 CR_{pis}——吸入土壤颗粒物途径的致癌风险，无量纲；

$PISER_{ca}$——吸入土壤颗粒物的土壤暴露量，kg/(kg·d)；

SF_i——呼吸吸入致癌斜率因子，kg·d/mg。

（4）吸入空气中来自土壤的气态污染物途径的致癌风险

$$CR_{iv}=IVER_{ca}\times C\times SF_i \tag{7.51}$$

式中 CR_{iv}——吸入空气中来自土壤的气态污染物途径的致癌风险，无量纲，一般分为室外（CR_{iov}）和室内（CR_{iiv}），室外又分为上层土壤（CR_{iov1}）和下层土壤（CR_{iov2}），室内只计算下层土壤；

$IVER_{ca}$——吸入空气中来自土壤的气态污染物对应的土壤暴露量，kg/(kg·d)，一般分为室外（$IOVER_{ca}$）和室内（$IIVER_{ca}$），室外又分为上层土壤（$IOVER_{ca1}$）和下层土壤（$IOVER_{ca2}$），室内只计算下层土壤（$IIVER_{ca}$）；

C——土壤中污染物浓度，分为上层土壤浓度（C_{sur}）和下层土壤浓度（C_{sub}），mg/kg。

（5）土壤中单一污染物经所有暴露途径的总致癌风险

$$CR_n=CR_{ois}+CR_{dcs}+CR_{pis}+CR_{iv} \tag{7.52}$$

式中 CR_n——土壤中单一污染物经所有暴露途径的总致癌风险，无量纲。

例题 7.5 某成年男性长期在工地接触化学品，经检测，该场地中化学品在表层土壤的浓度约为 0.1mg/kg，假设该男性每日经口摄入土壤暴露量为 0.2kg/kg，每日皮肤接触土壤暴露量为0.3kg/kg，每日吸入土壤颗粒物的土壤暴露量约1kg/kg，化学品的经口摄入致癌斜率因子、呼吸吸入致癌斜率因子和皮肤接触致癌斜率因子均为1kg·d/mg，求化学品的致癌风险。

解：

根据式(7.48)、式(7.49)、式(7.50)和式(7.52)代入相关数值，可得：

$$CR_n = CR_{ois} + CR_{dcs} + CR_{pis} + CR_{iv} = (0.2\times1+0.3\times1+1\times1)\times0.1 = 0.15$$

（6）经口摄入土壤途径的危害商

$$HQ_{ois} = \frac{OISER_{nc}\times C_{sur}}{RfD_o\times SAF} \tag{7.53}$$

式中 HQ_{ois}——经口摄入土壤途径的危害商，无量纲；

RfD_o——经口摄入参考剂量，mg/(kg·d)；

SAF——暴露于土壤的参考剂量分配系数，无量纲。

（7）皮肤接触土壤途径的危害商

$$HQ_{dcs} = \frac{DCSER_{nc}\times C_{sur}}{RfD_d\times SAF} \tag{7.54}$$

式中 HQ_{dcs}——皮肤接触土壤途径的危害商，无量纲；

RfD_d——皮肤接触参考剂量，mg/(kg·d)。

（8）吸入土壤颗粒物途径的危害商

$$HQ_{pis} = \frac{PISER_{nc}\times C_{sur}}{RfD_i\times SAF} \tag{7.55}$$

式中 HQ_{pis}——吸入土壤颗粒物途径的危害商，无量纲。

（9）吸入空气中来自土壤的气态污染物途径的危害商

$$HQ_{iv} = \frac{IVER_{nc}\times C}{RfD_i\times SAF} \tag{7.56}$$

式中 HQ_{iv}——吸入空气中来自土壤的气态污染物途径的危害商，无量纲，一般分为室外（HQ_{iov}）和室内（HQ_{iiv}），室外又分为上层土壤（HQ_{iov1}）和下层土壤（HQ_{iov2}），室内只计算下层土壤（HQ_{iiv}）；

RfD_i——呼吸吸入参考剂量，mg/(kg·d)；

C——土壤中污染物浓度，分为上层土壤浓度（C_{sur}）和下层土壤浓度（C_{sub}），mg/kg。

（10）土壤中单一污染物经所有暴露途径的危害指数

$$HI_n = HQ_{ois} + HQ_{dcs} + HQ_{pis} + HQ_{iv} \tag{7.57}$$

式中 HI_n——土壤中单一污染物经所有暴露途径的危害指数，无量纲。

（11）吸入空气中来自地下水的气态污染物途径的致癌风险

$$CR_{iv} = IVER_{ca}\times C_{gw}\times SF_i \tag{7.58}$$

式中 CR_{iv}——吸入空气中来自地下水的气态污染物途径的致癌风险，无量纲，又分为室外（CR_{iov3}）和室内（CR_{iiv2}）；

$IVER_{ca}$——吸入空气中来自地下水的气态污染物对应的地下水暴露量（致癌效应），L/(kg·d)，分为室外（$IOVER_{ca3}$）和室内（$IIVER_{ca2}$）；

C_{gw}——地下水中污染物浓度，mg/L。

(12) 饮用地下水途径的致癌风险

$$CR_{cgw}=CGWER_{ca}\times C_{gw}\times SF_{o} \tag{7.59}$$

式中　CR_{cgw}——饮用地下水途径的致癌风险，无量纲。

(13) 地下水中单一污染物经所有暴露途径的总致癌风险

$$CR_{n}=CR_{iv}+CR_{cgw} \tag{7.60}$$

式中　CR_{n}——地下水中单一污染物经所有暴露途径的总致癌风险，无量纲。

(14) 吸入空气中来自地下水的气态污染物途径的非致癌危害商

$$HQ_{iv}=\frac{IVER_{nc}\times C_{gw}}{RfD_{i}\times WAF} \tag{7.61}$$

式中　HQ_{iv}——吸入空气中来自地下水的气态污染物途径的危害商，无量纲，又分为室外（HQ_{iov3}）和室内（HQ_{iiv2}）；

$IVER_{nc}$——吸入空气中来自地下水的气态污染物对应的地下水暴露量（非致癌效应），L/(kg·d)，分为室外（$IOVER_{nc3}$）和室内（$IIVER_{nc2}$）；

WAF——暴露于地下水的参考剂量分配比例，无量纲。

(15) 饮用地下水途径的危害商

$$HQ_{cgw}=\frac{CGWER_{nc}\times C_{gw}}{RfD_{o}\times WAF} \tag{7.62}$$

式中　HQ_{cgw}——饮用地下水途径的非致癌危害商，无量纲。

(16) 地下水中单一污染物经所有暴露途径的危害指数

$$HI_{n}=HQ_{iv}+HQ_{cgw} \tag{7.63}$$

式中　HI_{n}——地下水中单一污染物经所有暴露途径的危害指数，无量纲。

7.3.7　不确定性分析

场地人体健康风险评估主要依赖于暴露评估模型的预测，对风险和暴露的量化还存在许多不确定性，因此风险评估结果也存在不确定性，主要来源于参数、模型、暴露情景的不确定性。

(1) 参数的不确定性

风险评估过程涉及的所有参数都可能存在不确定性。使用国家导则推荐值可能会因与实际场地参数有出入而带来一定的不确定性。但参数对结果的影响大小差异很大，一般应将对风险计算结果影响较大的参数进行敏感性分析，如人群相关参数（体重、暴露期、暴露频率等）、与暴露途径相关的参数（每日摄入土壤量、皮肤表面土壤黏附系数、每日吸入空气体积、室内空间体积与蒸气入渗面积比等）。

参数敏感性分析是改变模型中的一个变量，同时保持其他变量不变，以确定该变量对最终结果的影响的分析。应综合考虑参数的实际取值范围确定参数值的变化范围。参数敏感性一般遵循以下公式：

$$SR=\frac{\dfrac{X_{2}-X_{1}}{X_{1}}}{\dfrac{P_{2}-P_{1}}{P_{1}}}\times 100\% \tag{7.64}$$

式中　SR——模型参数敏感性比例，无量纲；

P_1——模型参数 P 变化前的数值；

P_2——模型参数 P 变化后的数值；

X_1——按 P_1 计算的致癌风险或危害商，无量纲；

X_2——按 P_2 计算的致癌风险或危害商，无量纲。

敏感性比例绝对值越大，表示该参数对风险的影响越大。当敏感性比例绝对值小于100%时，参数敏感程度低；敏感性比例绝对值等于100%时，参数敏感程度中等；敏感性比例绝对值大于100%时，敏感性程度高。

例题7.6 在计算某化工园区污染物的致癌风险时，分别使用HJ 25.3—2019中推荐的成人体重值61.8kg和厂区员工实际体重的平均值69.3kg计算了对应的污染物的致癌风险，计算结果显示，体重增加后，该污染物的致癌风险值由原先的 5.6×10^{-6} 减少至 5.4×10^{-6}，请分析体重对于该污染物的敏感性程度。

解：

根据式(7.64)代入相关数值，可得：

$$\mathrm{SR}=\frac{\dfrac{5.4\times10^{-6}-5.6\times10^{-6}}{5.6\times10^{-6}}}{\dfrac{69.3-61.8}{61.8}}\times100\%=-29.43\%$$

敏感性比例绝对值为29.43%，小于100%，因此该参数敏感性较低。

(2) 模型的不确定性

因为建模主要依赖于数学或统计公式来量化复杂的过程（例如暴露途径和生物活动），简化的模型与真实情况不可能完全相符，因此，模型的不确定性是不可避免且难以量化的。

(3) 暴露情景的不确定性

场地概念模型往往简化了复杂的场地实际暴露情景，导致了暴露情景的不确定性。因此，需要进行暴露风险贡献率分析。单一污染物经不同暴露途径的致癌风险和危害商贡献率分析推荐模型，分别见式(7.65)和式(7.66)。根据上述公式计算获得的百分比越大，表示特定暴露途径对于总风险的贡献率越高。

$$\mathrm{PCR}_i=\frac{\mathrm{CR}_i}{\mathrm{CR}_n}\times100\% \tag{7.65}$$

$$\mathrm{PHQ}_i=\frac{\mathrm{HQ}_i}{\mathrm{HI}_n}\times100\% \tag{7.66}$$

式中 PCR_i——单一污染物经第 i 种暴露途径致癌风险贡献率，无量纲；

CR_i——单一污染物经第 i 种暴露途径的致癌风险，无量纲；

PHQ_i——单一污染物经第 i 种暴露途径非致癌风险贡献率，无量纲；

HQ_i——单一污染物经第 i 种暴露途径的危害商，无量纲。

7.3.8 风险控制值计算

在计算基于致癌效应的土壤和地下水风险控制值时，采用的单一污染物可接受致癌风险为 10^{-6}；计算基于非致癌效应的土壤和地下水风险控制值时，可接受危害商为1。

风险控制值计算时，首先根据各种途径的风险表征公式，把致癌风险或危害商设为 10^{-6} 或1，公式中原来的污染物浓度 C 即转变为风险控制值RCVS，通过公式即可算出。

具体可参考 HJ 25.3—2019 中附录 E。

7.3.9　基准值的推导

美国 EPA 将基准值根据不同评估阶段定义为筛选值（soil screening level，SSL）和场地修复目标值（site-specific target level，SSTL）。基准值的推导主要基于污染物的致癌和非致癌效应。EPA（1994）认为致癌污染物的毒性效应等于不同污染物的致癌风险之和，而非致癌效应主要推算依据为最大接触浓度。

基于人体健康风险，基准值的推导通过假设非致癌危害商 HQ=1 或可接受的致癌风险 $TR=10^{-6}$ 进行反算。依据国家导则选取相关参数的推荐值计算筛选值，这种计算保守程度最高；在详细风险评估阶段使用地勘实际测量数据计算场地修复目标值，保守程度降低。基准值的推导与暴露途径和用地规划有关，详细推导公式列举如下。

（1）住宅用地通过经口摄入暴露方式的非致癌基准值计算

一些研究表明，在 6 岁以下儿童中，经口摄入土壤颗粒的频率和可能性较大。因此，在计算致癌物筛选值时，该方法使用了根据年龄段调整的土壤摄入系数，该系数考虑到了 1～6 岁的儿童和 7～31 岁的儿童、青年期或成人期在每日土壤摄入率、体重和接触时间上的差异。与仅有成人的假设相比，儿童较高的土壤摄入率和较低的体重导致了较低或更保守的基准值选取。

对于非致癌物来说，由于非致癌物的慢性毒性效应，因此这里没有考虑根据年龄调整后的土壤摄入系数（EPA，1991）。

$$\text{基准值}=\frac{THQ\times BW\times AT\times 365}{\frac{1}{RfD_o}\times 10^{-6}\times EF\times ED\times IR} \tag{7.67}$$

式中　THQ——目标危害商，默认为 1，无量纲；

BW——体重，kg；

AT——平均暴露时间，a；

RfD_o——经口摄入参考剂量，mg/(kg・d)；

EF——暴露频率，d/a；

ED——暴露期，a；

IR——土壤摄入率，mg/d。

（2）住宅用地通过经口摄入暴露方式的致癌基准值计算

$$\text{基准值}=\frac{TR\times AT\times 365}{SF_o\times 10^{-6}\times EF\times ED\times IF_{soil/age}} \tag{7.68}$$

式中　TR——目标风险危害值，默认为 10^{-6}，无量纲；

SF_o——经口摄入致癌斜率因子，无量纲；

$IF_{soil/ade}$——根据年龄调整后的土壤摄入系数，mg・a/(kg・d)。

$$IF_{soil/age}=\frac{IR_{soil/age1\sim6}\times ED_{soil/age1\sim6}}{BW_{age1\sim6}}+\frac{IR_{soil/age7\sim31}\times ED_{soil/age7\sim31}}{BW_{age7\sim31}} \tag{7.69}$$

式中　$IR_{soil/age1\sim6}$——1～6 岁的土壤摄入率，mg/d；

$ED_{soil/age1\sim6}$——1～6 岁的暴露期，即 6a；

$BW_{age1\sim6}$——1～6岁的平均体重，kg；

$IR_{soil/age7\sim31}$——7～31岁的土壤摄入率，mg/d；

$ED_{soil/age7\sim31}$——7～31岁的暴露期，即24a；

$BW_{age7\sim31}$——7～31岁的平均体重，kg。

例题7.7 某场地释放化学品A，受体暴露期为24a，暴露频率为250d/a，暴露平均时间为7d，经口摄入致癌斜率因子为1，假设1～6岁的土壤摄入率约为5mg/d，体重约为30kg，7～31岁的土壤摄入率约为10mg/d，体重约为55kg，求人类受体经口摄入化学品A的致癌基准值。

解：

首先根据式(7.69)代入相关数值计算根据年龄调整后的土壤摄入系数，可得：

$$IF_{soil/ade}=\frac{IR_{soil/age1\sim6}\times ED_{soil/age1\sim6}}{BW_{age1\sim6}}+\frac{IR_{soil/age7\sim31}\times ED_{soil/age7\sim31}}{BW_{age7\sim31}}$$

$$=\frac{5\times6}{30}+\frac{10\times24}{55}=5.36[mg\cdot a/(kg\cdot d)]$$

接着根据式(7.68)，可得：

$$基准值=\frac{10^{-6}\times7/365\times365}{1\times10^{-6}\times250\times24\times5.36}=2.17\times10^{-4}(mg/kg)$$

(3) 住宅用地通过呼吸吸入暴露方式的非致癌基准值计算

美国EPA的毒性数据表明，通过呼吸吸入接触某些化学品的风险远远超过经口摄入的风险。由于经口摄入暴露的毒性标准是以剂量浓度表示的，而呼吸吸入的标准是以空气中的污染物浓度表示的，因此需要对空气浓度进行转换，再估算出与经口摄入途径相当的剂量浓度。

由于EPA将土层分为了表层和下层土壤，两者释放的污染物物理性质不同。比如，来自土壤表面的颗粒会释放粉尘，最终被人体通过呼吸吸入；而下层土壤主要通过挥发性有机物释放至大气中被人体吸收。因此，EPA将通过呼吸吸入进入人体的污染物分为挥发性有机物和颗粒物两类分别进行基准值的计算（EPA，1991）。

$$吸入挥发物基准值=\frac{THQ\times AT\times365}{EF\times ED\times\frac{1}{RfC}\times\frac{1}{VF}} \tag{7.70}$$

$$吸入颗粒物基准值=\frac{THQ\times AT\times365}{EF\times ED\times\frac{1}{RfC}\times\frac{1}{PEF}} \tag{7.71}$$

式中 RfC——呼吸吸入参考剂量，mg/m^3；

VF——土壤-空气挥发系数，m^3/kg；

PEF——颗粒物释放率，m^3/kg（一般默认为1.32×10^{-9}）。

其中VF为土壤中的污染物浓度与空气中的挥发颗粒浓度之比，PEF为土壤中的污染物浓度与空气中的扬尘颗粒浓度之比。美国EPA对VF和PEF的计算公式如下：

$$PEF=\frac{Q}{C}\times\frac{3600}{0.036\times(1-VC)\times\frac{U_m^3}{U_t}\times F(x)} \tag{7.72}$$

式中 Q/C——空气扩散因子，$[g/(m^2\cdot s)]/(kg/m^3)$；

VC——植被覆盖率；

U_m——年均风速，m/s；

U_t——7米处临界风速，m/s；

$F(x)$——关于平均风速和临界风速之比的经验公式，一般取默认值1.22。

$$VF=\frac{\frac{Q}{C}\times\sqrt{3.14\times D_A\times T}\times 10^{-4}}{2\times\rho_b\times D_A} \tag{7.73}$$

$$D_A=\frac{\left[\frac{\theta_a^{\frac{10}{3}}\times D_i\times H'+\theta_w^{\frac{10}{3}}\times D_w}{\theta_s^2}\right]}{\rho_b\times K_d+\theta_w+\theta_a\times H'} \tag{7.74}$$

式中 T——暴露时长，s；

ρ_b——土壤干容重，g/cm^3；

θ_a——土壤中空气孔隙比；

D_i——空气中扩散率，cm^2/s；

H'——亨利法则常数；

θ_w——土壤中水孔隙比；

D_w——水中扩散率，cm^3/s；

θ_s——土壤中总孔隙度；

K_d——土壤-水分配系数，cm^3/g；

K_{oc}——土壤中有机碳分配系数，cm^3/g；

f_{oc}——土壤中有机碳含量比，一般取值0.06。

(4) 住宅用地通过呼吸吸入暴露方式的致癌基准值计算

$$\text{吸入挥发物基准值}=\frac{TR\times AT\times 365}{URF\times 1000\times ED\times EF\times\frac{1}{VF}} \tag{7.75}$$

$$\text{吸入颗粒物基准值}=\frac{TR\times AT\times 365}{URF\times 1000\times ED\times EF\times\frac{1}{PEF}} \tag{7.76}$$

式中 URF——吸入单位风险系数，$\mu g/m^3$。

例题7.8 某场地成人暴露期为24a，暴露频率为250d/a，平均体重为55kg，平均暴露时间为7d，假设受体通过呼吸摄入化学品A的吸入单位风险系数为5$\mu g/m^3$，土壤-空气挥发系数约为1m^3/kg，求该场地成人受体经呼吸摄入化学品A颗粒物和挥发物的致癌基准值。

解：

根据式(7.75)和式(7.76)代入相关数值，可得：

$$\text{吸入挥发物基准值}=\frac{10^{-6}\times 7/365\times 365}{5\times 1000\times 250\times 24\times\frac{1}{1}}=2.33\times 10^{-13}(mg/kg)$$

$$\text{吸入颗粒物基准值}=\frac{10^{-6}\times 7/365\times 365}{5\times 1000\times 250\times 24\times\frac{1}{1.32\times 10^{-9}}}=3.08\times 10^{-22}(mg/kg)$$

7.3.10 模型参数

风险评估模型参数主要包括场地特征参数、受体特征参数和场地污染特征参数，本节中表7.3至表7.5为场地、受体和污染参数的取值说明，为与导则HJ 25.3—2019中统一，参数符号与导则中保持一致。需要说明的有以下几点。①表7.3至表7.5中“—”表示参数值需要结合实际确定或该用地方式下参数值不适用。②“*”表示该参数的推荐值仅适用于依照GB 36600要求进行污染物筛选值的计算，具体的风险评估采用地块实际值。其他参数在依照GB 36600要求进行污染物筛选值的计算时，采用推荐值；在具体地块的风险评估时，能够获取实际值的，优先采用实际值。③在计算吸入室内和室外空气中来自土壤和地下水的气态污染物途径致癌风险或危害商时，如C_{gw}实测浓度超过水溶解度，则采用水溶解度进行计算，此时实际污染（致癌、非致癌）风险可能高于模型计算值。

部分参数的计算公式参见第2章和第3章。

(1) 场地特征参数

场地特征参数可分为土壤性质参数、地下水性质参数、气象参数、建筑物参数等，见表7.3。

表7.3 场地特征参数

参数符号	参数名称	单位	第一类用地推荐值	第二类用地推荐值
L_{gw}	地下水埋深	cm	—	—
f_{om}	土壤有机质含量	g/kg	15	15
ρ_b	土壤容重	kg/dm^3	1.5	1.5
P_{ws}	土壤含水率	kg/kg	0.2	0.2
ρ_s	土壤颗粒密度	kg/dm^3	2.65	2.65
PM_{10}	空气中可吸入颗粒物含量	mg/m^3	0.119	0.119
f_{spi}	室内空气中来自土壤的颗粒物所占比例	无量纲	0.8	0.8
f_{spo}	室外空气中来自土壤的颗粒物所占比例	无量纲	0.5	0.5
U_{air}	混合区大气流速风速	cm/s	200	200
δ_{air}	混合区高度	cm	200	200
h_{cap}	土壤地下水交界处毛管层厚度	cm	5	5
h_v	非饱和土层厚度	cm	295	295
θ_{acap}	毛细管层孔隙空气体积比	无量纲	0.038	0.038
θ_{wcap}	毛细管层孔隙水体积比	无量纲	0.342	0.342
U_{gw}	地下水达西(Darcy)速率	cm/a	2500	2500
δ_{gw}	地下水混合区厚度	cm	200	200
I	土壤中水的入渗速率	cm/a	30	30
θ_{acrack}	地基裂隙中空气体积比	无量纲	0.26	0.26
θ_{wcarck}	地基裂隙中水体积比	无量纲	0.12	0.12

续表

参数符号	参数名称	单位	第一类用地推荐值	第二类用地推荐值
L_{crack}	室内地基厚度	cm	35	35
L_B	室内空间体积与气态污染物入渗面积之比	cm	220	300
ER	室内空气交换速率	次/d	12	20
η	地基和墙体裂隙表面积所占比例	无量纲	0.0005	0.0005
τ	气态污染物入侵持续时间	a	30	25
dP	室内室外气压差	$g \cdot s^2/cm$	0	0
K_v	土壤透性系数	cm^2	1.00×10^{-8}	1.00×10^{-8}
Z_{crack}	室内地面到地板底部厚度	cm	35	35
X_{crack}	室内地板周长	cm	3400	3400
A_b	室内地板面积	cm^2	700000	700000

(2) 受体特征参数

受体特征参数见表7.4。

表7.4 受体特征参数

参数符号	参数名称	单位	第一类用地推荐值	第二类用地推荐值
ED_a	成人暴露期	a	24	25
ED_c	儿童暴露期	a	6	—
EF_a	成人暴露频率	d/a	350	250
EF_c	儿童暴露频率	d/a	350	—
EFI_a	成人室内暴露频率	d/a	262.5	187.5
EFI_c	儿童室内暴露频率	d/a	262.5	—
EFO_a	成人室外暴露频率	d/a	87.5	62.5
EFO_c	儿童室外暴露频率	d/a	87.5	—
BW_a	成人平均体重	kg	61.8	61.8
BW_c	儿童平均体重	kg	19.2	—
H_a	成人平均身高	cm	161.5	161.5
H_c	儿童平均身高	cm	113.15	—
$DAIR_a$	成人每日空气呼吸量	m^3/d	14.5	14.5
$DAIR_c$	儿童每日空气呼吸量	m^3/d	7.5	—
$GWCR_a$	成人每日饮用水量	L/d	1.0	1.0
$GWCR_c$	儿童每日饮用水量	L/d	0.7	0.7
$OSIR_a$	成人每日摄入土壤量	mg/d	100	100
$OSIR_c$	儿童每日摄入土壤量	mg/d	200	—
E_v	每日皮肤接触事件频率	次/d	1	1

续表

参数符号	参数名称	单位	第一类用地推荐值	第二类用地推荐值
SAF	暴露于土壤的参考剂量分配比例	无量纲	0.33(挥发性有机物)，0.5(其他污染物)	0.33(挥发性有机物)，0.5(其他污染物)
WAF	暴露于地下水的参考剂量分配比例	无量纲	0.33(挥发性有机物)，0.5(其他污染物)	0.33(挥发性有机物)，0.5(其他污染物)
SER_a	成人暴露皮肤所占体表面积比	无量纲	0.32	0.18
SER_c	儿童暴露皮肤所占体表面积比	无量纲	0.36	—
$SSAR_a$	成人皮肤表面土壤黏附系数	mg/cm^2	0.07	0.2
$SSAR_c$	儿童皮肤表面土壤黏附系数	mg/cm^2	0.2	—
PIAF	吸入土壤颗粒物在体内滞留比例	无量纲	0.75	0.75
ABS_o	经口摄入吸收因子	无量纲	1	1
ACR	单一污染物可接受致癌风险	无量纲	10^{-6}	10^{-6}
AHQ	可接受危害商	无量纲	1	1
AT_{ca}	致癌效应平均时间	d	27740	27740
AT_{nc}	非致癌效应平均时间	d	2190	9125

（3）场地污染特征参数

场地污染特征参数见表7.5。

表7.5 场地污染特征参数

参数符号	参数名称	单位	第一类用地推荐值	第二类用地推荐值
C_{sur}	表层土壤中污染物浓度	mg/kg	—	—
C_{sub}	下层土壤中污染物浓度	mg/kg	—	—
d	表层污染土壤层厚度	cm	50	50
L_s	下层污染土壤层埋深	cm	50	50
d_{sub}	下层污染土壤层厚度	cm	100	100
A	污染源区面积	cm^2	16000000	16000000
C_{gw}	地下水中污染物浓度	mg/L	—	—
W	污染源区宽度	cm	4000	4000

7.4 生态风险评估

生态风险评估（ecological risk assessment，ERA）是通过整合毒理学、环境化学及生态学等多学科方法，定量或半定量地预测与评估特定环境压力因子（如污染物）对生态系统及人类健康产生不利影响的概率与严重程度的系统化分析过程。美国EPA在1998年发布了《生态风险评估指南》（EPA，1998），内容涵盖了生态风险评估和风险管理，其中规定了生态风险评估主要包括以下三个阶段：问题识别阶段、分析阶段和风险表征阶段。

7.4.1　问题识别阶段

问题识别阶段一般包括：

① 确定评估目标、评估范围，界定评估终点；

② 收集数据并建立概念模型；

③ 制定分析计划。

开始阶段建议收集的信息见表 7.6。

表 7.6　生态风险评估开始阶段建议收集信息表（EPA，2000）

因素	关注点	考虑因素
污染物	类型	化学、物理还是生物
	特征	污染物预计会产生的影响
	行动方式	污染物作用于生物体或生态系统功能的方式
	毒性	急性、慢性、生物累积性
	事件频率	偶发的或连续的
	接触时长	它在环境中可以存活的时间(例如化学物质的半衰期或者生物累积)
	路径	污染物在环境中移动的路径
	剂量浓度	化学物质的剂量或浓度、污染物的密度或种群规模
来源	现有情况	污染物是否仍然存在
	分布范围	污染物的分布范围(本地的、区域的、全球的、特定栖息地的、整个生态系统的)
接触	媒介	环境介质(即空气、土壤、水),媒介的潜在曝光途径
	生命周期持续性	与生物体生命周期或生态系统事件的关联(例如繁殖、潮汐)
受体	类型、特征、生活史	栖息地,周围是否存在水体、植物和动物;动物的移动模式,族群数量,活动范围
	接触方式	污染物的暴露途径(即皮肤接触、摄入或吸入)
	易感性,灵敏度	是否属于稀有濒危或者受到国家法律保护的物种

表 7.7 为美国部分生态评估案例中界定的评估目标（EPA，1998）。

表 7.7　生态风险评估案例评估目标的确定

案例名称或介绍	界定目标
评估排放至地表水中某化学物质的风险	鱼类、水生无脊椎动物和藻类可在地表水中存活、生长和正常繁殖
调查颗粒状克百威对鸟类的不良影响	鸟类可存活并正常繁殖
森林湿地的急剧减少所带来的生态影响	① 森林湿地作为野生动物物种的栖息地价值； ② 野生动物物种结构组成不被改变
从智利进口原木可能导致的虫害风险	当地不同种类树木可继续存活和生长
Waquoit 海湾的生态风险评估	① 海湾独有鱼类和常见鱼类可正常繁殖； ② 底栖无脊椎动物物种呈现多样性

在界定生态风险评估终点时，需要以下两个要素。首先是确定具体的生态实体。这可以是一个物种（如鳗草、鸻鹬类）、物种特征组（如食鱼动物）、一个群落（如底栖无脊椎动物）、一个生态系统（如湖泊）、特定的栖息地（如湿草地）或其他值得关注的实体。其次是

确定所关注实体的特征，比如鸻鹬类的筑巢和觅食条件、湖泊的生态循环或湿地的地方性植物群落多样性等。

接下来是建立生态风险评估概念模型。这一步和人类健康风险评估类似，主要是根据污染物、潜在暴露量和生态受体以及特征，也就是评估最终预测的影响等信息而建立的。

概念模型主要包括两个部分：

① 生态风险模型的前提假设，即预测污染物、暴露量和评估终点反应之间的关系和理由。

② 一般通过流程图的方式展示重要信息。

7.4.2 分析阶段

通过确定敏感生物群体、污染物来源以及在环境中的分布和接触程度来表征暴露程度。该阶段共涉及两个步骤：暴露表征和生态效应表征。具体包括：

① 识别受体；

② 确定污染物及其到受体的运输和暴露途径；

③ 描述暴露强度、暴露空间和暴露时间；

④ 确定污染物与环境影响之间的关系；

⑤ 不确定性分析，分析模型中已知与未知因素对生态风险评估结果的影响。

污染物可能是污染物起源或释放的地方（如烟囱释放大气污染物），也有可能是外来干预产生污染物（如填海造陆产生的人为污染）。接下来需确认污染物释放的强度、时间、传播介质和地点。

在评估污染物的运输路径和传播介质时，考虑的关键因素包括：

① 污染物的物理化学特性，如溶解度和蒸气压。

② 污染物的生物特性，包括生物体的繁殖活动和路径等。例如候鸟定期往返于繁殖地与越冬地之间，在迁徙路径中，需要考虑携带病毒或者污染物通过排泄、捕食、繁殖或者接触散播至不同地区。

在描述污染物和受体之间发生暴露的关系中。不仅需要考虑未来可能发生的暴露，也需考虑过去已经发生但目前不明显的暴露，比如对栖息地的暴露，导致对栖息地上动植物的影响。

接触量被量化为经口摄入、呼吸吸入或皮肤接触（潜在剂量）。呼吸吸入和皮肤接触分别通过呼吸率和接触率将污染物的浓度转化为生物体体内的浓度。暴露量的计算公式如下：

$$\mathrm{ADD_{pot}} = \sum_{k=1}^{m} (C_k \times \mathrm{FR}_k \times \mathrm{NIR}_k) \tag{7.77}$$

式中 $\mathrm{ADD_{pot}}$——每日潜在暴露量；

C_k——第 k 个食物中平均污染物浓度；

FR_k——第 k 个食物摄入量；

NIR_k——第 k 个食物单位体重的消化率；

m——含有污染物食物的数量。

确定了暴露途径和受体后，需进行生态反应分析，主要包括三个因素：①污染物浓度和生态效应之间的关系；②由于暴露于污染物而可能发生或正在发生的效应；③当生态效应无法直接量化时，如何建立评估目标。

生态风险评估的不确定性来源主要包括变异性和数据缺口。变异性包括土壤有机碳含量的变动、动物饮食的季节性差异或不同物种的化学敏感性差异。

7.4.3 风险表征阶段

风险表征阶段是对分析评估阶段的总结。主要步骤包括：

确定潜在影响：首先，确定可能对生态系统或人类健康造成不利影响的潜在因素或情况。即对潜在的污染源、暴露途径以及可能受到影响的生态系统进行一个简要的评估。

量化风险：在这一步骤中，对潜在的影响进行定量或定性评估。这可能包括评估污染物在环境中的浓度、暴露水平以及建立暴露量与人体接触剂量的反应曲线。

不确定性分析：描述量化分析的不确定性或局限性。

沟通和交流：最后，将最终分析结果与利益相关者沟通和交流。这可能包括向政府机构、企业、社区和公众提供关于环境风险的信息，以及提供相关的应对措施和风险管理策略。

生态风险表征是对化学物质暴露在各种环境条件下可能产生的生态危害的综合判断。风险表征既是风险评估阶段风险结果的输出，又是整个风险管理过程中风险分析的输入。风险表征的主要内容是对环境暴露评估结果和危害评估结果进行综合表征，并用数字大小对污染物产生的环境危害风险程度进行量化。

例题 7.9 由于2010年前后世界范围内对于农药类化学品缺少详细的毒性数据支撑，美国环境保护署农药项目办公室（Office of Pesticide Programs）基于常见的农药在生态环境中的迁移和对动植物所产生的危害做了一个评估，并将相关案例于2013年5月在芬兰赫尔辛基（Helsinki）举行的欧洲化学品管理局（ECHA）专题科学研讨会议中进行展示。本节选取的案例主要评估的受体为水生无脊椎动物，选取的污染物为当时普遍使用的杀虫剂硫丹，它不仅可通过土壤和地下水扩散至周边生态环境中，还由于其半挥发性，可通过大气运输对各类动植物产生毒性效应。该案例详细介绍了：

① 暴露介质的选取；

② 受体的选择；

③ 监测数据在底栖无脊椎动物风险评估中的作用；

④ 风险评估中遇到的主要不确定性来源。

硫丹主要产物为硫丹硫酸盐，该产物和残留的硫丹在地表水环境介质（比如好氧土壤、水体和沉积物）中通过挥发、水解以及水生微生物的代谢接触到受体。

硫丹进入水生生态系统的途径包括：

① 喷雾产生的农药液滴的直接沉积；

② 污染地表径流；

③ 淋滤到地下水中，并下渗至有机物含量低的高孔隙土壤；

④ 通过大气运输至水体。

一旦进入水体，硫丹将主要吸附在水体中的悬浮沉积物和其他有机物上，随后通过沉积作用沉降到河床表面沉积物上。底栖水生无脊椎动物主要通过呼吸作用、经口摄入沉积物颗粒、捕食以及皮肤吸收来接触硫丹。

该案例采用了风险危害商（risk quotient）法。风险危害商等于暴露浓度与产生危害效应的浓度的比值。风险衡量分为急性风险（由每日接触峰值浓度推算）和慢性风险（由暴露期为21～28天不等的平均浓度计算）两个种类进行后续评估。

暴露评估模型建立中使用了两种不同的方法来评估暴露量。第一种是根据孔隙水和沉积物中的化学浓度模型推算，第二种是使用测量的沉积物中的硫丹浓度推算。第一种方法主要依据美国农药模型（pesticide root zone model，PRZM）和暴露分析模型（exposure analysis modeling system，EAMS）。PRZM通过气候条件、植物的蒸腾作用、土壤理化性质和水文特征、农药的应用和农药转化参数等模拟农药在植物中的吸收程度、通过土壤的沥滤过程、挥发到大气中的情况，以及通过径流和土壤侵蚀模拟农药进出场地。PRZM的径流和土壤侵蚀的每日计算值作为输入EAMS的参数。EAMS模拟了一个虚拟的生态池塘，该池塘深度约为2米，周边为农田。EAMS考虑了农药在水生环境中的挥发、吸收、水解、生物降解和光解等分解途径。

硫丹硫酸盐相对于母体异构体具有更高的存活性，因此它是沉积物污染物中最主要的存在形式，且硫丹硫酸盐和母体异构体的毒性相似。通过对底栖无脊椎动物50天的硫丹硫酸盐暴露，收集底栖无脊椎动物的存活率、出现率、繁殖率变化的信息以及体内残留浓度的数据，分析其对底栖无脊椎动物的生态影响。同时预估出未来该场地的污染物浓度，从而推算出风险危害商。由于风险危害商大于1，因此在本案例中认为硫丹对底栖无脊椎动物生存产生不良影响。

习题与思考题

1. 阐述土壤与地下水污染风险确定与废水或大气污染风险确定的区别。

2. 污染地块是否需要修复主要采用土壤污染风险评估的方法进行确定，如果某地下水中污染物不具有挥发性，无暴露途径，因此也没有风险，那么不管该污染物浓度有多高都可以不用处理，你认为这种做法合理吗？阐述理由。

3. 比较危害因子与致癌风险的差异。

4. 在计算污染地块风险控制值时，计算出的控制值比GB 36600中该污染物的筛选值还小，如何确定修复目标？从理论上讲，计算出的风险控制值不应小于筛选值，这种说法对吗，为什么会出现这种情况？

5. 风险评估时如何获取污染物毒性资料？

6. 简述石油烃的污染风险评估如何计算。

7. 根据HJ 25.3—2019中附件提供的推荐值，计算成人受体通过皮肤接触途径的暴露量。假设成人皮肤表面积为$1.6m^2$，吸收效率因子为1。

8. 某场地成人吸入单位风险系数为$3\mu g/m^3$，土壤-空气挥发系数约为$0.5m^3/kg$。根据HJ 25.3—2019中附件提供的推荐值，求该场地成人受体经呼吸摄入该污染颗粒物和挥发物的致癌基准值。

9. 某工业园区被检出重金属污染超标，某体重为60kg，身高约为173cm的成年男性在该园区内工作20年，每年工作300天，已知该男子每日空气呼吸量约为$14.5m^3$，每日饮水量约为2L。假设其摄入土壤量约为每日50mg，重金属的致癌效应平均时间约为17年，非致癌效应平均时间约为5年，根据提供的信息分别计算：

① 经口摄入的致癌风险值和非致癌危害商；

② 皮肤接触土壤途径的致癌风险值和非致癌危害商；

③ 吸入土壤颗粒物途径的致癌风险值和非致癌危害商；

④ 吸入空气中来自土壤的气态污染物途径的致癌风险值和非致癌危害商。

参考文献

生态环境部，2019. 建设用地土壤污染风险评估技术导则：HJ 25.3—2019[S]. 北京：中国环境出版集团.

EPA，1989. Risk assessment guidance for superfund volume Ⅰ human health evaluation manual (part A) [R]. Washington：Risk Assessment Forum，the United States Environmental Protection Agency.

EPA，1991. Risk assessment guidance for superfund volume Ⅰ human health evaluation manual (part B)[R]. Washington：Risk Assessment Forum，the United States Environmental Protection Agency.

EPA，1993. Reference dose：description and use in health risk assessments. background document 1A[R]. Washington：Risk Assessment Forum，the United States Environmental Protection Agency.

EPA，1994a. Soil screening guidance：user's guide，part 2[R]. Washington：Risk Assessment Forum，the United States Environmental Protection Agency.

EPA，1994b. Soil screening guidance：user's guide，part 5[R]. Washington：Risk Assessment Forum，the United States Environmental Protection Agency.

EPA，1998. Guidelines for ecological risk assessment[R]. Washington：Risk Assessment Forum，the United States Environmental Protection Agency.

EPA，2000. Science policy council handbook on risk characterization[R]. Washington：Risk Assessment Forum，the United States Environmental Protection Agency.

EPA，2005a. Guidelines for carcinogen risk assessment[R]. Washington：Risk Assessment Forum，the United States Environmental Protection Agency.

EPA，2005b. Human health risk assessment protocol for hazardous waste combustion facilities[R]. Washington：Risk Assessment Forum，the United States Environmental Protection Agency.

EPA，2010. Endosulfan：2010 environmental fate and ecological risk assessment[R]. Washington：Risk Assessment Forum，the United States Environmental Protection Agency.

EPA，2011. Exposure factors handbook：2011 edition[R]. Washington：Risk Assessment Forum，the United States Environmental Protection Agency.